"十三五"国家重点图书出版规划项目
空间环境效应科学与技术著作

抗辐射双极器件加固导论

INTRODUCTION TO HARDENING OF BIPOLAR DEVICES FOR RESISTANCE TO SPACE RADIATION

李兴冀　杨剑群　刘超铭　著

哈爾濱工業大學出版社
HARBIN INSTITUTE OF TECHNOLOGY PRESS

内 容 简 介

　　本书从我国宇航用电子元器件实际需要出发,总结作者多年的研究成果,论述了双极工艺器件辐射损伤效应的基本特征和微观机制,提出了双极工艺器件抗辐射加固原理与技术研究的基本思路,涉及半导体物理与器件基础、空间带电粒子辐射环境表征、双极器件电离辐射损伤效应、双极器件位移损伤效应、双极器件电离/位移协同效应、双极器件抗辐射加固相关问题及双极器件辐射损伤效应评价方法等内容,可供从事宇航用电子元器件科研和生产的科技人员以及高等院校相关专业师生参考。

图书在版编目(CIP)数据

　　抗辐射双极器件加固导论/李兴冀,杨剑群,刘超铭著. —哈尔滨:
哈尔滨工业大学出版社,2019.1
　　ISBN 978－7－5603－6467－4

　　Ⅰ.①抗… 　Ⅱ.①李… 　②杨… 　③刘… 　Ⅲ.①双极器件－加固
Ⅳ.①TN303

　　中国版本图书馆 CIP 数据核字(2017)第 025022 号

材料科学与工程
图书工作室

策划编辑	许雅莹　杨　桦　张秀华
责任编辑	李长波　庞　雪
封面设计	卞秉利
出版发行	哈尔滨工业大学出版社
社　　址	哈尔滨市南岗区复华四道街 10 号　邮编 150006
传　　真	0451－86414749
网　　址	http://hitpress.hit.edu.cn
印　　刷	哈尔滨艺德印刷有限责任公司
开　　本	787mm×960mm　1/16　印张 23.25　字数 508 千字
版　　次	2019 年 1 月第 1 版　2019 年 1 月第 1 次印刷
书　　号	ISBN 978－7－5603－6467－4
定　　价	58.00 元

前　言

春秋几易,寒来暑往,多少个披星戴月的夜晚,多少次反反复复的试验,又有多少次课题组的热烈研讨,才积淀了今日的些许文字。美好的回忆,收获的欣喜,都不及科研者追梦的激情。我们就像沉迷于科研世界的追梦者,在空间环境与材料和器件相互作用的研究领域里快乐地驰骋——学习、试验、研讨。课题组成员勠力同心、攻坚克难、孜孜以求、日积月累,才修成此书初稿。后幸得恩师杨德庄教授的帮助,不吝提出宝贵意见,尽其耄耋之力亲笔修正,方得今日之稿,三人不胜感激。

航天事业的飞速发展,对科研工作者提出了难得的机遇和挑战,需要鼎力发展先进的航天材料和器件,推动国家航天事业的发展。宇航用电子元器件是影响航天器在轨服役行为的关键器件。世界各航天大国均投入大量人力、物力和财力,研究如何提高宇航用电子元器件的在轨寿命和可靠性。空间带电粒子辐射是导致电子元器件在轨性能退化及能否可靠工作的最主要的环境因素。电子元器件与空间带电粒子的相互作用发生在太空,直接进行在轨研究难度大,有效的途径是进行地面模拟研究。目前我国电子元器件辐射损伤效应研究的基础尚比较薄弱,国内多跟踪国外的相关研究成果。在这样的背景下,作者所在的课题组对抗辐射双极器件的损伤效应与机理进行了潜心钻研。

本书基于作者多年的研究成果,论述了双极工艺器件的辐射损伤效应特征、损伤机理、抗辐射加固原理及技术途径。内容遵循适用、求实、创新的原则,文字删繁就简;数据求真求实,均来自多次试验的准确记载;观点力求标新立异,凸显课题组研究的新理念、新成果,可供从事抗辐射电子元器件科研和生产的科技人员及高等院校相关专业的师生参考。

"片言之赐,皆我师也。"在本书的撰写过程中,恩师与众多同仁、课题组学生热情地与我们切磋、探究,促使我们不断地质疑问难,砥砺前行,特此表示诚挚的谢意。

抗辐射电子元器件辐射损伤效应特征、机理及加固技术研究是一条漫长之路,虽作者庶竭驽钝,也只是前行不足寸步。多年的研究所得仅是管窥蠡测,还有很多需要探究的地方,望读者批评指正。

作　者

2018 年 1 月于哈尔滨

目 录

第 1 章　　半导体物理与器件基础

1.1　概　　述

从 1947 年第一只锗晶体管诞生和 1958 年第一块集成电路的出现,直至今天的甚大规模集成电路的不断发展,人类社会已从电子时代步入以微电子技术为基础的信息时代。随着知识经济的到来,作为信息产业强大基础的微电子技术正在迅速发展,同时带动了一批相关产业的崛起,微电子技术做出了世人瞩目的贡献。与此同时,随着人类空间活动的日益扩展和电子器件的广泛应用,空间环境对电子器件影响的重要性也日益突显。

人类 60 余年的航天活动实践表明,空间环境对航天器的要求是苛刻的、不可忽视的,有着极其重要的影响,是诱发航天器出现异常和故障的重要原因。其中,以空间带电粒子辐射环境对航天器的影响最为突出。高能带电粒子可以穿透航天器外部防护结构,在舱内电子元器件中产生电离辐射损伤、位移辐射损伤、单粒子事件和内部充放电等效应。这些效应都会引起电子元器件性能退化或失效,在严重情况下甚至导致在轨航天器发生故障。

与微电子工业广泛采用的金属－氧化物－半导体(Metal Oxide Semiconductor, MOS)晶体管相比,双极晶体管(Bipolar Junction Transistor,BJT)具有良好的电流驱动能力、噪声特性、线性度及优良的匹配特性等优点,在模拟电路、混合集成电路和双极互补金属－氧化物－半导体(Bipolar Complementary MOS,BiCMOS)电路等多种电子电路中有重要的应用。双极晶体管是微电子系统重要的组成部分,诸如,针对高频集成电路,人们将注意力放在超高速双极晶体管($f_T > 50$ GHz)的研发上;基于 SiGe(锗化硅)和 GaAs(砷化镓)技术的双极晶体管为超高速的无线通信提供了有力支撑。因此,双极器件在各类航天器中有重要的应用。

迄今为止,在空间环境中应用的双极晶体管还主要基于硅基技术。在信号传输速度、线性度、跨导、电流驱动等方面,双极晶体管比场效应晶体管(MOSFET)有很多优势。截止频率 f_T 是晶体管的一个重要参数。对于双极晶体管,截止频率可通过下式计算[1]:

$$f_T = 2\,\frac{\mu_n}{(2\pi W_B^2)}\,\frac{kT}{q} \tag{1.1}$$

式中,μ_n 为电子迁移率;W_B 为双极晶体管的中性基区宽度;q 为电子电荷量;T 为温度;k 为玻耳兹曼常数。

1

而对于场效应晶体管,截止频率的计算公式如下[1]:

$$f_{\mathrm{T}} = \frac{3}{2} \frac{\mu_{\mathrm{n}}}{(2\pi L^2)}(V_{\mathrm{GS}} - V_{\mathrm{T}}) \tag{1.2}$$

式中,μ_{n} 为电子迁移率;L 为 MOSFET 的沟道长度;V_{GS} 为 MOSFET 的栅极电压;V_{T} 为 MOSFET 的阈值电压。

对于该两种器件,f_{T} 随器件的关键尺寸或面积的增加而减小。当这两种器件在相同的电压下运行时,双极晶体管的基区宽度要比 MOSFET 的沟道长度小,截止频率会高很多。

双极技术和 MOS 技术都在微电子工业中扮演着重要角色。对于数字集成电路,MOS 技术更受青睐,原因是它具有高封装密度、低功率损耗和灵活的逻辑关系。然而,根据 Gray 和 Meyer[1] 的说法,在需要大电流驱动能力和极高精密模拟性能的情况下,双极技术具有独特的优势,将会持续地在模拟电路中被广泛采用。模拟电路应用广泛,涉及运算放大器、稳压器、比较器、锁相器、模数转换器(Analog to Digital Converter,ADC)和数模转换器(Digital to Analog Converter,DAC)等。

此外,在空间环境中应用双极器件的另一项关键技术是 BiCMOS 技术。BiCMOS 技术是在一个基底上同时使用双极晶体管和场效应晶体管,能够联合模拟功能和数字功能,综合实现两种类型器件最擅长的功能。BiCMOS 技术便于充分发挥双极晶体管令人满意的开关速度、电流驱动、噪声性能、模拟能力和 I/O 速度等特点,同时可以使用互补金属－氧化物－半导体(CMOS)器件的低功耗、小尺寸和复杂的数字逻辑结构。BiCMOS 技术的主要缺点是它的工艺步骤比单独的双极技术和 CMOS 技术要复杂,造价较高。

在空间辐射环境下,双极器件性能退化主要是少子寿命的降低所致。为了更好地揭示双极器件空间辐射损伤效应的基本特征与机理,需要认识和掌握载流子在双极器件中的输运状态和影响因素。为此,本章主要围绕载流子的输运、复合及双极晶体管的工作原理进行必要的阐述。

1.2　平衡半导体

本节将对本征与非本征半导体的性质建立基本的认识。尽管所讨论的大部分内容是基于 Si 材料,其基本内涵也适用于 Ge 材料和 GaAs、InP 及其他化合物半导体。通常所说的本征硅是指理想的、无缺陷的硅单晶,它没有任何的杂质或晶体缺陷(如位错和晶界)。在温度高于绝对零度的条件下,晶格中的 Si 原子将按照某种能量分布产生振动。这种振动的平均能量一般低于 $3kT$(k 为玻耳兹曼常数;T 为绝对温度)。振动着的 Si 原子通常不会破坏彼此之间的价键,而某些区域的局域晶格振动却可能具有足够的能量,使 Si 原子之间的价键断裂。某两个 Si 原子之间的价键一旦被破坏,就会产生一个"自由电子",它在晶体中做无规则运动,且可在电场的作用下参与导电过程。这种受到破坏的 Si 原子键合失去了一个电子,致使该处带正电。在键位中由于失去电子而留下的空位被称为空穴。邻近价键的电子能够容易地隧穿到这种断键处并填充空穴,于是产生了空穴向隧穿电子原来所占位置的转移。因此,通过邻近价键的电子的隧穿,空穴也可以自由地在晶体中做无规则运动,并可在外加电场作用下参与导电。在本征半导体中,热激发产生的自由电子数等于空穴数。

非本征半导体是指在半导体中添加了杂质,杂质可以提供额外的电子或空穴。例如在 Si 中掺 As 或 P 时,每个 As 或 P 原子在 Si 晶体中起施主的作用,可为晶体提供一个自由电子。因为这种自由电子不是来自断裂的 Si 键,非本征半导体中电子与空穴的数目是不相等的。掺 As 或 P 的 Si 中将具有过量的电子。这种自由电子过量的 Si 晶体称为 N 型硅,主要是由电子的运动产生导电过程。如果掺杂(如掺 B)使空穴的浓度超过自由电子的浓度,所得到的 Si 晶体称为 P 型硅。

1.2.1 本征半导体

当某个 Si 原子位于其他 Si 原子附近时,使得能级相互作用而出现电子轨道的混叠,并产生新的杂化轨道。一个 Si 原子可以与 4 个相邻的 Si 原子键合,每个 Si－Si 键对应一个轨道。该 Si 原子的每一个价键轨道具有两个自旋的电子,因而轨道是满的。邻近的 Si 原子还可以与其他的 Si 原子形成共价键,由此可形成三维的 Si 原子网络。每个 Si 原子与周围 4 个相邻的 Si 原子形成共价键,呈现体心正四面体型分布,所形成的 Si 晶体具有金刚石结构。Si 晶体的价键分布二维简化图和绝对零度条件下的能带图分别如图 1.1(a) 和 (b) 所示[2]。能带图的纵坐标表示晶体中电子的能量。价带(V_B)包含了与价键轨道交叠对应的电子状态。Si 晶体中所有的价键轨道都被价电子填满。在绝对零度的温度条件下,价带被价电子填满,而导带呈现空电子状态。导带(C_B)包含了更高能量的电子状态,这些状态与非束缚轨道的交叠相对应。导带与价带被能隙 E_g 分隔,E_g 又称为带隙或禁带宽度。价带的顶部能级标记为 E_v,导带的底部能级标记为 E_c。从 E_c 到真空能级的距离,即导带的宽度,称为电子的亲和能 χ。图 1.1(b) 所示的能带图结构适用于所有的晶体半导体,不同的半导体材料只需将电子能量分布做适当的变化。

通常,Si 晶体的导带中存在许多空的能级。导带中填充的电子可以在晶体内自由运动,也可以对外加的电场做出响应。导带中的电子能够很容易地从电场得到能量并移动到更高的能级,因为这些能级是空的。价带中电子的激发需要的最小能量为 E_g。当一个能量为 $h\nu > E_g$ 的光子激发价带中的一个电子时,该电子可吸收入射光子,得到足够越过禁带 E_g 的能量并到达导带,如图 1.2(a) 所示。其结果是产生了一个电子和一个空穴,如图 1.2(b) 所示,这对应于在价带中失去了一个电子。在诸如 Si 和 Ge 这样的某些半导体中,吸收光子的过程还会涉及晶格振动(Si 原子的振动),但这种变化在图 1.2(b) 中没有表示出来。

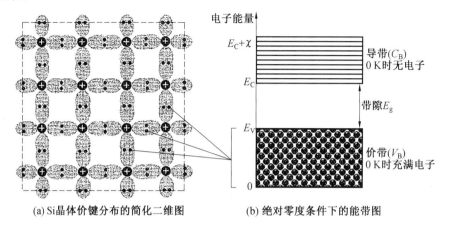

(a) Si晶体价键分布的简化二维图　　(b) 绝对零度条件下的能带图

图1.1　Si 晶的价键分布二维简化图和绝对零度条件下的能带图

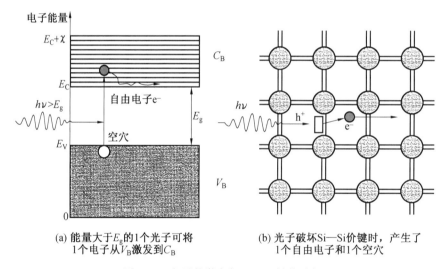

(a) 能量大于E_g的1个光子可将　　(b) 光子破坏Si—Si价键时，产生了
　　1个电子从V_B激发到C_B　　　　　　1个自由电子和1个空穴

图1.2　电子的激发与 Si—Si 键的破坏

　　除了上述光辐射作用下，可由能量 $h\nu > E_g$ 的光子产生电子－空穴对外，也可由热的作用诱发电子－空穴对。在热能的作用下，Si 晶体中的原子不停地振动，导致 Si 原子之间的价键周期性地变形。若某个区域的 Si 原子在某瞬间出现异常振动，可使得其相应的价键过度伸展，如图 1.3 所示。这种过度伸展的价键有可能断裂，并因此释放电子到导带（电子获得了"自由"，成为自由电子）。价带中失去电子留下的空电子状态即为空穴。在图 1.3 中，自由电子和空穴分别以 e^- 和 h^+ 表示。导带中的自由电子可在晶体中无规则地运动，也可在外加的电场中提供电导。价带中空穴周围的区域带正电荷，因为电子 e^- 已将负电荷从晶体的电中性的区域带走。空穴能够在晶体中自由地漫游，原因是邻近价键

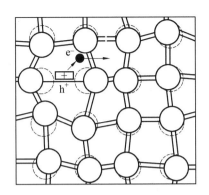

图1.3　Si 原子的热振动破坏价键而产生电子－空穴对

的电子可以"跳跃"（即隧穿）而进入空穴,填充该位置的价电子态,以致在电子原来所在的位置产生一个空穴。实际上,电子的隧穿与空穴向相反的方向移动是等效的,如图1.4(a) 所示。上述载流子的单步转移可以再次发生,引起空穴进一步被转移。其结果是空穴就像正电荷实体,可以在晶体中自由移动,如图1.4(a)～(d)所示。相对于最初电子的运动,空穴的运动是相对独立的。在外加电场的作用下,空穴会沿电场方向漂移而提供电导。显然,在半导体中存在两种类型的电荷载流子 —— 电子与空穴。空穴实际上是价带中的空电子态,它的性能如同正电荷粒子,能够独立地对外加电场做出响应。

如果导带中的一个漫游的电子遇到价带中的一个空穴,该电子就会占据空穴,如图1.4(e) 和图 1.4(f) 所示。这种电子从导带落入价带的现象称为复合,引起导带的电子与价带的空穴相互湮灭(annihilation)。电子从导带落入价带过程中,多余的能量在某些半导体(如 GaAs 和 InP) 中以光子的形式发射,而在 Si 和 Ge 中耗散于晶格振动(热能)。

如何确定电子浓度 n 和空穴浓度 p？按照图 1.4(a)～(d)所示的过程,将状态密度乘以某个状态被占据的概率,然后在整个导带中对 n 积分(对电子)以及在整个价带中对 p 积分(对空穴)[2]。定义 $g_c(E)$ 为导带的状态密度,即单位能量、单位体积中的状态数。在能量为 E 的某个状态,电子占据的概率由费米－狄拉克函数 $f(E)$ 界定。通过 $g_c(E) \cdot f(E)$ 可求得导带(C_B)中单位能量、单位体积的实际电子数 $n_E(E)$,则单位体积内能量在 E 到($E + dE$) 范围的电子数为

$$n_E dE = g_c(E) f(E) dE \tag{1.3}$$

对式(1.3)从导带底(E_C)到导带顶($E_C + \chi$) 积分,得到电子浓度 n(导带中每单位体积的电子数) 的计算式为

$$n = \int_{E_C}^{E_C + \chi} n_E(E) dE = \int_{E_C}^{E_C + \chi} g_c(E) f(E) dE \tag{1.4}$$

$$f(E) = \frac{1}{1 + \exp(\dfrac{E - E_F}{kT})} \tag{1.5}$$

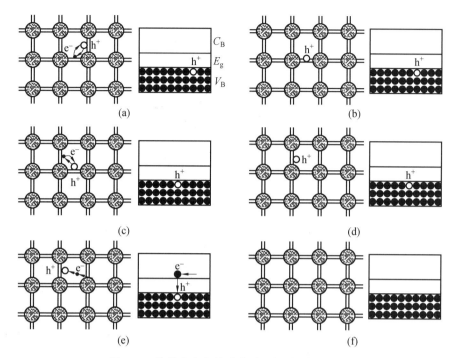

图1.4　价带中空穴的形成、漫游及复合示意图

（源于邻近价电子的遂穿与空穴在晶体中漫游）

式中，k 为玻耳兹曼常数；T 为绝对温度；E_F 为费米能级。

假定 $E_C - E_F \gg kT$，则下式成立：

$$f(E) = \exp[-(E - E_F)] \tag{1.6}$$

于是，可以用玻耳兹曼统计替代费米-狄拉克统计，就会得出如下结论：导带中的电子数远小于导带中的状态数。通过推导最终可得

$$n = N_c \exp\left[-\frac{(E_C - E_F)}{kT}\right] \tag{1.7}$$

式中，N_c 为与温度有关的常量，称为导带带边的有效状态密度。

类似地，可求得价带中空穴的浓度如下：

$$p = \int_0^{E_V} p_E(E)\,dE = \int_0^{E_V} g_v(E)[1 - f(E)]\,dE \tag{1.8}$$

如果 E_F 至少比 E_V 高几个 kT，则上式的积分可简化为

$$p = N_v \exp\left[-\frac{(E_F - E_V)}{kT}\right] \tag{1.9}$$

式中，N_v 为价带带边的有效状态密度。

在确定了自由电子浓度 n 和空穴浓度 p 的基础上，可进一步求得两者乘积 np 的通用

表达式：

$$np = N_c N_v \exp\left[-\frac{(E_C - E_V)}{kT}\right] = N_c N_v \exp\left(-\frac{E_g}{kT}\right) \tag{1.10}$$

式中，$E_g = E_C - E_V$ 是禁带宽度（或带隙）。

该式右端 $N_c N_v \exp(-E_g/(kT))$ 是依赖于温度和材料性质的常量，它与费米能级的位置无关。对于本征半导体的特殊情况，自由电子浓度与空穴浓度相等，即 $n = p$。若以 n_i 表示本征半导体浓度，可将式（1.10）右端表征为 $N_c N_v \exp(-\frac{E_g}{kT}) = n_i^2$，从而得到

$$np = n_i^2 = N_c N_v \exp\left(-\frac{E_g}{kT}\right) \tag{1.11}$$

式（1.11）是热平衡条件下的通用公式，它不包括存在外部激发（如光生效应）的影响。该式说明，乘积 np 是与温度有关的常量。如果由于某种原因使电子浓度增高，则不可避免地会降低空穴浓度。常量 n_i 具有特殊的意义，它代表着本征半导体中自由电子和空穴的浓度。本征半导体是电子浓度和空穴浓度相等且纯净的半导体晶体。所谓"纯"是指晶体中没有任何杂质。本征半导体也不涉及晶体缺陷，原因在于晶体缺陷可以捕获某种电荷载流子而引起电子浓度与空穴浓度不相等。所谓"净"是指通过跨越禁带的热激发成对地产生电子与空穴。式（1.11）是普遍有效的，除本征半导体外，也适用于非本征半导体。

1.2.2 非本征半导体

在纯净的半导体（如单晶硅）中引入少量的杂质，可以使得一种极性的载流子在数量上超过另一种极性的载流子。这种类型的非纯净半导体，称为非本征半导体。例如，Si 中加入诸如 P 一类的 5 价杂质，可以得到电子浓度远大于空穴浓度的半导体，即 N 型半导体；如果 Si 中加入诸如 B 一类的 3 价杂质，则空穴浓度超过电子浓度，得到 P 型半导体。掺杂是改变半导体中电子和空穴浓度的有效方法。

如果将少量的元素周期表中 V 族的 5 价元素（诸如 As、P 和 Sb）引入到纯净的 Si 晶体中，例如每百万个主体 Si 原子中仅掺杂一个 P 原子，可使每一个 P 原子被数以百万计的 Si 原子包围，从而迫使 P 原子按照相同的金刚石结构与 Si 原子结合。P 原子有 5 个价电子，而 Si 原子只有 4 个价电子。当一个 P 原子与 4 个 Si 原子组合价键时，P 原子有一个电子未能组成价键，该电子没有键合的机会，便离开 P 原子，并在围绕 P 原子的轨道上运行，如图 1.5 所示。在这种情况下，P^+ 离子中心与沿轨道运行的一个电子一起，如同在硅环境中形成了一个"H 原子"，故可以按照"类 H 原子模型"，计算使该电子离开 P 原子（即电离 P 杂质）所需要的能量。假如这个"类 H 原子"处于自由空间，把一个电子从基态（处于 $n=1$）移动到远离原子中心位置所需要的能量为 $-E_n(n=1)$，则在"类 H 原子"中电子的结合能 E_b 为

$$E_b = -E_1 = \frac{m_e q^4}{8\varepsilon_0^2 h^2} = 13.6 \text{ (eV)} \tag{1.12}$$

式中，m_e 为电子的静止质量；q 为电子的电荷；ε_0 为真空介电常数；h 为普朗克常数。

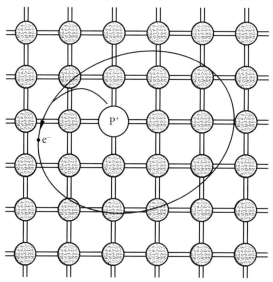

图1.5　掺杂 P 的 Si 晶体

若针对 Si 晶体环境中 P$^+$ 核周围的电子应用式(1.12)计算时，需要以 $\varepsilon_0\varepsilon_r$ 替代 ε_0(这里的 ε_r 是 Si 晶体的相对介电常数)，同时还应以 Si 晶体中电子的有效质量 m_e^* 替代 m_e。因此，Si 晶体中"类氢"电子与 P$^+$ 核的结合能为

$$E_b^{Si} = \frac{m_e^* q^4}{8\varepsilon_0^2 \varepsilon_r^2 h^2} = (13.6 \text{ eV})\left(\frac{m_e^*}{m_e}\right)\left(\frac{1}{\varepsilon_r^2}\right) \tag{1.13}$$

式中，各符号的含义同前。

对于 Si 晶体，$\varepsilon_r = 11.9$，$m_e^* \approx \frac{1}{3}m_e$，可得 $E_b^{Si} = 0.032$ eV。该数值可与室温下 Si 原子振动的平均热能(约 $3kT = 0.07$ eV)相比较。这样，由于晶格的热振动，易于使 P 原子在 Si 环境条件下释放未参与键合的价电子，所释放出来的电子在半导体中是"自由"的，即处于导带中。所以，激发该电子到导带所需的能量是 0.032 eV。掺杂 P 原子时可在其附近引入局部的电子态，具有"类氢"的局域波函数。此状态的能量 E_d 在 E_c 之下 0.032 eV 处，即 $E_c - E_d = 0.032$ eV。该能量就是使在 Si 环境下电子离开 P 原子而进入导带所需要的能量。室温下晶格振动的热激发足以使 P 原子电离，即激发电子从 E_d 到导带。这个过程会产生自由电子和不可移动的 P$^+$，如图 1.6 所示。P 原子向导带贡献电子，因此被称为施主原子。E_d 是施主原子周围的电子的能量，在数值上与 E_c 很接近，这是掺杂的施主元素便于向导带贡献电子所致。如果 N_d 是晶体中施主原子的浓度，且 $N_d \gg n_i$(n_i 为本征半

导体载流子浓度),则室温下施主向导带提供的电子数 n 接近 N_d,即 $n \approx N_\mathrm{d}$。在这种情况下,空穴浓度将变为 $p = n_\mathrm{i}^2/N_\mathrm{d}$,远低于本征载流子浓度。导带中大量电子的一部分将与价带中的空穴复合,以便维持 $np = n_\mathrm{i}^2$。

然而,在低温条件下,不是所有的施主原子都会电离,需要针对施主求得每个能量为 E_d 的状态中存在一个电子的概率函数,记为 $f_\mathrm{d}(E_\mathrm{d})$。该概率函数与费米-狄拉克函数 $f_\mathrm{d}(E_\mathrm{d})$ 类似,只是指数项需乘以系数 $1/2$,即[2]

$$f_\mathrm{d}(E_\mathrm{d}) = \cfrac{1}{1 + \cfrac{1}{2}\exp\left[\cfrac{(E_\mathrm{d} - E_\mathrm{F})}{kT}\right]} \tag{1.14}$$

式中,各符号的含义同前。

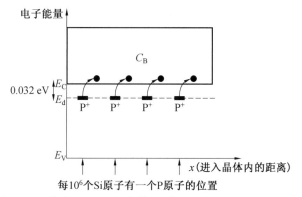

图1.6　P 掺杂 N 型 Si 的能带图(掺杂浓度为 $1 \times 10^{-6}\ \mathrm{cm}^{-3}$)

在式(1.14)中,系数 $1/2$ 是基于施主的电子态只能容纳具有自旋方向向上或向下的一个电子,而不能容纳两个电子(施主能级一旦被一个电子占据,第二个电子便不能再进入)得出的。因此,在温度 T 的条件下,被电离的施主原子数目为

$$N_\mathrm{d}^+ = N_\mathrm{d} \times [1 - f_\mathrm{d}(E_\mathrm{d})] = \cfrac{N_\mathrm{d}}{1 + 2\exp\left[\cfrac{(E_\mathrm{F} - E_\mathrm{d})}{kT}\right]} \tag{1.15}$$

式中,各符号的含义同前。

上述分析表明,Si 晶体中引入 5 价原子会出现 N 型掺杂。施主原子的第 5 个价电子不能进入价键,可由于热激发从施主逸出而进入导带。通过类似的推导可以预期,用 3 价原子(如 B、Al、Ga 或 In)对 Si 晶体进行掺杂将得到 P 型 Si 晶体。如图 1.7 所示,以少量 B 元素掺杂 Si 单晶体,B 原子只有 3 个价电子,在与邻近的 4 个 Si 原子共享电子时,Si 原子将有一个价键缺少一个电子。在这种组成共价键的过程中出现的电子空缺就是空穴。邻近的电子可以通过隧穿进入该空穴,并且该空穴可进一步转移,而离开 B 原子。当空穴离开后,原来的 B 原子将带负电荷并吸引空穴,使空穴在 B^- 的周围运行,如图 1.7(b) 所示。类似于 N 型 Si 的情形,这种空穴与 B^- 的结合能可以利用"类氢原子模型"进行计算,所得

的结合能计算结果约为 0.05 eV,数值上也是非常小的。因此,常温下晶格的热振动便可以使空穴摆脱 B⁻ 而成为自由空穴。在能带图上,自由空穴位于价带。空穴从 B⁻ 的束缚中逃逸涉及两个过程:第一,B 原子接受来自邻近 Si—Si 价键的电子(从价带中),这实际上是产生可被转移的空穴;第二,空穴在价带中获得自由而最终逃逸。引入到 Si 晶体中的 B 原子起到接受电子的作用,因此称为受主杂质。被 B 原子接受的电子来自邻近价键。在能带图中,该电子离开价带并被 B 原子接受,使 B 原子带负电。该过程将在价带中留下空穴,且可以不受约束地在价带中漫游,如图 1.8 所示。

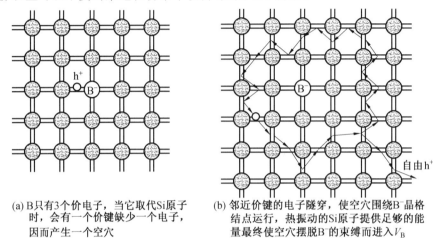

(a) B只有3个价电子,当它取代Si原子时,会有一个价键缺少一个电子,因而产生一个空穴

(b) 邻近价键的电子隧穿,使空穴围绕B⁻晶格结点运行,热振动的Si原子提供足够的能量最终使空穴摆脱B⁻的束缚而进入 V_B

图1.7　掺杂 B 的 Si 单晶体中自由空穴的形成

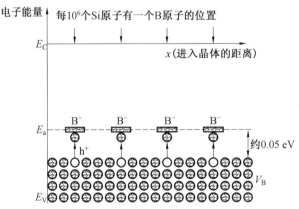

图1.8　B 掺杂 P 型 Si 的能带图

(掺杂浓度为 1×10^{-6} cm⁻³)

很明显,以 3 价杂质掺杂的 Si 晶体产生 P 型材料。如果受主杂质的浓度 N_a 远大于本征浓度 n_i,即 $N_a \gg n_i$,可使室温下所有的受主原子均电离。因此,P 型 Si 晶体中空穴浓度大体上与受主杂质浓度相当,即 $p \approx N_a$;电子浓度远低于本征浓度,可由浓度作用定律确

定,即 $n = n_i^2/N_a$。

1.3 载流子输运现象

1.2节重点针对平衡半导体,分别讨论了导带与价带中电子和空穴的浓度。这对于理解双极器件的电学特性是十分必要的。在半导体中电子和空穴的净流动将产生电流,载流子的这种运动过程称为输运。本节将主要涉及半导体晶体中的两种基本输运机制,包括:① 漂移运动,指由电场引起的载流子运动;② 扩散运动,指由浓度梯度引起的载流子流动。此外,半导体的温度梯度也能引起载流子运动。但是,由于半导体器件尺寸变得越来越小,该种效应通常可以忽略。载流子的输运是界定器件电流－电压特性的基础。本节主要针对热平衡状态讨论载流子输运过程的特点,并假设输运过程中电子和空穴的净流动不会对热平衡状态产生干扰。

1.3.1 载流子的漂移运动

在导带和价带中有空的能量状态时,半导体中的电子和空穴在外加电场的作用下将产生净加速度和净位移。这种电场力作用下的载流子运动称为漂移运动。载流子电荷的净漂移形成漂移电流。

如果数密度为 ρ 的正电荷以平均漂移速度 v_d 运动,则漂移电流密度可由下式计算[3]:

$$J_{drf} = \rho v_d \tag{1.16}$$

其中,J_{drf} 的单位是 $C/(cm^2 \cdot s)$ 或 A/cm^2。

若体电荷是带正电的空穴,则 $\rho = q \cdot p$,此时有

$$J_{drf,p} = qp v_{d,p} \tag{1.17}$$

式中,q 为电子电荷量;$J_{drf,p}$ 为空穴漂移形成的电流密度;$v_{d,p}$ 为空穴的平均漂移速度;p 为空穴浓度。

在电场力 F 的作用下,空穴的运动方程为

$$F = m_p^* a = qE \tag{1.18}$$

式中,a 为空穴漂移加速度;E 为电场强度;m_p^* 为空穴的有效质量。

如果电场恒定,空穴漂移速度应随着时间呈线性增加。但是,半导体中的载流子会与电离杂质原子和热振动的晶格原子发生碰撞。这种碰撞或散射会改变载流子的速度特性。在电场的作用下,晶体中的空穴获得加速度,导致其速度增加。当载流子同晶体中的原子相碰撞时,载流子粒子将会损失其大部分或全部能量。然后,粒子将重新被加速并且获得能量,直到下次受到碰撞或散射。这种过程会不断重复发生。整个过程中空穴将具有平均漂移速度。在弱电场情况下,空穴的平均漂移速度与电场强度成正比,如下式所示:

$$v_{d,p} = \mu_p E \tag{1.19}$$

式中，$v_{d,p}$ 为空穴平均漂移速度；E 为电场强度；μ_p 为比例系数，称为空穴迁移率。

迁移率是半导体中载流子特性的重要参数，用于描述载流子在电场作用下的运动能力。迁移率的单位通常为 $cm^2/(V \cdot s)$。空穴漂移电流密度可由下式计算：

$$J_{drf,p} = qp v_{d,p} = q\mu_p pE \tag{1.20}$$

式中，空穴漂移电流方向与外加电场方向相同。同理，可给出电子的漂移电流密度为

$$J_{drf,n} = \rho v_{d,n} = (-qn) v_{d,n} \tag{1.21}$$

式中，$J_{drf,n}$ 为电子漂移形成的电流密度；$v_{d,n}$ 为电子的平均漂移速度；负号为电子带负电荷；n 为电子浓度。

弱电场情况下，电子的平均漂移速度也与电场强度成正比。由于电子带负电荷，电子的运动与电场方向相反，故得

$$v_{d,n} = -\mu_n E \tag{1.22}$$

式中，μ_n 为电子迁移率，为正值。

电子的漂移电流密度为

$$J_{drf,n} = (-q \cdot n)(-\mu_n \cdot E) = q\mu_n nE \tag{1.23}$$

虽然电子运动的方向与电场方向相反，但电子漂移电流的方向与外加电场方向相同。电子和空穴的迁移率是温度与掺杂浓度的函数。表 1.1 给出了几种半导体材料在 $T = 300$ K 时，低掺杂浓度下电子和空穴的一些典型迁移率值。

表 1.1　在 $T = 300$ K 时，低掺杂浓度下电子和空穴的一些典型迁移率值

半导体材料	$\mu_n/(cm^2 \cdot V^{-1} \cdot s^{-1})$	$\mu_p/(cm^2 \cdot V^{-1} \cdot s^{-1})$
Si	1 350	480
GaAs	8 500	400
Ge	3 900	1 900

电子和空穴对漂移电流都有贡献。总漂移电流密度 J_{drf} 是电子漂移电流密度与空穴漂移电流密度之和，可由下式给出：

$$J_{drf} = q(\mu_n n + \mu_p p)E \tag{1.24}$$

迁移率反映了载流子的平均漂移速度与电场之间的关系，是半导体材料的重要参数。空穴漂移加速度与外力如电场力 F 之间的关系可表达为

$$F = m_p^* a = m_p^* \frac{dv}{dt} = qE \tag{1.25}$$

式中，v 为空穴在电场作用下的漂移速度，不包括随机热运动速度；m_p^* 为空穴的有效质量；q 为电子电荷量；t 为时间。

如果电场和空穴的有效质量均为常数，且假设初始漂移速度为 0，则对上式积分可得

$$v = \frac{qEt}{m_p^*} \tag{1.26}$$

图 1.9(a) 给出无外加电场的情况下,半导体中电子的随机热运动示意图。如果外加较小的电场,空穴将沿电场 E 的方向漂移,如图 1.9(b) 所示。空穴的漂移速度仅是其随机热运动速度的微小扰动量,平均碰撞时间 τ_p 不会显著变化。如果把时间 t 替换为平均碰撞时间 τ_p,则碰撞或散射前空穴的平均最大速度为

$$v_{d,peak} = (\frac{q\tau_p}{m_p^*})E \tag{1.27}$$

空穴平均漂移速度 $\langle v_d \rangle$ 为最大速度 $v_{d,peak}$ 的一半,故得

$$\langle v_d \rangle = \frac{1}{2}(\frac{q\tau_p}{m_p^*})E \tag{1.28}$$

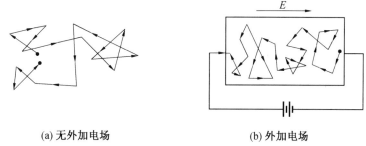

(a) 无外加电场   (b) 外加电场

图1.9 半导体中电子的随机运动

实际的碰撞过程并不像上述模型那样简单,但该模型已经具有了统计学性质。在考虑了统计分布影响的模型中,将无因子 1/2。空穴迁移率可以表示为

$$\mu_p = \frac{q\tau_p}{m_p^*} \tag{1.29}$$

相应地,对电子迁移率进行类似的分析,可得如下表达式:

$$\mu_n = \frac{q\tau_n}{m_n^*} \tag{1.30}$$

在半导体中主要存在两种散射机制影响载流子的迁移率,包括晶格散射(声子散射)和电离杂质散射。当温度高于绝对零度时,半导体晶体中的原子具有一定的热能,可在其晶格位置上做无规则热振动。晶格振动将破坏理想周期性势场。晶体的理想周期性势场允许电子在整个晶体中自由运动,而不会受到散射。但是,热振动会破坏势函数,导致载流子(电子、空穴)与振动的晶格原子发生相互作用。这种热振动所导致的晶格散射也称为声子散射。图 1.10 显示了在不同的掺杂浓度下 Si 中电子和空穴的迁移率对温度的依赖关系。在轻掺杂半导体中,晶格散射是主要的散射机制,载流子迁移率随温度升高而减小,迁移率与 T^{-n} 成正比。

另一种影响载流子迁移率的散射机制称为电离杂质散射。掺入半导体的杂质原子可以控制或改变半导体的性质。室温下杂质原子已经电离,电子或空穴与电离杂质原子之

间存在库仑作用。库仑作用引起的碰撞或散射也会改变载流子的速度特性。图 1.11 给
出了 $T = 300$ K 时，Ge、Si 和 GaAs 中载流子迁移率与杂质浓度的关系。更准确地说，这应
为载流子迁移率与电离杂质浓度的关系曲线。当杂质浓度增加时，杂质散射中心数量增
多，载流子迁移率变小。

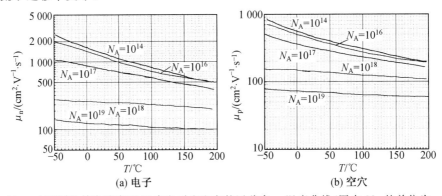

图1.10　在不同的掺杂浓度下 Si 中电子和空穴的迁移率－温度曲线（图中 N_A 的单位为 cm^{-3}）

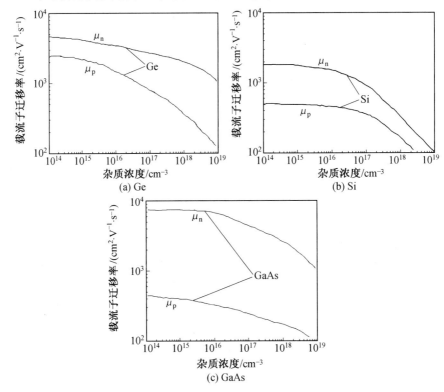

图1.11　$T = 300$ K 时，Ge、Si 和 GaAs 中载流子迁移率与杂质浓度的关系

1.3.2 载流子的扩散运动

除了漂移运动外,还有另一种扩散输运机制能在半导体中产生电流。如图 1.12 所示,一个容器被薄膜分隔为两部分,左侧有某温度的气体分子,右侧为真空。气体分子进行无规则热运动。当薄膜破裂后,气体分子会从左侧流入右侧容器。这种气体分子从高浓度区流向低浓度区的运动过程,称为扩散运动。如果气体分子带电荷,电荷的净流动将形成扩散电流。

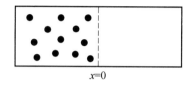

图1.12 薄膜分隔开的容器(左侧充满气体分子)

首先简单地分析半导体中的扩散过程。假设电子浓度呈一维线性变化,如图 1.13 所示。若各处的温度相等,则电子的平均热运动速度与距离 x 无关。为了求得电子的一维扩散产生的电流,先计算单位时间内通过 $x=0$ 处的单位横截面上的净电子流。在图 1.13 中,若电子的平均自由程(即电子在两次碰撞之间走过的平均距离)为 $l(l=v_{th}\tau_n)$,那么在 $x=-l$ 处向右运动的电子和在 $x=+l$ 处向左运动的电子都将通过 $x=0$ 处的截面。在任意时刻,$x=-l$ 处有一半的电子向右流动,$x=+l$ 处有一半的电子向左流动。在 $x=0$ 处,沿 x 正方向的电子流通量 F_n 为[3]

$$F_n = \frac{1}{2}n(-l)v_{th} - \frac{1}{2}n(+l)v_{th} = \frac{1}{2}v_{th}[n(-l)-n(+l)] \qquad (1.31)$$

如果将电子流通量按照泰勒级数在 $x=0$ 处展开,并保留前两项,则式(1.31)改写为

$$F_n = \frac{1}{2}v_{th}\left\{\left[n(0)-l\frac{dn}{dx}\right]-\left[n(0)+l\frac{dn}{dx}\right]\right\} = -v_{th}l\frac{dn}{dx} \qquad (1.32)$$

因电子电荷量为 $-q$,可得电流密度 J_n 为

$$J_n = -qF_n = qv_{th}l\frac{dn}{dx} \qquad (1.33)$$

该式所描述的是电子扩散电流,它与电子浓度的空间导数(即浓度梯度)成正比。在图 1.13 所示的情况下,电子从高浓度区向低浓度区的扩散是沿 x 负方向进行。因为电子带负电荷,电子扩散电流方向应沿 x 正方向,如图 1.14(a)所示。对此种一维情况,可以将电子扩散电流密度表示为

$$J_{diff,n} = qD_n\frac{dn}{dx} \qquad (1.34)$$

式中,D_n 为电子扩散系数,其值为正,单位为 cm^2/s。

如果电子浓度梯度为负,电子扩散电流方向将沿 x 负方向。

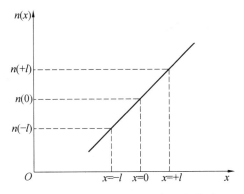

图1.13　电子浓度 n 与距离 x 的关系

图1.14(b)所示为半导体中空穴浓度梯度与扩散距离的关系。空穴从高浓度区向低浓度区的扩散运动沿 x 负方向进行。因为空穴带正电荷,扩散电流方向也沿 x 负方向。空穴扩散电流密度与空穴浓度梯度和带电量成正比,则对于一维扩散情况有

$$J_{\text{diff,p}} = -qD_{\text{p}} \frac{\mathrm{d}p}{\mathrm{d}x} \tag{1.35}$$

式中, D_{p} 为空穴扩散系数,单位为 cm^2/s,其值为正。

如果空穴浓度梯度为负,则空穴扩散电流方向将沿 x 正方向。

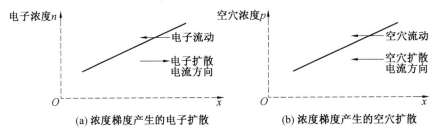

图1.14　载流子浓度梯度与扩散距离的关系

综合上述分析,半导体中会产生 4 种相互独立的电流,它们分别是电子漂移电流和电子扩散电流,以及空穴漂移电流和空穴扩散电流。总电流密度应为四者之和。对于一维情况,可得

$$J = qn\mu_{\text{n}}E_x + qp\mu_{\text{p}}E_x + qD_{\text{n}} \frac{\mathrm{d}n}{\mathrm{d}x} - qD_{\text{p}} \frac{\mathrm{d}p}{\mathrm{d}x} \tag{1.36}$$

推广到三维情况时,则有

$$J = qn\mu_{\text{n}}E + qp\mu_{\text{p}}E + qD_{\text{n}} \nabla n - qD_{\text{p}} \nabla p \tag{1.37}$$

可见,半导体中总电流的表达式包括 4 项。在多数情况下,针对半导体的某些特定条件,通常只需要考虑其中一项。载流子的迁移率适用于表征半导体中载流子在电场力作用下的运动特性,而载流子的扩散系数是描述半导体中载流子在浓度梯度作用下运动的

特性参数。电子的迁移率和扩散系数是相关的;同样,空穴的迁移率和扩散系数也不是相互独立的。因此,载流子的迁移率和扩散系数可通过爱因斯坦关系式相互关联,即

$$\frac{D_n}{\mu_n} = \frac{D_p}{\mu_p} = \frac{kT}{q} \tag{1.38}$$

该式称为爱因斯坦关系式。

1.4　非平衡载流子

　　1.2节和1.3节讨论了热平衡状态下半导体中载流子的运动特性,主要涉及平衡半导体。当半导体器件外加一定的电压或存在一定的电流时,半导体处于非平衡状态。如果半导体受到外部的激励,会在热平衡浓度之外,促使导带和价带中分别产生过剩的电子和空穴。过剩电子和空穴并非相互独立运动,而是在扩散、漂移及复合等行为上表现出一定的相互关联性,导致电子和空穴具有相同的有效扩散系数、漂移迁移率和寿命。这种现象称为双极输运。过剩载流子是双极器件工作的基础,可以通过分析过剩载流子产生的不同状态来了解双极输运现象。

1.4.1　载流子的产生和复合

　　通常载流子的产生是指电子和空穴的生成过程,而复合是指电子和空穴消失的过程。半导体中热平衡状态的任何偏离都可能导致电子和空穴浓度的变化。例如,温度的突然增高会在热能的作用下使电子和空穴产生的速率增加,从而导致它们的浓度随时间变化,直至达到一个新的平衡值。一个外加的激励(如光辐射),也会产生电子和空穴,从而使半导体中的载流子出现非平衡状态。为了理解载流子的产生和复合过程,首先考虑直接的带间产生与复合,然后讨论禁带出现允许电子能量状态的现象,即陷阱或复合中心复合。经受空间辐射作用时,所产生的载流子陷阱或复合中心将会对双极器件的性能演化产生较大影响。

　　在热平衡状态下,电子和空穴的浓度与时间无关。然而,由于热学过程具有随机的性质,电子会不断地受到热激发而从价带跃入导带。同时,导带中的电子会在晶体中随机运动,当其靠近空穴时就有可能落入价带中的空状态。这种复合过程将导致电子和空穴湮没。热平衡状态下的净载流子浓度与时间无关,导致电子和空穴的产生率与复合率相等。

　　首先令 G_{n0} 和 G_{p0} 分别为电子和空穴的产生率,单位是 $cm^{-3} \cdot s^{-1}$。对于载流子的直接禁带产生而言,电子和空穴成对出现,故有

$$G_{n0} = G_{p0} \tag{1.39}$$

再分别令 R_{n0} 和 R_{p0} 分别为电子和空穴的复合率,单位仍是 $cm^{-3} \cdot s^{-1}$。对于直接禁带复

合来说,电子和空穴成对消失,因此一定有

$$R_{n0} = R_{p0} \tag{1.40}$$

在热平衡状态下,电子和空穴的浓度与时间无关,且其产生和复合的概率相等,于是会有如下关系:

$$G_{n0} = G_{p0} = R_{n0} = R_{p0} \tag{1.41}$$

假设有一个高能光子射入半导体时,会导致价带中的电子被激发跃入导带。此时不只是在导带中产生 1 个电子,价带中也会同时产生 1 个空穴,结果便生成了电子－空穴对。这种额外产生的电子和空穴分别称为过剩电子和过剩空穴。外部的辐射作用会产生特定比率的过剩电子和过剩空穴。令 G_n 为过剩电子的产生率,G_p 为过剩空穴的产生率,单位均为 $cm^{-3} \cdot s^{-1}$。对于直接禁带产生的载流子而言,过剩电子和过剩空穴是成对出现的,因此一定会有如下关系:

$$G_n = G_p \tag{1.42}$$

当产生了非平衡的电子和空穴后,导带中的电子浓度和价带中的空穴浓度就会高于它们在热平衡状态下的值,可以分别写为

$$n = n_0 + \Delta n \tag{1.43}$$

$$p = p_0 + \Delta p \tag{1.44}$$

式中,n_0 和 p_0 分别为电子和空穴的热平衡浓度;Δn 和 Δp 分别为过剩电子和空穴的浓度。

图 1.15 所示为光辐射作用下过剩电子－空穴对的产生过程及其引起的载流子浓度变化。这表明载流子的状态受到了外部环境作用的扰动,半导体不再处于热平衡状态。在这种非平衡状态下,载流子的浓度存在如下关系:

$$np \neq n_0 p_0 = n_i^2 \tag{1.45}$$

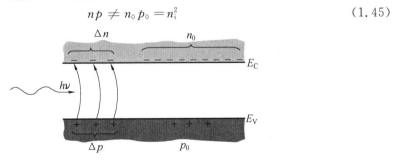

图1.15　光辐射作用下过剩电子－空穴对的产生过程及其引起的载流子浓度变化

过剩电子和空穴的稳态产生并不会使载流子的浓度持续升高。在热平衡状态下,导带中的电子可能会"落入"价带中,从而引起过剩电子－空穴的复合过程,如图 1.16 所示。过剩电子的复合率用 R_n 表示,过剩空穴的复合率用 R_p 表示,单位均为 $cm^{-3} \cdot s^{-1}$。过剩电子和过剩空穴成对复合,因此,两者的复合率相等,可以写为

$$R_n = R_p \tag{1.46}$$

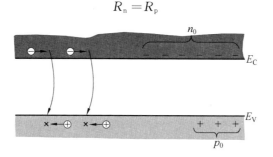

图1.16 过剩载流子的复合

直接带间复合是一种自发行为,电子和空穴的复合率相对于时间是一个常量,即不随时间而变化。复合的概率必须同时与电子和空穴的浓度成比例。如果没有电子或空穴,也就不可能产生复合。电子浓度随时间 t 的变化率为[3]

$$\frac{\mathrm{d}n(t)}{\mathrm{d}t} = \alpha_r \left[n_i^2 - n(t)p(t) \right] \tag{1.47}$$

其中

$$n(t) = n_0 + \Delta n(t) \tag{1.48}$$
$$p(t) = p_0 + \Delta p(t) \tag{1.49}$$

上述公式中,n_0 和 p_0 分别为热平衡时电子和空穴的浓度(与时间无关,通常也与位置无关);n 和 p 分别为总电子和空穴的浓度(可能是时间或位置的函数);α_r 为单位时间载流子浓度变化的比例系数,单位为 $\mathrm{cm^3/s}$。

式(1.47)中右端第一项 $\alpha_r n_i^2$ 是热平衡状态下载流子的生成率。过剩电子和过剩空穴成对地产生和复合,必然会有 $\Delta n(t) = \Delta p(t)$。由于非平衡电子和空穴的浓度变化率相等,后面将使用过剩载流子作为两者的总称。在热平衡状态下,n_0 和 p_0 与时间无关,式(1.47)可变为

$$\frac{\mathrm{d}(\Delta n(t))}{\mathrm{d}t} = \alpha_r \left[n_i^2 - (n_0 + \Delta n(t))(p_0 + \Delta p(t)) \right] = -\alpha_r \Delta n(t) \left[(n_0 + p_0) + \Delta n(t) \right]$$

$$\tag{1.50}$$

在过剩载流子注入量较小(称为小注入)条件下,上式很容易求解。小注入时,过剩载流子浓度的数量级与热平衡状态的载流子浓度相比十分有限。在通常情况下,对于 N 型掺杂材料,$n_0 \gg p_0$;对于 P 型掺杂材料,$p_0 \gg n_0$。小注入意味着过剩载流子的浓度远远小于热平衡多数载流子的浓度。当过剩载流子的浓度接近或者超过热平衡多数载流子的浓度时,称为大注入条件。

现在考虑小注入($\Delta n(t) \ll p_0$)条件下的 P 型($p_0 \gg n_0$)材料,式(1.50)变为

$$\frac{\mathrm{d}(\Delta n(t))}{\mathrm{d}t} = -\alpha_r p_0 \Delta n(t) \tag{1.51}$$

该式的解是最初非平衡浓度的指数衰减函数,即

$$\Delta n(t) = \Delta n(0) e^{-\alpha_r p_0 t} = \Delta n(0) e^{-t/\tau_n} \tag{1.52}$$

式中,$\tau_n = (\alpha_r p_0)^{-1}$ 是小注入时过剩少数载流子电子衰减的时间常量。

式(1.52)描述了过剩少数载流子电子的衰减规律。在 P 型半导体中,τ_n 通常代表过剩少数载流子电子的寿命。过剩少数载流子电子的复合率 R_n 定义如下:

$$R_n = -\frac{\mathrm{d}(\Delta n(t))}{\mathrm{d}t} = \alpha_r p_0 \Delta n(t) = \frac{\Delta n(t)}{\tau_n} \tag{1.53}$$

当直接带间复合发生时,过剩多数载流子空穴具有与电子(少子)相同的复合率,故对于 P 型材料有

$$R_n = R_p = \frac{\Delta n(t)}{\tau_n} \tag{1.54}$$

相应地,对于小注入($\Delta n(t) \ll n_0$)条件下的 N 型($n_0 \gg p_0$)材料,少数载流子空穴的衰减时间常量为 $\tau_p = (\alpha_r n_0)^{-1}$。在 N 型半导体材料中,$\tau_p$ 通常代表过剩少数载流子空穴的寿命。多数载流子电子与少数载流子空穴具有相同的复合率,因此有

$$R_n = R_p = \frac{\Delta n(t)}{\tau_p} \tag{1.55}$$

通常,过剩载流子的复合率不是电子或空穴浓度的函数。一般情况下,过剩载流子的产生率与复合率是空间坐标和时间的函数。

1.4.2　过剩载流子的性质

过剩载流子的产生率与复合率是两个很重要的参数。特别是,在有电场和浓度梯度存在的状态下,过剩载流子如何随时间和空间变化至关重要。前面已经述及,过剩电子和空穴的运动并不是相互独立的,它们的扩散和漂移具有相同的有效扩散系数和相同的迁移率,这种现象称为双极输运。于是,有必要首先回答什么是过剩载流子的有效扩散系数和有效迁移率,为此,需要讨论连续性方程和双极输运方程。

首先讨论连续性方程[3]。图 1.17 示出一个微分体积元,一束一维空穴粒子流在 x 处进入该微分体积元,从 $x+dx$ 处穿出。参数 F_{px}^+ 为 x 处空穴的通量,单位为 $\mathrm{cm}^{-2} \cdot \mathrm{s}^{-1}$。对于 $x+dx$ 处的空穴流通量,有如下方程:

$$F_{px}^+(x+dx) = F_{px}^+(x) + \frac{\partial F_{px}^+}{\partial x} \cdot dx \tag{1.56}$$

该式是 $F_{px}^+(x+dx)$ 的泰勒展开式,其中微分长度 dx 很小,故只需要展开式的前两项。在微分体积元中,单位时间内由 x 方向的空穴流产生的空穴净增加量为

$$\frac{\partial p}{\partial t} dxdydz = [F_{px}^+(x) - F_{px}^+(x+dx)]dydz = -\frac{\partial F_{px}^+}{\partial x} dxdydz \tag{1.57}$$

如果 $F_{px}^+(x) > F_{px}^+(x+dx)$,微分体积元中的空穴数量会随时间而增加。空穴的产

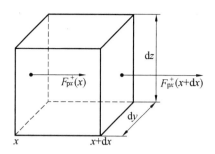

图1.17　微分体积元中 x 方向的空穴流

生率(G_p)和复合率(R_p)也会影响微分体积元中的空穴浓度。参数 F_p^+ 为不同方向空穴的总通量。只考虑一维情况时,微分体积元中单位时间空穴的总增加量为

$$\frac{\partial p}{\partial t}dxdydz = -\frac{\partial F_p^+}{\partial x}dxdydz + G_p dxdydz - \frac{p}{\tau_{pt}}dxdydz \tag{1.58}$$

式中,p 为空穴浓度;G_p 为空穴的产生率;p/τ_{pt} 为空穴的复合率 R_p,且 τ_{pt} 包括热平衡载流子寿命以及过剩载流子寿命。

式(1.58)右边的第一项是单位时间内空穴流引起的空穴增加量,第二项是单位时间内产生的空穴增加量,最后一项是单位时间内载流子复合导致的空穴减少量。根据式(1.58),单位时间内空穴浓度净增加量可由如下连续性方程给出:

$$\frac{\partial p}{\partial t} = -\frac{\partial F_p^+}{\partial x} + G_p - \frac{p}{\tau_{pt}} \tag{1.59}$$

同理,电子流的一维连续性方程如下:

$$\frac{\partial n}{\partial t} = -\frac{\partial F_n^-}{\partial x} + G_n - \frac{n}{\tau_{nt}} \tag{1.60}$$

式中,参数 F_n^- 为电子的通量,单位为 $cm^{-2} \cdot s^{-1}$。

根据1.3节中的一维空穴和电子的电流密度,综合考虑漂移方程和扩散方程,则可将空穴和电子的电流密度分别由以下两式给出:

$$J_p = qp\mu_p E_x - qD_p \frac{\partial p}{\partial x} \tag{1.61}$$

$$J_n = qn\mu_n E_x + qD_n \frac{\partial n}{\partial x} \tag{1.62}$$

如果将空穴流密度 J_p 除以($+q$),而将电子电流密度 J_n 除以($-q$),可分别得到空穴流和电子流的通量表达式如下:

$$\frac{J_p}{(+q)} = F_p^+ = p\mu_p E_x - D_p \frac{\partial p}{\partial x} \tag{1.63}$$

$$\frac{J_n}{(-q)} = F_n^- = -n\mu_n E_x - D_n \frac{\partial n}{\partial x} \tag{1.64}$$

将式(1.63)和式(1.64)分别代入式(1.59)和式(1.60)给出的连续性方程,可得

$$\frac{\partial p}{\partial t} = -\mu_p \frac{\partial(pE)}{\partial x} + D_p \frac{\partial^2 p}{\partial x^2} + G_p - \frac{p}{\tau_{pt}} \tag{1.65}$$

$$\frac{\partial n}{\partial t} = \mu_n \frac{\partial(nE)}{\partial x} + D_n \frac{\partial^2 n}{\partial x^2} + G_n - \frac{n}{\tau_{nt}} \tag{1.66}$$

需要强调的是,这里是只限于一维空间分析所建立的连续性方程。上述两式右端的乘积导数项可以分别展开如下:

$$\frac{\partial(pE)}{\partial x} = E \frac{\partial p}{\partial x} + p \frac{\partial E}{\partial x} \tag{1.67}$$

$$\frac{\partial(nE)}{\partial x} = E \frac{\partial n}{\partial x} + n \frac{\partial E}{\partial x} \tag{1.68}$$

若将该两导数乘积展开式分别代入式(1.65)和式(1.66),可得

$$\frac{\partial p}{\partial t} = D_p \frac{\partial^2 p}{\partial x^2} - \mu_p \left(E \frac{\partial p}{\partial x} + p \frac{\partial E}{\partial x} \right) + G_p - \frac{p}{\tau_{pt}} \tag{1.69}$$

$$\frac{\partial n}{\partial t} = D_n \frac{\partial^2 n}{\partial x^2} + \mu_n \left(E \frac{\partial n}{\partial x} + n \frac{\partial E}{\partial x} \right) + G_n - \frac{n}{\tau_{nt}} \tag{1.70}$$

该两式分别是空穴和电子的连续性方程,均与时间有关。由于空穴的浓度 p 和电子的浓度 n 都包含过剩载流子浓度,上述两式可用于描述过剩载流子的空间和时间状态。热平衡浓度 n_0 和 p_0 不是时间的函数。在均匀半导体的特殊情况下,n_0 和 p_0 也与空间坐标无关。基于上述两式,针对过剩载流子写成如下连续性方程的形式:

$$\frac{\partial(\Delta p)}{\partial t} = D_p \frac{\partial^2(\Delta p)}{\partial x^2} - \mu_p \left(E \frac{\partial(\Delta p)}{\partial x} + p \frac{\partial E}{\partial x} \right) + G_p - \frac{p}{\tau_{pt}} \tag{1.71}$$

$$\frac{\partial(\Delta n)}{\partial t} = D_n \frac{\partial^2(\Delta n)}{\partial x^2} + \mu_n \left(E \frac{\partial(\Delta n)}{\partial x} + n \frac{\partial E}{\partial x} \right) + G_n - \frac{n}{\tau_{nt}} \tag{1.72}$$

上述的过剩载流子连续性方程,可作为分析双极器件工作原理的基础。下面着重分析双极输运现象。如果在外加电场的半导体中,某个位置产生了过剩电子和空穴的脉冲,过剩电子和空穴就会分别向相反方向漂移。然而,由于电子和空穴都是带电粒子,两者的任何分离都会在彼此之间感应出内建电场。这种内建电场会对电子和空穴分别产生吸引力,如图 1.18 所示。连续性方程中的电场将由外加电场和内建电场共同组成,可以表示为

$$E = E_{app} + E_{int} \tag{1.73}$$

式中,E_{app} 为外加电场;E_{int} 为感生内建电场。

由于内建电场会对电子和空穴产生引力,可分别将过剩电子和空穴保持在各自的位置上,导致带负电的电子和带正电的空穴能够以相同的迁移率或扩散系数一起漂移或扩散,这种现象称为双极扩散或双极输运[3]。

为了将过剩电子和空穴的浓度与内建电场相联系,有必要借助如下泊松方程:

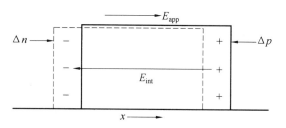

图1.18 过剩电子和空穴分离导致内建电场产生

$$\nabla E_{\mathrm{int}} = \frac{q(\Delta p - \Delta n)}{\varepsilon_{\mathrm{r}}} = \frac{\partial E_{\mathrm{int}}}{\partial x} \tag{1.74}$$

式中，ε_{r} 为半导体材料的相对介电常数；其余符号含义同前。

通过适当地简化处理，可以看到，实际上只需要很小的内建电场就可以维持过剩电子和空穴一起漂移和扩散。因此，不妨假设

$$|E_{\mathrm{int}}| \ll |E_{\mathrm{app}}| \tag{1.75}$$

式中，$|E_{\mathrm{int}}|$ 和 $|E_{\mathrm{app}}|$ 分别为内建电场和外加电场强度的绝对值。

然而，式（1.74）给出的 ∇E_{int} 项尚不能忽略。按照限定电荷中性的条件，应假设任意空间和时间条件下过剩电子浓度都可被相等数量的空穴浓度平衡掉。如果该假设成立，便不会有内建电场来保持过剩电子和空穴共同运动。因此，为了维持使过剩电子和空穴一起漂移和扩散的内建电场，过剩电子和空穴的浓度之间仅需很小的差别。

假定电子和空穴的产生率相同，复合率也相同，加上电中性条件（$\Delta p = \Delta n$），则连续性方程可表示为

$$\frac{\partial(\Delta p)}{\partial t} = D_{\mathrm{p}} \frac{\partial^2(\Delta n)}{\partial x^2} - \mu_{\mathrm{p}}\left(E \frac{\partial(\Delta n)}{\partial x} + p \frac{\partial E}{\partial x}\right) + G - R \tag{1.76}$$

$$\frac{\partial(\Delta n)}{\partial t} = D_{\mathrm{n}} \frac{\partial^2(\Delta n)}{\partial x^2} + \mu_{\mathrm{n}}\left(E \frac{\partial(\Delta n)}{\partial x} + n \frac{\partial E}{\partial x}\right) + G - R \tag{1.77}$$

式中，G 和 R 分别为过剩载流子的产生率和复合率。

为了消除 ∇E 项的影响，可将式（1.76）乘以 $\mu_{\mathrm{n}}n$，式（1.77）乘以 $\mu_{\mathrm{p}}p$，并把两式相加。若将相加之后的表达式除以 $(\mu_{\mathrm{n}}n + \mu_{\mathrm{p}}p)$，则连续性方程变为如下形式：

$$\frac{\partial(\Delta n)}{\partial t} = D' \frac{\partial^2(\Delta n)}{\partial x^2} + \mu' E \frac{\partial(\Delta n)}{\partial x} + G - R \tag{1.78}$$

其中

$$D' = \frac{\mu_{\mathrm{n}}n D_{\mathrm{p}} + \mu_{\mathrm{p}}p D_{\mathrm{n}}}{\mu_{\mathrm{n}}n + \mu_{\mathrm{p}}p} \tag{1.79}$$

$$\mu' = \frac{\mu_{\mathrm{n}}\mu_{\mathrm{p}}(p - n)}{\mu_{\mathrm{n}}n + \mu_{\mathrm{p}}p} \tag{1.80}$$

式（1.78）称为双极输运方程，用来描述过剩电子和空穴在空间和时间中的状态。参数 D'

称为双极扩散系数；μ' 称为双极迁移率

根据爱因斯坦关系式，可将双极扩散系数表示为

$$D' = \frac{D_n D_p (n + p)}{D_n n + D_p p} \tag{1.81}$$

上述的双极扩散系数 D' 和双极迁移率 μ' 均为电子浓度 n 和空穴浓度 p 的函数。n 和 p 都是涉及过剩载流子浓度的参数，故双极输运方程中的系数不是常量。

1.4.3　掺杂及过剩载流子小注入的约束条件

在掺杂半导体和小注入条件下，双极输运方程可适当简化和线性化。双极扩散系数可以写为

$$D' = \frac{D_n D_p \left[(n_0 + \Delta n) + (p_0 + \Delta n) \right]}{D_n (n_0 + \Delta n) + D_p (p_0 + \Delta n)} \tag{1.82}$$

式中，n_0 和 p_0 分别为热平衡时的电子浓度和空穴浓度；Δn 是过剩载流子浓度；其余符号含义同前。

对于 P 型半导体，应有 $p_0 \gg n_0$。当其处于小注入条件时，就意味着过剩载流子浓度远小于热平衡多数载流子浓度，即 $\Delta n \ll p_0$。假设 D_n 和 D_p 具有相同的数量级，则上式所示的双极扩散系数可简化为

$$D' = D_n \tag{1.83}$$

类似地，$\mu' = \mu_n$。这表明对于小注入的 P 型掺杂半导体，很重要的一点是，可以将双极扩散系数和双极迁移率归结为少数载流子电子的恒定参数。于是，便可以将双极输运方程归于具有恒定系数的线性微分方程。

同样，对于小注入条件下的 N 型半导体，$D' = D_p$，$\mu' = -\mu_p$。由此表明，在小注入条件下，N 型半导体的双极输运参数可归结为少数载流子空穴的恒定参数。但需要注意的是，对于 N 型半导体，双极迁移率应为负值。在双极输运方程中，双极迁移率项与载流子漂移有关，因此漂移项的符号是由载流子的带电极性决定的。这表明 N 型半导体中，等效的双极载流子是带负电的。

再次考虑双极输运方程中载流子的产生率和复合率。对于电子和空穴的双极输运方程，可以分别写成如下形式：

$$G - R = G_n - R_n = G_n - \frac{\Delta n}{\tau_n} \tag{1.84}$$

$$G - R = G_p - R_p = G_p - \frac{\Delta p}{\tau_p} \tag{1.85}$$

在双极输运条件下，过剩电子的产生率应等于过剩空穴的产生率，则有 $G_n = G_p = G$。同样，可以确定小注入状态下少子的复合率和寿命也是常量。因此，双极输运方程的 G 项和 R 项可以写成少子参数的形式，即以少子的特性参数表征。

在小注入条件下，P 型半导体的双极输运方程可以写为

$$\frac{\partial(\Delta n)}{\partial t} = D_n \frac{\partial^2(\Delta n)}{\partial x^2} + \mu_n E \frac{\partial(\Delta n)}{\partial x} + G - \frac{\Delta n}{\tau_n} \tag{1.86}$$

式中，Δn 为过剩少子（电子）的浓度；τ_n 为过剩少子（电子）的寿命；其他参数也均为少子（电子）的参数。

同样，小注入时 N 型半导体的双极输运方程可以写为

$$\frac{\partial(\Delta p)}{\partial t} = D' \frac{\partial^2(\Delta p)}{\partial x^2} + \mu' E \frac{\partial(\Delta p)}{\partial x} + G - \frac{\Delta p}{\tau_p} \tag{1.87}$$

式中，Δp 为过剩少子（空穴）的浓度；τ_p 为过剩少子（空穴）的寿命；其他参数也均为少子（空穴）的参数。

需要注意的是，上述两式中输运参数和复合参数都变成了少子的参数，将过剩少子的漂移、扩散和复合过程均用空间和时间的函数描述。按照前面提到的电中性条件，过剩少子的浓度等于过剩多数载流子的浓度。过剩多子的漂移和扩散与过剩少子同时进行。这样过剩多子的状态就可由少子的参数来决定。这种双极现象在双极器件物理中非常重要，它是描述双极器件特性和状态的基础。

1.4.4　准费米能级

在热平衡状态下，电子和空穴的浓度均为费米能级的函数，分别为

$$n_0 = n_i \exp\left(\frac{E_F - E_i}{kT}\right) \tag{1.88}$$

$$p_0 = n_i \exp\left(\frac{E_i - E_F}{kT}\right) \tag{1.89}$$

式中，E_F 和 E_i 分别为费米能级和本征能级；n_i 为本征载流子浓度。

若半导体中产生了过剩载流子，则半导体就不再处于热平衡状态，而且费米能级也会改变。针对非平衡状态，可以定义电子和空穴的准费米能级。若 Δn 和 Δp 分别为过剩电子浓度和空穴浓度，则有

$$n_0 + \Delta n = n_i \exp\left(\frac{E_{Fn} - E_i}{kT}\right) \tag{1.90}$$

$$p_0 + \Delta p = n_i \exp\left(\frac{E_i - E_{Fp}}{kT}\right) \tag{1.91}$$

式中，E_{Fn} 和 E_{Fp} 分别为电子和空穴的准费米能级。总电子和总空穴的浓度均为准费米能级的函数。

图 1.19 给出了小注入条件下 N 型半导体费米能级的变化。在小注入条件下，多数载流子（电子）的浓度没有很大的变化。此时，多子（电子）的准费米能级 E_{Fn} 与热平衡时的费米能级 E_F 相比差别不大，而少子（空穴）的准费米能级 E_{Fp} 与热平衡时的费米能级 E_F

相比有明显差别。这说明了少子(空穴)的浓度发生了很大的变化。由于多子(电子)的浓度稍许增加,多子(电子)的准费米能级 E_{Fn} 稍微靠近导带;当少子(空穴)的浓度显著增加时,少子(空穴)的准费米能级 E_{Fp} 便会明显地靠近价带。

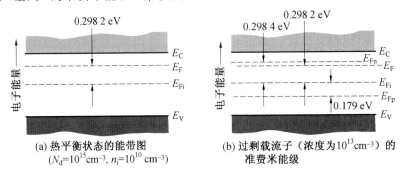

(a) 热平衡状态的能带图 (b) 过剩载流子(浓度为 10^{13} cm^{-3})的
　　($N_d = 10^{15}$ cm^{-3}, $n_i = 10^{10}$ cm^{-3})　　　　　准费米能级

图1.19　小注入条件下 N 型半导体费米能级的变化

1.4.5　过剩载流子的寿命

过剩电子和空穴的复合率是半导体的重要参数,会影响到器件的许多特性。理想半导体的电子能态不存在于禁带中。这种理想的状态只能出现于具有理想周期性势函数的完美单晶材料内。在实际的半导体中,晶体存在缺陷而破坏了完整的周期性势函数。特别是,空间辐射环境会在半导体单晶中引入大量的缺陷。如果缺陷的密度不是过大,会在禁带中产生分立的电子能态。这种能态将对平均载流子寿命产生严重的影响。下面将基于肖克莱－里德－霍尔(Shockley－Read－Hall,SRH)复合理论,讨论制约载流子平均寿命的主导机制及影响因素。

1. SRH 复合理论

若禁带中出现复合中心能级时,就好像为电子与空穴的复合提供了一个"台阶",可使电子－空穴的复合分两步走,这种复合过程称为间接复合。第一步,导带电子落入复合中心能级;第二步,该电子再落入价带与空穴复合。复合中心能级恢复了原来空着的状态,又可以再去完成下一次的复合过程。同时,还会存在上述两个过程的逆过程。所以,SRH 复合仍旧是一个统计性的过程。对于复合中心能级 E_t 而言,会涉及图 1.20 所示的 4 个微观跃迁过程[4]:

① 俘获电子过程。复合中心能级 E_t 从导带俘获电子。

② 发射电子过程。复合中心能级 E_t 上的电子被激发到导带(过程 ① 的逆过程)。

③ 俘获空穴过程。电子由复合中心能级 E_t 落入价带与空穴复合,也可视为复合中心能级从价带俘获了一个空穴。

④ 发射空穴过程。价带电子被激发到复合中心能级 E_t,也可以看成是复合中心能级向价带发射了一个空穴(过程 ③ 的逆过程)。

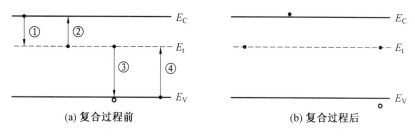

图1.20 电子与空穴间接复合的4个跃迁过程

为了求出非平衡载流子通过复合中心复合的复合率,首先需要对上述4个基本跃迁过程做出确切的定量描述。设 n 和 p 分别表示导带电子和价带空穴的浓度,复合中心浓度为 N_t,n_t 表示占据复合中心能级的电子浓度,则($N_t - n_t$)便为未被电子占据的复合中心浓度。

在过程 ① 中,通常把单位体积、单位时间被复合中心俘获的电子数称为电子俘获率(单位为 $cm^{-3} \cdot s^{-1}$)。显然,导带电子与空的复合中心越多,电子碰到空复合中心而被俘获的概率就越大。所以,电子俘获率与导带电子浓度 n 和空复合中心浓度($N_t - n_t$)成比例,即

$$R_{cn} = C_n n(N_t - n_t) \tag{1.92}$$

式中,R_{cn} 为电子的俘获率;C_n 为电子的俘获系数。

过程 ② 是过程 ① 的逆过程。用电子产生率代表单位体积、单位时间内向导带发射的电子数(单位为 $cm^{-3} \cdot s^{-1}$)。显然,只有已被电子占据的复合中心能级才能发射电子。所以,电子产生率 R_{en} 和 n_t 成正比。这里可以认为导带基本上是空的,因而电子产生率 R_{en} 与导带电子浓度 n 无关。电子产生率可写成

$$R_{en} = E_n n_t \tag{1.93}$$

式中,n_t 为占据复合中心能级的电子浓度;E_n 为电子的激发概率,只要温度一定,便为确定的值。

在热平衡状态下,过程 ① 和过程 ② 这样两个互为反向的微观过程会相互抵消,即电子产生率等于电子俘获率,故有

$$C_n n_0 (N_t - n_{t0}) = E_n n_{t0} \tag{1.94}$$

式中,n_0 和 n_{t0} 分别为平衡时导带电子浓度和复合中心能级 E_t 上的电子浓度。这两个参数可分别由以下两式给出:

$$n_{t0} = N_t f(E_t) = \frac{N_t}{1 + \exp(\dfrac{E_t - E_F}{kT})} \tag{1.95}$$

$$n_0 = N_C \exp(\frac{E_F - E_C}{kT}) \tag{1.96}$$

由此可得

$$E_n = C_n N_C \exp(\frac{E_t - E_C}{kT}) = C_n n_1 \tag{1.97}$$

式中

$$n_1 = N_C \exp(\frac{E_t - E_C}{kT}) \tag{1.98}$$

此处,n_1 恰好等于费米能级 E_F 与复合中心能级 E_t 重合时导带的平衡电子浓度。所以,电子的产生率为

$$R_{en} = C_n n_1 n_t \tag{1.99}$$

从该式可以看到,电子产生率包含电子俘获系数。这反映出电子俘获和发射两个对立过程之间存在着内在联系。

对于过程 ③,只有被电子占据的复合中心能级才能俘获空穴,空穴俘获率 R_{cp} 应和占据复合中心能级的电子密度 n_t 成正比。当然,R_{cp} 也和价带空穴浓度 p 成正比。因此,可以得出

$$R_{cp} = C_p p n_t \tag{1.100}$$

式中,C_p 为空穴的俘获系数。

过程 ④ 是过程 ③ 的逆过程,价带中的电子只能被激发到空的复合中心能级上去。这意味着,只有空着的复合中心才能向价带发射空穴。类似前面的讨论,空穴的产生率可写成如下形式:

$$R_{ep} = E_p (N_t - n_t) \tag{1.101}$$

式中,E_p 为空穴的激发概率。

在平衡状态下,过程 ③ 和过程 ④ 这两个反向过程必然相互抵消,故得

$$C_p p_0 n_{t0} = E_p (N_t - n_{t0}) \tag{1.102}$$

代入热平衡状态下的 p_0 和 n_{t0},可得

$$E_p = C_p p_1 \tag{1.103}$$

其中

$$p_1 = N_V \exp(\frac{E_V - E_t}{kT}) \tag{1.104}$$

此处,p_1 恰好等于费米能级 E_F 与复合中心能级 E_t 重合时价带的平衡空穴浓度。

至此,分别求出了描述 SRH 复合 4 个基本跃迁过程的数学表达式。通过这些表达式可求出非平衡载流子的净复合率。在稳定复合情况下,过程 ① ~ ④ 应保持复合中心能级上的电子数不变,即 n_t 为常数。过程 ① 和 ④ 可使复合中心能级上的电子数量累积,而过程 ② 和 ③ 会导致复合中心能级上的电子数量减少。因此,要维持 n_t 不变,必须满足如下稳定条件:① + ④ = ② + ③。

将上述过程 ① ~ ④ 的表达式代入此稳定关系式可得

$$n_t = N_t \frac{(C_n n + C_p p_1)}{C_n(n + n_1) + C_p(p + p_1)} \tag{1.105}$$

显然,该式表明,单位体积、单位时间内导带减少的电子数与价带减少的空穴数相等。导带每损失一个电子,同时价带也损失一个空穴,即电子和空穴通过复合中心成对地复合。因而,净复合率为

$$R \equiv R_n = R_p = R_{cn} - R_{en} = \frac{C_n C_p N_t(np - n_i^2)}{C_n(n + n_1) + C_p(p + p_1)} \tag{1.106}$$

在非平衡状态下,过剩载流子的复合率即为稳态复合时的净复合率,与过剩载流子的浓度和寿命密切相关,如下式所示:

$$R = \frac{\Delta n}{\tau} \tag{1.107}$$

式中,Δn 和 τ 分别为过剩载流子的浓度和寿命。

2. 非本征掺杂和小注入条件

对过剩载流子小注入的 N 型半导体,可有如下关系存在:

$$n_0 \gg p_0, \quad n_0 \gg \Delta p, \quad n_0 \gg n_1, \quad n_0 \gg p_1$$

式中,Δp 为过剩少子(空穴)的浓度。

$n_0 \gg n_1$ 和 $n_0 \gg p_1$ 的设定使陷阱接近禁带的中央,以致 n_1 和 p_1 都接近本征载流子浓度。根据该假设,式(1.106)的净复合率变为

$$R = C_p N_t \Delta p \tag{1.108}$$

N 型半导体的过剩载流子复合率是参数 C_p(过剩少子(空穴)的俘获系数)的函数,且 C_p 与少子(空穴)的俘获截面有关。与上述双极输运参数可归结为少子的参数一样,过剩载流子复合率也取决于少子的参数。复合率与少子的平均寿命有如下关系:

$$R = \frac{\Delta n}{\tau} = C_p N_t \Delta p = \frac{\Delta p}{\tau_p} \tag{1.109}$$

$$\tau_p = \frac{1}{C_p N_t} \tag{1.110}$$

式中,τ_p 为过剩少子(空穴)的寿命。

若陷阱浓度增加,则过剩载流子的复合率也会增加,从而使过剩少子的寿命降低。对小注入的 P 型半导体也可得出与上述 N 型半导体相似的结论,即随着陷阱浓度增加,过剩少子(电子)的寿命降低。

1.5 双极晶体管基本原理

1.5.1 概述

双极型晶体管由一对背靠背的 PN 结组成。常用的双极晶体管分 NPN 型和 PNP 型

两种类型,且每种类型的晶体管又可分为纵向型、横向型及衬底型 3 类。双极晶体管的常用符号及术语如图 1.21 所示。纵向型及衬底型晶体管的电流主要沿纵向流动,而横向型晶体管的电流沿平行于表面的方向流动。双极晶体管是重要的一类半导体器件,1947 年由贝尔实验室的研究小组发明。1948 年,Bardeen 和 Brattain 发表了对点接触晶体管的试验测试资料[5]。1949 年,Shockley 等人发表了关于结型二极管和晶体管的经典论文[6]。PN 结少子注入理论是结型晶体管的基础。1951 年诞生了首个结型双极晶体管。此后,双极晶体管的理念和技术扩展到高频、大功率和开关特性器件等技术领域。至今,晶体管技术已经取得了很多突破,特别是在晶体生长、外延、扩散、离子注入、光刻、干法刻蚀、表面钝化、平坦化和多层金属等方面的进展尤为显著。图 1.22 为分立的标准双扩散 PNP 型双极晶体管横截面示意图,图中包括发射区、基区、集电区;图 1.23 为集成电路中的 NPN 型双极晶体管截面示意图,图中包括了所有的电极接触引出方式(发射极 E、基极 B 和集电极 C)。由图 1.23 可见,双极电路的核心部分是双极晶体管。

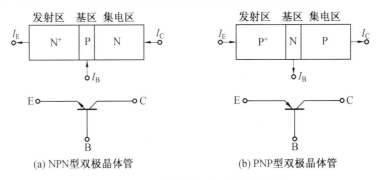

(a) NPN型双极晶体管   (b) PNP型双极晶体管

图1.21   双极晶体管的常用符号及术语

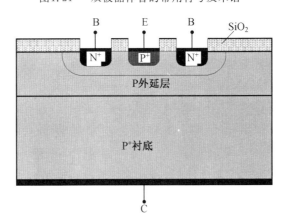

图1.22   分立的标准双扩散 PNP 型双极晶体管横截面示意图

在大多数应用情况下,信号是通过晶体管的两个电极输入,而输出信号通过另一对电

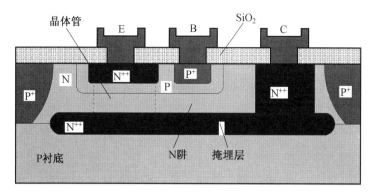

图1.23 集成电路中的 NPN 型双极晶体管截面示意图

极提取。双极晶体管只有 3 个极,其中一个电极必须同时作为输入端和输出端。共基极、共发射极和共集电极分别用来表示输入和输出的共用电极,相应的电路接法如图 1.24 所示。其中,共发射极在线路接法中使用最为广泛,而共基极只是偶尔使用,共集电极使用得更少。对于选定的一种线路接法,还需要考虑偏置模式。偏置模式给出了加在晶体管两个结上偏压的极性(正偏或反偏),共有 4 种极性的组合,见表 1.2。EB 结正偏放大、CB 结反偏放大及正向放大偏置,是最常见的 3 种偏置模式。几乎所有的线性信号放大器(如运算放大器)都是放大模式偏置。在放大模式偏置下,晶体管具有最大的信号增益和最小的信号失真。当两个结均处于正向偏置时为饱和状态,两个结都处于反偏状态时为截止状态。它们分别对应于作为开关使用的晶体管工作状态的开态(大电流、低电压)和关态(小电流、高电压)。在数字电路中,这类低电压和高电压状态分别相当于"0"和"1"的逻辑电位。最后,在倒置工作模式,CB 结是正偏,同时 EB 结为反偏。

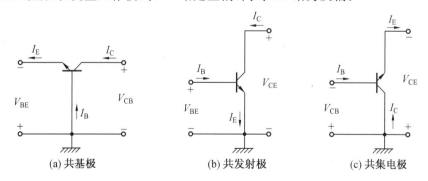

(a) 共基极 (b) 共发射极 (c) 共集电极

图1.24 正常模式下 NPN 型双极晶体管的 3 种基本组态

表 1.2 双极晶体管的工作模式

工作模式	发射结偏置	集电结偏置
正向(正常)	正偏	反偏

续表1.2

工作模式	发射结偏置	集电结偏置
饱和	正偏	正偏
截止	反偏	反偏
反向	反偏	正偏

1.5.2　偏置模式

双极晶体管有两个结,每个结都有正向和反向两种偏置。在本节中,主要关注正向工作模式、发射结正偏模式及集电结反偏模式。对于 NPN 型晶体管,EB 结正偏时,允许电子从发射区注入基区,空穴从基区注入发射区;BC 结反偏时,从发射区注入基区的电子会有一小部分在基区复合,形成基极电流 I_B。大部分从发射区注入的电子到达 CB 结,成为集电极电流 I_C。这是双极晶体管通常在设备中应用时的运行模式。

双极晶体管发射结或集电结两端的偏置电压用于控制结耗尽区边界的少数载流子浓度。通过 PN 结的能带图,可以定性地了解 PN 结电流的形成机制。图 1.25(a) 为零偏状态下 PN 结的能带图。电子在扩散过程中"遇到"势垒时,可阻止高浓度电子流流向 P 型区并使其滞留在 N 型区。同样,空穴在扩散过程中"遇到"势垒时,会阻止高浓度的空穴流向 N 区并使其滞留在 P 区。换言之,势垒维持了载流子的热平衡状态。图 1.25(b) 所示为反偏状态下 PN 结的能带图。此时,N 区相对于 P 区的电势为正,故 N 区内的费米能级要低于 P 区内的费米能级,且总势垒高于零偏置下的势垒。势垒高度的增加,阻止电子与空穴的继续流动。这会使得 PN 结内基本上没有电荷的流动,即基本上没有电流。图 1.25(c) 为 P 区相对于 N 区加正电压时的 PN 结能带图。此时,P 区的费米能级低于 N 区的费米能级,总势垒高度降低。势垒高度的降低意味着耗尽层内的电场也随之减弱。由于耗尽层内电场的减弱,电子和空穴难于分别滞留在 N 区和 P 区,导致 PN 结内出现了一股由 N 区经空间电荷区向 P 区扩散的电子流。同时,PN 结内会有一股由 P 区经空间电荷区向 N 区扩散的空穴流。这种电荷的流动在 PN 结区形成了电流。

显然,注入 N 区内的空穴是 N 区的少数载流子,而注入 P 区内的电子是 P 区的少数载流子。在双极晶体管中,少数载流子的行为可以用上一节的双极输运方程来描述。图 1.25 中 V_R 和 V_a 分别为反偏电压和正偏电压;V_{bi} 为内建电场强度,它与 PN 结两端的掺杂浓度有关。内建电场的表达式如下:

$$V_{bi} = V_t \ln\left(\frac{N_a N_d}{n_i^2}\right) \tag{1.111}$$

式中,N_a 和 N_d 分别为 P 型区和 N 型区的掺杂浓度;$V_t = kT/q$,称为热电压。

将该式的两边除以 V_t,且两边取对数并再取倒数,可得

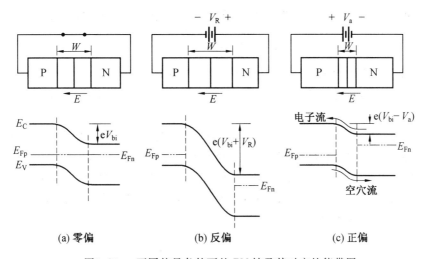

(a) 零偏   (b) 反偏   (c) 正偏

图1.25   不同偏量条件下的 PN 结及其对应的能带图

$$\frac{n_i^2}{N_a N_d} = \exp\left(\frac{-V_{bi}}{kT/q}\right) \tag{1.112}$$

式中,各符号的含义同前。

假设杂质完全电离,则有

$$\begin{cases} n_{n0} \approx N_d \\ n_{p0} \approx \dfrac{n_i^2}{N_a} \end{cases} \tag{1.113}$$

式中,n_{n0} 为 N 区内多子(电子)的热平衡浓度;n_{p0} 为 P 区内少子(电子)的热平衡浓度。

基于式(1.112)与式(1.113),可得

$$n_{p0} = n_{n0} \exp\left(\frac{-V_{bi}}{kT/q}\right) \tag{1.114}$$

该式建立了热平衡状态下 P 区内少子(电子)浓度与 N 区内多子(电子)浓度的关系。

当 P 区相对于 N 区加正电压时,PN 结内的势垒降低。电中性的 P 区与 N 区内的电场通常很小,所有的电压降都落在 PN 结区域。外加电场 E_{app} 的方向与热平衡空间电荷区电场的方向相反。所以,外加电场条件下,空间电荷区的净电场要低于热平衡状态的相应值。正偏时,式(1.114)中的 V_{bi} 可由 $(V_{bi} - V_a)$ 代替,则该式可以写为

$$n_p = n_{n0} \exp\left(\frac{-(V_{bi} - V_a)}{kT/q}\right) = n_{n0} \exp\left(\frac{-V_{bi}}{kT/q}\right) \cdot \exp\left(\frac{V_a}{kT/q}\right) = n_{p0} \exp\left(\frac{V_a}{kT/q}\right) \tag{1.115}$$

当电子注入 P 区时,过剩载流子遵从扩散和复合过程的基本规律,则式(1.115)即为 P 型区内空间电荷区边缘的少子(电子)浓度的表达式。类似地,在正偏条件下注入 N 区内的 P 区多子(空穴)也会经历相应的扩散与复合过程,导致空间电荷区靠近 N 区的一侧

形成一定浓度的少子（空穴）。所形成的少子（空穴）的浓度可由下式计算：

$$p_{n} = p_{n0} \exp(\frac{V_{a}}{kT/q}) \qquad (1.116)$$

式中，p_n 为 N 区内空间电荷区边缘处少子（空穴）的浓度。

　　如图 1.26 所示，在外加正偏电压条件下，PN 结的 P 区和 N 区均有过剩少数载流子形成。

　　在 PN 结耗尽区边界，少数载流子的浓度与 PN 结的工作电压呈幂指数函数关系。对于一个正偏的 PN 结，结两端的少数载流子浓度以同样的倍数增加。然而，对于反偏的 PN 结，随着偏置电压的增加，少数载流子浓度迅速减小，可能接近但不会到 0。式 (1.115) 和式 (1.116) 所表述的指数关系称为 PN 结定律。PN 结定律从本质上揭示了双极晶体管形成指数式伏安特性的原因。

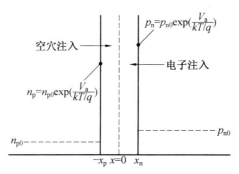

图1.26　正偏电压作用下空间电荷区边缘形成的过剩少子浓度

1.5.3　双极晶体管电流

　　双极晶体管电流的形成同样是由载流子输运所导致的。在足够大尺寸的器件（如几十微米或更大尺寸）中，载流子输运应该只取决于局域载流子的状态，而不是整体情况。该假设具有一定的合理性。在这种情况下，载流子的流动将主要取决于载流子浓度梯度、静电势及温度。如果假设器件恒温，一维的载流子流动可用式 (1.61) 和式 (1.62) 所表述的漂移－扩散方程描述，即

$$J_{p} = q\mu_{p}pE - qD_{p}\frac{\mathrm{d}p}{\mathrm{d}x} \qquad (1.117)$$

$$J_{n} = q\mu_{n}nE + qD_{n}\frac{\mathrm{d}n}{\mathrm{d}x} \qquad (1.118)$$

式中，J_p 和 J_n 分别为空穴和电子的电流密度；p 和 n 分别为空穴和电子的浓度；μ_p 和 μ_n 分别为空穴和电子的迁移率；E 为电场强度；D_p 和 D_n 分别为空穴和电子的扩散系数；x 为空间坐标。

在该两个方程右边,首项均用于表征空穴或电子漂移的贡献,第二项表征空穴或电子扩散的作用。由1.3节的讨论可知,尽管在电场中空穴和电子的运动方向相反,但由于它们的电荷极性也相反,可使式(1.117)和式(1.118)中的两个漂移电流项都是正的。然而,空穴和电子都会沿着载流子浓度梯度由高到低进行扩散,却可因它们的电荷极性的不同而导致相应的扩散电流项符号相反。

为了理解晶体管的功能,下面以NPN型双极晶体管为例进行说明。在正向运行模式下,发射结正偏,集电结反偏。这将导致在靠近发射区一侧的基区电子密度增加,而靠近集电极一侧的基区电子密度下降。其结果会形成载流子浓度梯度,产生扩散电流。这种现象便是双极晶体管工作的基础。通过偏置电压可改变基区两边的少数载流子边界值,实现双极晶体管不同的工作状态。对两个PN结施加不同的偏置,能够产生载流子浓度梯度,浓度梯度的大小决定电流密度的幅值。

在正向运行模式下,晶体管基区中的少数载流子从正向偏置的发射结扩散到反向偏置的集电结,这是将载流子"注入"基区。在发射结正向偏置条件下,结两端的少数载流子浓度的边界值增高。根据上述的结定律公式,这种情况下少数载流子也会被注入发射区。

在大多双极晶体管中,事实上几乎所有注入基区的少数载流子未经复合就会扩散到集电结(若器件遭受辐射损伤,该现象不再适用)。载流子输运、产生和复合的联合作用,可用1.4节中讨论的过剩载流子(空穴和电子)的连续性方程进行描述,即

$$\frac{\partial p}{\partial t} = -\frac{1}{q}\nabla \cdot J_{\mathrm{p}} + G - R \tag{1.119}$$

$$\frac{\partial n}{\partial t} = \frac{1}{q}\nabla \cdot J_{\mathrm{n}} + G - R \tag{1.120}$$

式中,G为载流子产生率;R为载流子复合率。该两个参数均可由晶体管受到辐射损伤而改变其数值的大小。

一般情况下中性基区的电场较小,基区载流子输运主要是通过扩散方式进行。这种情况下,在连续性方程中电场的影响可以忽略。而且,对于理想的晶体管,载流子的复合和产生也可以不考虑。此时,基区少数载流子浓度梯度为常数。因此,少数载流子浓度在基区中的分布是一条连接两个由PN结定律给出的边界值的直线,如图1.27所示。这种简单的近似求解方法足以满足绝大多数情况下分析双极晶体管问题的需要。然而,对于受到辐射损伤的双极晶体管而言,所涉及的问题会复杂得多,将在后续的章节中进

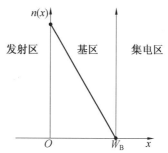

图1.27　NPN型双极晶体管正向工作模式下基区电子浓度的分布示意图

行讨论。

1.5.4　电流分量

双极晶体管最常用的工作方式是集电极电流为输出电流,基区电流为输入电流。NPN 型双极晶体管的集电极电流由发射区提供的电子组成。源于发射区的电子穿过基区到达集电极。流经双极晶体管的电流涉及 5 个特征区域,包括中性发射区、发射结耗尽区、中性基区、集电结耗尽区和中性集电区,如图 1.28 所示。图中各符号全书通用,其含义在前面各节中已多次述及。电流由基区的扩散电子控制。电子由正偏的发射结发射,通过扩散的方式穿过中性基区,又因受反偏的集电结作用而穿过集电结耗尽区。在 NPN 型双极晶体管的中性发射区和集电区,电子都是多数载流子,它们在很弱的电场中进行漂移输运。虽然电场强度很小,但漂移电流与电子浓度成正比,且电子浓度在发射区和集电区均很高,所以漂移电流会很大,如图 1.29 所示。

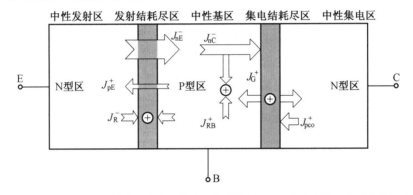

图1.28　NPN 型双极晶体管正向有源模式工作时带电粒子流密度和粒子流成分的示意图

如果所有到达集电区一侧的中性基区的电子,都因反偏集电结电场的作用而顺利通过集电结耗尽区,则集电极电流就会和中性基区的扩散电流相等。在这种情况下,电子扩散电流密度与位置无关,可以用如下的线性方程近似地表述集电极的电流密度分布:

$$J_C = qD_{nB} \frac{dn_B}{dx} \qquad (1.121)$$

式中,J_C 为集电极电流密度;下标 B 是指与基区对应的参数。

该式可以进一步写成

$$J_C = qD_{nB} \frac{n_B(0) - n_B(W_B)}{W_B} \qquad (1.122)$$

式中,W_B 为中性基区宽度,且将 $x = 0$ 定义为发射结耗尽区边界。

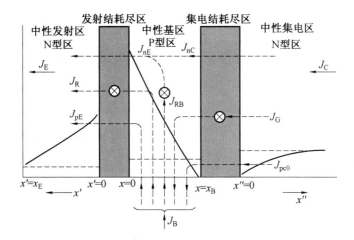

图1.29 NPN 型双极晶体管正向有源模式工作时的电流密度分布

该方程式和结定律联立可得

$$J_{\mathrm{C}} = qD_{\mathrm{nB}}\frac{n_{\mathrm{B0}}\exp(\frac{qV_{\mathrm{BE}}}{kT}) - n_{\mathrm{B0}}\exp(\frac{qV_{\mathrm{BC}}}{kT})}{W_{\mathrm{B}}} \tag{1.123}$$

式中，n_{B0} 为基区的平衡态少子电子浓度；V_{BE} 为发射结电压；V_{BC} 为集电结电压。

如果基区掺杂均匀，平衡态少数载流子（电子）浓度可以由质量守恒定律按下式计算：

$$n_{\mathrm{B0}} = \frac{n_{\mathrm{i}}^2}{N_{\mathrm{AB}}} \tag{1.124}$$

式中，n_{i} 为本征载流子浓度（对于 Si，室温下为 10^{10} cm^{-3}）；N_{AB} 为基区掺杂的平均受主浓度。

正向运行模式条件下，式(1.123)的第二项可以忽略，故集电极电流密度可以写成

$$J_{\mathrm{C}} = \frac{qD_{\mathrm{nB}}n_{\mathrm{B0}}}{W_{\mathrm{B}}}\exp(\frac{qV_{\mathrm{BE}}}{kT}) \tag{1.125}$$

NPN 型双极晶体管基极电流的主要组成，包括基区反注入发射区的空穴电流、发射结耗尽区的复合电流以及中性基区的复合电流。在大多数情况下，由基区反注入发射区的反注入电流是基极电流的主要部分。然而，在经受辐射损伤的双极晶体管中，发射结耗尽区的复合电流迅速增大，甚至可能高于反注入电流。在某些情况下，中性基区的复合电流也可能很大。

从基区到发射区的反注入空穴电流密度 J_{B} 也是扩散电流，可用类似于上述集电极电流的方法描述如下：

$$J_{\mathrm{B}} = \frac{qD_{\mathrm{pE}}p_{\mathrm{E0}}}{L_{\mathrm{pE}}}\exp(\frac{qV_{\mathrm{BE}}}{kT}) \tag{1.126}$$

式中，D_{pE} 为发射区的空穴扩散率；p_{E0} 为平衡态发射区的空穴浓度；L_{pE} 为空穴在发射区中的特征扩散距离（扩散长度）。

该公式假定随着到发射结耗尽区边缘的距离增加，反注入的空穴浓度呈指数式下降。

1.5.5 电流增益

在大多数双极晶体管的应用电路中，共发射极电流增益是用于描述双极晶体管放大特性的重要参量。电流增益 β 定义为集电极电流 I_C 和基极电流 I_B 之比，即

$$\beta = \frac{I_C}{I_B} \tag{1.127}$$

若只考虑一维的情况下，晶体管面积不变，电流增益便等于集电极电流密度 J_C 和基极电流密度 J_B 的比值。基于式(1.125)与式(1.126)，可得未辐照双极晶体管的电流增益表达式如下：

$$\beta = \frac{D_{nB} n_{B0} L_{pE}}{D_{pE} p_{E0} W_B} \tag{1.128}$$

式中，各符号的含义同前。

在假定均匀掺杂的情况下，基于质量守恒定律，可根据晶体管中的掺杂浓度，将电流增益写成如下形式：

$$\beta = \frac{D_{nB} N_{DE} L_{pE}}{D_{pE} N_{AB} W_B} \tag{1.129}$$

式中，N_{DE} 为发射区掺杂的平均施主浓度；N_{AB} 为基区掺杂的平均受主浓度。

式(1.129)实际上是通过3个独立参数的乘积求得比值。在大多数双极晶体管中，电流增益基本上是由发射区掺杂浓度和基区掺杂浓度的比值求得。这就要求发射区的掺杂浓度要比基区高很多。如果发射区和基区的掺杂浓度相同，反注入发射区的空穴数和注入基区的电子数相等，不利于双极晶体管获得高的电流增益。不同晶体管的载流子扩散率和特征扩散距离比不同，而发射区和基区的掺杂浓度比值的量级却经常相同。

晶体管的电流增益大小取决于器件设计和应用需要，可变范围较大。在很多应用场合下，电流增益可达到 $50 \sim 100$。若将基区掺杂浓度降得很低，会导致不必要的低厄利电压(Early Voltage)和穿通电压。实际上，采用上述方法对电流增益进行简单估算，没有考虑偏置高低的影响。在低偏置下，发射结耗尽区存在复合电流，会导致基极电流比公式预测的值要大。在不同种类带电粒子辐射条件下，双极晶体管复合电流的增加主要是发射结耗尽区产生复合电流所引起。这种效应将在后面章节详细阐述。在高偏置下，电流增益也低于公式预测值，这是由于大注入效应和基区扩展效应(Kirk Effect)所致。大注入条件下，随着偏置电压增高，发射区反注入电流与集电极电流的比值迅速增加。基区扩展效应将导致集电极电流随偏置电压的增加速率比公式预测的慢，致使电流增益减小。

若将式(1.124)代入式(1.125),可将 J_C 写成如下形式:

$$J_C = \frac{qD_{nB}n_i^2}{N_{AB}W_B}\exp(\frac{qV_{BE}}{kT}) \tag{1.130}$$

该方程的分母($N_{AB}W_B$)是中性基区总的掺杂原子面密度,常被称为 Gummel 数[7]。双极晶体管的电流增益和 Gummel 数成反比。集电极电流和电流增益与 Gummel 数呈反比关系是常用的应用结论。在基区非均匀掺杂的一般情况下,集电极电流密度可由下式计算:

$$J_C = \frac{qn_i^2}{\displaystyle\int_0^{W_B} \frac{N_{AB}(x)}{D_{nB}}\mathrm{d}x}\exp(\frac{qV_{BE}}{kT}) \tag{1.131}$$

式中,各符号含义同前。

上述分析表明,电流增益可以通过降低 Gummel 数的方法而随意地增大。然而,随着 Gummel 数降低,中性基区宽度 W_B 成为集电结反向偏压的函数。PN 结耗尽区宽度 x_d 由下式给出:

$$x_d = \sqrt{\frac{2\varepsilon_s(V_{bi}-V_a)}{q}(\frac{N_a+N_d}{N_aN_d})} \tag{1.132}$$

式中,ε_s 为半导体的介电常数;V_{bi} 为内置电压;V_a 为外加电压(正向偏压 V_a 是正值);N_a 和 N_d 分别为 P 型区和 N 型区的掺杂浓度。

对于一维 PN 结,N 侧耗尽区的电荷面密度大小与 P 侧相等,而极性相反。因此,耗尽区易于在轻掺杂结的一侧扩展。对于 NPN 型双极晶体管的集电结,其电中性区的宽度可以写成如下形式:

$$x_{pB} = x_d(\frac{N_{dC}}{N_{aB}+N_{dC}}) \tag{1.133}$$

式中,x_{pB} 为集电结 P 结(基区侧)的耗尽区宽度;N_{aB} 和 N_{aC} 分别为基区和集电区掺杂浓度。

如果基区比集电区轻掺杂,随着集电结反向偏压增加,耗尽区主要向基区扩展。中性基区宽度的减小会引起集电极电流随集电极电压增高而增加。如果全部中性基区被耗尽,集电极电流会随集电极电压增高而迅速增加,这种情况称为"击穿现象"。

对双极晶体管在不同 V_{CE} 电压下针对 I_C 电流进行测试。如果把得到的 I_C-V_{CE} 曲线外推到电压坐标轴,截距几乎与偏置电压无关。截距的绝对值称为 Early 电压。Early 电压的降低正比于微分输出电导的增加,这会对模拟电路产生负面的影响。在实际应用中,需要足够的增益系数和可接受的厄利电压(Early Voltage),以便使 Gummel 数在 10^{12} cm^{-2} 量级内。Gummel 数和 Early 电压的实际具体值要取决于应用的意图和需要。

此外,增加发射区掺杂浓度的范围会受到能带间隙变窄和俄歇复合的限制。高掺杂(如 $> 10^{19}$ cm^{-3})条件下,根据量子力学的载流子相互作用机制,有效的硅能带间隙变小。本征载流子浓度取决于能带间隙，如下式所示：

$$n_i = \sqrt{N_c N_v} \exp\left(\frac{-E_g}{2kT}\right) \tag{1.134}$$

式中，N_c 和 N_v 分别为导带和价带的有效态密度。

基极电流的反注入电流组分与平衡态发射区空穴浓度 p_{E0} 成反比，而与发射区的 n_i^2 成正比。俄歇复合是一种三粒子效应。当两个粒子复合时，能量会传递到第三粒子以满足动量守恒。这种效应只有在高载流子浓度区域才变得重要，会有效地减小重掺杂的发射区中少数载流子的扩散距离。能带间隙变窄和俄歇复合都会增加基极电流，从而限制实际器件获得很大的电流增益。

1.5.6　异质结双极晶体管

上述分析表明，发射区较基区重掺杂是获得高电流增益的有效方法。然而，用不同材料作为发射区和集电区形成异质结双极晶体管（HBT），可能避开这种限制。两种材料的晶格常数应尽可能匹配，以形成稳定的无缺陷的复合结构。最常用的材料组合是 Si/SiGe，但 Ⅲ－Ⅴ 族元素组合的 HBT 晶体管也在用。

在 HBT 晶体管中，用于发射区材料的禁带要比用于基区材料的更宽。基于禁带宽度对少数载流子浓度的影响，便于理解 HBT 晶体管的优点。由本征载流子浓度公式（见式（1.11））可知，宽带隙材料具有较小的本征浓度。如果将两种不同禁带宽度的材料分别用于发射区和基区，会使两区域的平衡少数载流子浓度不同。在异质结双极晶体管中，集电极电流和基极电流可分别由以下两式计算：

$$J_C = \frac{qD_{nB} n_{iB}^2}{N_{AB} W_B} \exp\left(\frac{qV_{BE}}{kT}\right) \tag{1.135}$$

$$J_B = \frac{qD_{pE} n_{iE}^2}{N_{DE} L_{pE}} \exp\left(\frac{qV_{BE}}{kT}\right) \tag{1.136}$$

如果所用的两种材料的有效态密度近似相等，则峰值电流增益为

$$\beta = \frac{D_{nB} N_{DE} L_{pE}}{D_{pB} N_{AB} W_B} \exp\left(\frac{\Delta E_g}{kT}\right) \tag{1.137}$$

式中，ΔE_g 为发射区和基区的能隙差。

该式是基于假设发射区和基区的能隙差在价带边缘非连续。对于 Si/SiGe 的 HBT 型晶体管，该假设近似正确。

原则上，应用异质结发射区可以得到很高的电流增益值，但实际应用时往往更青睐于增高基区掺杂的方法。该方法便于得到低的基区寄生电阻值。低的基区寄生电阻对晶体管传输的最高速度能够产生很好的积极影响，同时有利于减轻对辐射损伤效应的响应程度。

1.6 双极晶体管类型

1.6.1 NPN 型双极晶体管

图 1.30 给出一个 NPN 型双极晶体管的剖视图。NPN 型双极晶体管是纵向型晶体管,主要用于作为分立器件。图中虚线部分是对电离辐射最敏感的区域。器件从有 N 型外延层的 P 型硅晶圆基片开始加工。结隔离采用环绕晶体管的有效面进行深 P 型扩散方法。这种方法也是将集成双极晶体管与相邻器件隔离出来的最简单方法。在更先进的技术中,常用嵌入氧化物层使沟道的结相隔离的方法。基区通过在 N 型外延层中进行 P 型扩散形成;发射区由基区中的 N 型扩散获得。金属电极常采用典型的高纯铝,用于将发射极、基极及集电极连接到基底上。

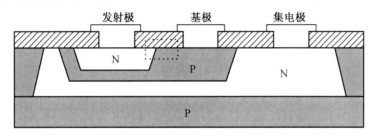

图1.30　NPN 型双极晶体管剖视示意图

1.6.2 PNP 型双极晶体管

集成电路中有 3 种基本结构的 PNP 型双极晶体管,包括纵向型、横向型及衬底型晶体管。纵向型 PNP 晶体管包括作为分立器件用的 PNP 晶体管和电路中用的 VPNP 晶体管两种类型,均具有与上述纵向型 NPN 晶体管相近的结构。横向型 PNP 晶体管(LPNP)是在硅表面有器件的作用区,器件的电流流向位于硅表面的发射区和集电区之间。衬底型 PNP 晶体管(SPNP)有垂直方向的电流流向,基底充当器件的集电极。LPNP 型和 SPNP 型晶体管均用作电路的器件。图 1.31 是横向型和衬底型 PNP 晶体管的典型横截面示意图。这两种类型晶体管的物理结构相类似,但电流流向路径不同。值得注意的是,这两种晶体管可以在相同的标准 PNP 晶体管工艺中制备。衬底型 PNP 晶体管的主要缺点是一个芯片上所有衬底型晶体管的集电极相互共用。只有在电路拓扑允许这样连接时,衬底型晶体管才能有效工作。

纵向型 PNP 晶体管与纵向型 NPN 晶体管相比,具有抗电离辐射能力较强的特点[8]。这是因为前者氧化物层中累积的正电荷易于导致 N 型基区表面电子累积和 P 型发

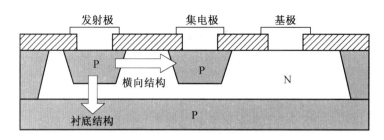

图1.31 横向型和衬底型 PNP 晶体管的典型横截面示意图

射区表面空穴耗尽所致。纵向型 PNP 晶体管的 P 型发射区的掺杂浓度要比 NPN 晶体管的 P 型基区掺杂浓度高。这又会使纵向型 PNP 晶体管与同样设计的 NPN 晶体管相比受辐射诱导电荷的影响明显变小。

相比于纵向型 PNP 晶体管,横向型和衬底型 PNP 晶体管的抗电离辐射能力较弱。横向型 PNP 晶体管通常用于运算放大器、电流源、稳压器、比较器及 A/D 转换器等模拟器件的有源负载。横向型 PNP 晶体管可能在较低的总辐射吸收剂量(电离吸收剂量)下发生严重退化。纵向型晶体管的电流增益降低到其标准电流增益的一半时所需要的电离吸收剂量,要比横向型晶体管在降低到相同电流增益时所需要的电离吸收剂量高 50 倍以上[9]。

1.6.3 改进型双极晶体管

1. 多晶硅发射极双极晶体管

多晶硅发射极双极晶体管在制造工艺和发射极性能上,要比单晶硅发射极晶体管具有较大的性能优势。图 1.32 所示为一个简单的多晶硅发射极 NPN 型双极晶体管横截面剖视图。该晶体管的结构特点是重掺杂的多晶硅沉积在轻掺杂的 P 型基区上,N^+ 发射区从多晶硅固相外延扩散形成。这种结构允许形成很浅的发射结,由多晶硅层充当发射区的连接层,可在工艺方法上提供和 MOS 工艺同样的自动对准的优点,同时便于减小器件尺寸和寄生效应。此外,多晶硅层可降低单晶发射区表面复合效应的速率,利于降低从基区到发射区的反注入电流[10]。反注入空穴电流经常是未辐照双极晶体管基极电流的最大组成部分,所以在浅发射结条件下会有高的电流增益。

多晶硅发射极双极晶体管能够具备良好的电气性能和辐照容忍度。未经特殊抗辐射加固的 $f_T = 30\ \text{GHz}$ 晶体管,在 100 krad 电离辐射吸收剂量或 $5 \times 10^{13}\ \text{cm}^{-2}$ 中子辐照注量下能够保持良好的性能。

2. 锗化硅异质结双极晶体管

异质结双极晶体管(HBT)的优点已在 1.5.6 节进行了阐述。这种类型晶体管最流行的材料组合是以 Si 为发射区,以 SiGe 为基区[10]。基区添加 Ge 可以减小能带间隙。在

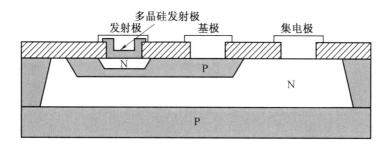

图1.32   简单的多晶硅发射极 NPN 型双极晶体管剖视图

大多数情况下,发射区和基区的能隙差在价带边缘不连续,所以可在不影响电子输运的情况下减少反注入的空穴数。SiGe HBT 与传统的硅双极晶体管相比,具有更高的工作频率,且在给定电流增益下有更高的基区掺杂(减少基区串联电阻)、更高的厄利电压和更高的穿通电压。降低基区串联电阻有利于增加晶体管的最大振荡频率 $f_{\max}$,如下式所示:

$$f_{\max} = \left(\frac{f_{\mathrm{T}}}{8\pi R_{\mathrm{B}} C_{\mathrm{BC}}} \right)^{1/2} \tag{1.138}$$

式中,f_{T} 为晶体管的传输或特征频率;R_{B} 为基区寄生电阻;C_{BC} 为集电结电容。

SiGe HBT 可以得到大于 100 GHz 的特征频率,制造技术和传统的 Si 晶体管工艺相匹配。图 1.33 是自对准 SiGe HBT 的横截面示意图。

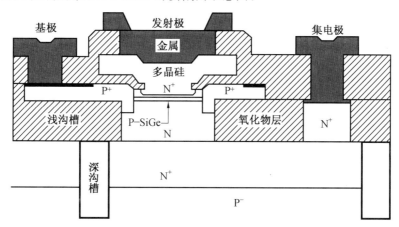

图1.33   自对准 SiGe HBT 的横截面示意图

1.7　双极晶体管电性能及缺陷分析测试方法

1.7.1　电性能参数测试

在辐照及退火过程中,双极晶体管的性能变化可通过电性能表征。通常,关注的电性能参数主要有 Gummel 特性曲线、电流增益、栅扫描(Gate Sweep,GS)曲线及亚阈值扫描(Sub-threshold Sweep,SS)曲线等。这些参数可通过半导体器件电性能参数测试仪检测。

本书所有带电粒子辐照试样的电性能数据均为原位测试获得。辐照后至原位测试的时间间隔不超过 10 s,每个辐照注量点试样的测试时间不超过 1 min,因此,辐照过程中的退火现象可以忽略不计。

在不同辐照注量或退火条件下,建立双极晶体管集电极电流 I_C 和基极电流 I_B 随发射结电压 V_{BE} 的变化关系曲线,即 Gummel 特性曲线。在测试过程中,发射极接扫描电压,以 0.01 V 为扫描步长,发射结电压从 0.3 V 扫描至 1.2 V;基极和集电极均接地。在辐照或退火过程中,分别测试基极电流 I_B 和集电极电流 I_C 随发射结电压 V_{BE}(或 V_{EB})的变化趋势。根据 Gummel 特性曲线的变化特点,可以揭示辐照或退火过程中基极电流和集电极电流的变化规律,为阐明双极晶体管辐射损伤效应的基本特点提供依据。

集电极电流和基极电流的比值,定义为电流增益 β,即 $\beta = I_C/I_B$,其值可以从 Gummel 特性曲线中获得。图 1.34 所示为典型的 Gummel 曲线形貌。该曲线由两组曲线组成,一是 $I_B - V_{BE}$(或 V_{EB})曲线,二是 $I_C - V_{BE}$(或 V_{EB})曲线。若给定某一 V_{BE}(或 V_{EB})时,便可依据相应的 I_C 和 I_B 值求得所对应的 β 值。电流增益 β 是双极晶体管在实际工作中最重要的参数之一,同时也是辐射损伤效应最为敏感的电性能参数。为研究电流增益在辐照过程中的变化规律,还常选取特定的发射结电压值(如 $V_{BE} = 0.65$ V),求得辐照前后电流增益倒数的变化量如下:

$$\Delta(1/\beta) = 1/\beta - 1/\beta_0 \tag{1.139}$$

式中,β_0 为辐照前晶体管的电流增益;β 为辐照后晶体管的电流增益。

通过研究电流增益倒数的变化量 $\Delta(1/\beta)$ 随辐照注量的变化规律,可为深入分析双极晶体管辐射损伤缺陷演化机理提供重要的依据。

1.7.2　栅扫描分析方法

由于兼有 MOS 场效应管和晶体管的特性,GLPNP 型双极晶体管成为研究双极器件辐射损伤效应特点和机制的理想载体。在电离辐照试验过程中,GLPNP 型双极晶体管基区氧化物层和 Si/SiO$_2$ 界面处会产生大量缺陷。这些缺陷包括氧化物俘获正电荷和界面

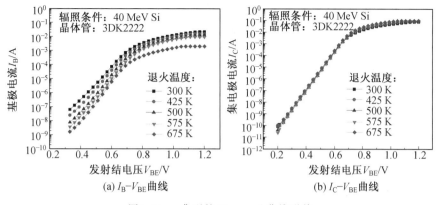

图1.34　典型的 Gummel 曲线形貌

态陷阱,它们均会影响器件表面电势及载流子的复合速率,进而影响到 GLPNP 型双极晶体管的使用性能。

　　GLPNP 型双极晶体管通过改变栅极电压的方式,调控表面电势和有源基区表面载流子密度。在正向有源模式工作条件下,通过改变栅极电压,可以使双极晶体管工作模式由累积型变化到耗尽型,再变化至反型。在整个过程中测试基极电流 I_B 随栅极电压 V_G 的变化,可得到栅扫描曲线,即 GS 曲线。通过比较辐照前后 GS 曲线的变化规律,可以提取氧化物俘获缺陷密度和界面态密度,如图 1.35 所示。

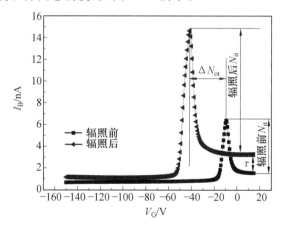

图1.35　栅扫描法提取双极晶体管辐射损伤缺陷密度信号示意图

　　从图 1.35 可以发现,辐照前后 GS 曲线峰的位置和高度均发生变化,所对应的基极电流和栅极电压明显不同。改变栅极电压,会使基区表面势发生改变,进而影响基区表面载流子的密度。根据 SRH 复合理论,当表面的电子和空穴密度相等时,双极器件正向有源基区的表面复合率最大,此时的栅极电压称为中带电压(V_{mg})。相应地,GS 曲线中会出现一个峰值,即基极电流达到最大值。电离辐射损伤可使双极晶体管基极电流增加,其主要原因是硅体和基区表面的载流子发生复合,而表面的载流子复合与栅极电压有密切关系。

对于 GLPNP 型双极晶体管,栅极上加正电压时基区处于累积模式,表面电子和空穴的密度相差较大,复合率较小。此时,基区电流增加主要由位移辐射损伤产生的硅体缺陷的复合所导致。因此,在基区处于载流子累积模式状态下,可根据 SRH 模型得到少子寿命 τ 的计算公式如下:

$$\tau = \frac{qP_{\mathrm{E}}h_{\mathrm{E}}x_{\mathrm{B}}}{2I_{\mathrm{B}}} \cdot \frac{n_{\mathrm{i}}^2}{N_{\mathrm{D}}} \cdot \exp(\frac{qV_{\mathrm{BE}}}{kT}) + \frac{qP_{\mathrm{E}}h_{\mathrm{E}}x_{\mathrm{d}}}{2I_{\mathrm{B}}} \cdot n_{\mathrm{i}} \cdot \exp(\frac{qV_{\mathrm{BE}}}{2kT}) \tag{1.140}$$

式中,P_{E} 为发射区周长;h_{E} 为发射区结深;n_{i} 为本征载流子浓度;x_{B} 为有源基区宽度;N_{D} 为基区掺杂浓度;x_{d} 为发射结耗尽区宽度;q 为电子电荷量。

通过调整栅极电压,可使 GLPNP 型双极晶体管表面势逐渐降低,促使基区表面进入耗尽模式。这会导致基层表面电子和空穴的密度差逐渐减小,界面处缺陷引起的复合将成为主导过程。当复合率达到最大值时,GS 曲线出现峰值。根据中带电压可以求得氧化物俘获电荷密度 ΔN_{ot} 和界面态陷阱密度 ΔN_{it},计算公式分别如下:

$$\Delta N_{\mathrm{ot}} = \frac{C_{\mathrm{ox}} \cdot \Delta Vmg}{q} \tag{1.141}$$

$$\Delta N_{\mathrm{it}} = \frac{2\Delta I_{\mathrm{peak}}}{qS_{\mathrm{peak}}n_{\mathrm{i}}\sigma\, v_{\mathrm{th}}\exp(\frac{qV_{\mathrm{BE}}}{2kT})} \tag{1.142}$$

式中,$C_{\mathrm{ox}} = \varepsilon_{\mathrm{ox}}/t_{\mathrm{ox}}$;$\varepsilon_{\mathrm{ox}}$ 为二氧化硅介电常数;t_{ox} 为基区氧化物层厚度;ΔI_{peak} 为基极电流峰值变化量;S_{peak} 为 GS 曲线峰对应的基区表面积;σ 为载流子俘获截面;v_{th} 为载流子热速率。

GLPNP 型双极晶体管的 GS 曲线选用正向有源模式进行测试。扫描栅压为 150 ～ －150 V,从累积区到反型区的扫描步长为 1 V;基极和集电极均接地,发射极电压可固定为 0.5 V。通过计算氧化物俘获正电荷密度、界面态陷阱密度及少子寿命,可以直观地表征 GLPNP 型双极晶体管电离辐射损伤缺陷的演化规律。

1.7.3　亚阈值扫描分析方法

利用上述的栅扫描(GS)技术,可以分离辐照过程中 GLPNP 型双极晶体管产生的氧化物俘获电荷和界面态。然而,当辐照过程中界面态大量累积时,GLPNP 型双极晶体管的 GS 曲线峰会出现明显宽化现象,如图 1.36 所示。在这种情况下,GS 曲线难于准确地定位和界定中带电压的位置,故不再适合作为提取和计算氧化物俘获电荷和界面态两类辐射缺陷密度的方法。

亚阈值扫描(SS)分析方法可以解决上述问题。该方法是将 GLPNP 型双极晶体管看

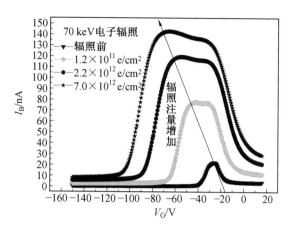

图1.36　GLPNP 型晶体管 GS 曲线峰宽化现象

作 pMOSFET 型器件,利用 $I-V$ 特性曲线计算中带电压 V_{mg}。随着辐照注量的增加,界面态密度逐渐累积。相应地,在亚阈值扫描范围内 $I-V$ 曲线的摆幅就会逐渐增加。中带电压对应的漏电流 I_{mg} 可用如下公式计算[5]:

$$I_{mg} = \mu_p \left(\frac{w}{l}\right) C_{ox} \frac{\alpha}{2\beta^2} \left(\frac{n_i^2}{N_A}\right) \left(1 - e^{-\beta V_{ds}}\right) \left(\frac{e^{\beta \varphi_b}}{(\beta \varphi_b - 1)^{1/2}}\right) \tag{1.143}$$

$$\alpha = \sqrt{2}\,(\varepsilon_s/L_D)\,/C_{ox}$$

$$\beta = q/k_B T$$

式中,k_B 为玻耳兹曼常数;T 为热力学温度;w/l 为 MOSFET 的时宽长比;n_i 为本征载流子浓度;N_A 为基区掺杂浓度;φ_b 为硅表面电势(相等于硅体的费米势),$\varphi_b =$ $(k_B T/q)\ln\left(\dfrac{N_A}{n_i}\right)$;$L_D$ 为德拜长度,$L_D = \sqrt{\varepsilon_s/\beta q N_A}$;$\mu_p$ 为基区沟道载流子迁移率;ε_s 为硅的介电常数。

通过对 SS 曲线进行线性拟合外延,找到漏电流 I_{mg} 所对应的中带电压 V_{mg}。据此,便可在 GS 曲线上准确地定位出峰值电流的位置,进而在此基础上进行氧化物俘获电荷和界面态密度计算分析。在进行 SS 曲线测试时,集电极和基极接地;栅极电压的扫描范围可选为 $-150 \sim -10$ V,扫描步长为 0.5 V;发射极电压固定为 -1 V。

1.7.4　深能级缺陷分析方法

半导体器件的性能直接受到半导体材料中缺陷行为的影响。相关的缺陷主要包括晶体中的有害杂质原子(如金属杂质)、点缺陷(如空位和各种间隙原子)及扩展缺陷(如位错、层错和晶界)等。在现在的半导体材料中,特别是硅单晶材料,深能级缺陷的密度非常低。一般的微观分析方法的检测灵敏度难以检测深能级缺陷,如电子能谱仪(EDS)和二次离子质谱仪(SIMS)等。尽管阴极发光谱(CL)和光致发光谱(PL)分析有很高的测量灵敏度,但它们只能检测到具有辐射缺陷复合特点的陷阱中心,应用范围尚比较有限。

目前,检测半导体材料和器件中深能级杂质和晶体缺陷的有效方法是深能级瞬态谱(Deep Level Transient Spectroscopy,DLTS)。深能级瞬态谱分析方法于 1974 年由 D. V. Lang 等人发明[11]。他们率先将 DLTS 分析用于半导体材料中的深能级缺陷检测,检测灵敏度通常是半导体材料中掺杂浓度的万分之一,甚至更低。

在实际的 DLTS 测试技术中,通常是将按固定的较高频率(一般为 1 MHz)变化的电压施加到肖特基结或 PN 结上,电压值在反向偏压 V_R 和填充脉冲电压 V_P 之间反复变化($|V_R|>|V_P|$)。对于 N 型半导体中的多数载流子陷阱中心,如果其在禁带中的能级位置 E_T 位于费米能级 E_F 之下,反向电压分别为 V_R 和 V_P 的能带图如图1.37所示。从图中可以看出,当对肖特基结施加反偏电压 V_R 时,在空间电荷区主要发生陷阱中心所束缚电子的发射;而在填充脉冲电压 V_P 条件下,空间电荷区中主要发生的是陷阱中心对自由电子的俘获。如果填充脉冲的时间宽度足够大,在$[L_P,L_R]$区域范围的陷阱中心将被完全填充。W_P 和 W_R 分别为填充脉冲电压和反向偏压所对应的 PN 结空间电荷区宽度。当电压突然从 V_P 变化到 V_R 的瞬间,电容也将突然随着电压而改变。随着时间的变化,$[L_P, L_R]$区域范围的陷阱中心束缚的电子会逐渐发射出来,空间电荷区中净载流子浓度分布将发生变化。陷阱中心上束缚的电子被发射的过程会引起空间电荷区的电容变化。随着时间的延长,电容值趋向于电压为 V_R 时的稳态电容 C_0。所以,可以得到在不同时刻 t,空

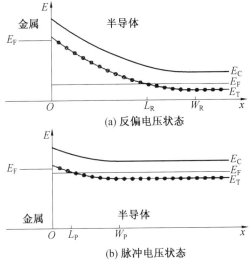

(a) 反偏电压状态

(b) 脉冲电压状态

图1.37　反向偏压和填充脉冲电压作用下肖特基结的能带示意图(图中 L_R 和 L_P 分别为反向偏压和填充脉冲电压下缺陷能级与费米能级曲线交点对应的空间电荷区宽度)

间电荷区的电容值及电容变化值。DLTS 技术测试所得到的信号即为空间电荷区的电容变化值。每种深能级陷阱在 DLTS 谱仪的温度扫描测试曲线中表现为一个正值或负值的信号峰,信号的正、负值可用于分析陷阱的类型是少子陷阱还是多子陷阱。典型的 DLTS 谱测试曲线如图 1.38 所示。图中各信号峰对应的代号如 $V_2(+/0)$、$H(120)$ 等,用于表征相应深能级缺陷的类型。信号峰的强度与陷阱密度成正比,信号峰的位置由陷阱中心本身对载流子的发射速率决定。通过对 DLTS 信号进行处理,可以得到少数载流子或多数载流子陷阱的诸多信息,如陷阱密度及其深度分布、陷阱俘获载流子的激活能及陷阱对自由载流子的俘获截面等。

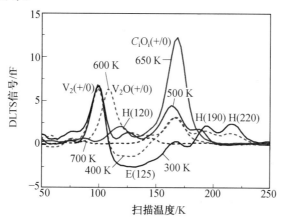

图1.38　典型的 DLTS 谱测试曲线(晶体管:3CG110;辐照条件:5 MeV 质子)

1.7.5　辐射缺陷退火试验方法

在给定的外部环境条件下,半导体器件的电性能随着辐射损伤缺陷数量减少而逐渐发生部分或全部恢复的现象,称为退火效应。半导体器件辐射损伤缺陷的退火效应,在辐照过程中或辐照后均会发生。本书主要涉及辐照试验完成后所出现的退火效应。

半导体器件经受辐射粒子作用时,所产生的缺陷(如间隙原子、空位、电子、空穴等)往往很不稳定,易于复合或消失,这会导致缺陷的总数量逐渐减少,从而使器件的电性能发生恢复或部分恢复。辐射损伤缺陷的复合或消失过程较为复杂,取决于多种因素(如时间和温度等)的影响。通常,采用不同温度和时间组合研究半导体器件的退火效应,常采用的退火方式主要有等温退火及等时退火两种。等温退火是在固定的温度条件下,测试双极晶体管电性能参数及深能级缺陷随退火时间的变化关系;等时退火是在相同的间隔时间条件(如 30 min)下,测试双极晶体管电性能参数及深能级缺陷随退火温度的变化关系。等温退火时由于需要保持固定的温度,只能针对该温度下相应的深能级缺陷进行分析。与等温退火相比,等时退火可在不同温度下进行较为全面的测试,能够反映多种深能级缺陷的变化规律,便于综合表征双极晶体管辐射缺陷的退火效应。

等时退火适用于研究半导体器件的辐射损伤机制。在等时退火条件下,电子元器件中深能级缺陷的演化规律与机制是当前研究的热点之一。本书所涉及的退火试验将主要采用等时退火方式,在不同种类及注量的粒子辐射条件下,研究双极晶体管的电性能及缺陷变化规律,为深入揭示双极晶体管的辐射损伤机理提供必要依据。对于电离辐射损伤效应而言,所采用的退火温度为 300(室温) ~ 600 K,温度间隔为 50 K,保温时间为 0.5 h。对于位移辐射损伤效应研究,退火温度取 300 ~ 700 K,温度间隔为 50 K,保温时间为 0.5 h。

本章参考文献

[1] GRAY P R,MEYER R G. Analysis and design of analog integrated circuits[M]. New York:John Wiley & Sons,1993.

[2] KASAP S O. Principles of electronic materials and devices[M]. 3rd ed. New York: McGraw-Hill Inc. ,2006.

[3] NEAMEN D A. Semiconductor physics and devices:basic principles[M]. 3rd ed. New York:McGraw-Hill Inc. ,2003.

[4] 刘恩科,朱秉升,罗晋生. 半导体物理学[M]. 7 版. 北京:电子工业出版社,2008.

[5] SZE S M,NG K K. Physics of semiconductor devices [M]. 3rd ed. New York: Wiley-Interscience,2006.

[6] PIERRET R F. 半导体器件基础[M]. 黄如,王漪,王金延,等译. 北京:电子工业出版社,2007.

[7] GUMMEL H K. Measurement of the number of impurities in the base layer of a transistor[J]. Proc. IRE,1961,49:834.

[8] NOWLIN R N,ENLOW E W,SCHRIMPF R D,et al. Trends in the total-dose response of modern bipolar transistors[J]. IEEE Trans. Nucl. Sci. ,1992,39:2026-2035.

[9] JOHNSTON A H,RAX B G,LEE C I. Enhanced damage in linear bipolar integrated circuits at low dose rates[J]. IEEE Trans. Nucl. Sci. ,1995,42:1650-1659.

[10] ASBECK P M. Bipolar transistors,in modern semiconductor device physics[M]. New York:John Wiley & Sons,1998.

[11] LANG D V. Deep-level transient spectroscopy:a new method to characterize traps in semiconductors[J]. Journal of Applied Physics,1974,45(7):3023.

第2章　空间带电粒子辐射环境表征

2.1　概　述

空间环境涵盖广泛的空间范围,从近地空间直至浩瀚的太空,涉及各种空间粒子(电子、质子、重离子、中子、光子、原子、分子及固体粒子等)与物理场(引力场、磁场、电场、极低温度场及真空场等)。在诸多的空间环境因素中,高能带电粒子(电子、质子及重离子)是直接影响宇航用电子元器件在轨服役寿命和可靠性的主导辐射环境。在空间带电粒子辐射作用下,电子元器件受到损伤可能导致航天器在轨服役出现故障或事故,乃至造成巨大的损失。空间辐射环境表征是深入研究宇航用电子元器件辐射损伤效应和机理的必要前提条件,将为剖析空间带电粒子与电子元器件相互作用的特点和物理规律提供基本依据,具有重要的工程实际意义。

空间带电粒子辐射环境主要包括地球辐射带、银河宇宙线及太阳宇宙线 3 类[1]。地球辐射带是指地磁层内存在的地磁场长期俘获能量粒子(质子和电子)的区域,其下边界高度受大气层限制(200 ~ 1 000 km)、上边界在赤道上空可达约 7 倍地球半径或更高,纬度上限约为 65°(受地磁场几何形状制约)。银河宇宙线是来自银河系除太阳外的高能带电粒子流。通常认为,银河宇宙线是超新星爆炸所产生的。银河宇宙线的主要组分为质子(约占 85%)、氦核或称 α 粒子(约占 14%)以及其他各种元素的原子核(约 1%,核外电子被完全剥离)。太阳宇宙线是太阳爆发(耀斑或日冕物质抛射)期间,发射出的高能带电粒子流,其能量范围在 0.1 MeV 至几十 GeV 之间,丰度最大的能域为 1 MeV 至几百MeV。太阳宇宙线粒子绝大部分是质子,故太阳爆发常称为太阳质子事件。在太阳宇宙线中,还有电子、氦核(3% ~ 15%)及少量其他 $Z>2$ 的重核粒子。太阳宇宙线的重核粒子与银河宇宙线粒子不同,一般没有达到完全电离状态。太阳宇宙线是太阳随机爆发的产物,对在轨服役航天器的破坏作用具有间歇性,而地球辐射带和银河宇宙线产生持续性的辐射损伤效应。

空间带电粒子具有复杂的时间和空间分布特点,难于用准确的物理／数学模型进行量化表征。多年以来,人类对空间辐射环境进行了大量的探测,获得了丰富的有关空间带电粒子分布的数据,为空间辐射环境表征提供了必要基础。已建立的空间带电粒子辐射环境模式,通常以数据图表或计算机程序表述。由于所依据的探测数据及计算机程序的算法不同,相同的粒子辐射环境可有多种表述模式。不同模式给出的计算结果存在一定的差异,至今尚难于针对相同的空间带电粒子辐射环境建立统一的标准模式,可视宇航元器件选材或抗辐射设计任务的实际需要适当地加以选择。

空间带电粒子能谱是表征粒子辐射环境特点的基本形式。空间带电粒子环境模式的主要功能是针对航天器所在的空间轨道计算粒子能谱。所谓能谱是指粒子通量随能量的变化关系。通常,粒子能谱常用二维坐标表示,横坐标为粒子能量,纵坐标为粒子通量。微分能谱是界定粒子微分通量与能量的关系,用符号 $\varphi(E)$ 表示;积分能谱是指粒子积分通量与能量的关系,用符号 $\Phi(E)$ 表示。积分能谱等于微分能谱从能量 E_0 到无穷大的积分,即 $\Phi(E) = \int_{E_0}^{\infty} \varphi(E) \mathrm{d}E$。

空间粒子能谱是用于计算航天器所用材料或器件内辐射吸收剂量的基本依据。鉴于粒子能谱的重要性,有必要充分理解相关术语的物理含义,包括:

(1)粒子能量。本书中粒子能量是指粒子的动能,常用单位为 keV 或 MeV。

(2)粒子通量。指单位时间内穿过单位面积的粒子数,单位为"粒子数·cm^{-2}·s^{-1}"。

(3)全向通量。指单位时间内从立体角所有方向穿过截面为 1 cm^2 球体的粒子数,单位为"粒子数·cm^{-2}·s^{-1}"。

(4)单向通量。指单位时间内从某个方向射入单位立体角和单位面积上的粒子数,单位为"粒子数·cm^{-2}·s^{-1}·sr^{-1}"(这里 sr 为立体角的弧度)。

(5)微分通量。指在能量 E 和 $(E+\mathrm{d}E)$ 范围内的粒子通量。单向微分通量的单位为"粒子数·cm^{-2}·s^{-1}·sr^{-1}·MeV^{-1}";全向微分通量的单位为"粒子数·cm^{-2}·s^{-1}·MeV^{-1}"。一般情况下,单向微分通量是空间位置的函数,并随粒子入射方向而变化;全向微分通量只与空间位置有关。若来自各方向的单向微分通量相等,则它等于全向微分通量除以 4π。

(6)积分通量。指能量超过某一给定能量(E_0)的粒子通量。单向积分通量的单位为"粒子数·cm^{-2}·s^{-1}·sr^{-1}";全向积分通量的单位为"粒子数·cm^{-2}·s^{-1}"。一般情况下,单向积分通量是空间位置的函数,并随粒子入射方向而变化;全向积分通量只与空间位置有关。若来自各方向的单向积分通量相等,则它等于全向积分通量除以 4π。

(7)累积通量。指在给定的时间范围内穿过单位面积的粒子总数,即时间积分通量,单位为"粒子数·cm^{-2}"。累积通量也常称为注量。

(8)吸收剂量。指单位质量物质所吸收的平均辐射能量,单位为 rad 或 Gy(1 rad = 100 erg/g = 0.01 J/kg;1 Gy = 1 J/kg = 100 rad)。吸收剂量又分为电离辐射吸收剂量(电离吸收剂量)和位移辐射吸收剂量(位移吸收剂量)。电离吸收剂量也常称为总剂量或简称为吸收剂量。

本章内容主要阐述空间带电粒子辐射环境的基本特点、常用的模式、轨道能谱计算方法,以及入射粒子辐射损伤能力判据等内容。在针对宇航用电子元器件开展辐射损伤效应机理研究时,需要合理地选择辐照源和充分了解空间带电粒子能谱的特点。基于空间带电粒子环境模式,针对给定的轨道计算粒子能谱具有重要的工程实际意义,也是计算电子元器件辐射吸收剂量的基础。

2.2 太阳活动对空间带电粒子环境的影响

在太阳系内,太阳活动直接影响着空间带电粒子环境。太阳活动是指太阳大气中发生的各种非稳态变化过程,伴随一系列非均匀区域的形成和太阳能流的显著变化,如黑子形成、耀斑爆发以及日冕物质抛射等[2]。太阳大气包括光球、色球和日冕 3 部分。黑子是太阳表面的暗区,呈黑斑状,肉眼可观察到(见图 2.1)。黑子表面温度比周围光球约低 1 700 K,故呈黑色。黑子和黑子群的演化,实际上是太阳大气局域磁场的变化过程。耀斑是储存于太阳大气中的能量突然释放事件,表现为太阳表面某些局部区域突然增亮(见图 2.2)。耀斑的出现一般与磁场重构相关联,经常出现在黑子和黑子群所在区域。在太阳耀斑发生过程中,会发射各种电磁辐射和高能粒子流。日冕物质抛射是在短时间(几分钟至几小时)内,将日冕等离子团抛向行星际空间的突发事件。通常,抛射的日冕等离子体气体质量可达 $10^{12} \sim 10^{13}$ kg,抛射速度为 $50 \sim 1\ 800$ km/s,平均动能为 $10^{23} \sim 10^{25}$ J。日冕物质抛射实际上是日冕大尺度磁场结构连同冻结在其中的等离子体失稳与抛射。这种抛射可由图 2.3(a)所示的磁绳(磁流管)失稳机制驱动。两端连于日冕底层的磁绳具有不断变化的扭曲缠结磁场结构,一旦失稳便会抛向行星际空间,形成巨大的等离子团,如图 2.3(b)所示。日冕物质抛射常与耀斑相伴发生,但两者实际上是不同的独立过程,产生的效应特点不同。耀斑时粒子流的加速是脉冲式过程,持续时间较短(约几小时);日冕物质抛射驱动的激波所加速的粒子流具有较为缓变的特点,持续时间较长(几小时至几天)。通常,与日冕物质抛射伴生的耀斑多属于较大型耀斑,且前者往往在耀斑增亮之前发生。

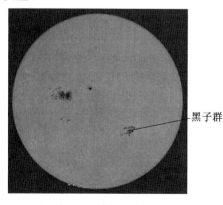

图2.1 太阳黑子群形貌

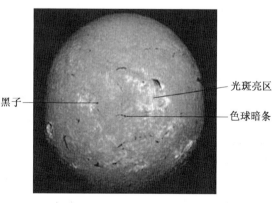

图2.2 光斑的典型形态

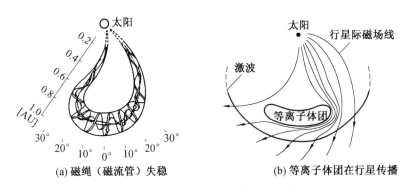

(a) 磁绳（磁流管）失稳　　　　(b) 等离子体团在行星传播

图2.3　日冕物质抛射的形成与传播

太阳活动过程呈现出突发性和周期性两种基本属性。这两种类型的太阳活动对空间带电粒子环境的影响有明显不同,主要表现如下。

1. 突发性太阳活动的影响

太阳耀斑和日冕物质抛射属于突发性事件,对空间带电粒子环境的直接影响是使太阳宇宙线显著增强。这种太阳能量粒子流被高速日冕物质抛射或大型耀斑所增强的现象,又称为太阳粒子事件或太阳质子事件。在典型的太阳粒子事件期间,可在 1 AU 处探测到粒子通量的变化,如图 2.4 所示。事件开始时,太阳附近的粒子受到初始的加速作用。从该点至粒子通量达到最大时的传播时间通常为 $20 \sim 90$ min,也可能有某些粒子在传播过程中受到行星际激波的加速,导致在后续的 $2 \sim 4$ d 内出现二次通量峰。同耀斑相比,日冕物质抛射对太阳宇宙线的增强效应更为突出。太阳粒子事件还会作用于地磁层而诱发地磁暴,从而引起地球辐射带粒子通量明显提高。太阳耀斑和日冕物质抛射发生时,可能对在轨服役的电子仪器,乃至航天器造成灾难性的后果,应尽可能妥善地加以规避。

2. 周期性太阳活动的影响

周期性太阳活动通常以黑子数变化表述,大体上呈 11 年平均周期[3]。太阳活动指数常用 12 个月平均的黑子数或称 Wolf 数表征($W = 10g + f$,式中 g 为太阳黑子群数,f 为可见的单个黑子数)。每 11 年周期结束时,太阳磁极反转,引起黑子数发生周期性变化。从 17 世纪以来,太阳各年的平均黑子数变化如图 2.5 所示。太阳活动周期的编号从 1749 年起算,作为第一次周期的开始,至今已进入到第 25 次周期。在太阳周期 11 年期间,大体上有 7 年时间太阳活动水平高,称为高年;其余 4 年太阳活动水平较低,称为低年。从工程应用角度,将太阳高年持续的时间定为从黑子数达到极大值前 2.5 年开始至其后 4.5 年结束。此外,太阳活动指数也可以用太阳 10.7 cm 波长射电通量(F10.7)表述,单位为 "10^{-22} W·m^{-2}·Hz^{-1}"。F10.7 数据的记录始于第 18 次太阳活动周期,如图 2.6 所示。

太阳活动周期对银河宇宙线及地球辐射带粒子环境产生明显的影响。在行星际空

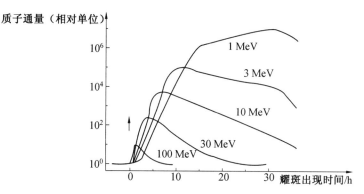

图2.4 在1 AU 处不同能量的质子通量随时间变化的示意图

（箭头所示为粒子开始从太阳离开的时刻）

间,银河宇宙线粒子通量呈各向同性,并主要受太阳活动及日球磁场变化的影响。日球磁场的变化与太阳极性磁场的变化呈正相关,且取决于太阳活动水平。当太阳活动高年时,银河宇宙线粒子的通量有所下降。银河宇宙线粒子与太阳风相向运动,会受到太阳风的阻止作用,从而使其通量随太阳活动增强而降低。在太阳高年期间,随着太阳活动的增强,易于使太阳风向地磁层输入能量的过程加剧,触发地磁层扰动而导致高轨道电子和质子的通量提高。因此,地球辐射带粒子的能谱随太阳周期出现动态变化。这种影响需要在建立地球辐射带粒子环境模式时予以适当反映。

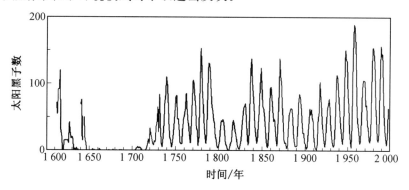

图2.5 太阳各年的平均黑子数变化

图 2.7 为在地磁宁静期和高活动期 CRRES 卫星对地球辐射带电子辐射吸收剂量的探测数据与 AE-8MAX 模式预测值的对比。由图可见,高地磁活动期的探测数据明显高于地磁平静期探测结果,说明强地磁暴后有大量能量电子向地球辐射带注入,导致CRRES 卫星内电子辐射吸收剂量显著提高。AE-8MAX 模式是用于计算太阳高年期时地球辐射带电子通量的模式,所得的辐射吸收剂量预测结果与 CRRES 卫星在高地磁活动期探测数据相近。

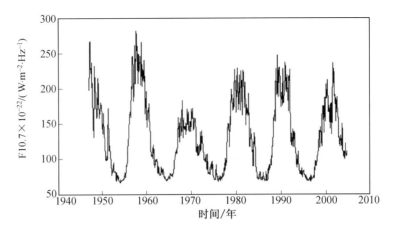

图2.6 太阳各年的 10.7 cm 波长射电通量变化

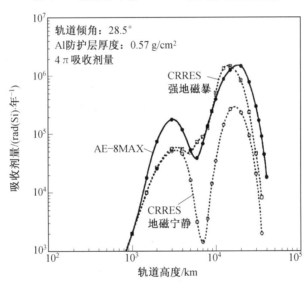

图2.7 在地磁宁静期和活动期CRRES卫星舱内电子辐射吸收剂量实测数据与 AE－8MAX 模式预测值的比较

2.3 地球辐射带粒子环境

2.3.1 地磁层结构特点

地磁层是一个重要的空间环境区域,由地磁场与太阳风相互作用而形成。太阳风是源于高温日冕气体膨胀而连续不断发射的高速等离子体径向流,由正离子和电子组成,其中正离子包括约 95% 的质子、3% ~ 4% 的氦离子及少量其他重离子。太阳风的速度通常在 400 km/s 左右,但也时常出现速度达约 700 km/s 的高速流。当太阳风到达地球附近时,由于太阳风等离子体具有很高的电导率而难以横穿磁力线,从而将地磁场屏蔽起来,形成一个很长的腔体。该腔体内部包含的区域便是地磁层,如图 2.8 所示。若无太阳风作用,地磁场近似为偶极子磁场,可以延伸至地球周围很远的空间。在太阳风的作用下,地球磁场变形,向日侧被压缩,背日侧向后延伸到很远的地方。太阳活动平静时,向日侧的地磁层顶距离地心约 10 余个地球半径;在太阳活动期,地磁层顶可收缩至距地心 5 ~ 6 个地球半径处,而磁层尾部的延伸距离可达 1 000 个地球半径以上。

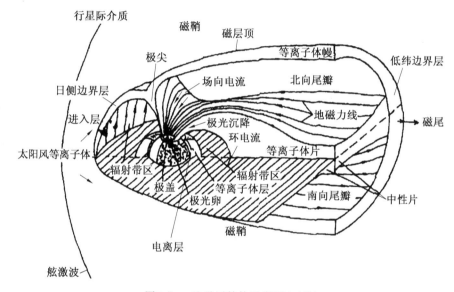

图2.8 地磁层结构示意图(三维)

当太阳风遭遇地磁层时形成间断面激波,称为舷激波。舷激波阵面的厚度远小于太阳风粒子的平均自由程,属于无碰撞的快激波。太阳风穿过舷激波阵面后,速度被减小而成为绕地磁层顶流动的亚音速等离子体湍流。这种位于磁层顶外侧的等离子体湍流区称为磁鞘。当磁鞘磁场出现南向分量时,磁层顶磁力线发生重联,太阳风将向地磁层传输能量和动量,最终诱发地磁暴和磁层亚暴等事件发生。

在向日侧磁层顶内侧存在很薄的边界层,厚度为 $0.5 \sim 1\ R_E$(R_E 为地球半径),称为低纬边界层;位于背日侧磁层顶内侧的高纬边界层,称为等离子体幔。在背日侧等离子体幔与日侧低纬边界层的交汇处,形成漏斗状的磁场汇聚区,称为极尖区。太阳风等离子体由此可直接进入地磁层,成为太阳风向地磁层输入质量、能量和动量的一个重要通道。进入地磁层的大部分太阳风等离子体沿着开磁力线向磁尾流动,在背日侧磁层顶内侧形成壳层,即等离子体幔(数密度约 0.01 cm^{-3};质子和电子的能量分别为 300 eV 和 50 eV)。

57

在极尖区边界周围易于由地磁力线俘获直接从磁鞘进入的等离子体,形成等离子体密度较高的边界层,称为进入层。磁鞘等离子体可通过扩散等机制进入向日侧磁层顶内侧,形成从向日侧磁层的中、低纬度区延伸至磁尾的边界层,即低纬边界层。

地磁层内存在不同能量和密度的等离子体区域,包括电离层、等离子体层、等离子体片,磁层尾瓣及磁层顶边界层。电离层和等离子体层分别位于大气层和内磁层(距地心高度低于 5 倍地球半径);其余的 3 个区域为外磁层等离子体聚集区。外地磁层是储备源于太阳风的等离子体粒子并将其不断向内磁层输运的重要区域,易受太阳和地磁活动的影响而发生剧烈变化。电离层是从地面 50 km 至 1 000 km 高度范围内,部分中性大气发生光致电离的区域,具有电子密度高($10^3 \sim 10^4$ cm^{-3})和能量低(< 0.3 eV)的特点。等离子体层实际上是地球高层大气充分电离的区域,可视为电离层向地磁层的延伸,主要成分为 H^+(质子)和电子,以及少量的 He^+ 和 O^+ 等。等离子体片是指在地磁尾赤道面附近,存在的以中性片居中的形状类似于平板状的热等离子体区域。它包围在等离子体层之外,两者相距约几个地球半径距离。通常将粒子平均动能大于 100 eV 的等离子体称为热等离子体。等离子体片的主要成分是质子和电子,地磁宁静时平均动能分别为几 keV 和几百 eV,密度为 1.0 cm^{-3},来源于太阳风等离子体(从地磁层顶边界层进入)与极区电离层的贡献。当地磁扰动时,会有源于电离层的离子(H^+、He^+ 和 O^+)向等离子体片注入。等离子体片是地磁层最活跃的动态扰动区域,其厚度在地磁扰动时变薄且内边界向地球方向移动,同时有大量热等离子体向地球同步轨道注入。磁层亚暴期间,等离子体片内的电子能量可增加至 $1 \sim 10$ keV。热等离子体(主要是热电子)从等离子体片边界层沿地磁力线向极区电离层沉降形成分立极光。因此,等离子体片会对地球同步轨道和极地轨道环境产生显著影响。

地磁层是地球磁场控制着的空间等离子体区域。磁层等离子体的运动会产生电流。在地磁层内存在某些电流集中的区域,构成磁层电流系。地磁层电流是表征磁层效应的重要参量。在离地球约 4 个地球半径以上高度的空间,地球磁场主要取决于地磁层电流系。地磁层电流系主要包括磁层顶电流、磁尾电流、环电流及场向电流。它们相互联系,形成闭合的电流体系,如图 2.9 所示。磁层顶电流和磁尾电流均为相邻区域的磁场明显不同时,在边界上所产生的电流。这是无碰撞等离子体中碰撞冻结特性的一个自然结果。磁层顶电流片是地磁层磁场与行星际磁场的交界面,即地磁层的外界面。磁尾电流由中性片电流及其在磁尾磁层顶的闭合电流(磁尾磁层顶电流)组成。中性片电流又称磁尾电流片。磁尾中性片将地磁层磁尾分成南、北两瓣,作为磁场方向由向着太阳(北侧)到背向太阳(南侧)转变的分界,存在横穿磁尾的由晨到昏的西向电流。中性片电流从昏侧分别向北和向南与磁尾磁层顶电流组成闭合回路。环电流是由地磁场俘获的正、负带电粒子分别向西和向东漂移所形成的电流。环电流离地心 $3 \sim 7$ 个地球半径,地磁宁静时离地球近些,地磁暴时离地球远些。地磁暴时,环电流大大增强。环电流的主要组分是质子和电子,还可能有 O^+ 和 He^+。离子能量为 $1 \sim 200$ keV,电子能量小于 10 keV。场向电流是指沿着地磁力线流动的电流。在地磁层电流系中,场向电流特别重要,地磁暴时从磁尾注入的大量热等离子体可成为场向电流进入高纬电离层。场向电流是磁层顶边界层与电离层耦合的重要载体。

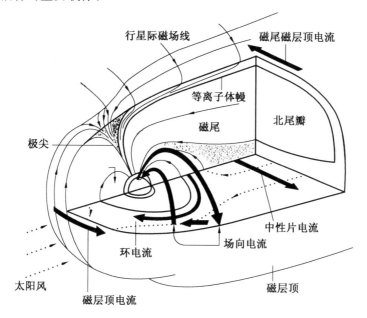

图2.9 地磁层电流系

2.3.2 地球辐射带

美国学者 J. A. Van Allen 于 1958 年发现,地磁层内存在着地磁场长期俘获能量粒子(质子和电子)的区域,称为地球辐射带或范艾伦带(Van Allen Belts)。辐射带的下边界高度受地球大气层限制($200 \sim 1\ 000$ km),上边界在赤道上空可达约 7 倍地球半径以上,纬度上限约为 $65°$(受地磁场几何形状制约)。地球辐射带分为内带和外带。内带位于等离子体层内,主要由 MeV 以上高能质子(源于银河宇宙线与高层大气碰撞所产生的反照中子衰变)组成,在赤道面上距地心 $1.1 \sim 2.0$ 个地球半径。外带由高能电子(> 100 keV)和较低能量质子(< 1 MeV)组成,在赤道面上距地心的距离为 $3 \sim 7$ 个地球半径。在外辐射带边界,粒子组分由太阳风等离子体供给,并可通过粒子的逃逸而贫化。外辐射带的强度变化大,而内辐射带比较稳定(磁暴时也无剧烈变化)。地球辐射带的外貌如图 2.10 所示。

地球辐射带的形成是磁层内带电粒子与地磁场相互作用的结果。地磁场近似于偏心偶极子磁场,即偶极子磁轴相对于地球旋转轴倾斜和偏离。偶极子轴倾斜约 $11.5°$,磁心

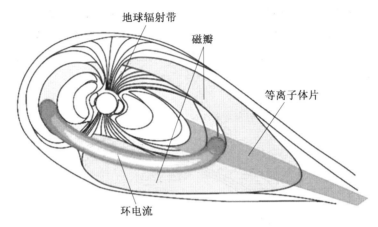

图2.10　地球辐射带的外貌示意图

偏离地心距离约 436 km。带电粒子进入地磁场后,呈现 3 种基本运动形式,包括:① 围绕地磁力线做回旋运动,保持磁矩不变量守恒;② 沿着地磁力线在南、北镜点之间往复反冲运动,保持纵向不变量守恒;③ 绕地球做缓慢的圆周漂移运动,漂移方向取决于粒子电荷的极性(电子和质子漂移方向相反),保持总磁通不变量守恒。带电粒子在地磁场的 3 种基本运动方式如图 2.11 所示。基于上述 3 种运动的耦合,带电粒子的运动径迹位于以地磁偶极轴为中心的环形表面壳层。这种由带电粒子漂移所形成的环形表面壳层,称为漂移壳层。在地磁偶极子近似下,漂移壳层又称磁壳层。带电粒子被长期束缚在磁壳层上漂移而不能离开,成为地磁场俘获粒子。只有在漂移壳层与地磁层顶相交的情况下,粒子才会逃逸磁层;或者,粒子在漂移过程中其镜像点降低至大气层,可与大气分子碰撞而注入大气层。地球辐射带内带、外带及磁壳层形貌如图 2.12 所示。

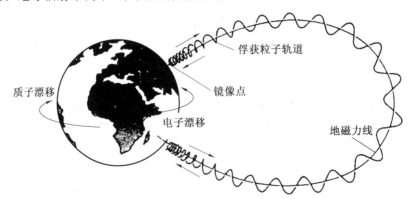

图2.11　带电粒子在地磁场的 3 种基本运动方式示意图

在地球辐射带模式中,采用 (B, L) 坐标系描述地磁场的分布。L 为 McILwain 磁壳层

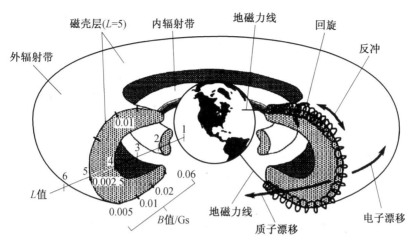

图2.12 地球辐射带内带、外带及磁壳层形貌

参数,以地球平均半径为单位($R_E = 6\ 371.2\ km$);B 为地磁场强度,以 Gs 或 μT 为单位。磁壳层实际上是磁力线绕地磁偶极轴的旋转表面,L 值可由磁力线在地磁赤道面上的交点与地心的距离 r_0 界定,即 $r_0 = L \cdot R_E$。在地磁空间,任意一点的空间位置可由 B 或 B/B_0 与 L 两个参数加以确定。通过 (B, L) 这样的二维坐标系研究俘获粒子的行为要比三维的地磁场坐标系方便得多。针对给定的空间位置(如航天器或电子器件服役的轨道),便可以将给定位置的坐标转换成 (B, L) 坐标并代入地球辐射带环境模式,计算相应的辐射带粒子能谱。

2.3.3 地球辐射带质子模式及其选用

1. 地球辐射带质子环境特点

地球辐射带质子又称俘获质子(trapped protons),其能量范围为 100 keV 至几百 MeV。辐射带质子的通量与能量高低有关,呈现很宽的能谱特征。图2.13为地球辐射带质子能谱在地磁赤道的径向分布。在相同能量条件下,质子通量随地磁壳层参数 L 增加而连续变化,呈现单极值特征。随着质子能量提高,通量的极大值向低 L 方向移动。这种质子能量和通量与磁壳层参数的变化关系,导致距地球表面较近的空间出现高能质子($> 10\ MeV$)分布的聚集区域,如图 2.14 所示。由于受到地球偶极磁场的控制,辐射带质子通量的等值线分布具有绕地球的轴对称性。$\geqslant 10\ MeV$ 的高能质子集中分布在 $L < 3.5$ 的区域(在赤道上空高度 20 000 km 以下)。能量较低的辐射带质子的分布范围较广,如 < 100 keV 的质子可到达约 36 000 km 高度的地球同步轨道。

上述地球辐射带质子分布特点是对一般平均状态的表述。实际上,地球辐射带质子通量的变化还会受到以下因素的影响:

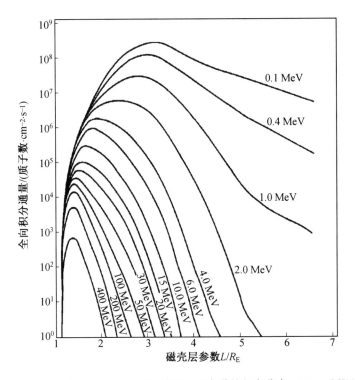

图2.13 地球辐射带质子能谱在地磁赤道的径向分布（AP－8MIN）

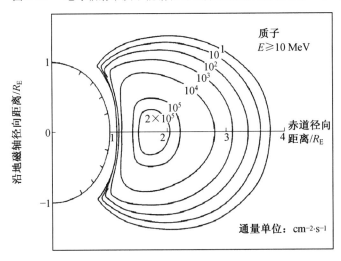

图2.14 地球辐射带 ≥ 10 MeV 质子的全向积分通量等值线在子午面上的分布

（1）太阳活动 11 年周期所呈现的电磁辐射强度变化，会使低高度辐射带质子的通量出现周期性。当太阳活动高年时，辐射带质子通量与太阳活动低年时相比有所降低。

（2）地磁场缓慢变化，导致质子辐射带内边界的高度趋于逐渐降低。

（3）辐射带质子的通量在地磁暴时会明显增强，如 1991 年 3 月发生磁暴时质子的峰通量增加约 1 个数量级。

（4）地磁偶极子中心相对于地心偏离及磁轴与地球旋转轴倾斜，使巴西东南部上空低高度的磁场强度降低，从而导致该区域质子辐射带在 1 000 km 高度以下增强，形成南大西洋异常区。

地球辐射带质子环境会对电子器件产生严重的电离损伤和位移损伤。例如，在南大西洋异常区，能量极高的辐射带质子能够引起电子器件产生单粒子事件。多年来，人们已经充分认识到地球辐射带质子环境所造成的危害，建立了多种辐射带质子模式，可以作为宇航用电子器件辐射损伤效应评价的重要依据。

2. 常用的辐射带质子模式

通常，地球辐射带质子模式是对辐射带质子通量静态分布的描述。通过辐射带质子模式，可以在给定的能量（E）和地磁坐标（B,L）条件下，分别计算太阳活动高年和低年时质子积分通量和微分通量分布。常用的辐射带质子模式如下：

（1）AP－8 模式。

AP－8 模式是 NASA 的 Goddand 空间飞行中心 J. I. Vette 等人针对辐射带质子所建立的第八版模式[4-6]。所依据的探测数据主要来源于 20 世纪 60 年代和 70 年代早期的二十几颗卫星。该模式能够较充分地覆盖地球辐射带质子区域，所涉及的质子能量范围为 0.1 ~ 400 MeV，成为国际上至今广泛应用的地球辐射带质子环境模式。AP－8 模式描述磁宁静条件下地球辐射带质子的全向积分通量与地磁坐标系的关系，包括太阳活动高年的 AP－8MAX 模式和低年的 AP－8MIN 模式。模式的主要表达形式是分别针对各种能量的质子，在不同 L 值和 B 值条件下建立全向积分通量列线图。这种列线图便于通过插值法求值，应用比较方便。AP－8 模式的计算过程可以通过计算机程序完成。值得注意的是，应用 AP－8 模式计算辐射带质子能谱时，必须选择适当的地磁场模式。否则，所得结果会有较大误差。NASA 规定，应用 AP － 8MIN 模式时，需要选用 Jensen － Cain1960 地磁场模式；应用 AP－8MAX 模式时，应选用 GSFC(12/66) 地磁场模式。

（2）NOAAPRO 模式。

NOAAPRO 模式是美国波音公司基于 NOAA 气象卫星近 20 年来的探测数据建立的地球辐射带质子模式，能够计算 > 16 MeV、> 36 MeV 和 > 80 MeV 的全向质子积分通量[7]。模式中考虑了实际太阳周期变化和地磁场长期缓慢变化的影响，且将 L 参数延伸至比 AP－8 模式更低的范围。该模式预测的质子通量比通用的 AP－8 模式的结果约大一倍，被认为是目前预测低地球轨道辐射带质子能谱较好的模式。虽然该模式还不能完全取代 AP－8 模式，却是首次在辐射带质子模式中反映了质子通量与实际太阳活动变化（用 F10.7 指数表征）的关系。图 2.15 给出了 F10.7 指数和不同 L 值条件下辐射带质子通量随时间的变化,表明质子通量与 F10.7 指数呈反向关联。这说明太阳活动增强,地球大气膨胀加剧,导致辐射带质子通量降低。该模式的不足之处是质子能量和轨道高度范围尚有限,仅在 850 km 高度范围内有效。

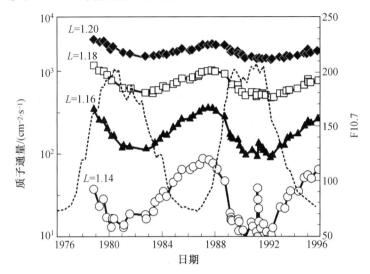

图 2.15　F10.7 指数(虚线)和不同 L 值条件下辐射带质子通量

随时间的变化(NOAAPRO 模式)

(3)CRRESPRO 模式。

CRRESPRO 模式是美国空军实验室于 1994 年,在 CRRES 卫星探测数据的基础上建立的地球辐射带质子模式[8]。CRRES 卫星(Combined Radiation and Release Effects Satellite) 在轨飞行时间是从 1990 年 7 月至 1991 年 10 月(太阳活动高年,第 22 次活动周期)。轨道为地球同步转移轨道,倾角为 18.2°,短半轴高度为 327 km,长半轴高度为 33 575 km。在轨飞行期间正好遇到 1 次大的地磁暴,磁暴前飞行 8 个月,磁暴后飞行 6 个月,所获得的探测数据为表征太阳活动高年及强磁暴条件下辐射带质子能谱变化提供了有效依据。覆盖的空间区域为:$1.15 < L < 5.5, 1.0 < B/B_0 < 684.6$。质子能量范围为 $1 \sim 100$ MeV。该模式适用于计算地磁宁静期及活动期辐射带质子能谱,地磁场模式选择 IGRF1990 模式。

(4)TPM-1 模式。

TPM-1 模式是 NASA 基于 NOAAPRO 模式和 CRRES 等卫星的探测数据所建立的地球辐射带质子模式[9]。覆盖的空间区域从 300 km 高度至接近地球同步轨道($1.15 < L < 5.5$);质子能量范围为 $1 \sim 100$ MeV。该模式考虑了太阳活动周期和地磁状态对辐射带质子能谱的影响,能够给出地磁空间中任意给定位置的质子通量及轨道平均能谱。太阳活动指数 F10.7 的数据从 1960 年至 2001 年 8 月,可以外延至 2020 年。地磁

场条件涉及地磁平静期和活动期。与通用的 AP－8 模式相比，TPM－1 模式对低轨道辐射带质子能谱的预测结果趋向于较为苛刻，而对高轨道质子能谱两种模式的预测结果是相近的。

（5）AP－9 模式。

AP－9 模式是自 2006 年以来，由美国空军研究实验室（AFRL）、国家勘测局（NRO）、Los Alamos 国家实验室及 Aerospace 公司等多家单位联合研发，着眼于建立地球辐射带质子环境的统计学模式。空间范围适用于 200～48 000 km 高度和各种纬度范围；质子能量范围为 1 keV～2 GeV。采用对数正态分布函数对辐射带质子微分通量能谱进行统计学表述，能够给出任务期内不同轨道平均的 50％、75％、90％ 及 95％ 的质子通量能谱。通过概率或置信度表征空间天气（如地磁层扰动等）及探测数据误差等不确定因素的影响程度。AP－9 模式通过 Monte－Carlo 方法和概率平均模型，分别计算给出近地空间轨道质子扰动通量能谱的概率曲线分布。计算的平均周期取为 5 min、1 h、1 d、1 周以及预定的任务期。随着探测数据和算法的不断完善，AP－9 模式视不同需要推出了多种版本，预期有可能逐渐取代传统的 AP－8 模式而获得广泛应用。

3. 地球辐射带质子模式选用

不同的地球辐射带质子模式由于所依据的探测数据、地磁场模式及软件算法等不尽相同，所得能谱的计算结果会有差异，有必要根据任务的需要合理加以选择。AP－8 模式具有较宽的能量范围与空间覆盖区域，至今仍是国际上通用的标准模式，适用于计算长期（6 个月以上）平均的地球辐射带质子能谱。在辐射带质子能谱计算时，可视航天任务期内太阳活动水平分别选用 AP－8MAX 或 AP－8MIN 模式。若难于确定任务期内太阳高年与低年的相对比例，可选用 AP－8MIN 模式，使所得能谱计算的结果偏于保守。应用 AP－8MIN 模式时，需要选用 Jensen－Cain1960 地磁场模式；而 AP－8MAX 模式需与 GSFC（12/66）地磁场模式相匹配。应用 AP－8 模式计算低地球轨道（＜2 000 km）辐射带质子能谱时，宜乘以 2 倍的经验系数，而对于较高轨道所计算的质子能谱可不修正。

近些年来，为了克服 AP－8 模式的局限性和不足，已在空间数据探测与新模式建立等方面进行了许多有成效的工作。以 NOAAPRO 模式、TPM 模式及 AP－9 模式为代表的新模式的建立，成为克服 AP－8 模式局限性的良好开端。前两种模式考虑了太阳活动及地磁场缓慢变化的影响，但在覆盖空间与能量广度上尚没有达到足以完全取代 AP－8 模式的程度。不同的模式是基于不同时期、不同轨道及不同探测数据而建立的，应根据具体应用情况选择适当的模式进行预测计算。一般趋向于认为，低轨道辐射带质子能谱预测宜选用 NOAAPRO 模式或 TPM 模式。

AP－9 模式具有宽能谱（从 1 keV～2 GeV）和空间范围广（200～48 000 km）的特点，并能够给出不同在轨暴露时间的平均通量谱及不确定性因素影响概率分布通量谱，适用于动态表征空间天气扰动对辐射带质子环境的影响。随着探测数据和算法的不断完善,预期 AP－9 模式将逐渐取代传统的 AP－8 模式而获得广泛应用。

2.3.4　地球辐射带电子模式及其选用

1. 地球辐射带电子环境特点

地球辐射带电子又称为俘获电子(trapped electrons),能量范围为 40 keV ～ 7 MeV。随着能量升高,辐射带电子通量下降,呈现较宽的能谱特征。图 2.16 为太阳高年时地球辐射带不同能量电子的通量在地磁赤道的径向分布。在相同能量条件下,辐射带电子通量分布呈现双极值特征。这说明地球辐射带电子环境分为内带和外带,中间出现低通量的过渡区(称为槽区)。内辐射带和外辐射带电子的全向通量峰分别出现在 $L=$ $1.2 \sim 2.0$ 和 $L=3.0 \sim 7.0$,L 为地磁壳层参数,以地球平均半径($R_\mathrm{E}=6\,371.2$ km)为单位。图 2.16 为不同能量辐射带电子的全向积分通量在子午面上的分布,辐射带电子主要分布在外带。图中外带中心位于 $L \approx 4.5$ 处,内带中心在 $L \approx 1.4$ 处;内带和外带的分界

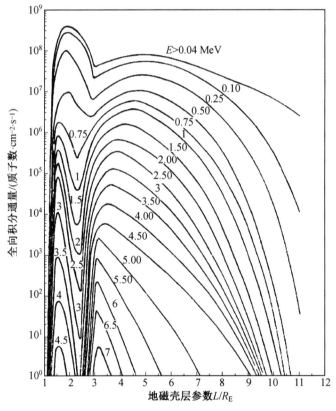

图2.16　太阳高年时地球辐射带不同能量电子的通量在地磁赤道的径向分布
　　　　(AP－8MAX 模式)

约在 $L=2.5$ 处。地球辐射带外带包围着内带,且在高纬区沿地磁力线向地球方向扩展和形成极区辐射锥。外辐射带电子可沿磁力线在地磁纬度 $60°\sim70°$ 上空接近地球,到达极光卵区域。

上述地球辐射带电子分布特点同辐射带质子分布类似,是一般平均状态的表述。实际上,由于受到太阳活动周期、地磁场缓慢变化及地磁层扰动等的影响,地球辐射带电子的状态会发生显著变化。外辐射带电子通量可能在几小时内发生数量级变化。这种变化与地磁活动水平密切相关。

2. 常用的地球辐射带电子模式

在地球辐射带电子作用下,航天器用材料和器件可能产生电离效应、位移效应及内充放电效应,成为材料和器件在轨服役性能退化乃至失效的重要原因。地球辐射带电子辐射是导致材料和器件损伤的主要空间环境因素之一,需要建立必要的环境模式进行表征。自 20 世纪 60 年代以来,已经在大量探测数据的基础上,先后建立了多种不同的地球辐射带电子模式,为计算辐射带电子能谱提供了必要条件。常用的地球辐射带电子模式如下:

(1)AE-8 模式。

AE-8 模式是至今应用最广泛的地球辐射带电子模式,可分别给出不同能量(E)和地磁坐标(B,L)条件下辐射带电子的积分通量和微分通量分布[5,10]。覆盖的空间区域达到 $L=(1.2\sim11)R_E$,且有较宽的能量区间(40 keV $\sim$ 7 MeV),成为迄今地球辐射带电子在空间和能量上覆盖程度最广的模式。该模式包括太阳活动高年的 AE-8MAX 模式和低年的 AE-8MIN 模式,均以数据表格和图形曲线的形式给出地磁宁静状态下辐射带电子的全向积分通量与地磁坐标(B,L)的关系。表格和曲线所给出数据的中间值通过插值法求得。在应用 AE-8 模式时,需要选用 Jensen-Cain1960 地磁场模式,AE-8MIN 或 AE-8MAX 模式均如此。

AE-8 模式属于静态模式,仅适用于计算 6 个月以上平均的电子能谱,没有考虑地磁扰动时高轨道电子能谱会发生很大的瞬态变化;并且,计算给出的辐射带电子能谱只是分为太阳高年和太阳低年两种情况,而未能反映太阳活动周期的动态影响。

(2)CRRESELE 模式。

该模式是在 CRRES 卫星探测数据的基础上建立的[11,12]。在 CRRES 卫星上装有能量电子通量探测器,可在 0.5 $\sim$ 6 MeV 范围内分 10 段进行测试。基于所建立的数据库,能够应用软件计算不同高度轨道的平均辐射带电子通量谱。覆盖的空间区域为: $2.5\leqslant L\leqslant6.8,1.0\leqslant B/B_0\leqslant684.6$。地磁场模式对于内源磁场采用 IGRF1990 模式,外源磁场采用 Olsen-Pfitzer 模式(地磁平静期)。通过 Ap15 表征地磁场活动水平对外辐射带电子通量的影响(Ap15 为地磁指数 Ap 的 15 天平均值),能够较好地预测太阳活动低年时地球辐射带电子的平均通量谱。在工程上,可以考虑使用 CRRESELE 模式在一定程度上表征外辐射带电子通量的动态变化趋势。

(3)POLE 模式。

POLE 模式是法国宇航实验室(ONERA)与美国 Los Alamos 国家实验室(LANL)针对地球同步轨道建立的辐射带电子模式,最新版本为 IGE2006[13,14]。所依据的数据包括从 1976 年至 2001 年的 25 年期间(两个半太阳活动周期)地球同步轨道卫星的实测数据,并考虑了辐射带电子通量随太阳活动的变化。实测数据的能量范围为 60 keV ～ 1.3 MeV,经外推可使模式的能量范围扩大到 1 keV ～ 6.0 MeV。该模式仅适用于地球同步轨道,能够给出平均情况和苛刻情况两种条件下 11 年太阳周期各年内的俘获电子微分能谱。当电子能量小于 100 keV 时,所得轨道能谱的预测结果高于 AE－8 模式的预测结果;当电子能量大于 100 keV 时,所得预测结果低于 AE－8 模式的结果。

(4)ONERA MEOv2 模式。

ONERA MEOv2 模式是法国宇航实验室针对中高度圆轨道所建立的地球辐射带电子模式。典型的轨道高度为(20 000 ± 500)km,倾角为 55°。所依据的数据是美国 Los Alamos 国家实验室所提供的 LANL－GPS 卫星从 1990 年至 2007 年的探测数据。卫星上的探测器经过相互校准,考虑了探测器的污染及饱和效应等因素的影响。所涉及的电子能量范围为 0.28 ～ 2.24 MeV。该模式能够给出平均情况与苛刻情况的微分能谱。若轨道高度为 20 500 ～ 24 000 km 及倾角为 55°±5°,ONERA MEOv2 模式可给出比 AE－8 模式较为苛刻的辐射带电子通量能谱。

(5)FLUMIC 模式。

FLUMIC 模式是针对地球辐射带电子产生航天器内部充电效应,所建立的计算辐射带电子通量的模式[15]。为了表征航天器内部充电效应,需要计算航天器所在轨道的日平均电子通量谱。通用的 AE－8 模式不能满足此要求,需要考虑太阳活动变化的影响。欧洲太空局(European Space Agency,ESA)首先在 1998 年开发了 FLUMIC－1 版本,随后在 2000 年升级为 FLUMIC－2 版本。这两个版本仅能计算地球辐射带外带电子的通量谱。最近升级的 FLUMIC－3 版本,能够分别计算外辐射带($L > 2.5$)和内辐射带($L <$ 2.5)的电子能谱。该模式的计算结果在地球同步轨道及地磁赤道附近区域较为准确,且可反映辐射带电子能谱随季节和太阳活动周期的变化。电子能量的适用范围为 0.2 ～ 5.9 MeV。

(6)AE－9 模式。

AE－9 模式是自 2006 年以来,由美国空军研究实验室(AFRL)等单位联合开发,所建立的地球辐射带电子环境的统计学模式。空间范围适用于 200 ～ 48 000 km 高度与各种纬度区域;能量范围为 1 keV ～ 30 MeV。采用 Wiebull 分布函数对轨道电子微分能谱进行统计学表述,分别给出预定任务期内平均的 50%、75%、90% 及 95% 的电子通量谱。通过概率或置信度反映地磁扰动及探测数据误差等不确定性因素的影响程度。通量计算的平均周期为 5 min、1 h、1 d、1 周及给定的任务期。随着探测数据和模式算法的不断完善，AE－9 模式将视不同需要推出多种版本，预期将逐渐取代传统的 AE－8 模式而得到广泛应用。

3. 地球辐射带电子模式选用

地球辐射带电子的分布范围较宽，涉及内辐射带、槽区及外辐射带，并易受太阳活动和地磁活动的影响。静态的地球辐射带电子模式，如 AE－8 模式，适用于计算较长期（6 个月以上）的平均轨道能谱。至今，AE－8 模式仍是国际上通用的标准模式，工程应用时需视卫星在轨服役期间的太阳活动水平分别选用 AE－8MIN 或 AE－8MAX 模式。若难于确定卫星在轨任务期内太阳低年和高年比例，可选用 AE－8MAX 模式给出较为保守的能谱。AE－8MAX 和 AE－8MIN 模式均应与 Jensen－Cain 1960 地磁场模式相匹配。

已有卫星探测数据表明，AE－8 模式针对较高轨道高度（尤其外辐射带）计算的辐射带电子能谱偏高几倍乃至 100 倍。这说明 AE－8 模式难于准确计算地球同步轨道（相当于外辐射带的外边缘区）能谱。实际应用时，需要适当修正。POLE 模式（IGE2006）可使地球同步轨道电子能谱计算结果避免出现过于偏高现象，被认为是目前能够较好地适用于地球同步轨道的俘获电子模式。

对于中高度圆形地球轨道（(20 000±500)km，55°倾角），建议选用 ONERA MEOv2 模式计算长期平均俘获电子能谱。若 MEO 轨道高度在 20 500～24 000 km 及倾角为 55°±5°时，选用 AE－8 或 ONERA MEOv2 模式均可。相比之下，后者可给出较保守的俘获电子能谱。

为了分析航天器内部充放电效应，需要计算最坏情况的俘获电子能谱。为此，建议针对在轨任务期通过 FLUMIC－3 模式计算，并选用该模式给出的最高电子通量进行分析。这种最坏情况的俘获电子能谱对于短期（1～30 天）苛刻情况辐射效应分析也适用。

选用不同的辐射带电子模式计算轨道能谱会有一定差别。不同的辐射带电子模式是基于不同时期、不同轨道、不同航天器及不同探测器的在轨实测数据建立的。不同模式在轨道计算、地磁场模式选择、插值方法及软件程序等方面也会有所不同。地球辐射带电子模式的选用可视实际需要，在综合考虑防护结构成本与风险的基础上加以选择。若提高对轨道电子能谱的要求，有利于降低防护结构的风险性，却又使成本增加；反之亦然。为了使所选用的辐射带电子模式能够给出较准确的结果，应注意合理选择地磁场模式。

AE－9 模式为辐射带电子环境提供了日趋完善的动态模式，能够对空间天气和探测数据误差等不确定性因素的影响进行统计学表述，便于航天器抗辐射防护设计时选择合适的轨道电子能谱。随着探测数据和模式算法的不断完善，AE－9 模式将可能逐渐取代传统的 AE－8 模式而获得广泛应用。

2.4 银河宇宙线粒子环境

2.4.1 银河宇宙线一般特点

银河宇宙线是源于太阳系外的高能量带电粒子流。通常认为,银河宇宙线是超新星爆炸所产生的,主要组分为质子(约占85%)、氦核(约14%)及其他各种元素的原子核(约1%)。银河宇宙线粒子的主要特点是核外电子被充分剥离,处于完全电离状态。图 2.17 示出银河宇宙线中主要元素粒子的相对丰度分布。归一化条件为 $E=2$ GeV/n 和 Si 核丰度为 10^6。该图表明银河宇宙线中轻元素及 Fe 的含量较高,而原子序数大于 Fe 的元素含量很低。银河宇宙线粒子的能量范围为 10 MeV/n $\sim 10^{16}$ MeV/n(n 表示核子)。在太阳活动高年和低年期间,银河宇宙线中质子、氦核、氧核及铁核的微分能谱如图 2.18 所示。在粒子能量为 1 GeV/n 时,银河宇宙线能谱呈现峰值。随着粒子能量的进一步增加,其通量大体上呈直线下降。当银河宇宙线粒子的能量小于 10 GeV/n 时,太阳高年的粒子通量同低年时相比明显降低。太阳风在行星际空间裹携着太阳磁场与银河宇宙线相向而行,会对银河宇宙线产生一定的调制作用。在太阳活动高年,太阳大气膨胀加剧,导致太阳风的调制作用增强,从而使银河宇宙线通量有所降低。

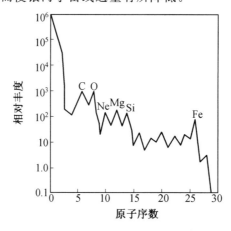

图2.17 银河宇宙线主要元素粒子的相对丰度分布

银河宇宙线是造成宇航用电子器件在轨性能退化的重要环境因素。银河宇宙线与电子器件相互作用的特点,一是粒子能量极高,易于产生单粒子事件;二是银河宇宙线可对电子器件产生持续性的辐射损伤效应,包括电离效应和位移损伤效应。银河宇宙线还可能在航天器防护结构材料中诱发二次辐射效应,所产生的二次粒子(质子、中子等)及核碎片会对电子器件造成更加严重的损伤。因此,应高度关注银河宇宙线粒子对宇航用电子器件的损伤效应。

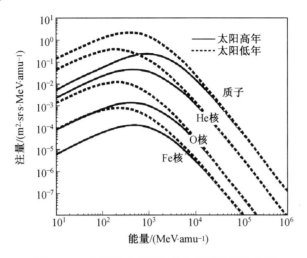

图2.18 太阳活动高年与低年期间银河宇宙线
中质子、氦核、氧核及铁核的微分能谱

2.4.2 常用的银河宇宙线模式

国际上已有多种描述地磁层外银河宇宙线粒子通量变化的模式,如 CRÈME 模式、Badhwar—O'Neil 模式、Davis 模式及 Nymmik 模式等,尤以 CRÈME 模式(1986 年版本和1991 年版本)和 Nymmik 模式最为常用。

1. CRÈME 模式

CRÈME 模式是美国海军研究实验室针对航天器用微电子器件评价需要建立的宇宙线粒子环境模式,包括银河宇宙线模式和太阳宇宙线模式[16,17]。1981 年,Adams 等人发表了地磁层外银河宇宙线模式的第 1 个版本,通常称为 CRÈME—81 模式。该模式是一个基于探测数据拟合的经验模式,可计算原子序数 Z 从 1 至 92 的元素核离子的微分能谱,微分通量的单位为"粒子数 /(m² · s · sr · MeV · n⁻¹)"。该模式的 1986 年升级版本称为CRÈME—86 模式,根据探测数据进一步考虑了 He、C、N、O、Ne、Mg、Si 及 Fe 等异常组分粒子对银河宇宙线能谱的影响。这些异常组分被认为是单电离态的离子,对地磁场具有较大的穿透能力。在 CRÈME—86 模式中,给出了计算银河宇宙线异常组分粒子通量能谱的经验公式。

在 CRÈME—86 模式的基础上,引入莫斯科大学 Nymmik 模式的半经验公式,建立了 CRÈME—96 模式。该模式同 CRÈME 模式的原有版本相比,改进了银河宇宙线粒子在行星际空间输运过程的算法和程序界面的可操作性,能够给出与探测数据吻合较为良好的粒子能谱形状。CRÈME 模式计算银河宇宙线粒子能谱的方法是针对不同的元素分组,分别建立相应的太阳活动宁静期微分能谱表达式。首先以氢核、氦核和铁核为一组建立统一的表达式;然后,分别针对太阳活动高年和低年两种情况,列表给出表达式中每种元素各自的系数值。这样便可分别求得氢核、氦核和铁核在太阳活动高年和低年的微分能谱。其他各元素核离子的微分能谱,将在氦核和铁核微分能谱的基础上乘以各元素核离子丰度的比例系数求得。

为了考虑行星际扰动状态的影响,CRÈME 模式还给出了计算最坏情况下氢核、氦核和铁核能谱的表达式。所谓最坏情况是指任意能量的银河宇宙线粒子的瞬态通量在 90% 置信度下所能达到的最高值。最坏情况的氢核、氦核和铁核的微分能谱也是计算其他元素核离子最坏情况微分能谱的基础。基于最坏情况的氢核、氦核和铁核的微分能谱表达式,可按照上述宁静期时相同的方法计算其他元素核离子最坏情况的微分能谱。

2. Nymmik 模式

Nymmik 模式由俄罗斯的莫斯科国立罗蒙诺索夫大学(简称"莫斯科大学")建立[18]。在 2004 年 6 月发布的 ISO 15390—2004 国际标准中,采纳该模式作为银河宇宙线的通用模式。该模式适用于地磁层外行星际空间能量为 $5 \sim 10^5$ MeV/n 的银河宇宙线粒子,包括氢核及 $Z = 2 \sim 92$ 的重核离子。

该模式的主要特点是充分考虑太阳活动和日球或行星际磁场对银河宇宙线的调制作用。基于太阳活动的变化,分别建立了日球磁场、日球有效调制势以及银河宇宙线粒子通量变化滞后效应的半经验表达式。太阳活动水平用 12 个月平均的黑子数或 Wolf 数表征。日球磁场的变化与太阳极性磁场的变化量正相关,取决于太阳活动水平与太阳周期是偶数或奇数。银河宇宙线粒子通量相对于太阳活动水平变化的滞后时间与粒子的磁刚度,太阳周期数是奇数或偶数,以及太阳周期的相位时刻等参数有关。磁刚度是表征带电粒子穿入磁场能力大小的物理量,由粒子的动量与电荷之比定义,即粒子每单位电荷相应的动量。日球有效调制势可由太阳活动水平、银河宇宙线滞后时间及太阳周期的相位时刻决定。

Nymmik 模式是基于上述考虑所建立的基本框架,分别给出了银河宇宙线通量随粒子的磁刚度和能量变化关系的表达式,并列表给出了公式中各项系数的取值。相比于CRÈME 模式而言,Nymmik 模式的理论框架比较完备,能够取得与探测数据相比时均方偏差较小的效果。

按照 Nymmik 模式,银河宇宙线粒子通量的磁刚度谱可由下式计算:

$$\phi_i(R, t) = \frac{C_i \times \beta^{\alpha_i}}{R^{\gamma_i}} \times \left[\frac{R}{R + R_0(R, t)}\right]^{\Delta_i(R, t)} \tag{2.1}$$

式中,ϕ_i 为银河宇宙线第 i 种粒子的微分通量,$(s \cdot m^2 \cdot sr \cdot GeV)^{-1}$;$R$ 为粒子的磁刚度,GV;t 为某一时刻;$R_0(R, t)$ 为日球的有效调制势;$\Delta_i(R, t)$ 为量纲参数;β 为粒子的速度与光速之比;C_i、α_i、γ_i 为与 i 种粒子相关的参量,可在 Nymmik 模式的文档内查到。

在某一时刻 t,具有能量 E 的银河宇宙线粒子的微分通量按下式计算:

$$F_i(E,t) = \phi_i(R,t) \cdot \frac{A_i}{|Z_i|} \cdot \frac{10^{-3}}{\beta} \qquad (2.2)$$

式中,A_i 和 Z_i 分别为第 i 种粒子的质量数和电荷数,按元素界定;其余各符号的含义同式(2.1)。

2.4.3 银河宇宙线模式选用

银河宇宙线与太阳宇宙线均为带电粒子流,进入地磁场范围后会受到地磁场作用而发生偏转,使得磁刚度或能量较低的粒子难以到达较低的近地轨道。地球磁场对宇宙线粒子的这种屏蔽作用,称为地磁屏蔽效应。宇宙线粒子进入地磁场某位置的条件是粒子的磁刚度 R 要大于该点地磁场的截止刚度 R_c,即 $R \geqslant R_c$。地磁截止刚度是地磁场允许带电粒子进入地磁空间某位置的最小刚度,取决于粒子到达位置的地理高度、地磁纬度及入射方向。若粒子从天顶方向垂直入射($\gamma = 90°$),地磁截止刚度 R_c 可近似由下式求得:

$$R_c = \frac{14.9\cos^4\varphi}{r^2} = \frac{14.9}{L^2} \qquad (2.3)$$

式中,R_c 的单位为 GV;φ 为地磁纬度;L 为地磁壳层参数;r 为距地心距离或地理高度,$r = L\cos^2\varphi$。

为了计算近地轨道上的银河宇宙线粒子通量,需要引入地磁截止透过函数,用于表征从地磁层外进入轨道的粒子通量与原始宇宙线粒子通量的关系。透过函数在数值上等于航天器在轨运行期间通过 $R \geqslant R_c$ 位置的飞行时间 $T(\geqslant R_c)$ 与总飞行时间 T_0 之比,即

$$\Delta T(\geqslant R_c) = \frac{T(\geqslant R_c)}{T_0} \qquad (2.4)$$

若将地磁层外的原始宇宙线粒子能谱乘以航天器轨道相应的地磁截止透过函数,便可以求得该轨道的宇宙线粒子能谱。通常,对低地球轨道银河宇宙线粒子能谱进行保守计算时,可不考虑地磁屏蔽效应的影响。

地磁层外银河宇宙线以 CRÈME—86 或 CRÈME—96 模式应用较为广泛。Nymmik 模式较好地考虑了太阳活动对银河宇宙线的调制作用,近年来受到国际上的重视,成为国际标准 ISO 15390—2004 采纳的银河宇宙线标准模式,宜推广应用。

2.5 太阳宇宙线粒子环境

2.5.1 太阳宇宙线一般特点

太阳宇宙线是太阳爆发(耀斑或日冕物质抛射)时,发射出的高能带电粒子流。能量范围为 0.1 MeV 至几十 GeV 之间,丰度最大的能区为 1 MeV 至几百 MeV。太阳宇宙线

粒子绝大部分为质子,故常称为太阳质子事件。太阳宇宙线粒子除质子外,还包括氦核(3% ~ 15%)、少量其他 $Z > 2$ 的重核离子及电子。太阳宇宙线的重核离子一般没有达到完全电离状态。每次太阳爆发时产生的粒子组分、通量及能量都不完全相同,具有很大的随机性。

太阳爆发时,不同能量的粒子从太阳到达地球的时间不同,可从几十分钟至几小时。粒子通量随时间达到峰值后,逐渐下降。粒子能量越高,峰通量出现的时间越短,且峰通量值越低。峰通量是表征太阳宇宙线强度的重要参量。太阳宇宙线粒子在离开太阳时呈现各向异性,而在行星际等离子体和磁场的调制作用下,到达地球附近时逐渐趋于各向同性。太阳宇宙线粒子的能量一般低于银河宇宙线,较易于受到地磁场的屏蔽作用。通常是在高纬度和高度较高的近地轨道才有太阳宇宙线粒子到达。能量超过 10 MeV 的太阳质子能够直接进入地球同步轨道,而能量较低(< 3 MeV)质子只有在地磁扰动期间才能到达。在地磁纬度大于 63° 的极区,地磁截止刚度趋近于零,易于太阳质子进入。太阳质子事件主要发生在太阳高年的 7 年期间。在 11 年太阳周期的 4 年低年期间,一般不出现强质子事件。

通常认为,太阳质子事件是源于太阳耀斑。然而,耀斑涉及多种过程,也可能不呈现典型的质子事件。较近期的看法是日冕物质抛射会直接导致太阳质子事件。日冕物质抛射与太阳耀斑可能是共生现象或因果关系。日冕物质抛射往往在 X 光耀斑增亮之前开始。太阳质子事件常与耀斑同时发生,但有的质子事件可能仅是日冕物质抛射所致。所以,日冕物质抛射更可能是太阳质子事件的源头。

2.5.2　常用的太阳宇宙线模式

太阳宇宙线会对航天器材料和电子器件产生严重的辐射损伤效应,包括电离效应、位移效应及单粒子事件等,是人类航天活动必须关注的空间带电粒子辐射环境。目前,太阳宇宙线尚无统一的标准模式。常用的太阳宇宙线模式主要有以下几种。

1. King 太阳质子模式

King 太阳质子模式又称 SOLPRO 太阳质子模式[19]。自 1974 年该模式提出以来,很长时间内一直作为预测太阳质子累积通量的通用模式。该模式的建立主要是基于 1966 ~ 1972 年期间所获得的探测数据。在数据库中,包含 24 次普通的太阳质子事件,以及 1972 年 8 月发生的特大质子事件。该次特大事件所产生的质子累积通量,约为整个第 20 次太阳周期内 > 10 MeV 质子通量的 70%,采用如下指数函数进行拟合:

$$J(> E) = J_0 \exp\left[(30 - E)/E_0\right] \tag{2.5}$$

式中,$J(> E)$ 为能量大于 E 的太阳质子积分累积通量;$E_0 = 26.5$ MeV;$J_0 = 7.9 \times 10^9$ cm^{-2}。

对于普通太阳质子事件,按事件发生时间平均的积分累积通量采用下式计算:

$$J(>E) = 8.38 \times 10^7 \,(e^{-E/20.2} + 45.6 e^{-E/3}) \tag{2.6}$$

此式可预测近地球的行星际空间中,由普通事件给出的典型质子能谱。在普通太阳质子事件情况下,最大平均积分累积通量的表达式为

$$J(>E) = 2.865 \times 10^8 \,(e^{-E/3} + 22.0 e^{-E/4}) \tag{2.7}$$

该式可以预期普通太阳质子事件给出的最坏情况能谱(90% 概率)。

King 太阳质子模式的基本用法是首先给定任务期内发生太阳质子事件的次数(普通事件或特大事件),并计算不超过此次数的概率或置信度。在 t 年内发生 n 次事件的概率按 Poisson 公式计算:

$$P(n,t;N,T) = \frac{(n+N)!}{n!\,N!} \cdot \frac{(t/T)^n}{[1+(t/T)]^{1+n+N}} \tag{2.8}$$

式中,N 是在 T 年内观察到的太阳质子事件数。对于异常大的耀斑,取 $N=1$ 和 $T=7$;普通耀斑时,取 $N=24$ 和 $T=7$。

在任务期内太阳质子事件总的积分累积通量应为特大事件或普通事件的能谱与预期事件次数的乘积。如果预测任务期内仅有一次概率(或置信度)等于或大于 90% 的普通事件,宜采用 90% 概率的"最坏"情况的能谱。

2. JPL 太阳质子模式

JPL 太阳质子模式由 Feynman 等人在 1985 年提出(JPL—85 版本),并在 1991 年进行了升级(JPL—91 版本)[20]。该模式除基于第 20 次太阳周期外,还利用了第 19 次和第 21 次周期的探测数据,具有较好的统计学基础。在 11 年的太阳周期内,仅考虑 7 年的高年期内质子事件的累积通量,而忽略 4 年平静期(低年)的累积通量。由于 JPL 模式所用数据涉及的事件数量较多,因此更便于应用 Poisson 统计学表达式,只是式中概率函数的定义与 King 太阳质子模式有所不同。

JPL 太阳质子模式以数值形式表述,可针对不同置信度和在轨时间(任务期)给出太阳质子事件的积分累积通量谱。该模式的质子能量阈值分别取为 >1 MeV,>4 MeV,>10 MeV,>30 MeV 以及 >60 MeV。若质子能量不同于模式的能量阈值,可依据质子磁刚度与累积通量的指数关系进行内推或外推处理。

3. ESP 太阳质子模式

ESP 太阳质子模式的全称为 emission of solar protons model[22],由美国海军研究实验室和 NASA 的 Goddard 空间飞行中心共同建立,用于预测太阳质子累积通量及最坏情况质子事件与在轨任务期和置信度的关系。太阳质子事件是随机现象,难于精确地表述不同规模事件的分布。上述的 King 太阳质子模式和 JPL 太阳质子模式属于经验模式,采用对数正态分布时适于描述较大质子事件的累积通量分布,而对于较小事件的累积通量分布偏离较大。若采用幂函数分布,适用于表述较小事件的累积通量分布,却又对大事件的概率估计过高。描述太阳质子事件累积通量分布的主要困难在于探测数据的不完整

性。ESP 太阳质子模式依据最大熵原理描述太阳质子事件的累积通量分布,可在探测数据不完整的情况下建立一种概率分布模式,能够收到较好的预测效果。

在太阳活动高年,每高年具有大于或等于累积通量 f 的事件次数 N 由下式给出:

$$N = N_{tot}\left[\frac{\phi^{-b} - \phi_{max}^{-b}}{\phi_{min}^{-b} - \phi_{max}^{-b}}\right] \tag{2.9}$$

式中,N_{tot} 为每太阳高年具有大于或等于选定的最小累积通量 ϕ_{min} 的事件总数;b 为幂函数指数;ϕ_{max} 为最大事件的累积通量。

太阳质子事件在不同能量阈值(从 >1 MeV 至 >100 MeV)的累积通量可通过式(2.9)对 N 进行回归拟合求得。拟合参数 N_{tot}、b 及 ϕ_{max} 可调。图 2.19 给出了每太阳活动高年发生超过给定累积通量的事件次数与累积通量的关系,与探测数据吻合良好。此外,ESP 太阳质子模式还可以分别给出任务期内总的累积通量及最坏事件的累积通量。

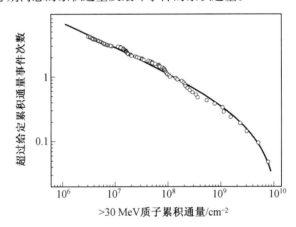

图 2.19　每太阳活动高年发生超过给定累积能量的事件次数与累积通量的关系
(图中各点为第 $20 \sim 22$ 次太阳周期内 > 30 MeV 质子事件的探测数据;
曲线为 ESP 模式预测)

4. Nymmik 太阳质子模式

Nymmik 太阳质子模式是由莫斯科大学的 Nymmik 等人提出,已成为俄罗斯国家标准。在该模式中,将发生质子事件的次数与黑子数 W 相关联,并认为两者成正比关系。预期在 T 时间段内发生质子事件的平均次数 $\langle n \rangle$ 可由下式计算:

$$\langle n \rangle = C\int_0^T \upsilon(t)\,\mathrm{d}t = C\sum_i^m \langle W_i \rangle \tag{2.10}$$

式中,$\upsilon(t)$ 为太阳质子事件发生的频率;$\langle W_i \rangle$ 为预测时间段内的月平均黑子数(按 13 个月平均);m 为 T 时间段的月数;C 为与质子事件强度有关的系数(能谱系数)。太阳质子事件的强度以 $E \geqslant 30$ MeV 质子的累积通量 $F(\geqslant 30$ MeV$)$ 或记为 F_{30} 作为判据。当 $F_{30} \geqslant 10^6$ cm^{-2} 时,$C = 0.006\ 75$;当 $F_{30} \geqslant 10^5$ cm^{-2} 时,$C = 0.013\ 5$。

太阳质子事件的发生属于概率事件,符合统计学规律。随机发生的事件次数 n 与期望的平均次数 $\langle n \rangle$ 不同。在 $\langle n \rangle < 8$ 的条件下,质子事件发生的概率 P 与月平均次数 $\langle n \rangle$ 和相应的随机发生次数 n 之间的关系可由下式给出:

$$P(n, \langle n \rangle) = \frac{\exp(-\langle n \rangle) \cdot (\langle n \rangle)^n}{\langle n \rangle!} \tag{2.11}$$

而在 $\langle n \rangle \geqslant 8$ 时,则为

$$P(n, \langle n \rangle) = \frac{1}{\sigma\sqrt{2\pi}} \cdot \exp\left[-\frac{(\langle n \rangle)^2}{2\sigma^2}\right] \tag{2.12}$$

式中,$\sigma = \sqrt{\langle n \rangle}$。

太阳宇宙线质子的累积通量 F 和峰通量 f 的微分能谱可统一用下式表述:

$$\phi(E)\mathrm{d}E = \phi(R) \cdot \frac{\mathrm{d}R}{\mathrm{d}E} \cdot \mathrm{d}E = C \cdot \left(\frac{R}{R_0}\right)^{-\gamma} \cdot \frac{\mathrm{d}R}{\mathrm{d}E} \cdot \mathrm{d}E = \frac{C}{\beta} \cdot \left(\frac{R}{R_0}\right)^{-\gamma} \cdot \mathrm{d}E \tag{2.13}$$

式中,ϕ 为累积通量 F 和峰通量 f 的通用符号;$\mathrm{d}R/\mathrm{d}E = \sqrt{R^2 + (m_0 c^2)^2}/R = 1/\beta$;$R$ 为太阳质子的磁刚度,$R = \sqrt{E(E + 2m_0 c^2)}$;$E$ 为太阳质子能量,MeV;$m_0 c^2 = 938$ MeV,为质子的静止能量;β 为质子的相对速度,可按 $\beta = \sqrt{E(E + 2m_0 c^2)}/(E + m_0 c^2)$ 求得;$R_0 = 239$ MeV,相应于 $E = 30$ MeV;γ 为太阳宇宙线能谱指数。当 $E \geqslant 30$ MeV 时,$\gamma = \gamma_0$;当 $E < 30$ MeV 时,$\gamma = \gamma_0(E/30)^\alpha$,其中 α 为能谱衰减指数。

太阳质子事件能谱曲线的形状由能谱系数 C、能谱指数 γ 及能谱衰减指数 α 所决定。它们均为质子事件月平均次数 $\langle n \rangle$ 与概率 $P_{(ni,\langle n \rangle)}$ 两者的函数,相应的数值在 Nymmik 模式中列表给出。在预测质子事件时,概率 $P_{(ni,\langle n \rangle)}$ 按预测任务加以规定。$\langle n \rangle$ 值根据预测时间段内各月的平均黑子数 $\langle W_i \rangle$ 按式(2.10)计算。

5. 异常大的太阳质子事件模式

一般情况下,1972 年 8 月和 1989 年 10 月发生的两次太阳质子事件可作为异常大的太阳质子事件的代表。针对这两次事件所建立的能谱计算模式如下:

(1)August 72′质子事件。1972 年 8 月发生太阳质子事件时,在地球附近产生 >10 MeV 质子的峰通量超过 10^6 cm^{-2}·s^{-1},被定为"异常大的事件"。该事件的能谱如下式所示:

$$\phi(>E) = 7.9 \times 10^9 \exp\left(\frac{30 - E}{26.5}\right) \tag{2.14}$$

式中,ϕ 为太阳质子的积分累积通量,cm^{-2};E 为太阳质子能量,MeV。

(2)October 89′质子事件。1989 年 10 月,发生了自 1972 年 8 月以来观测到的最大一次太阳质子事件。该事件经历了近 15 天,$E > 10$ MeV 质子的积分通量达到 10^5 cm^{-2}·sr^{-1}·s^{-1} 以上,被视为一种极端情况。此次事件的特点是在较低和较高的能量区段均十分强烈,而在中等能量范围的通量较低。这种能谱特点对于航天器表面材料和舱内深层屏蔽器件均会造成严重损伤。美国 JPL 实验室采用的能谱计算模式如下:

$$F(E) = 7.5 \times 10^{10} E^{-1.6}, \quad E < 30 \text{ MeV} \tag{2.15}$$

$$F(E) = 4.3 \times 10^{12} E^{-2.84}, \quad 30 \text{ MeV} < E < 150 \text{ MeV} \tag{2.16}$$

$$F(E) = 4.6 \times 10^{9} E^{-1.45}, \quad E > 150 \text{ MeV} \tag{2.17}$$

在上述公式中，$F(E)$ 为太阳质子事件的微分累积通量，$\text{cm}^{-2} \cdot \text{MeV}^{-1}$；$E$ 为质子能量，MeV。

6. CRÈME 太阳宇宙线模式

通常，采用 CRÈME－96 模式计算太阳宇宙线粒子能谱，包括质子能谱和重离子能谱。CRÈME－96 模式是在以前版本（如 CRÈME－86）基础上，结合 1989 年 10 月特大质子事件升级的版本，能够给出最坏 1 周、1 天和高峰 5 min 时太阳宇宙线的能谱。

太阳爆发是随机发生的过程。为了便于统计学处理，分成"普通"和"最坏"两种情况。普通情况时，太阳质子的峰通量微分能谱为

$$f_{\text{OR}} = 2.45 E^4 (e^{-E/27.5} + 173 e^{-E/4}) \tag{2.18}$$

式中，f_{OR} 为普通事件时质子微分峰通量，$\text{m}^{-2} \cdot \text{sr}^{-1} \cdot \text{s}^{-1} \cdot \text{MeV}^{-1}$；$E$ 为质子能量，MeV。

最坏情况时，太阳质子的峰通量微分能谱为

$$f_{\text{WOR}} = 2.06 E^5 (e^{-E/24.5} + 63.6 e^{-E/4}) \tag{2.19}$$

式中，f_{WOR} 为最坏情况时质子微分峰通量，$\text{m}^{-2} \cdot \text{sr}^{-1} \cdot \text{s}^{-1} \cdot \text{MeV}^{-1}$；$E$ 为质子能量，MeV。

式（2.18）和式（2.19）的置信度均为 90%。

为了计算太阳宇宙线中各元素离子的能谱，CRÈME－96 模式给出了 Ni 以前各元素与氢相比的相对丰度系数。各元素离子的微分能谱可由各元素的丰度系数乘以相应事件的质子能谱求得。

2.5.3　太阳宇宙线模式选用

地球磁场对太阳质子有明显的屏蔽效应。在地磁层平静条件下，< 200 MeV 的太阳质子不能垂直进入 $L < 5$ 的近地空间，即地磁场可在 $L \leqslant 5$ 条件下使太阳质子完全屏蔽。地磁层扰动时，地磁屏蔽效应减弱，有利于太阳质子进入地磁层。为了计算航天器轨道上的太阳宇宙线粒子能谱，需要通过透过率（见式（2.4））将地磁层外太阳宇宙线粒子能谱转化为近地空间轨道上的能谱。

在已有的太阳宇宙线质子模式中，以 SOLPRO 太阳质子模式和 JPL－91 太阳质子模式应用较为广泛，适于预测较长任务期（1 年以上）太阳质子事件的累积通量。但它们所依据的探测数据不够完整，能量范围有限，难于描述任务期内最坏情况的太阳质子事件。相比之下，ESP 太阳质子模式所依据的探测数据比较完整，适用的能量范围较宽，为 $1 \sim 300$ MeV。SOLPRO 太阳质子模式和 JPL－91 太阳质子模式的能量范围分别为 $10 \sim 100$ MeV 及 $1 \sim 60$ MeV。另外，ESP 太阳质子模式较好地考虑了太阳质子事件的随机性，能够在较宽的置信度和不同任务期条件下应用。因此，建议选用 ESP 太阳质子模式计算 1 年以上任务期的太阳质子累积通量谱；或者，若任务期短于 1 年，也可应用该模式

求得 1 年的累积通量谱,作为保守分析的依据。在任务期超过一个太阳周期(11 年) 时,可按照总的太阳高年数进行计算。

2.6　近地轨道带电粒子能谱计算

2.6.1　轨道能谱计算相关内容

工程上,常需针对航天器型号设计或研制任务计算轨道带电粒子能谱,包括以下基本内容:

(1)针对给定的轨道,计算地球辐射带质子和电子的平均积分通量－能量谱,考虑太阳高年和低年两种情况。

(2)针对给定的轨道,计算银河宇宙线粒子的积分通量－能量谱,包括 $Z=1$ 至 Ni 以前各元素离子的贡献,并考虑地磁场的屏蔽效应。

(3)针对给定轨道,计算太阳宇宙线粒子的高峰 5 min 和最坏 1 天情况的积分通量－能量谱,包括 $Z=1$ 至 Ni 以前各元素离子的贡献,并考虑地磁场屏蔽效应。

(4)针对在轨任务期,计算地球辐射带质子和电子的积分累积通量－能量谱,考虑太阳高年和低年两种情况。

(5)针对在轨任务期,计算银河宇宙线粒子和太阳宇宙线粒子的积分累积通量－能量谱,包括 $Z=1$ 至 Ni 以前各元素的贡献,并考虑地磁场屏蔽效应。计算时需考虑太阳周期相位和适当选择太阳质子事件次数。

(6)针对给定轨道任务期进行辐射环境计算时,需考虑带电粒子环境模式不确定性的影响。不管选用哪一种模式计算时,都应视任务风险评估的需要给出一定的裕度。

(7)太阳活动是影响轨道带电粒子能谱变化的主导因素。现有的地球辐射带环境模式,只能计算太阳高年和低年的能谱。工程上,为了预测在轨任务期较长(＞5 年)时所遭遇的地球辐射带环境,可计算太阳高年和低年能谱的算数平均值。

2.6.2　轨道能谱的计算流程

针对航天器运行轨道计算带电粒子能谱是比较复杂的过程,需要借助于计算机程序进行。图 2.20 示出计算程序的基本流程。国际上已有多种用于计算航天器轨道带电粒子能谱及辐射效应的程序,如美国的 CRÈME－96 程序、欧空局的 SPENVIS 程序以及俄罗斯国立莫斯科大学的 COSRAD 程序等。

在针对给定的轨道计算辐射带粒子能谱时,首先要依据航天器在轨飞行时间和轨道位置参数,合理选择地磁场模式,并将轨道位置坐标转换成 (B,L) 坐标,才能代入相关模式进行计算。为了计算轨道上的银河宇宙线与太阳宇宙线粒子能谱,也需要依据 (B,L) 坐标考虑地磁场的屏蔽效应。

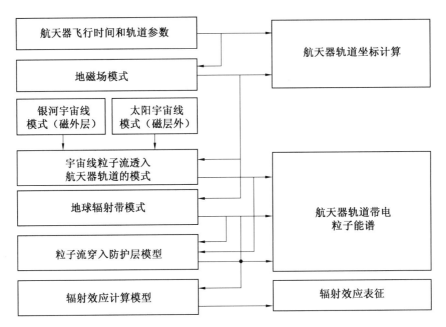

图2.20　近地轨道带电粒子能谱计算程序的基本流程

航天器在轨运行期间,带电粒子辐射环境可能发生变化。若航天器运行轨道发生变动,所遭遇的地球辐射带环境会有所不同。同一轨道上带电粒子环境也可能有所差异,如大椭圆轨道会穿越不同的地球辐射带区域。低地球轨道上运行的航天器会反复进出南太平洋异常区,导致地球辐射质子和电子通量发生周期性变化。地球静止轨道的辐射环境易于受地磁扰动的影响,太阳质子事件会导致航天器轨道上的质子辐射环境产生很大的随机性变化。如此种种都可能是引起轨道能谱发生明显变化的时空因素。因此,依据航天器在轨飞行时间与轨道参数有效地界定轨道位置坐标的动态变化至关重要。

采用不同的软件程序计算轨道能谱会有一定的差别,可视实际需要加以选择。应用 CRÈME－96 程序和 SPENVIS 信息系统时,可在网上进行在线计算,网址如下:

CRÈME－96:$http://crsp3.nrl.navy.mil/CRÈME96$

SPENVIS:$http://www.spenvis.oma.be/spenvis/$

2.6.3　典型轨道的辐射带粒子能谱

在国际标准 ISO WD15856 中,为了便于近地空间带电粒子辐射环境比较分析,选定了 5 种典型轨道(见表 2.1),并采用 RADMODLS 软件系统计算轨道能谱。该软件程序包含了 AE－8 模式和 AP－8 模式的基础数据,适用的电子能量范围为 0.04～5.0 MeV,质子能量范围为 0.1 ～ 200 MeV。 针对 GEO、GLON 和 HEO 轨道,还增添了 0.1～100 keV 范围内低能电子和质子能谱的补充数据。计算给出的电子和质子的通量值为1年的平均值。5种典型轨道的辐射带电子通量微分能谱示于图2.21和图2.22;5种典型轨道的辐射带质子通量微分能谱示于图2.23和图2.24。

表 2.1　5 种典型轨道参数(ISO WD15856)

典型轨道	代号	轨道	轨道高度 /km	轨道倾角	轨道类型
1	ISS	低地球轨道 (国际空间站)	426	51.6°	圆形
2	GEO	地球同步轨道	35 790	0°	圆形
3	GLON	GLONASS/GPS 轨道	19 100	64.8°	圆形
4	HEO	大椭圆轨道	500 ~ 39 660	65°	椭圆形
5	POL	典型极轨道	600	97°	圆形

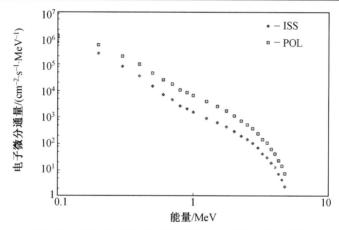

图2.21　ISS 和 POL 轨道的辐射带电子通量微分能谱

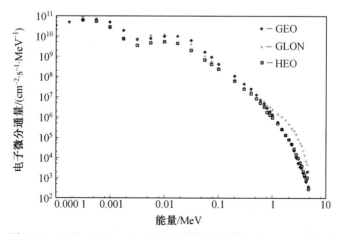

图2.22　GEO、GLON 和 HEO 轨道的辐射带电子通量微分能谱

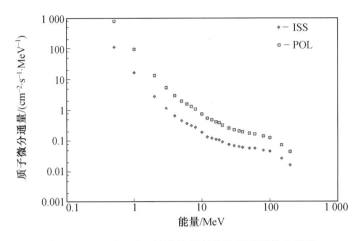

图2.23　ISS 和 POL 轨道的辐射带质子通量微分能谱

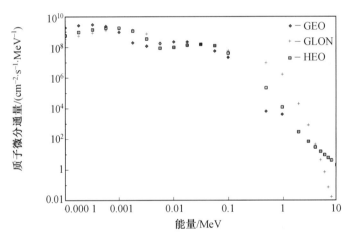

图2.24　GEO、GLON 和 HEO 轨道的辐射带质子通量微分能谱

2.7　带电粒子辐射损伤能力判据

2.7.1　带电粒子与物质交互作用基本特点

空间带电粒子(电子、质子及重离子)会在电子器件中诱发电离效应、位移损伤及单粒子事件。当带电粒子入射到材料或器件时,一般会同时产生电离效应和位移损伤。这两种效应往往呈现此消彼长的相互竞争机制。在高能带电粒子作用下所产生的单粒子事件,实际上是特殊条件下快速的电离效应。带有多电荷的高能重离子易于在其传输路径上产生强烈的电离效应,从而导致出现单粒子事件。本节将基于单位注量入射粒子产生

电离和位移辐射吸收剂量的计算结果,提出表征入射粒子辐射损伤能力的判据,以界定入射粒子在双极器件中产生电离和位移损伤能力的大小。电离效应和位移效应均是由带电粒子和物质相互作用所引起的。基于分析带电粒子与物质相互作用的基本特点,将有助于理解入射粒子辐射损伤能力的基本内涵。

1. 带电粒子与靶原子相互作用的类型

带电粒子在入射过程中,会与路径上的靶原子核及其核外电子产生相互作用而损失能量,最终停止在靶材内,该过程称为慢化过程。带电粒子与靶原子核及其核外电子相互作用的类型会直接影响慢化过程中粒子的能量损失和角度偏转。入射粒子与靶原子核及其核外电子的相互作用主要包括以下 4 种:① 带电粒子与靶原子核发生弹性碰撞;② 带电粒子与靶原子核发生非弹性碰撞;③ 带电粒子与靶原子的核外电子发生弹性碰撞;④ 带电粒子与靶原子的核外电子发生非弹性碰撞。该 4 种基本类型碰撞过程的主要特点如下:

(1)带电粒子与靶原子核弹性碰撞。

入射粒子可与靶原子核发生库仑作用而改变其运动速度和方向,碰撞前后保持动量守恒和总能量守恒,碰撞过程中不向外辐射光子和激发原子核,而导致靶原子核产生反冲效应。在实际的粒子辐射过程中,入射粒子可多次与靶原子核发生弹性碰撞,导致其能量逐渐损失。如果反冲的靶原子核能量较高,将与其他靶原子核继续发生碰撞,产生级联碰撞,加剧靶材料的辐射损伤。从靶物质对入射粒子阻止的角度,该过程称为核阻止。核阻止作用仅在入射带电粒子能量较低或入射粒子质量较大时,才会造成明显的能量损失效应。电子由于质量较小,与靶原子核发生弹性碰撞时偏转角度较大。因此,电子穿透物质时,散射现象很严重。

(2)带电粒子与靶原子核非弹性碰撞。

当入射带电粒子靠近靶原子核时,原子核周围的电场会改变入射粒子的运动状态,造成粒子速度及方向的改变,同时向外发出电磁辐射。此时所发出的电磁辐射称为轫致辐射,由轫致辐射所导致的粒子能量损失称为辐射损失。重带电粒子由于质量较大,与靶原子核发生非弹性碰撞时不易改变其运动状态,辐射损失将小于电离损失。而对于电子而言,由于其质量较小,易与靶原子核的电场发生作用而明显改变运动状态,导致能量损失的主要方式可能是辐射损失。

(3)带电粒子与靶原子核外电子弹性碰撞。

这种碰撞过程的特点是,靶原子核外电子与入射带电粒子发生库仑作用,碰撞前后的动量和能量守恒。只有很小的一部分能量从入射粒子转移至靶原子的核外电子,并不足以改变靶原子核外电子的状态。当能量小于 100 eV 的电子与靶材料发生交互作用时,易产生此种交互作用。

（4）带电粒子与靶原子核外电子非弹性碰撞。

当入射粒子与靶原子的核外电子发生非弹性碰撞时，能量损失的主要方式是导致靶原子的激发或电离，因此又称电离损失。从靶物质对入射粒子的阻止作用角度，该过程也称电子阻止。

2. 离子与靶物质相互作用

质量数大于或等于 1 的带电粒子称为离子。入射离子与靶物质发生相互作用时，将逐渐损失能量。这种能量损失过程通常用阻止本领加以描述。入射粒子在传输路径上的能量损失率（$- \mathrm{d}E/\mathrm{d}x$）称为靶物质的阻止本领。高能离子入射时，电子阻止本领起主要作用；低能离子入射时，应考虑电荷的交换效应及核阻止本领。高能离子的能量损失主要是与靶原子核外电子发生非弹性碰撞，使核外电子激发或电离所致。高能离子穿过靶物质电子云时，易与靶原子核外电子发生非弹性碰撞而产生电离损失。

低能离子与靶原子相互作用易产生电荷交换而引起核碰撞。离子本身往往带有多个电子，入射到靶物质中时，也可以被激发、电离或俘获电子，即产生电荷交换效应。若低能离子入射到靶物质中时，俘获的电子多，失去的电子少，最终可能变成中性原子。这时，入射离子能量损失主要是与靶原子核碰撞产生的核阻止作用（位移效应）所致，而电子阻止作用（电离效应）变得较小。随着入射离子的速度或能量逐渐降低，靶材的核阻止本领相应增高，而电子阻止本领趋于降低。

3. 电子与靶物质相互作用

电子与靶物质的相互作用主要涉及轫致辐射和电离效应。由于电子质量小，易于在靶材料内发生大角度散射，可由多次散射导致入射电子的轨迹呈现复杂的路径。

入射电子穿过靶物质时，可使靶原子发生电离和激发，将一部分能量转移给靶原子核外电子，产生电离损失。相比于能量相同的离子，由于电子质量小得多，其运动速度高，会使靶物质对入射电子的阻止本领远远小于对离子的阻止本领。电子在靶物质中的穿透能力要比离子大得多。而且，与离子相比，入射电子对靶原子的电离作用相对较弱。

入射电子由于其质量小，在与靶原子核的电场发生交互作用后，其运动状态会发生显著改变，将产生轫致辐射。电子的辐射损失效应远强于重离子的相关效应。轫致辐射导致的能量损失与靶物质原子序数的平方成正比，而与入射粒子能量的平方成反比。由于辐射能量损失与靶物质的原子序数平方和密度成正比，电子轰击重元素靶材容易发生轫致辐射。所以，通常用低原子序数材料防护电子辐射，再用高原子序数材料阻挡轫致辐射。如果用重元素材料直接防护电子辐射，轫致辐射会成为次生的辐照源。

4. γ 射线与靶物质相互作用

γ 射线光子的静止质量为零且不带电荷，不能用阻止本领和射程等物理量表征光子与物质的相互作用。光子与靶物质相互作用产生的次级电子可诱导靶原子电离或激发。光子与靶原子初次发生相互作用时会损失大部分或全部能量，导致入射光子发生大角度散射或消失。

γ射线穿透靶物质时,其强度按指数规律衰减,没有射程的概念。γ射线与物质相互作用主要有以下3种形式:

(1)光电效应。辐射过程中,γ射线与靶原子发生相互作用,可将能量全部传递至靶原子的核外电子,使其发生激发或电离,γ光子消失。

(2)康普顿效应。靶原子的核外电子与γ射线光子产生非弹性碰撞,光子将一部分能量转移给靶原子核外电子,使电子发生反冲作用,而碰撞之后,光子的能量和运动方向都将发生变化,成为散射光子。

(3)电子对效应。光子在靶原子核库仑场的作用下转化为正、负电子对。

γ射线与物质的其他作用形式包括汤姆逊散射、光致核反应及核共振反应等。在$100 \ \mathrm{keV} \sim 30 \ \mathrm{MeV}$能量范围内,光电效应、康普顿效应和电子对效应是γ射线与物质相互作用的主要方式,而其他作用的概率小于1%,一般可不考虑。γ射线以一定的概率与物质发生上述3种主要相互作用时,通常用截面σ表示作用概率的大小。σ表示一个入射光子与单位面积上一个靶原子发生相互作用的概率,其物理量纲为单位面积,通常用靶恩($b = 10^{-24} \ \mathrm{cm}^2$)表示。

2.7.2　带电粒子辐射能量损失计算方法

带电粒子在靶物质中传输时,会逐渐损失能量,并将能量传递给靶物质。这是造成靶物质受到辐射损伤的根源。入射粒子在单元长度路径上的能量损失量($-\mathrm{d}E/\mathrm{d}x$)称为阻止本领(stopping power)。粒子的能量损失可分为核外电子所致的能量损失和核致能量损失两部分。前者是入射粒子与靶原子核外电子相互作用所产生的,称为电子阻止本领;后者是入射粒子与靶原子核作用所致,称为核阻止本领。在电离辐射情况下,($-\mathrm{d}E/\mathrm{d}x$)又称为线性能量传递(Linear Energy Transfer,LET)。工程上,常将LET除以靶材料密度ρ,即$1/\rho \cdot (-\mathrm{d}E/\mathrm{d}x)$,单位为"$\mathrm{MeV} \cdot \mathrm{cm}^2/\mathrm{g}$"。这样的好处是带电粒子种类和能量相同条件下,不同材料的LET值近似相同。在位移辐射条件下,将$1/\rho \cdot (-\mathrm{d}E/\mathrm{d}x)$称为非电离能量损失(Non-Ionizing Energy Loss,NIEL)。带电粒子在材料中的LET和NIEL分别是计算电离辐射吸收剂量与位移辐射吸收剂量的基本依据。

当带电粒子穿过靶物质时,将同路径上的靶原子核或核外电子碰撞,产生位移损伤或电离辐射效应。若粒子的能量足够高,还可能与靶原子发生核反应,产生二次粒子(如中子、质子及电子等)。带电粒子在输运过程中逐渐损失能量,最终停留在靶物质内,或穿出靶材。入射粒子进入靶物质直至静止下来所走过的距离称为射程。在许多情况下,入射粒子的路径发生曲折变化,常将粒子路径末端沿入射方向的平均投影距离称为射程(投影射程)。早期,许多学者致力于针对粒子的运输过程,建立计算粒子辐射能量损失或靶物质阻止本领的理论表达式。文献中有关带电粒子辐射能量损失的计算公式较多,为辐射物理学的发展奠定了必要的基础。然而,理论计算公式较为复杂,难以精确求解,实际应用尚有较大困难。

随着计算机技术的发展,Monte－Carlo(蒙特卡罗)方法取得了长足进步并得到了广泛应用,成为带电粒子输运过程计算最为成功的方法之一[22]。Monte－Carlo 方法是通过跟踪大量单个粒子的游走"历史",模拟入射粒子在靶物质中的输运过程。每个粒子的"历史"开始于某一特定的能量、位置和运动方向。粒子的运动被认为是在两体弹性碰撞下改变运动方向,而在两次弹性碰撞之间直线"自由飞行"。角度偏转和能量损失都归结到各自"自由程"(即游走步长)的端点处。粒子的动能由于碰撞和辐射过程而减小。当粒子的能量减小到某一最低阈值或粒子的位置到达靶材之外时,粒子的"历史"终止。通常对靶材料做无定形结构假设,即认为靶材料原子均匀随机分布。Monte－Carlo 方法相对于输运理论公式的解析法具有独特的优点,能够对弹性散射过程进行严格处理以及对边界和界面给以直观考虑,并且易于界定粒子的能量和角分布。该方法的主要缺点是占用机时较长,需要在计算时间和计算精度之间权衡。

针对空间带电粒子输运计算,常用的 Monte－Carlo 程序主要包括:①ETRAN 程序,用于入射电子和光子在平板靶材中输运计算;②ITS/TIGER 程序,用于各种形状靶材中入射电子和质子的输运计算[23];③GEANT－4 程序,用于复杂形状靶材中入射电子、质子和光子的输运计算[24];④SRIM 程序,用于多层靶材中入射质子和重离子的输运计算[25]。本书将主要采用后两种程序计算带电粒子的辐射能量损失或阻止本领。

SRIM 程序是广泛应用的计算质子或离子辐射能量损失与射程的软件,全称为 Stopping and Range of Ions in Matter。 入射质子或离子的能量范围为 10 eV ～ 2 GeV/n。该软件的基本思路是通过量子力学方法处理入射质子或离子与靶材料原子的碰撞,并采用统计学算法。入射质子或离子在所计算的各次碰撞之间跳动,对其间的碰撞结果进行平均。入射质子或离子会与靶原子发生库仑屏蔽碰撞,包括重叠电子壳层间的交换与关联交互作用。入射质子或离子在靶材料中的电荷状态用有效电荷表述,给出粒子速度与电荷状态的关系,并表征集约式电子状态产生的长程屏蔽效应。该程序包含了 TRIM 程序(Transport of Iron in Matter),能够对不同材料的多层靶进行计算,最多层数可至 8 层。入射质子或离子在靶材料内的三维分布及各种与粒子能量损失有关的动力学过程均可以计算,包括靶材料的位移损伤、电离吸收剂量及声子产率等。靶原子的级联碰撞过程能够详实地加以跟踪。SRIM 程序可在 PC 机上运行,能够给出入射质子或离子在靶材料中的最终分布及能量损失计算结果。

GEANT－4 程序是欧洲核子中心等二十几家机构的数十位科学家,采用面向对象技术构建的大型软件程序包,基于 C++ 语言设计,能够针对不同的分析对象构建相应的数据模型,采用商业化的通用技术,且重新编写物理过程时不需要借助外部程序。该程序适用于复杂形状靶材中入射电子、质子和光子的输运计算。从 1995 年开始,GEANT－4 程序逐渐完善,目前最新版本为 10.4。

2.7.3 带电粒子辐射吸收剂量计算方法

带电粒子与靶物质原子的交互作用涉及核阻止本领($-dE/dx$)$_n$和电子阻止本领($-dE/dx$)。相应地,辐射损伤效应分为位移损伤和电离效应。辐射吸收剂量计算实际上是对入射粒子在靶物质中沉积能量状态的量化表征。位移损伤和电离效应所涉及的入射粒子沉积能量的方式不同,使吸收剂量计算的基本参量有所区别。电离辐射时,辐射吸收剂量计算的基本参量是入射粒子在靶物质中的线性能量传递(LET);位移辐射时,计算的基本参量为非电离能量损失(NIEL)。

辐射吸收剂量的传统定义是在粒子穿透靶材(符合薄靶模型)条件下,单位质量物质所吸收的辐射能量,单位为 Gy 或 rad(1 Gy=1 J/kg;1 rad=100 erg/g;1 Gy=100 rad)。若不同能量的空间带电粒子都能穿透靶材,可按以下两式分别计算电离辐射和位移辐射的吸收剂量。

(1)电离辐射吸收剂量的计算公式为

$$D = k \int_{E_{\min}}^{E_{\max}} \text{LET}(E) \cdot \Phi(E) \cdot dE \tag{2.20}$$

式中,D 为空间带电粒子辐射吸收剂量,rad;LET(E) 为某能量是 E 的粒子在靶材中的线性能量传递;$\Phi(E)$ 为某能量是 E 的粒子的辐照注量(或称微分注量),即 $\Phi(E)=\phi(E) \cdot t$,$\phi(E)$ 为某能量是 E 的粒子的微分通量;k 为量纲转化系数,$k=1.6 \times 10^{-8}$ rad $\cdot$ g/MeV。

(2)位移辐射吸收剂量的计算公式为

$$D = k \int_{E_{\min}}^{E_{\max}} \text{NIEL}(E) \cdot \Phi(E) \cdot dE \tag{2.21}$$

式中,NIEL(E) 为某能量是 E 的粒子在靶材中的非电离辐射能量损失;其余符号含义同前。

实际上,空间带电粒子能谱具有宽能谱特征,不同能量粒子的通量和射程会有区别,使得辐射吸收剂量的计算较为复杂。空间能谱范围内的粒子辐射可能出现穿透辐射和未穿透辐射两种情况共存。针对这种状况,需要通过 Monte-Carlo 方法计算某给定能量为 E 的粒子在靶物质中的能量损失或阻止本领($-dE/dx$)与入射深度 x 的关系曲线,以及单位注量辐射吸收剂量的深度分布曲线。所谓"单位注量"是指每平方厘米的辐照面积上粒子数为 1,即注量为 $1/\text{cm}^2$。单位注量入射粒子在靶材深度为 d 时的辐射吸收剂量 D' 可由下式计算:

$$D' = 1.6 \times 10^{-8} \times 1/\rho(-dE/dx)|_{E,d} \tag{2.22}$$

式中,ρ 为靶材料密度;$(-dE/dx)|_{E,d}$ 为能量是 E 的单位注量粒子在靶材深度为 d 时的阻止本领。当 $(-dE/dx)|_{E,d}$ 为电离阻止本领时,计算结果为单位注量电离辐射吸收剂量

D_i'；$(-\,\mathrm{d}E/\mathrm{d}x)\,|_{E,d}$ 为位移阻止本领时，计算结果则为单位注量位移辐射吸收剂量 D_d'。

在空间带电粒子能谱辐照条件下，可基于以下通式计算各种能量粒子在靶材任意深度 d 产生的电离或位移辐射吸收剂量：

$$D(d) = \sum_E \Phi(E) \cdot D'(E,d) \cdot \Delta E \qquad (2.23)$$

式中，$D(d)$ 为空间能谱中各能量粒子在靶材深度 d 产生的电离或位移辐射吸收剂量；$\Phi(E)$ 为某能量是 E 的粒子的辐照微分注量；$D'(E,d)$ 为单位辐照注量时能量为 E 的粒子在靶材深度 d 的电离或位移辐射吸收剂量。

因此，基于式(2.23)，便可绘出空间能谱中各种能量粒子的总辐射吸收剂量在靶材料中的深度分布曲线。

2.7.4　器件单位注量辐射吸收剂量计算

为了便于界定带电粒子对器件的辐射损伤能力，作者课题组采用 GEANT－4 和 SRIM 程序计算不同种类和能量的粒子辐射在双极器件中的电离和位移阻止本领，建立单位注量($1/\mathrm{cm}^2$)粒子辐射吸收剂量深度分布曲线。通过计算分析表明，单位注量粒子辐射吸收剂量可作为表征粒子对器件辐射作用能力的判据。单位注量粒子在器件中产生的辐射吸收剂量越高，所诱发的初始辐射缺陷数量越多。单位注量粒子辐射吸收剂量是表征单个粒子的作用效果，可为带电粒子对器件的辐射损伤机理分析提供依据。

针对双极晶体管的芯片结构尺寸，应用 GEANT4 程序分别计算不同能量的单位注量质子和电子所产生的电离吸收剂量 D_i' 和位移吸收剂量 D_d'；应用 SRIM 程序计算不同能量条件下单位注量重离子所产生的电离吸收剂量 D_i' 和位移吸收剂量 D_d'。如图 2.25 所示，单位注量($1/\mathrm{cm}^2$)的不同能量的质子、电子及 Br 离子辐照时，在双极晶体管中所产生的电离吸收剂量 D_i' 随芯片深度 t 的变化而变化。如图 2.26 所示，相应的单位注量位移吸收剂量 D_d' 亦随芯片深度 t 的变化而变化。双极晶体管分别为 3DG110 型 NPN 晶体管和 3CG110 型 PNP 晶体管。

由图 2.25 和图 2.26 可见，质子与 Br 离子辐照在射程末端出现位移吸收剂量峰值，而电子辐照无此现象。在靶材深度相同时，质子和电子的能量越低，产生的单位注量电离吸收剂量 D_i' 越高；反之，Br 离子的能量越高对单位注量电离吸收剂量 D_i' 的贡献越大(见图 2.25)。在靶材深度相同的条件下，低能质子辐照对单位注量电离吸收剂量 D_i' 的贡献比低能电子大 2 个量级左右，而比 Br 离子约低 2 个量级。这表明单位注量粒子电离辐射吸收剂量 D_i' 的大小能够敏感地反映入射粒子对器件的电离辐射作用能力。带电粒子的电离辐射可在靶材内产生电子－空穴对。然而，所形成的电子－空穴对易于瞬间复合。复合主要有两种方式，分别为"成对复合"和"柱状复合"。如果单位注量粒子产生的电离辐射吸收剂量低，靶材料内的电子和空穴数量有限，易于彼此间单独地成对复合，而不会对其他的电子－空穴对造成影响。在这种情况下,复合的百分率对存留的电子－空穴对密度不敏感。这种低浓度的电子－空穴对的复合,称为成对复合。如果单位注量粒子的电离辐射吸收剂量大,会使电离产生的电子－空穴对密度明显增高。在高密度的电子－空穴对条件下,任何某个电子－空穴对都可能影响其他电子－空穴对的复合,称为柱状复合。通常情况下,电离辐射时产生的初始载流子数量越多,复合率越高(易于柱状复合);导致留存的电子－空穴对数量越少(损伤效应不明显);反之,初始载流子数量越少,复合率越低(易于成对复合),导致留存的电子－空穴对数量较多(损伤效应显著)。因此,可由图2.25所示的单位注量粒子电离辐射吸收剂量计算结果推断,Br离子产生的电子－空穴对复合率较高,其次是低能质子和高能质子,而后是低能电子,最后是高能电子。而且,通过比较可知,70 keV和170 keV质子的电离辐射作用能力相近;70 keV和110 keV电子的电离辐射作用能力相近。带电粒子的电离辐射损伤能力主要取决于辐照后留存的电子－空穴对数量,而与入射粒子产生初始电子－空穴对的能力呈负相关。带电粒子初始产生的电子－空穴对的数量越多,其对电子器件电离损伤的能力反而越弱。

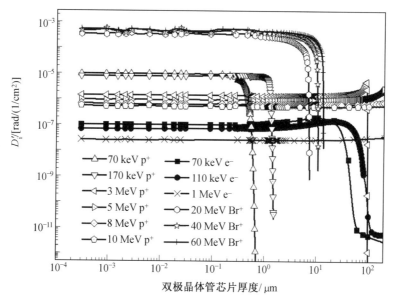

图2.25　不同能量的质子、电子及 Br 离子产生的单位注量电离吸收剂量随
双极晶体管(3DG110 型和 3CG110 型)芯片深度的变化曲线

基于单位注量粒子位移辐射吸收剂量计算结果(见图 2.26),可见在相同的靶材深度,质子和 Br 离子能量越低,产生的单位注量位移吸收剂量 D_d' 越高;电子的能量越高,对单位注量位移吸收剂量 D_d' 的贡献越大。在相同靶材深度条件下,低能质子对单位注量位移辐射吸收剂量 D_d' 的贡献比电子约大 4 个量级,高能质子的贡献比电子大 2 个量级,Br

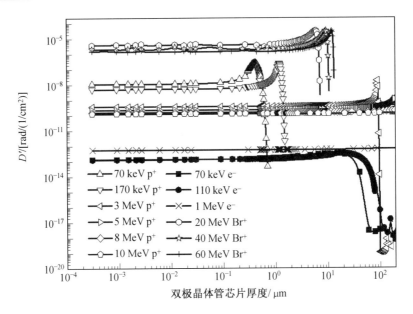

图2.26　不同能量的质子、电子及 Br 离子产生的单位注量位移吸收剂量随

双极晶体管（3DG110 型和 3CG110 型）芯片深度的变化曲线

离子的贡献比电子大 7 个量级。上述入射粒子中，70 keV 质子只能到达双极晶体管的钝化层，而其他能量的入射粒子均可到达 Si 体内。单位注量粒子位移辐射吸收剂量的计算结果，实际上是反映单个粒子在靶材中所产生的初始 Frenkel 对（空位－间隙原子对）数量的多少，能够表征入射粒子的位移辐射作用能力的大小。与上述电离辐射效应产生的电子－空穴对易于瞬间复合相似，位移损伤产生的 Frenkel 对约 90% 可瞬间发生复合，但其复合机制比较复杂。复合的结果不是 Frenkel 对的简单消亡，而是转化为复杂的位移缺陷结构，并可对入射粒子的位移辐射损伤能力做出贡献。因此，粒子的位移损伤能力总体上与初始 Frenkel 对的数量呈正相关。目前尚没有合适的模型用于对相应的复合率进行量化表征。

2.7.5　带电粒子辐射损伤能力的判据

双极器件对电离和位移效应均敏感。双极器件一般采用 SiO_2 作为钝化层，以保护器件表面，形成 SiO_2/Si 界面。电离辐射效应在 SiO_2 层中产生俘获正电荷，且在界面处形成界面态。俘获正电荷和界面态数量的增多将导致载流子在 Si 体表面复合率的增加，造成双极器件电性能的退化。与电离辐射损伤主要影响双极器件的氧化物层和界面不同，位移损伤直接影响 Si 本体的状态。对于依赖少子寿命的器件而言，位移辐射损伤效应将影响少子寿命，并导致器件的电性能退化。有关双极器件电离和位移损伤机理将在后续章节中进行阐述。

不同种类和能量的带电粒子辐照时,会对双极器件造成不同程度的损伤,其原因主要有两方面:① 不同种类或能量的入射粒子对双极器件产生电离和位移损伤的能力不同;② 不同种类或能量的入射粒子在双极器件中的穿透深度(射程)不同。基于这两方面的因素,可以深入分析带电粒子对双极器件的辐射损伤机理,包括电离辐射效应和位移辐射效应的损伤机理,以及电离效应和位移效应的相互作用机制。在此基础上,可找出双极器件受带电粒子辐射损伤的内在影响因素,并开展双极器件在轨性能退化预测方法及抗辐射加固技术的研究。

带电粒子入射到半导体材料及器件时,一般将同时产生电离效应和位移效应。为更好地分析双极器件的电离辐射损伤机理,需要尽量避免位移损伤效应的影响;反之亦然。双极器件如何分别针对电离效应和位移效应研究的需要,合理地选择带电粒子辐照源常常成为棘手的问题。作者课题组基于单位注量粒子辐射吸收剂量效应的研究成果[26-28],提出将单位注量粒子在器件中产生的电离吸收剂量 D_i' 和位移吸收剂量 D_d' 作为基本参量,分别用于表征入射粒子产生纯电离效应和纯位移效应能力的大小。通常情况下,D_i' 与粒子的电离辐射损伤力呈负相关,而 D_d' 与粒子的位移辐射损伤能力呈正相关。在器件同时产生电离效应和位移效应的情况下,$D_d'/(D_i' + D_d')$ 可用作界定带电粒子产生位移损伤能力的判据。入射粒子的 $D_d'/(D_i' + D_d')$ 值越高,说明该粒子对器件的位移损伤能力越大。基于图 2.25 和图 2.26 的结果,若在晶体管基区深度范围($0.6 \sim 1.3~\mu m$)内,分别对单位注量粒子的电离辐射吸收剂量 D_i' 和位移辐射吸收剂量 D_d' 求平均值,可针对 20 MeV、40 MeV 及 60 MeV 的 Br 离子,分别得到 $D_d'/(D_i' + D_d')$ 约为 1.48×10^{-2}、5.18×10^{-3} 和 3.01×10^{-3};对于 170 keV 质子,$D_d'/(D_i' + D_d')$ 约为 1.77×10^{-2}(在 $1.3~\mu m$ 处为 3.89×10^{-2});对于 3 MeV、5 MeV、8 MeV 及 10 MeV 的质子,$D_d'/(D_i' + D_d')$ 分别约为 2.63×10^{-4}、2.35×10^{-4}、2.30×10^{-4} 和 2.28×10^{-4};对于 70 keV、110 keV 及 1 MeV 的电子,$D_d'/(D_i' + D_d')$ 分别约为 1.26×10^{-6}、1.80×10^{-6} 及 2.03×10^{-5}。

上述分析表明,不同能量 Br 离子及 170 keV 质子给出的 $D_d'/(D_i' + D_d')$ 值较大且彼此相近。这两类粒子对双极晶体管所造成的损伤效应类似,主要产生位移辐射损伤。相比之下,70 keV 和 110 keV 电子的 $D_d'/(D_i' + D_d')$ 值较小,其位移辐射损伤能力基本上可以忽略,主要产生电离辐射效应。由此可见,$D_d'/(D_i' + D_d')$ 可以用于表征不同种类和能量粒子对双极器件的位移辐射损伤能力。并且,$D_d'/(D_i' + D_d')$ 值越大,粒子对器件的位移辐射损伤能力越强;$D_d'/(D_i' + D_d')$ 值越小,位移辐射损伤能力越弱。有关 $D_d'/(D_i' + D_d')$ 参数的论述详见本章参考文献[28]。上述研究成果为双极器件合理选择电离辐射源和位移辐射源提供了依据。

本章参考文献

［1］BARTH　J　L. Modeling　space　radiation　environ ments［M］. Piscataway:IEEE Publishing Services,1997.

［2］REAMES D V. Particle acceleration at the sun and in the heliosphere［J］. Space Sci. Rev. ,1999,90,413-491.

［3］HATHAWAY D H,WILSON R M,REICHMANN E J. A synthesis of solar cycle prediction techniques［J］. J. Geophys. Res. ,1999,104(A10),22375-22388.

［4］SAWYER D M,VETTE J I. AP-8 trapped proton environ ment for solar maximum and solar minimum［R］. Maryland:NASA Goddard Space Flight Center,1976.

［5］VETTE J I. The NASA/National Space Science Data Center trapped radiation environ ment model program,1964 — 1991［R］. Maryland:NASA/Goddard Space Flight Center (National Space Science Data Center),1991.

［6］DALY E J,LEMAIRE J,HEYNDERICKX D,et al. Problems with models of the radiation belts［J］. IEEE Trans. Nucl. Sci. ,1996,43(2),403-414.

［7］HUSTON S L,PFITZER K A. A new model for the low altitude trapped proton environ ment［J］. IEEE Trans. Nucl. Sci. ,1998,45:2972-2978.

［8］GUSSENHOVEN　M　S,MULLEN　E　G,BRAUTIGAM　D　H. Improved understanding of the Earth's Radiation Beltsfrom the CRRES satellite［J］. IEEE Trans. Nucl. Sci. ,1996,43(2),353-368.

［9］HUSTON S L. Space environ ments and effects:trapped proton model［R］. Huntington Beach:CA Jan. ,2002.

［10］VETTE　J　I. The　AE-8　trapped　electron　environ ment　［R］. Maryland: NASA/Goddard Space Flight Center,1991.

［11］BRAUTOGAM D H,GUSSENHOVEN M S,MULLEN E G. Quasi-static model of outer zone electrons［J］. IEEE Trans. Nucl. Sci. ,1992,39:1797-1803.

［12］VAMPOLA A L. Outer zone energetic electron environ ment update［R］. USA: High Energy Radiation Background in Space Conference,1997.

［13］BOSCHER D M,BOURDARIE S A,FRIEDEL R H W,et al. A model for the geostationary electron environ ment:POLE［J］. IEEE Trans. Nucl. Sci. ,2003, 50:2278-2283.

［14］PIET A S,BOURDARIE S,BOSCHER D,et al. A model for the geostationary electron environ ment:pole,from 30 keV to 5. 2 MeV［J］. IEEE Transactions on

Nuclear Science,2006,53(4):1844-1850.

[15] WRENN G L,RODGERS D J,BUEHLER P.Modeling the outer belt enhancements of penetrating electrons[J].J.Spacecraft and Rockets,2000, 37(3):408-415.

[16] ADAMS J H.Cosmic ray effects on microelectronics(Part IV)[R].Washington D.C.: Naval Research Laboratory,1987.

[17] TYLKA A J.CREME96:a revision of the cosmic ray effects on microelectronics code[J].IEEE Trans.Nucl.Sci.,1997,44:2150-2160.

[18] NYMMIK R A,PANASYUK M I,SUSLOV A A.Galactic cosmic ray flux simulation and prediction[J].Adv.Space Res.,1996,17(2):19-30.

[19] KING J H.Solar proton fluences for 1977—1983 space missions[J].J.Spacecraft, 1974,11:401-408.

[20] FEYNMAN J,SPITALE G,WANG J,et al.Interplanetary fluence model:JPL 1991[J].J.Geophys.Res.,1993,98:13281-13294.

[21] XAPSOS M A,BARTH J L,STASSINOPOULOS E G,et al.Space environment effects:model for emission of solar protons（esp）- cumulative and worst case event fluences[R].Alabama:NASA Marshall Space Flight Center,1999.

[22] 许淑艳.蒙特卡罗方法在试验核物理中的应用[M].修订版.北京:原子能出版社,2006.

[23] CLAUDE F B,PATRICK K R,WILLIAM L T.Its version 5.0:the integrated TIGER series of coupled electron/photon Monte Carlo transport codes[J]. Transactions of the American Nuclear Society,2005,73:1025-1030.

[24] ASAI M,AXEN D,BANERJEE S,et al.Geant4-a simulation toolkit[J].Nuclear Instruments and Methods in Physics Research A,2003,506:250-303.

[25] PAVLOVIC M,STRASK I.Supporting routines for the SRIM code[J].Nuclear Instruments and Methods in Physics Research B,2007,257:601-604.

[26] LI X,LIU C,LAN M,et al.Equivalence of displacement radiation damage in superluminescent diodes induced by protons and heavy ions[J].Nuclear Instruments and Methods in Physics Research Section A,2013,716:10-14.

[27] LI X,GENG H,LAN M,et al.Degradation mechanisms of current gain in NPN transistors[J].Chinese Physics B,2010,19(6):421-428.

[28] LI X,GENG H,LIU C,et al.Combined radiation effects of protons and electrons on NPN transistors[J].IEEE Transactions on Nuclear Science,2010, 57(2):831-836.

第3章 双极器件电离辐射损伤效应

3.1 概 述

在空间带电粒子作用下,双极器件产生电离效应会导致电流增益退化,成为影响航天器电子系统在轨服役寿命与可靠性的重要因素之一。多年来,双极器件电离辐射损伤效应的基本特征与机理一直是受到关注的热点问题。电离辐射吸收剂量对 NPN 型双极晶体管电流增益的影响如图 3.1 所示。随着电离辐射吸收剂量增加,NPN 型双极晶体管的电流增益曲线随发射结电压单调地向右下方移动。这表明 NPN 型双极晶体管受到电离辐射损伤是引起电流增益退化的主导因素。尤其是,当发射结电压较低时,电流增益下降幅度较大,且电流增益的峰值也明显降低。

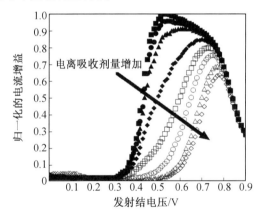

图3.1 电离辐射吸收剂量对 NPN 型双极晶体管电流增益的影响

双极器件的电离辐射损伤效应研究最早始于集成注入逻辑(I^2L)电路的研发与应用,文章发表于 1975 年[1]。I^2L 电路于 20 世纪 70 年代早期由 IBM 和 Phillips 公司研发,并被 TI 公司于 1974 年实现商业化生产。该电路具有较高的存储容量、低功耗、良好的抗噪声能力及较高的运行速度,成为 CMOS 器件的有力竞争者。随着 I^2L 电路的应用,其电离辐射损伤效应受到广泛关注。I^2L 反相器单元在不同集电极电流条件下电流增益随电离吸收剂量的变化曲线如图 3.2 所示。随后,双极线性电路的辐射损伤效应及加固方法的研究也逐渐增多。相关研究的结果表明,I^2L 及双极数字集成电路具有良好的抗辐射能力。在 ^{60}Co 源辐照条件下,I^2L 和双极数字集成电路能够允许电离吸收剂量达到 1 Mrad;

然而,双极线性集成电路的抗辐射能力却很少能够达到 1 Mrad。

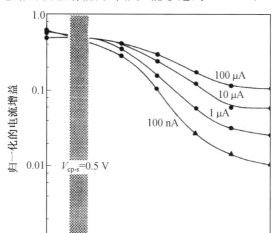

图3.2　I²L 反相器单元在不同集电极电流条件下
电流增益随电离吸收剂量的变化

　　从 20 世纪 80 年代中期到 90 年代中期,针对双极器件的场氧进行了电离辐射效应的许多研究。研究结果表明,双极数字电路本身虽然具有较好的抗辐射性能,但由于受到场氧的影响, 却可能在很小的吸收剂量(如 5 krad)下失效。Faichild(FAST)、Motorala(MOSAIC)、National、Signetics 及 TI 等公司,最早采用了场氧与 NPN 型晶体管多晶硅发射极相结合的工艺。该工艺条件下,器件常在较低的电离辐射吸收剂量下发生失效。失效的主要模式是在辐照过程中,输入高电平电流 I_{IH} 持续增加。在这种工艺中,P 型隔离层位于场氧隔离层下方,且处于两个 N 型区之间,如图 3.3 所示[2]。高电平电流的增加主要是由 P 型隔离层的表面反型形成的漏电流造成的。除了这种失效模式以外,在较高的电离辐射吸收剂量下,集电结漏电流的增加也会造成器件的功能失效。此外,高剂量率的辐射环境可能导致双极集成电路的闭锁。

　　自 1991 起,开始针对双极器件开展低剂量率辐射增强效应(Enhanced Low Dose Rate Sensitivity,ELDRS) 的研究[3]。通过研究发现,在低剂量率辐照条件下,双极器件的电性能退化明显加剧。这种现象对于双极器件进行在轨性能预测具有重要意义。通常情况下,空间带电粒子的辐射剂量率较低,易于使双极器件在轨服役产生低剂量率辐射损伤增强效应,成为航天器设计备受关注的热点问题。地面模拟试验所采用的电离吸收剂量率往往要比器件实际在轨承受的剂量率高很多,易于导致过高地估计器件在轨所能够承受的辐射吸收剂量。图 3.4 为总剂量 20 krad(Si) 时,LPNP 型晶体管的电流增益随电离吸收剂量率的变化关系。由图可见,当地面辐照试验的剂量率接近空间辐射剂量率范

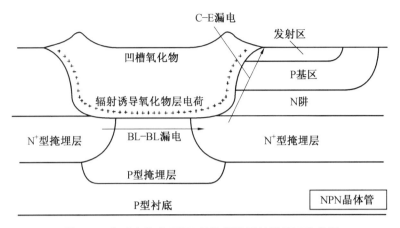

图3.3　集成电路中 NPN 晶体管及场氧横截面示意图

围时,PNP 型晶体管的电流增益将降至极低程度。

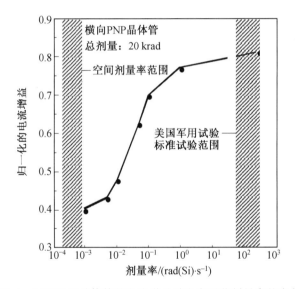

图3.4　LPNP 型晶体管的电流增益随电离吸收剂量率的变化

自 1994 年起,国际上针对低剂量率辐射增强效应,相继提出了不同的物理模型[3],其中,最著名的是空间电荷模型。该模型认为,在高剂量率辐照条件下,双极器件氧化物层内产生的大量俘获正电荷将阻碍空穴向界面输运,导致 Si/SiO₂ 界面附近的俘获正电荷数量减少。氧化物层内的俘获正电荷被认为是俘获空穴的 $V_{O\delta}$ 心、$V_{O\gamma}$ 心及含氢缺陷。$V_{O\delta}$ 心和 $V_{O\gamma}$ 心分别是由氧空位俘获空穴所形成的带电荷的二聚体型和褶皱型氧空位中心。在低剂量率辐照条件下,氧化物层内形成的俘获正电荷数量较少,对空穴输运所产生的影响较小,且空穴有足够时间向 Si/SiO₂ 界面输运,故导致最终的损伤程度较大。此后,又于1996年、1998年及2002年,相继对该模型进行了修正。除此之外,针对低剂量率辐射增强效应,还提出了其他的物理模型,但至今均不太完善。

图3.5示出了在辐射吸收剂量为 50 krad 条件下,不同类型双极器件的电性能相对损伤率随剂量率的变化关系[4]。纵轴为相对损伤率,即低剂量率辐照时电性能与高剂量率(50 rad/s)辐照时的电性能之比[4]。由图可见,分立双极晶体管对低剂量率辐射增强效应不敏感,而双极线性电路对低剂量率辐射增强效应敏感。MPTB 的在轨搭载试验进一步验证了双极线性电路存在低剂量率辐射增强效应,如图 3.6 所示[5]。图中给出了 LM124 器件在轨搭载试验数据与地面试验数据的对比结果。上述结果表明,低剂量率辐射增强效应主要发生在模拟电路,而对分立的双极晶体管及数字电路影响相对较小。

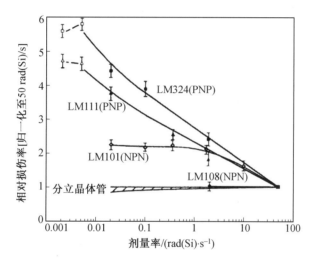

图3.5　在 50 krad 辐照条件下不同线性集成电路的电性能
相对损伤率随剂量率的变化关系

鉴于双极器件对电离辐射损伤效应的敏感性,空间带电粒子对双极器件的电离辐射损伤效应和机理至今仍是受到人们关注的热点问题。深入开展双极器件电离辐射损伤效应的基本特征和机理研究,可为促进抗辐射器件加固技术的发展提供必要的科学依据,具有重要的理论和实际意义。本章的内容将总结作者课题组开展相关研究的成果,供读者分析双极器件电离辐射损伤效应的基本特征与机理时参考。

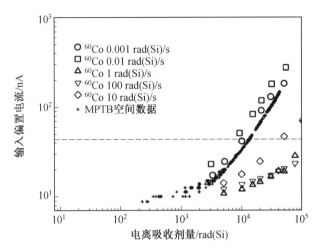

图3.6   LM124 器件的输入偏置电流随电离吸收剂量变化的试验结果
(^{60}Co 源辐照试验与 MPTB 在轨搭载数据比较)

3.2   双极器件电离损伤效应基本特征

3.2.1   辐照源选择

目前国际上对电离辐射效应的试验标准,大多采用^{60}Co 源作为辐射源。^{60}Co 源在一定条件下与空间高能电子辐照的效果相似,主要对电离效应有明显贡献。通常,采用^{60}Co 源作为地面电离辐照源,可将其试验结果与其他带电粒子产生的电离辐射损伤效应进行对比。应用^{60}Co 源产生的 γ 射线对电子器件进行辐照时,能够产生明显的电离辐射效应,试验过程比较简单。辐照前需要先设定剂量率 $D'(t)$(电离吸收剂量 D 与时间 t 的函数),并根据所要求的总电离吸收剂量,确定相应的辐照时间 t。在^{60}Co 源辐照条件下,γ 射线的穿透能力强,可使试验测试的 γ 射线辐射剂量在数值上等于受辐照电子器件的电离吸收剂量,而无须进行计算转换。因此,^{60}Co 源辐照时,常用 γ 射线辐射剂量表征电子器件的电离辐射吸收剂量。

虽然^{60}Co 源的 γ 射线在靶材中主要产生电离效应,但所产生的二次电子会具有足够高的能量,也可能导致靶材料出现少量的位移损伤(许多情况下可忽略)。与^{60}Co 源相比,低能电子源具有更好的优越性:一是由第 2 章计算分析可知,当电子能量低于 200 keV时,不会在硅中产生位移损伤,故可选用较低能量电子(如 110 keV、70 keV)作为"纯"电离辐射源;二是空间环境中存在大量的电子,地面采用电子辐照源更便于反映空间的真实情况。除了低能电子源外,还可选用低能质子源进行辐照试验。低能质子的穿透深度只能够达到器件的氧化物层,而不会对器件的 Si 体造成影响。因此,可选用低能质子源在器件的氧化物层产生电离辐射效应。通过对比分析不同辐照源的作用效果,能够更好地揭示双极器件产生电离辐射损伤效应的特征与机理。

3.2.2 Gummel 曲线变化规律

1. NPN 型晶体管

为了深入研究辐照过程中,NPN 型晶体管基极电流 I_B 和集电极电流 I_C 随辐照注量的变化关系,需要测试 Gummel 特性曲线。Gummel 特性曲线是用于表征不同带电粒子辐照注量下,基极电流 I_B 和集电极电流 I_C 随发射结电压 V_{BE} 的变化关系。NPN 型晶体管的 Gummel 曲线的测量条件为:发射极接扫描电压,即 $V_E = -1.2 \sim 0$ V,扫描步长为 0.01 V;基极和集电极接 0 V 电压,即 $V_B = V_C = V_{BC} = 0$ V。

(1)3DG112 型晶体管。

图 3.7 为 70 keV 和 110 keV 电子辐照条件下,3DG112 型晶体管的集电极电流 I_C 和基极电

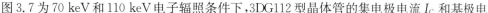
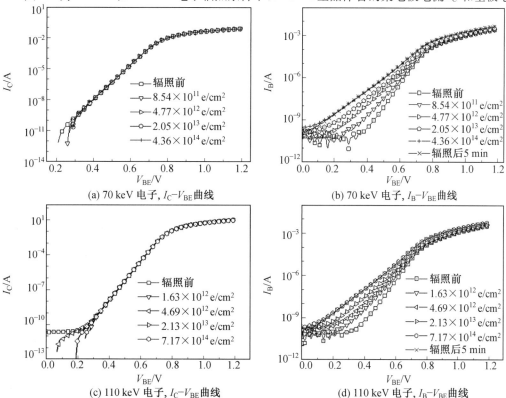

图3.7 不同注量的低能电子辐照时 3DG112 型晶体管的 I_C 和 I_B 随 V_{BE} 的变化($V_{BC} = 0$ V)

流 I_B 随发射结电压 V_{BE} 的变化。

由图 3.7 可知,随着辐照注量的增加,集电极电流 I_C 保持不变,基极电流 I_B 逐渐增加。而且,当 V_{BE} 较小时,基极电流 I_B 的相对变化较大;当 V_{BE} 较大时,I_B 的相对变化较小。图中辐照完成 5 min 后的数据表明,在室温条件下 5 min 之内的退火效应可以忽略。图 3.7 可以说明,在低能电子辐照条件下,3DG112 晶体管的集电极电流 I_C 基本上不受辐照注量变化的影响,而基极电流 I_B 受到的影响程度较大。

图 3.8 为 70 keV 质子辐照条件下,3DG112 型晶体管的集电极电流 I_C 和基极电流 I_B 随发射结电压 V_{BE} 的变化关系。由图可见,随着低能质子辐照注量的增加,基极电流 I_B 明显增加。并且,当 V_{BE} 较小时,基极电流 I_B 的相对变化较大,反之,I_B 的相对变化较小。70 keV 质子辐照条件下,集电极电流 I_C 与发射结电压 V_{BE} 的关系,不随辐照注量的增加而改变。与图 3.7 类似,基于辐照完成 5 min 之后的测试结果,可说明室温退火效应不明显。

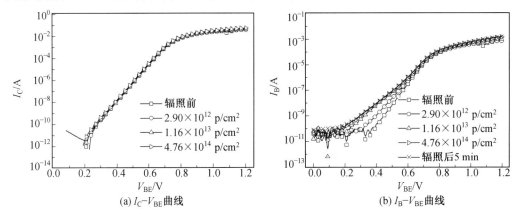

图 3.8 不同注量的 70 keV 质子辐照时 3DG112 型晶体管的 I_C 和 I_B 随 V_{BE} 的变化($V_{BC}=0$ V)

图 3.9 为 ^{60}Co 源辐照条件下,3DG112 型 NPN 晶体管的集电极电流 I_C 和基极电流 I_B 随发射结电压 V_{BE} 的变化。由图可知,在 ^{60}Co 源辐照过程中,集电极电流 I_C 和基极电流 I_B 随电离吸收剂量的变化规律与低能电子辐照条件下的情况类似。集电极电流 I_C 受电离辐射损伤的影响程度较小,而基极电流 I_B 对电离辐射较为敏感。

(2)3DG130 型晶体管。

3DG130 型 NPN 晶体管的 Gummel 曲线如图 3.10 所示。图 3.10(a)～(d)分别为 70 keV 和 110 keV 电子辐照条件下,集电极电流 I_C 和基极电流 I_B 随发射结电压 V_{BE} 的变化关系。由图 3.10 可见,两种低能电子辐照条件下,随着辐照注量的增加,集电极电流 I_C 均保持不变,而基极电流 I_B 均逐渐增加。当 V_{BE} 较小时,基极电流 I_B 的相对变化较大;而 V_{BE} 较大时,I_B 的相对变化较小。图中辐照后 5 min 的数据表明,在室温条件 5 min 之内的退火效应可以忽略。图 3.10 可以说明,在低能电子辐照条件下,3DG130 型晶体管的集

电极电流 I_C 基本不受影响,而基极电流 I_B 的损伤效应明显。

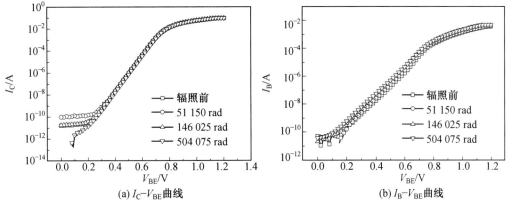

(a) I_C-V_{BE}曲线   (b) I_B-V_{BE}曲线

图3.9 ^{60}Co 源辐照时 3DG112 型 NPN 晶体管的 I_C 和 I_B 随 V_{BE} 的变化

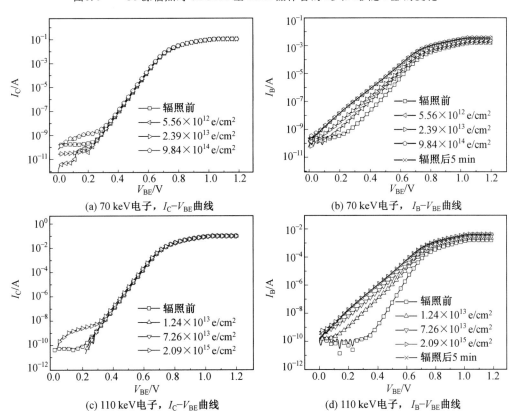

(a) 70 keV电子,I_C-V_{BE}曲线   (b) 70 keV电子,I_B-V_{BE}曲线

(c) 110 keV电子,I_C-V_{BE}曲线   (d) 110 keV电子,I_B-V_{BE}曲线

图3.10   不同注量的低能电子辐照时 3DG130 型 NPN 晶体管的 I_C 和 I_B 随 V_{BE} 的变化($V_{BC} = 0$ V)

图 3.11(a) 和(b) 分别为 70 keV 质子辐照条件下,3DG130 型晶体管的集电极电流 I_C 和基极电流 I_B 随发射结电压 V_{BE} 的变化。由图可知,随着低能质子辐照注量的增加,基极电流 I_B 明显增加。当 V_{BE} 较小时,基极电流 I_B 的相对变化较大;反之,I_B 的相对变化较小。这种变化规律同低能电子辐照时一致。并且,70 keV 质子辐照时,集电极电流 I_C 与发射结电压 V_{BE} 的关系,不随辐照注量的增加而改变。与图 3.10 类似,基于辐照完成 5 min 后的测试结果说明室温退火效应不明显。

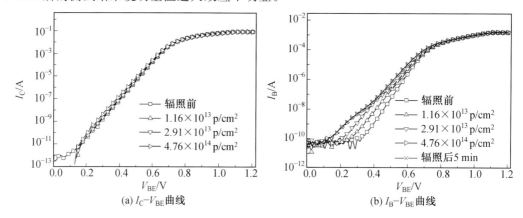

图3.11　不同注量的 70 keV 质子辐照时 3DG130 型晶体管的 I_C 和 I_B 随 V_{BE} 的变化($V_{BC} = 0$ V)

图 3.12 为 ^{60}Co 源辐照条件下 3DG130 型 NPN 晶体管的集电极电流 I_C 和基极电流 I_B 随发射结电压 V_{BE} 的变化。由图可知,在 ^{60}Co 源辐照过程中,集电极电流 I_C 和基极电流 I_B 随电离吸收剂量的变化规律,与低能电子辐照条件下的情况类似。集电极电流 I_C 受电离辐射损伤的影响程度较小,而基极电流 I_B 对电离辐射较为敏感。

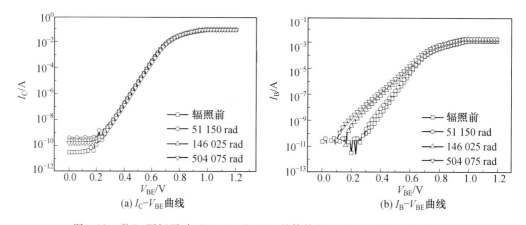

图3.12　^{60}Co 源辐照时 3DG130 型 NPN 晶体管的 I_C 和 I_B 随 V_{BE} 的变化

2. PNP 型晶体管

在带电粒子辐照过程中,3CG130 型 PNP 晶体管的 Gummel 曲线测试条件为:发射极接扫描电压,为 $V_E=0\sim1.2$ V,扫描步长为 0.01 V;基极和集电极接 0 V 电压,即 $V_B=V_C=V_{BC}=0$ V。图 3.13 为 110 keV 电子辐照条件下,3CG130 型晶体管的集电极电流 I_C 和基极电流 I_B 随发射结电压 V_{EB} 的变化。可见,随着辐照注量的增加,集电极电流 I_C 保持不变,而基极电流 I_B 逐渐增加。V_{EB} 较小时,基极电流 I_B 的相对变化较大;当 V_{EB} 较大时,I_B 的相对变化较小。图中辐照结束后 5 min 的数据表明,室温条件下 5 min 之内的退火效应可以忽略。上述结果表明,在 110 keV 电子辐照条件下,集电极电流 I_C 基本不受影响,而基极电流 I_B 受到的影响较大。

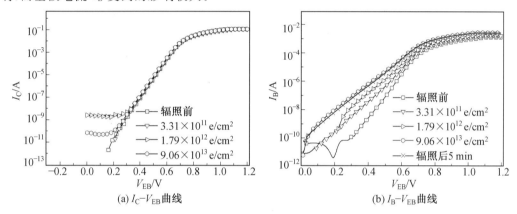

图3.13　不同注量的 110 keV 电子辐照时 3CG130 型晶体管的 I_C 和 I_B 随 V_{EB} 的变化($V_{BC}=0$ V)

图 3.14(a) 和(b)分别为 70 keV 质子辐照条件下,3CG130 型晶体管的集电极电流 I_C 和基极电流 I_B 随发射结电压 V_{EB} 的变化。由图可知,随着 70 keV 质子辐照注量的增加,基极电流 I_B 明显增加。当 V_{EB} 较小时,基极电流 I_B 的相对变化较大;反之,I_B 的相对变化较小。对于 70 keV 质子辐照,集电极电流 I_C 不随辐照注量的增加而改变。与图 3.13 类似,基于辐照完成 5 min 后的测量结果,说明退火效应不明显。上述结果表明,在低能电子与低能质子辐照条件下,PNP 型晶体管与 NPN 型晶体管的基极电流 I_B 和集电极电流 I_C 随辐照注量的变化趋势一致。

图 3.15(a) 和(b)分别为 ^{60}Co 源辐照条件下,3CG130 型 PNP 晶体管的集电极电流 I_C 和基极电流 I_B 随发射结电压 V_{EB} 的变化。如图所示,在 ^{60}Co 源辐照过程中,随着电离吸收剂量的增加,集电极电流 I_C 基本保持不变(仅在发射结电压较小时,漏电流略有升高),而基极电流 I_B 逐渐增加。在 ^{60}Co 源辐照条件下,所得结果与低能电子辐照时情况类似,表现为电离辐射损伤对集电极电流 I_C 影响较小,而基极电流 I_B 受到的影响程度较大。

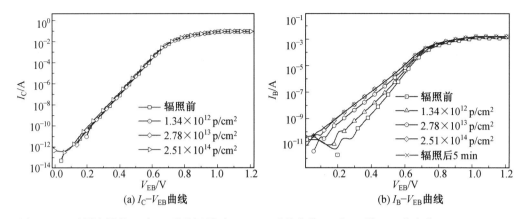

图3.14　不同注量的 70 keV 质子辐照时 3CG130 型晶体管 I_C 和 I_B 随 V_{EB} 的变化($V_{BC} = 0$ V)

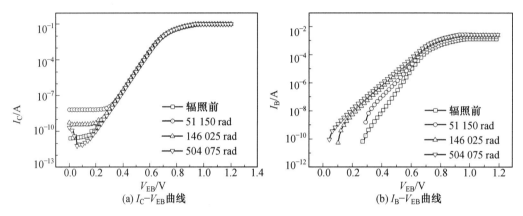

图3.15　^{60}Co 源辐照时 3CG130 型 PNP 晶体管的 I_C 和 I_B 随 V_{EB} 的变化($V_{BC} = 0$ V)

3. LPNP 型晶体管

图 3.16(a) 和(b) 为 70 keV 电子辐照过程中, LPNP 型双极晶体管的基极电流 I_B 和集电极电流 I_C 分别随发射结电压 V_{EB} 的变化。由图可见, 70 keV 电子辐照条件下, LPNP 型双极晶体管的基极电流 I_B 和集电极电流 I_C 均随发射结电压 V_{EB} 增加而升高。随着辐照注量的增加, 基极电流 I_B 呈逐渐上升趋势, 而集电极电流 I_C 几乎未发生变化。这说明 LPNP 型晶体管的集电极电流对电离辐射效应不敏感, 而基极电流受电离辐射损伤的影响较大。

图 3.17(a) 和(b) 分别是 LPNP 型双极晶体管在 1 MeV 高能电子辐照条件下, 基极电流 I_B 和集电极电流 I_C 分别随发射结电压 V_{EB} 的变化曲线。由图可见, 1 MeV 高能电子辐照时, 基极电流和集电极电流的变化规律与 70 keV 低能电子辐照结果类似。两种能量电子辐照条件下, 均表现为随着辐照注量的增加, 基极电流 I_B 逐渐上升, 而集电极电流 I_C 基本不变。这种变化趋势说明 1 MeV 电子辐照时, LPNP 型晶体管的集电极电流 I_C 对电离

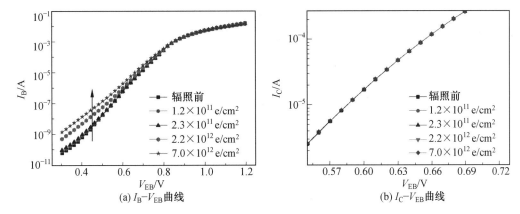

图3.16　70 keV 电子辐照过程中 LPNP 型双极晶体管的 I_B 和 I_C 随 V_{EB} 的变化

辐射效应不敏感,而基极电流 I_B 受电离辐射损伤的影响较大。

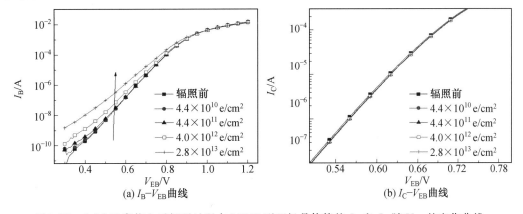

图3.17　1 MeV 高能电子辐照过程中 LPNP 型双极晶体管的 I_B 和 I_C 随 V_{EB} 的变化曲线

3.2.3　电流增益变化规律

电流增益 β 是表征双极晶体管辐射损伤效应的最重要参数。双极晶体管电流增益的测试采取共发射极接线方式,故 $\beta = I_C/I_B$。本节将给出以下内容:① 电流增益 β 的变化与集电极电流 I_C 的关系;② 在固定发射结电压 V_{BE}(或 V_{EB})条件下,电流增益 β 的变化与辐照注量的关系。这些内容可为分析双极器件的辐射损伤机理提供必要的依据。

1. 电流增益随集电极电流的变化

上述 NPN 型和 PNP 型晶体管的集电极电流 I_C 和基极电流 I_B 随电离辐照注量的变化规律表明,不同种类及能量的粒子辐照时,基极电流 I_B 随着辐照注量的增加而增加,而集电极电流 I_C 几乎不随辐照注量变化(尤其是当 $I_C < 10$ mA 时)。因此,可在不同的辐照注量条件下,研究电流增益 β 随集电极电流 I_C 的变化,以便给出集电极电流对电流增益

的影响规律。图 3.18 为 70 keV 电子辐照条件下,3DG112 型晶体管的电流增益 β 随集电极电流 I_C 的变化曲线。图 3.19 为 70 keV 质子辐照条件下,3DG112 型晶体管的电流增益 β 随集电极电流 I_C 的变化曲线。图 3.18 和图 3.19 表明,在两种辐照条件下,电流增益 β 均随集电极电流 I_C 先升高,而后趋于平缓,再降低。当集电极电流 I_C 相同时,随着辐照注量的增加,电流增益 β 逐渐降低。在相同的辐照注量下,集电极电流 I_C 越小,电流增益 β 的相对变化越大;集电极电流 I_C 较高时,电流增益 β 的变化相对较小。

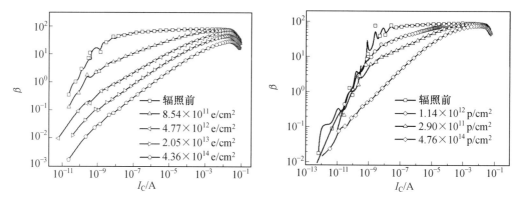

图3.18　70 keV 电子辐照时 3DG112 型晶体管　图3.19　70 keV 质子辐照时 3DG112 型晶体管
　　　的电流增益随集电极电流的变化　　　　　　　　的电流增益随集电极电流的变化

在不同种类和能量的入射粒子辐照条件下,3DG130 型 NPN 晶体管与 3CG130 型 PNP 晶体管的电流增益 β 随集电极电流 I_C 的变化趋势,均与 3DG112 型晶体管的一致,分别如图 3.20 和图 3.21 所示。图 3.20(a) 和 (b) 分别为 110 keV 电子和 70 keV 质子辐照时,3DG130 型 NPN 晶体管的电流增益 β 随集电极电流 I_C 的变化曲线。图 3.21(a) 和 (b) 分别为 110 keV 电子和 70 keV 质子辐照时,3CG130 型 PNP 晶体管的电流增益 β 随集电

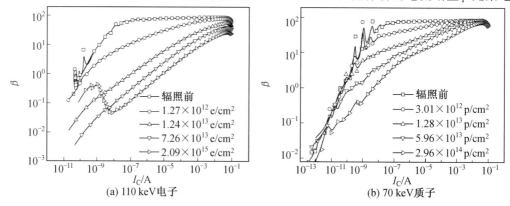

(a) 110 keV电子　　　　　　　　　　　　(b) 70 keV质子

图3.20　不同种类粒子辐照时 3DG130 型 NPN 晶体管的电流增益与集电极电流的关系

极电流 I_C 的变化曲线。

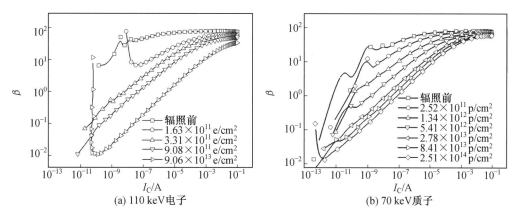

(a) 110 keV电子   (b) 70 keV质子

图3.21 不同种类粒子辐照时3CG130型PNP晶体管的电流增益随集电极电流的变化

2. 电流增益随辐照注量的变化

双极晶体管的电流增益 β 可从 Gummel 特征曲线求得。文中的电流增益为当发射结正偏电压 V_{BE}（或 V_{EB}）$=0.65$ V 时，集电极电流 I_C 与基极电流 I_B 的比值。电流增益的变化量取为 $\Delta\beta=\beta-\beta_0$，电流增益倒数的变化量为 $\Delta(1/\beta)=1/\beta-1/\beta_0$，式中 β_0 和 β 分别为晶体管辐照前和辐照后的电流增益值。电流增益的变化量可以直观地表征电流增益随辐照注量的变化程度；通过电流增益倒数的变化量大小，便于深入地分析辐射损伤效应机理。图 3.22 为 70 keV 电子辐照时，不同的辐照注量对 3DG112 型晶体管电流增益变化量 $\Delta\beta$ 的影响。由图可见，当辐照注量达到一定程度时，随着辐照注量的增加，电流增益变化量 $\Delta\beta$ 逐渐减少，并且当给定辐照注量时，辐照通量的变化对电流增益的影响较小。图中不同辐照通量下的曲线分布十分接近。

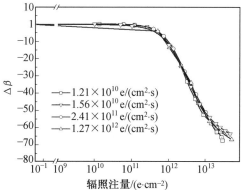

图3.22 70 keV 电子辐照时辐照注量对 3DG112 型晶体管的电流增益变化量的影响

图 3.23(a)～(c) 分别为 70 keV 电子、110 keV 电子和 70 keV 质子辐照时，3DG112 型 NPN 晶体管的电流增益倒数变化量 $\Delta(1/\beta)$ 随辐照注量的变化曲线。图中还给出了不同辐照通量条件下的曲线。由图可知，在 70 keV 和 110 keV 电子辐照条件下，电流增益倒数的变化量 $\Delta(1/\beta)$ 随辐照注量的增加而增加；在 70 keV 质子辐照条件下，电流增益倒数的变化量 $\Delta(1/\beta)$ 随辐照注量的增加呈现先稍许变化再明显增加的变化趋势。两种能量低能电子辐照时，$\Delta(1/\beta)$ 的变化与辐照注量均呈非线性关系，且在较高的辐照注量下，$\Delta(1/\beta)$ 的变化逐渐趋于平缓。图 3.23 中不同辐照通量的曲线表明，当选定辐照注量时，辐照通量的变化对电流增益的影响较小。

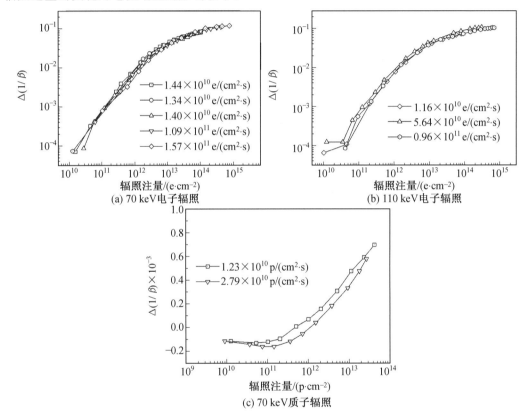

图3.23　不同种类粒子辐照注量对 3DG112 型晶体管电流增益倒数变化量的影响

3DG130 型 NPN 和 3CG130 型 PNP 晶体管的电流增益倒数变化量随辐照注量的变化趋势，分别示于图 3.24 和图 3.25。图 3.24(a) 和图 3.24(b) 分别给出低能质子和低能电子辐照时，3DG130 型 NPN 晶体管电流增益倒数的变化量 $\Delta(1/\beta)$ 随辐照注量的变化。图 3.25(a) 和图 3.25(b) 分别给出 3CG130 型 PNP 晶体管电流增益倒数的变化量 $\Delta(1/\beta)$ 随低能质子和低能电子辐照注量的变化。由图 3.24 和图 3.25 可知，3DG130 型和 3CG130

型晶体管的电流增益退化规律与 3DG112 型晶体管相同。70 keV 质子及 70 keV 和 110 keV 电子辐照时，$\Delta(1/\beta)$ 均呈现非线性的退化趋势，且电流增益 β 的退化随辐照注量的增加逐渐趋于饱和。

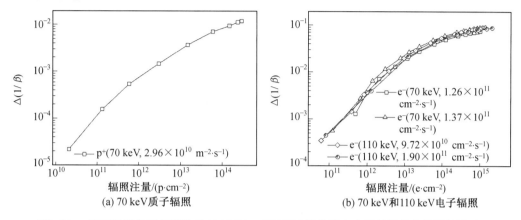

图3.24　不同种类粒子辐照注量对 3DG130 型 NPN 晶体管电流增益倒数变化量的影响

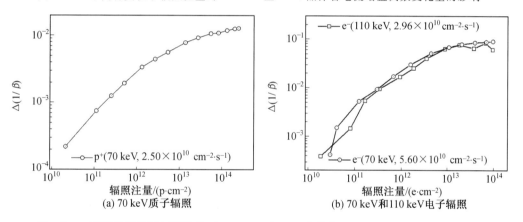

图3.25　不同种类粒子辐照注量对 3CG130 型 PNP 晶体管电流增益倒数变化量的影响

图 3.26 是 70 keV 电子辐照条件下，LPNP 型晶体管电流增益变化量 $\Delta\beta$ 与辐照注量的变化。随着辐照注量的增加，该种晶体管的电流增益变化量 $\Delta\beta$ 开始时变化较缓慢，而后降低速率明显加快，表明辐射损伤程度以较快速度增加。图 3.27 为 70 keV 电子辐照过程中，LPNP 型晶体管的电流增益倒数变化量 $\Delta(1/\beta)$ 随辐照注量的退化规律。试验结果表明，70 keV 电子辐照时，LPNP 型晶体管的 $\Delta(1/\beta)$ 随辐照注量的增加而增加。当辐照注量达到 4.5×10^{13} e/cm² 时，电流增益倒数变化量的退化仍未呈现趋于饱和的趋势。这种现象与前述纵向 NPN 型和 PNP 型晶体管的电流增益退化规律不同。

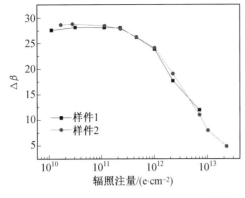

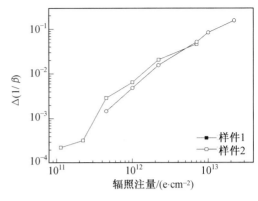

图 3.26 70 keV 电子辐照时 LPNP 型晶体管电流增益变化量随辐照注量的变化　图 3.27 70 keV 电子辐照时 LPNP 型晶体管电流增益倒数变化量随辐照注量变化

3.3 双极器件电离损伤缺陷表征

3.3.1 电离辐射缺陷演化规律

双极晶体管由于没有 MOS 结构的栅极,如何定量表征其电离损伤缺陷的数量和浓度一直是国际上研究的难题。针对双极晶体管的电离辐射损伤效应,常用的模型是基于理想因子 n,按照如下表达式分析电离效应对 NPN 型晶体管基极电流 I_B 的影响:

$$\Delta I_B = K_i D_{i(T)} \exp\left(\frac{qV_{BE}}{nk_BT}\right) \tag{3.1}$$

式中,K_i 为电离损伤系数;$D_{i(T)}$ 为总的电离吸收剂量;q 为电子电荷量;k_B 为玻耳兹曼常数;T 为绝对温度;V_{BE} 为发射结电压。

双极晶体管的基极电流 I_B 至少可能受到如下两个因素的影响:① 发射结空间电荷区表面复合电流 I_{sr},此时 $1 < n \leqslant 2$;② 沟道电流 I_{ch},该电流主要由表面处的 Si 反型形成,此时 $n > 2$。

图 3.28 所示是表面电势和表面复合率与 NPN 双极晶体管发射结横向位置的关系[6]。图中,复合率峰顶位置的理想因子是 2,中性基区的 n 值是 1,耗尽区其他位置的 n 值是 $1 \sim 2$。通常,电离辐射诱导复合电流的理想因子为 $1 \sim 2$。带电粒子辐射时,形成沟道电流的主要原因是氧化物层中的俘获正电荷。发射结表面电流的变化可能与界面态有关,也可能是由于氧化物层中俘获正电荷引起表面电势改变从而造成界面态复合率增高。所以,氧化物俘获电荷和界面态均会导致双极晶体管的电流增益 β 下降,且主导因素是基极电流 I_B 的增加所致。

3.2 节的结果已经表明,双极晶体管在受到电离辐射损伤时,集电极电流 I_C 基本保持不变,而电流增益退化主要表现为基极电流 I_B 增加。基极电流可以表示为 $I_B = I_{B-pre} + \Delta I_B$。式中,$\Delta I_{B-pre}$ 为晶体管初始的基极电流;ΔI_B 为基极电流的变化量,又称过剩基极电流。电离辐射损伤主要是在双极晶体管内部产生两种效应,分别是形成氧化物俘获正电荷和界面态。过剩基极电流来自于氧化物俘获电荷和界面态所导致的表面复合电流和体复合电流。其中,氧化物俘获正电荷主要影响晶体管的体复合电流,而界面态对于表面复合电流影响较大。

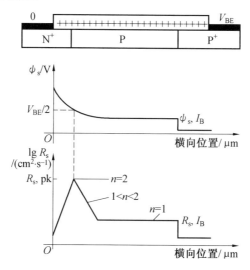

图3.28　表面电势 ψ_s 和表面复合率 R_s 与 NPN 型双极晶体管发射结横向位置的关系

图 3.29 为 110 keV 电子不同辐照注量条件下,3DG110 型 NPN 晶体管的基极电流变化量 ΔI_B 与发射结电压 V_{BE} 的关系曲线。在辐照注量较小的情况下,整条曲线大体上可分为斜率不同的两段直线。在较高的发射结电压区段,直线的斜率较小,所对应的理想因子为 $n=2$;在较低的发射结电压区段,直线的斜率较大,理想因子为 $1 < n < 2$。辐照注量较大时,$\Delta I_B - V_{BE}$ 曲线基本上呈单一斜率,理想因子为 $n=2$。$\Delta I_B - V_{BE}$ 曲线斜率发生变化时的发射结电压定义为转换电压 V_{tr}。随着辐照注量的增加,转换电压逐渐降低。转换电压发生变化与电离辐射产生的氧化物电荷累积所导致的表面电势变化有关。根据转换电压的数值可以计算电离辐射过程中所产生的氧化物累积电荷数量。

图 3.30 为 110 keV 电子不同通量辐照条件下,3DG110 型晶体管电流增益倒数的变化量随辐照注量的变化。由图可见,随着 110 keV 电子辐照注量的增加,电流增益倒数变化量 $\Delta(1/\beta)$ 逐渐升高,且有向饱和状态发展的趋势。若给定辐照注量时,不同辐照通量条件下的 $\Delta(1/\beta)$ 值基本上相同,说明 110 keV 电子辐照通量的影响较小。

深能级瞬态谱(DLTS)的测试精度与半导体材料中的掺杂浓度有关。通常情况下,

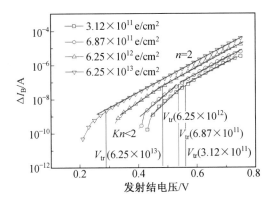

图3.29　110 keV 电子不同辐照注量条件下,3DG110 型晶体管的基极电流
变化量与发射结电压的关系(图中 V_{tr} 为转换电压)

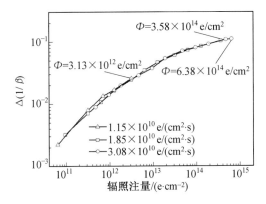

图3.30　110 keV 电子不同通量辐照时 3DG110 型晶体管电流增益倒数的
变化量随辐照注量的变化

辐照缺陷的浓度在 10^{13} cm^{-3} 量级以下,最佳测试精度在样件掺杂浓度以下 $4 \sim 5$ 个量级范围内。为了便于提高测试精度,宜选取双极晶体管中掺杂浓度较低的集电区进行 DLTS 谱测试。针对 NPN 型晶体管,DLTS 谱测试参数为:反向偏压 $V_R = -10$ V,脉冲电压 $V_P = -0.1$ V,测试周期 $T_W = 2.48$ s,脉冲宽度 $T_P = 100$ ms,温度扫描范围为 $10 \sim 320$ K。图 3.31 为不同辐照注量下,110 keV 电子辐照的 3DG110 型 NPN 晶体管 DLTS 谱的测试结果。由图可见,低能电子辐照时双极晶体管中出现了两个类似于深能级缺陷的信号峰,出现的温度范围分别为 $50 \sim 150$ K 和 $250 \sim 300$ K。鉴于所出现的 DLTS 信号为正值,表明低能电子辐射在 3DG110 型晶体管集电区中所产生的缺陷信号应为多子陷阱中心。两个"类深能级"缺陷的信号峰所在的温度坐标范围不同,将其分别命名为 E_1 和 E_2。随着 110 keV 电子辐照注量的增加,3DG110 型晶体管的 DLTS 信号峰的高度逐渐增加。

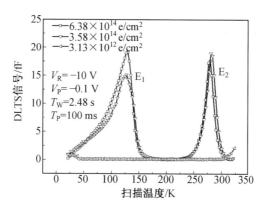

图3.31　110 keV 电子不同辐照注量时 3DG110 型 NPN 晶体管 DLTS 谱的测试结果

为了便于界定 E_1 和 E_2 信号峰的物理意义,分别进行了等温退火和等时退火试验。等温退火的温度为 80 ℃;等时退火时各温度下的退火时间均为 8 h。图 3.32 给出了不同温度等时退火过程中,经 110 keV 电子辐照的 3DG110 型 NPN 晶体管的 I_C 和 I_B 随 V_{BE} 的变化曲线。该图表明,随着退火温度的升高,3DG110 型晶体管的集电极电流 I_C 变化并不明显,而基极电流 I_B 逐渐降低,且在发射结电压 V_{BE} 较低时变化较明显。发射结电压 V_{BE} 较大时,基极电流 I_B 变化不大。图 3.33 给出不同时间条件下等温退火过程中,经 110 keV 电子辐照的 3DG110 型 NPN 晶体管的 I_C 和 I_B 随 V_{BE} 的变化曲线。随着退火时间的增加,3DG110 型晶体管的集电极电流 I_C 变化并不明显,而基极电流 I_B 逐渐降低。与等温退火时相比,等时退火过程中基极电流 I_B 的降低速度较缓慢。

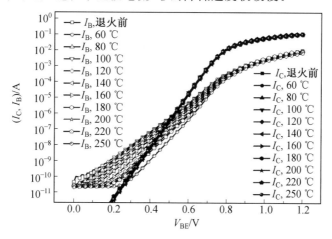

图3.32　不同温度等时退火条件下,110 keV 电子辐照后 3DG110 型 NPN 晶体管的 I_C 和 I_B 随 V_{BE} 的变化(各温度下的退火时间均为 8 h;电子辐照注量为 3.58×10^{14} e·cm^{-2})

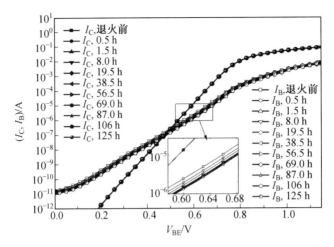

图3.33　不同时间等温退火条件下,110 keV 电子辐照后 3DG110 型 NPN 晶体管的 I_C 和 I_B 随 V_{BE} 的变化(等温退火温度为 80 ℃;电子辐照注量为 6.38×10^{14} cm^{-2})

图 3.34 给出 80 ℃ 等温退火和不同温度等时退火过程中,经 110 keV 电子辐照 3DG110 型 NPN 晶体管的电流增益倒数变化量 $\Delta(1/\beta)$ 随退火时间的变化。图中各等时退火温度下的保温时间均为 8 h。由图可见,在等时退火过程中,该 3DG110 型晶体管的电流增益倒数变化量 $\Delta(1/\beta)$ 随退火时间的增加逐渐恢复,说明晶体管的电离缺陷发生退火效应;等温退火时,当退火时间达到 8 h 后,退火效应不明显。

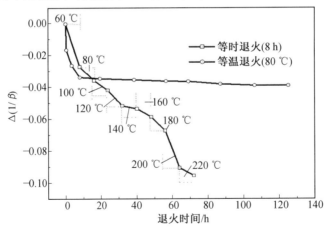

图3.34　等温退火和等时退火过程中 110 keV 电子辐照 3DG110 型 NPN 晶体管电流增益的恢复效应(等温退火温度为 80 ℃;各等时退火温度下保温时间均为8 h)

图 3.35 为 110 keV 电子辐照后,不同温度等时退火时 3DG110 型晶体管的过剩基极电流随发射结电压 V_{BE} 的变化曲线。如图所示,等时退火时,整条曲线大体上分为斜率不

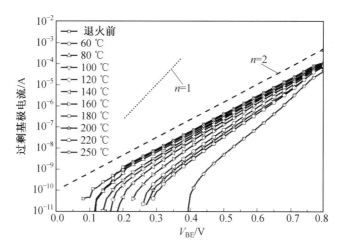

图 3.35 不同等时退火温度下 110 keV 电子辐照 3DG110 型晶体管的过剩基极电流与发射结电压的关系(各温度下保温时间均为 8 h;电子辐照注量为 3.58×10^{14} e·cm^{-2})

同的两段直线。在较高的发射结电压条件下,直线斜率较小,对应的理想因子为 $n = 2$;对于较低的发射结电压,直线斜率较大,理想因子为 $1 < n < 2$。随着等时退火温度的升高,过剩基极电流逐渐减小。图 3.36 为 110 keV 电子辐照后,80 ℃ 等温退火时 3DG110 型晶体管的过剩基极电流随发射结电压 V_{BE} 的变化曲线。该图表明,等温退火过程中,过剩基极电流总体上随 V_{BE} 呈线性变化,理想因子约为 $n = 2$。由此说明,80 ℃ 等温退火仅导致氧化物俘获电荷数量减小,而对界面态影响不大。然而,不同温度等时退火却会使界面态和氧化物俘获电荷的数量均明显降低。

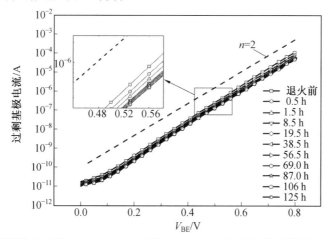

图 3.36 等温退火时经 110 keV 电子辐照后 3DG110 型晶体管的过剩基极电流与发射结电压的关系(退火温度为 80 ℃;电子辐照注量为 6.38×10^{14} e·cm^{-2})

图 3.37 为不同温度等时退火条件下, 110 keV 电子辐照的 3DG110 型 NPN 晶体管的 DLTS 谱测试结果。可以看到, 随着退火温度升高, "类深能级缺陷"的 E_1 峰逐渐降低, 而 E_2 信号峰却先升高后降低。图 3.38 为 80 ℃ 等温退火条件下, 110 keV 电子辐照 3DG110 型 NPN 晶体管的 DLTS 谱测试结果。如图所示, E_1 信号峰随退火时间的增加逐渐降低, 而 E_2 信号峰随退化时间的增加先升高后保持不变。

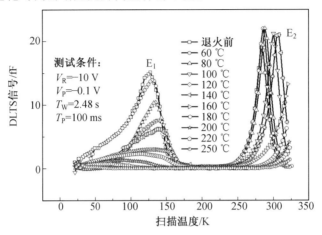

图 3.37　不同温度等时退火时 110 keV 电子辐照 3DG110 型 NPN 晶体管的 DLTS 谱测试结果 (各温度下的退火时间均为 8 h; 电子辐照注量为 3.58×10^{14} e·cm^{-2})

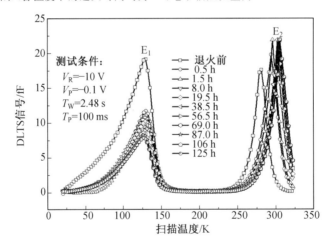

图 3.38　80 ℃ 等温退火条件下 110 keV 电子辐照 3DG110 型 NPN 晶体管的 DLTS 谱测试结果 (电子辐照注量为 3.58×10^{14} e·cm^{-2})

图 3.39 和图 3.40 分别为 110 keV 电子辐照 3DG110 晶体管内 E_1 和 E_2 缺陷浓度, 在等温退火和等时退火过程中随退火时间的变化。等温退火温度为 80 ℃; 等时退火各温度

下保温时间均为 8 h。由图 3.39 可见，等温退火时，E_1 缺陷浓度先迅速降低，随后缓慢下降；等时退火时，E_1 缺陷浓度单调降低。图 3.40 表明，等温退火时，E_2 缺陷浓度逐渐升高，后保持不变；等时退火时，E_2 缺陷浓度先升高后逐渐降低。由此，结合上述退火试验过程中过剩基数电流变化的结果可知，E_1 缺陷为氧化物俘获正电荷，E_2 缺陷为界面态。

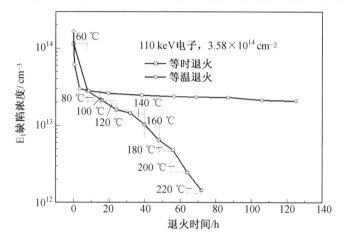

图3.39　等时退火和等温退火时 110 keV 电子辐照 3DG110 晶体管内
E_1 缺陷浓度随退火时间的变化

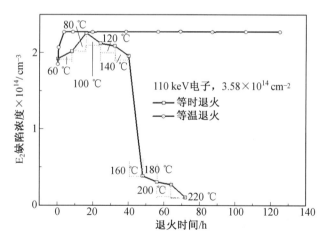

图3.40　等时退火和等温退火过程中 110 keV 电子辐照 3DG110 晶体管内
E_2 缺陷浓度随退火时间的变化

上述的 DLTS 谱测试结果表明，低能电子辐照可在双极晶体管内形成 E_1 和 E_2 两种类型的"类深能级缺陷"。这两种类型的电离缺陷之所以称为"类深能级缺陷"，是因为通常深能级缺陷是指半导体材料中的位移型缺陷，如 Si 基体中的空位、间隙原子等。低能电子辐射在双极晶体管中产生的氧化物俘获电荷与界面态为电离缺陷,属于非位移型缺陷。在国内外文献中,尚未见到电离缺陷可在 DLTS 谱上产生信号峰的报道。因此,宜将所观测到的 E_1 和 E_2 缺陷称为"类深能级缺陷"。

3.3.2 电离辐射缺陷的 DLTS 谱分析

在电离辐射条件下,双极晶体管中所产生的 DLTS 信号峰本质上是氧化物俘获正电荷和界面态对 Si 体中载流子迁移行为影响的外在表现。对于双极晶体管,DLTS 测试时将给定的高频(一般为 1 MHz)电压加到 PN 结上,电压值在反向偏压 U_R 和填充脉冲电压 U_P 之间往返($U_R > U_P$)。施加反向偏压时,PN 结耗尽层的宽度为 W,类似于平板电容。此时,PN 结电容(简称为结电容)可由下式给出:

$$C = \frac{\varepsilon A}{W} \tag{3.2}$$

式中,A 为结面积;ε 为介电常数。

当输入一个脉冲 U_P 时,耗尽层有一段成为中性区而变窄,器件中的深能级陷阱将被填充。脉冲过后,耗尽层变宽,结电容变小。然而,深能级俘获的电荷不能被立即释放,会出现通过热激发逐渐释放直至稳态的弛豫过程。这段时间的结电容变化即为瞬态电容。若用 $\Delta C(t)$ 表示 t 时刻的结电容与 $t \to \infty$ 稳态结电容的差值,则有

$$\Delta C(t) = \Delta C_0 e^{-t/\tau} \tag{3.3}$$

式中,ΔC_0 为脉冲刚结束时结电容与稳态结电容的差值;$\tau = e_n^{-1}(T)$;e_n 为电荷热激发率,其值与电荷的平均热运动速度以及导带底能级和深中心能级等因素有关。

通过结电容,可计算深能级缺陷浓度 N_T。测试是在给定温度系统中进行,由于 e_n 是温度 T 的函数,温度升高时电荷热激发率变大。采用"发射率窗"装置可在每次测试中,当瞬态电容信号的衰减时间常数为某一固定值时,使深能级电荷通过窗口而形成信号峰。扫描得到的 $\Delta C - T$ 测试曲线便是深能级瞬态谱。

通常,选取双极晶体管中掺杂浓度较低的集电区进行深能级瞬态谱测试。对于 NPN 型晶体管,深能级瞬态谱的主要测试条件为反向偏压 $V_R = -10$ V,脉冲电压 $V_P = -0.1$ V,测试周期 $T_W = 1$ s,脉冲宽度 $T_P = 0.1$ s,温度扫描范围 $20 \sim 250$ K。由 3.3.1 节的试验结果可以看出,低能电子辐照后双极晶体管中产生类似于深能级缺陷的信号(类深能级缺陷信号)。这是在双极晶体管特定的结构条件下,由电离辐射效应所产生的现象。为了区别于通常位移损伤在半导体材料中产生的深能级缺陷信号,将这种由电离效应在双极晶体管中所产生的 DLTS 信号称为"类深能级缺陷信号"。通过该种类型的 DLTS 信号峰的变化,可从本质上反映电离辐射产生的氧化物俘获正电荷和界面态对 Si 体中载流子迁移行为的影响。

图 3.41 为不同 γ 射线辐射剂量下,[60]Co 源辐照的 3DG112 型 NPN 晶体管的 DLTS 谱

测试结果。图中,DLTS 信号呈现正值,表明 ^{60}Co 源辐照在 3DG112 型晶体管集电区中所产生的缺陷信号为多子陷阱中心。该缺陷信号峰所在的温度坐标范围为 $50 \sim 175$ K,将其命名为 E(145) 缺陷。随着 ^{60}Co 源 γ 射线电离辐射剂量的增加,DLTS 信号峰值逐渐升高。通过计算得出,γ 射线辐射剂量为 504 075 rad 时,3DG112 型晶体管中"类深能级缺陷"的相关信息为:缺陷能级 $E_C - E_T = 0.279$ eV,俘获截面 $\sigma = 2.43 \times 10^{-16}$ cm^2,缺陷浓度 $N_T = 3.65 \times 10^{13}$ cm^{-3}。γ 射线辐射剂量为 57 739 rad 时,该晶体管中的"类深能级缺陷"信息为:缺陷能级 $E_C - E_T = 0.265$ eV,俘获截面 $\sigma = 9.34 \times 10^{-17}$ cm^2,缺陷浓度 $N_T = 5.96 \times 10^{12}$ cm^{-3}。当 γ 射线辐射剂量为 3 391 rad 时,3DG112 型晶体管的 DLTS 信号较弱,相应的缺陷浓度难于准确测定,此时至少其浓度应要低于 1×10^{12} cm^{-3}。基于上述"类深能级缺陷"的信息可以看出,电离辐射吸收剂量的大小将会直接影响电离辐射"类深能级缺陷"的浓度。随着电离辐射吸收剂量的增加,NPN 型晶体管中多子陷阱型"类深能级缺陷"的浓度逐渐升高。

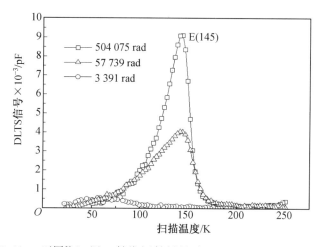

图3.41　不同 ^{60}Co 源 γ 射线辐射剂量时 3DG112 型 NPN 晶体管的
DLTS 谱测试结果

对于 PNP 型晶体管,DLTS 谱测试的主要条件为:反向偏压 $V_R = 5$ V,脉冲电压 $V_P = 0.1$ V,测试周期 $T_W = 0.01$ s,脉冲宽度 $T_P = 0.1$ s,温度扫描范围 $20 \sim 300$ K。图 3.42 为不同 γ 射线辐射剂量下,^{60}Co 源辐照的 3CG130 型 PNP 晶体管的 DLTS 谱测试结果。如图所示,与上述 NPN 型晶体管的"类深能级缺陷"信号不同,PNP 型晶体管的缺陷信号为负值。这表明 ^{60}Co 源 γ 射线辐照时,在 PNP 型晶体管的集电区产生的缺陷为少子陷阱中心。在 $100 \sim 300$ K 的扫描温度范围内呈现两个信号峰,分别命名为 E(150) 和 E(200)。通过计算可以得到 3CG130 型 PNP 晶体管中"类深能级缺陷"的相关信息,见表 3.1。根据表中辐射缺陷的信息可以看出,随着电离辐射吸收剂量的增加,该两种少子陷阱型缺的浓度总体上呈逐渐增加的趋势。

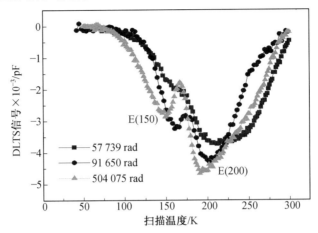

图3.42　不同 ^{60}Co 源 γ 射线辐射剂量下 3CG130 型 PNP 晶体管的
DLTS 谱测试结果

表 3.1　3CG130 型 PNP 晶体管不同电离辐射剂量下的"类深能级缺陷"特征值

^{60}Co 源电离辐射剂量	缺陷类型	$(E_C - E_t)$/eV	σ/cm^2	N_T/cm^{-3}
3 391 rad	E(150)	0.300	1.85×10^{-15}	2.07×10^{13}
	E(200)	0.351	2.52×10^{-15}	2.85×10^{13}
57 739 rad	E(150)	0.286	1.56×10^{-15}	4.73×10^{13}
	E(200)	0.297	3.16×10^{-17}	6.06×10^{13}
504 075 rad	E(150)	0.259	2.11×10^{-15}	2.89×10^{13}
	E(200)	0.295	7.75×10^{-15}	7.02×10^{13}

注：$(E_C - E_t)$ 表示受主型缺陷的能级位置；σ 表示俘获截面；N_T 表示缺陷浓度

上述 DLTS 测试结果表明,电离辐射损伤在 NPN 型和 PNP 型双极晶体管中可分别产生多子陷阱型和少子陷阱型的"类深能级缺陷"。这两种类型的缺陷在 DLTS 谱上都表现为具有受主型陷阱信号特征。众所周知,电离辐射效应无法产生空位或间隙原子等位移缺陷。DLTS 谱测试中所出现的"类深能级缺陷"信号是由电离辐射损伤在双极晶体管中所产生的非位移效应引起的。

上述现象的产生主要是源于双极晶体管特定的结构。双极晶体管中的半导体材料 (Si 体) 对位移辐射效应敏感,而氧化物层(SiO$_2$ 层)对电离辐射效应敏感。电离辐射损伤将在 SiO$_2$ 层中产生大量的电子－空穴对。与空穴相比,自由电子的迁移率高。氧化物层中的内电场可将大部分自由电子移出氧化物层。在自由电子移出氧化物层之前,部分电子将与空穴复合。空穴在 SiO₂ 材料内的迁移率较小,除少部分与自由电子复合外,剩余的空穴将被氧化物层中的缺陷俘获,形成氧化物层内的俘获正电荷。

氧化物层中的正电荷对 Si 体中的电子起着吸引作用。该作用相当于 Si 体中的电子俘获型深能级缺陷。在 DLTS 谱测试中,对于 NPN 型晶体管的 N 型集电区,这种"类电子俘获型"缺陷表现为多子俘获陷阱型 DLTS 信号;对于 PNP 型晶体管的 P 型集电区,"类电子俘获型"缺陷则表现为少子俘获陷阱型 DLTS 信号。

图 3.43 示出不同注量 70 keV 电子辐照条件下,LPNP 型晶体管的 DLTS 谱测试结果。由图可见,LPNP 型晶体管的 DLTS 信号为正值,说明 70 keV 电子辐照在 LPNP 型晶体管基区产生的缺陷是多子型陷阱中心。DLTS 谱图上只呈现一个与界面态相关的信号峰,而未出现与氧化物俘获电荷相关的信号峰。这表明 LPNP 型晶体管受到电离辐射损伤主要是产生了大量界面态所致。从图 3.43 中还可以看出,随着 70 keV 电子辐照注量的增加,LPNP 型晶体管的 DLTS 信号峰增高且向左移动。这种变化趋势表明,低能电子辐照注量的改变会导致电离辐射损伤缺陷的浓度和能级发生变化。

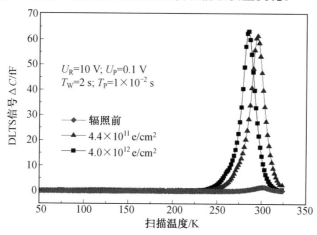

图3.43　不同注量 70 keV 电子辐照条件下 LPNP 型晶体管的 DLTS 谱测试结果

图 3.44 是 ⁶⁰Co 源 γ 射线辐射剂量为 100 krad 时,在 100 rad/s、10 rad/s、0.1 rad/s 及 0.01 rad/s 这 4 种不同剂量率下 LPNP 型双极晶体管的深能级瞬态谱测试结果。图中纵坐标用 $\Delta C/C$ 代替 ΔC,以减小试验时扰动、噪声等轻微干扰带来的影响。试验的测试条件为 $U_R = 10$ V,$U_P = 0.1$ V,$T_P = 1 \times 10^{-2}$ s 及 $T_w = 2$ s;由高温扫描至低温,温度范围为 330 ~ 40 K,步长为 2 K。图中不同剂量率下的 DLTS 谱峰都出现在 300 K 左右,对应的缺陷类型为界面态。0.01 rad/s 剂量率条件下的信号峰最高,说明界面态浓度最大。DLTS 谱还在扫描温度 150 K 附近有不太明显的小信号峰出现,表明缺陷类型可能还包括氧化物俘获电荷。

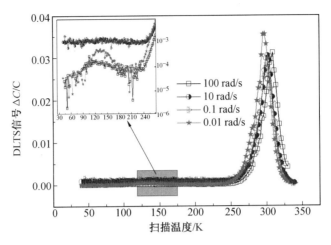

图3.44　^{60}Co 源 γ 射线辐射剂量为 100 krad 时不同剂量率对 LPNP 型
双极晶体管深能级瞬态谱的影响

图 3.44 所示的深能级瞬态谱通过 Arrhenius 方程拟合计算,可得出不同剂量率条件下辐射缺陷对应的能级、俘获截面、缺陷浓度及拟合系数,见表 3.2。拟合系数越接近于 1,说明拟合效果越好。表中各剂量率条件下的缺陷能级相近,表明缺陷类型相同(均为界面态)。随着 γ 射线辐射剂量率降低,产生的缺陷(界面态)浓度增大。对于 LPNP 型双极晶体管,$E_T - E_V$ 表示受主型陷阱的能级,即一个空穴从激发态到价带所需要的能量。俘获截面是指陷阱中心对自由载流子的俘获截面,即自由载流子到达复合中心时被俘获的概率。

表 3.2　^{60}Co 源 γ 射线辐射剂量为 100 krad 时不同剂量率辐照 LPNP 型晶体管产生的界面态特征值

剂量率 /(rad·s^{-1})	$(E_t - E_V)$/eV	σ/cm^2	N_T/cm^{-3}	拟合系数
100	0.606	4.04×10^{-16}	3.39×10^{16}	0.978 43
10	0.604	5.30×10^{-17}	3.42×10^{16}	0.984 08
0.1	0.598	3.99×10^{-17}	3.50×10^{16}	0.983 63
0.01	0.594	1.01×10^{-16}	4.20×10^{16}	0.976 78

注:$(E_t - E_V)$ 表示受主型缺陷的能级位置;σ 表示俘获截面;N_T 表示缺陷浓度

3.3.3　电离辐射缺陷的 GS 和 SS 测试

双极晶体管电离辐射损伤缺陷的演化规律,可分别通过栅控扫描(GS)曲线和亚阈值扫描(SS)曲线进行分析。为了便于测试,可将双极晶体管制备成栅控双晶体管,包括栅控 NPN 型晶体管、栅控横向 PNP 型晶体管(GLPNP)及栅控衬底型 PNP 晶体管

（GSPNP）。栅控双极晶体管的结构如图3.45所示。GLPNP晶体管的发射区（emitter）相当于PMOS场效应晶体管的源区（source），而集电区（collector）相当于PMOS场效应晶体管的漏区（drain）。发射区、集电区和基区表面的栅极（gate）组合工艺，使得双极晶体管的测试结构类似于PMOS场效应晶体管。通过栅极电压控制双极晶体管基区表面载流子密度，可在保持正向有源偏置条件下，分别使晶体管在载流子累积、耗尽及反型模式下工作。栅极的存在使得双极晶体管既保持其原有特性，又可以展现MOS场效应晶体管（MOSFET）的特性。针对双极晶体管，可基于MOSFET的测试方式进行测试分析，便于更好地揭示电离辐射损伤缺陷的演化规律。

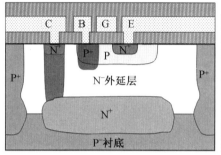

(a) 栅控NPN晶体管

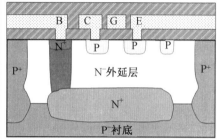

(b) 栅控LPNP晶体管

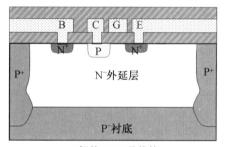

(c) 栅控SPNP晶体管

图3.45　栅控双极晶体管结构示意图

通过改变栅极电压，可使基区表面势发生改变，进而影响基区表面的载流子密度。根据Shockley－Read－Hall（SRH）复合理论，当导带中的电子遇到价带中的空穴时会发生湮灭，复合过程产生的能量通过光或热的形式释放。假定电子和空穴的寿命相等，则俘获电子和空穴的密度相等时复合率达到最大值，此时的栅极电压称为中带电压 U_{mg}。在GS曲线上出现信号峰时，峰顶对应的基极电流 I_B 达到最大。在70 keV电子辐照过程中，随着辐照注量增加，原位测试得到的GLPNP型晶体管的GS曲线如图3.46所示。由图可知，随着辐照注量的增加，GS信号峰单调地向左上方移动，即峰值对应的基极电流单调增加，说明辐照过程中氧化物俘获电荷和界面态陷阱均在逐渐累积。

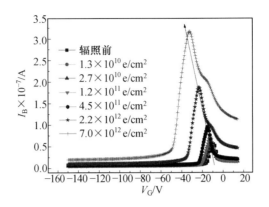

图3.46 70 keV 电子辐照时 GLPNP 晶体管的 GS 曲线随辐照注量的变化关系

GLPNP 晶体管在 70 keV 电子辐照条件下 SS 曲线随辐照注量的变化如图 3.47 所示。随着辐照注量的增加,SS 曲线逐渐向栅极负电压方向移动,表明氧化物俘获电荷在逐渐累积。这种变化和图 3.46 中 GS 曲线所得结果一致。然而,SS 曲线摆幅的变化却相对较小。SS 曲线摆幅变化与界面态累积有关。实际上,亚阈值扫描只能测得 MOS 器件中从禁带中央到反型区域的界面态。SS 曲线摆幅未发生明显变化,表明辐照时从禁带中央到反型区域的界面态累积较少。由于辐照后界面态在整个能带上呈非均匀分布,从累积区到禁带中央的界面态密度要大于从禁带中央到反型区的界面态密度。

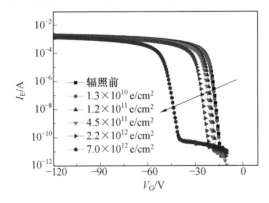

图3.47 70 keV 电子辐照时 GLPNP 晶体管的 SS 曲线随辐照注量的变化关系

图 3.48(a) 和(b) 分别为 ^{60}Co 源 γ 射线剂量率为 100 rad/s 的条件下,GLPNP 晶体管的 GS 曲线和 SS 曲线在不同剂量点的测试结果。γ 射线辐射剂量分别为 0、10 krad、20 krad、50 krad、70 krad 及 100 krad。由图 3.48(a) 可见,辐照前后 GS 曲线发生了明显变化。随着 γ 射线辐射剂量的增加,GS 曲线的中带电压(信号峰顶对应的栅极电压)左移,表明氧化物俘获电荷的密度逐渐增高。与此同时,GS 曲线中的基极电流峰值逐渐增加,且正向栅压平台对应的基极电流 I_B 也升高,可说明界面态密度增加和少子寿命降

低。图 3.48(b) 表明,随着 γ 射线辐射剂量的增加,SS 曲线向左下方移动。在给定的栅压下,GLPNP 晶体管的发射极电流 I_E 随 γ 射线辐射剂量的增加而逐渐降低;同样,增加 γ 射线辐射剂量时,同一 I_E 条件下的栅压 V_G 也将逐渐降低。

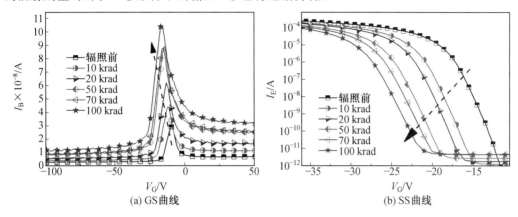

图3.48　^{60}Co 源 γ 射线辐射剂量对 GLPNP 晶体管的 GS 曲线和 SS 曲线的影响

图 3.49(a) 和(b) 分别为 100 krad 的 ^{60}Co 源 γ 射线辐射剂量下,不同剂量率辐照时 GLPNP 晶体管的 GS 曲线和 SS 曲线的测试结果。γ 射线辐射剂量率分别为100 rad/s、10 rad/s、0.1 rad/s 及 0.01 rad/s。由图 3.49(a) 可见,在 γ 射线辐射剂量相同的条件下,剂量率越低,$I_B - V_G$ 曲线的峰值越高,且正向栅压对应的平台基极电流也越高。这说明随着剂量率降低,界面态密度逐渐增加,少子寿命或损伤程度逐渐增大。图中,在 0.01 rad/s 剂量率条件下,GLPNP 晶体管的损伤程度远大于其他剂量率下的损伤程度。然而,随着剂量率降低,中带电压(GS 曲线峰顶对应的 V_G)有右移的趋势,说明降低剂量率可能会减小氧化物俘获电荷密度。这种结果也可能是在低剂量率辐照过程中,氧化物俘获电荷演变成了其他类型的缺陷所致。图 3.49(b) 表明,随着 γ 射线辐射剂量率降低,SS 曲线逐渐向左下方移动。结合 Arrhenius 公式,由 SS 曲线的线性拟合外延线可近似得到中带电压值。SS 曲线线性拟合的斜率同样可以表明,相同剂量率辐照条件下,γ 射线辐射剂量越高,缺陷浓度越大,少子寿命越低;而在相同 γ 射线辐射剂量下,低剂量率(0.01 rad/s) 时造成的损伤远大于 0.1 rad/s、10 rad/s 及 100 rad/s 剂量率造成的损伤,即低剂量率下产生了更多的缺陷。

图 3.50 为^{60}Co 源不同剂量率条件下 GLPNP 晶体管内氧化物俘获电荷密度变化量与辐射剂量的关系。由图可见,辐照前后氧化物俘获电荷密度的变化量 ΔN_{ot} 与 γ 射线辐射剂量及辐射剂量率都相关。在高剂量率(如 100 rad/s) 条件下,随着 γ 辐射剂量的增加,氧化物俘获电荷密度的增量 ΔN_{ot} 增大,且变化逐渐趋近于稳态。对于低剂量率 0.01 rad/s,辐照后氧化物俘获电荷密度并没有像高剂量率时那样明显增加,而是随 γ 射线辐射剂量的增加逐渐下降至某一程度后不再变化。在辐照结束后,高剂量率辐照时的

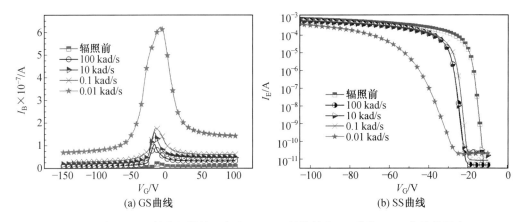

图3.49　^{60}Co 源 γ 射线辐射剂量率对 GLPNP 晶体管的 GS 曲线和 SS 曲线的影响

剂量越大,最终产生的氧化物俘获电荷密度越高。这与低剂量率辐射增强效应的空间电荷模型相吻合,即高剂量率条件下,氧化物层内产生大量的俘获电荷,而低剂量率条件下氧化物层内形成的俘获电荷很少。在低剂量率(0.01 rad/s)条件下,氧化物层内俘获电荷密度随 γ 射线辐射剂量增加趋于降低。这种变化趋势可能与氧化物俘获电荷在辐照过程中会有部分向其他类型缺陷转化有关。

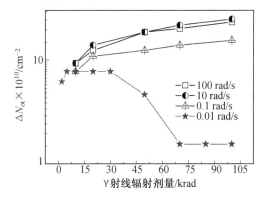

图3.50　^{60}Co 源不同剂量率辐照前后 GLPNP 晶体管氧化物电荷密度变化
量 ΔN_{ot} 与 γ 射线辐射剂量的关系

　　图 3.51 为 ^{60}Co 源不同剂量率辐照前后,GLPNP 晶体管内界面态密度变化量 ΔN_{it} 随 γ 射线辐射剂量的变化曲线。由图可见,辐照前后界面态密度变化量 ΔN_{it} 与 γ 射线辐射剂量和剂量率均有关。随着 γ 辐射剂量的增加,各剂量率下的界面态密度变化量 ΔN_{it} 均逐渐增大,且变化逐渐趋缓。在低剂量率条件下界面态密度随 γ 射线辐射剂量增加得更为迅速,最终产生的界面态密度也更大。这是因为在低剂量率条件下,氧化物层内形成的俘获电荷少而利于空穴输运,且空穴有足够的时间向 Si/SiO$_2$ 界面处传送。高剂量率条

件下产生的大量氧化物俘获电荷将阻碍空穴向界面输运。

图 3.52 为 ^{60}Co 源不同剂量率辐照条件下 GLPNP 晶体管的少子寿命 τ 与 γ 射线辐射剂量的关系。由图可见,无论是在低剂量率还是高剂量率条件下,少子寿命都随着 γ 射线辐射剂量的增加而减少且逐渐趋于平缓变化。在低剂量率辐照条件下,随着 γ 射线辐射剂量的增加,少子寿命开始急剧降低,至较低水平后不再继续明显下降。相比之下,高剂量率辐照时,少子寿命随 γ 射线辐射剂量增加的变化趋势较为缓慢,呈现单调的下降趋势。这种现象的产生是由于低剂量率辐照条件下,氧化物层内形成的俘获电荷数量少,空穴有足够的时间向 Si/SiO$_2$ 界面传送,导致参与复合的电子增多,从而使少子寿命呈现急剧下降趋势。

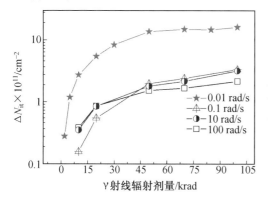 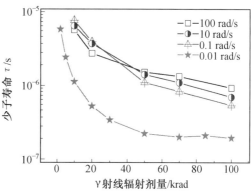

图3.51　^{60}Co 源不同剂量率辐照前后 GLPNP 晶体管内界面态密度变化量 ΔN_{it} 与 γ 射线辐射剂量的关系

图3.52　^{60}Co 源不同剂量率辐照条件下 GLPNP 晶体管的少子寿命 τ 与 γ 射线辐射剂量的关系

上述试验结果表明,电离辐射损伤可分别在双极晶体管基区氧化物层和 Si/SiO$_2$ 界面形成俘获电荷与界面态陷阱两类缺陷。在不同的电离辐射条件下,氧化物俘获电荷与界面态陷阱的变化趋势不同,会影响双极晶体管表面电势及载流子的复合率。基于 GS 曲线和 SS 曲线能够有效地揭示双极晶体管电离辐射损伤缺陷的演化规律。通过栅扫描测试方法并结合 SRH 理论模型,可分别计算辐照前后的氧化物俘获电荷密度变化量 ΔN_{ot}、界面态密度变化量 ΔN_{it} 及少子寿命变化量 τ。分析结果表明,在相同的电离辐射吸收剂量条件下,低剂量率辐射相较于高剂量率辐射而言,将使界面态密度明显增加和少子寿命剧减,而高剂量率辐射时氧化物俘获电荷密度会相对明显增加。

3.4　双极器件电离损伤影响因素

3.4.1　电离辐射剂量率因素

1. Gummel 曲线分析

在不同的电离辐射剂量率条件下,双极晶体管的 Gummel 曲线随电离吸收剂量的变化趋势大致相同。这表明可在给定的剂量率条件下,根据 Gummel 曲线分析双极晶体管电离辐射损伤效应的基本特点。 图 3.53(a) 和 (b) 为 ^{60}Co $-$ γ 射线辐射剂量率为 0.1 rad/s 时,在 10 krad、20 krad、50 krad、70 krad 及 100 krad 5 个吸收剂量点,LPNP 型晶体管的 I_B 与 I_C 随 V_{EB} 变化的测试结果。如图所示,辐照过程中发射结电压 V_{EB} 给定(如 0.65 V)时,随着 γ 射线辐射剂量的增加,LPNP 双极晶体管的集电极电流 I_C 基本保持不变,而基极电流 I_B 则逐渐升高。对任意给定的 γ 射线辐射剂量,随着发射结电压 V_{EB} 的增加,基极电流和集电极电流都逐渐升高至平稳状态。上述变化趋势说明,LPNP 双极晶体管的集电极电流 I_C 受电离辐射损伤的影响较小,而基极电流 I_B 对电离辐射损伤较为敏感。在一定的 V_{EB} 范围内,随着 γ 射线辐射剂量增加,双极晶体管的电离辐射损伤程度增大。

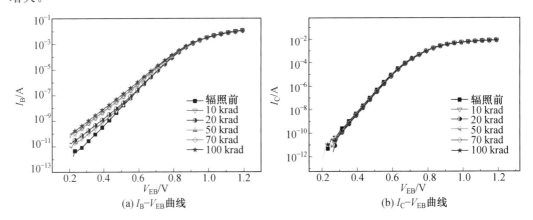

(a) I_B-V_{EB}曲线　　　　　　　　　(b) I_C-V_{EB}曲线

图3.53　^{60}Co 源 γ 射线辐射剂量率 0.1 rad/s 条件下,不同电离吸收剂量时 LPNP 双极晶体管 I_B 和 I_C 随 V_{EB} 的变化

双极晶体管的电离辐射损伤效应,也可以在给定的辐射吸收剂量条件下,依据 Gummel 曲线进行表征。图 3.54(a) 和(b) 是在 ^{60}Co 源 γ 射线辐射总剂量为 100 krad 时,选取 4 种不同剂量率(如 100 rad/s、10 rad/s、0.1 rad/s 及 0.01 rad/s),分别针对 LPNP 型晶体管的 I_B 与 I_C 随 V_{EB} 变化曲线的测试结果。由图可见,在给定发射结电压 V_{EB} 条件下,随 γ 射线辐射剂量率的降低,LPNP 晶体管的基极电流 I_B 逐渐升高,而集电极电流 I_C 基本

保持不变。所得试验结果同样说明,集电极电流 I_C 受电离辐射损伤的影响较小,而基极电流 I_B 对电离辐射损伤较为敏感。在一定的 V_{EB} 范围内,γ 射线辐射剂量率越低对双极晶体管的损伤程度越大。

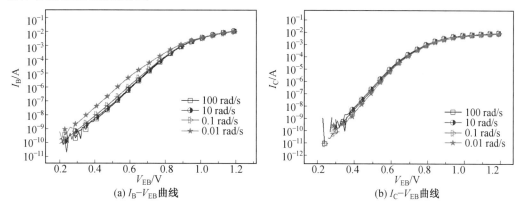

(a) I_B-V_{EB} 曲线　　　　　　　(b) I_C-V_{EB} 曲线

图3.54　^{60}Co源 γ 射线辐射总剂量100 krad条件下,不同剂量率辐射时 LPNP 晶体管的 I_B 和 I_C 随 V_{EB} 的变化

图 3.55 和图 3.56 分别示出了 ^{60}Co源 γ 射线辐射剂量率 100 rad/s 和 10 mrad/s 条件下,γ 射线辐射剂量对 3DK2222 晶体管的 I_B 和 I_C 随 V_{BE} 变化曲线的影响。试验时 γ 射线辐射剂量分别取为 0 krad、10 krad、20 krad、50 krad、70 krad 及 100 krad。通过比较图 3.55 和图 3.56 可见,在高、低剂量率两种辐照条件下,随着 γ 射线辐射剂量的增加,3DK2222 晶体管基极电流 I_B 均逐渐增加,而集电极电流 I_C 几乎未发生变化。当 γ 射线辐射剂量相同时,与高剂量率时相比,低剂量率辐照条件下的基极电流 I_B 增加得更加明显(在相同的 V_{BE} 下比较)。

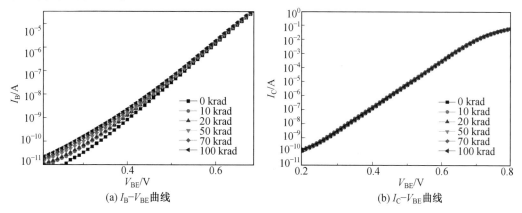

(a) I_B-V_{BE} 曲线　　　　　　　(b) I_C-V_{BE} 曲线

图3.55　100 rad/s剂量率条件下 ^{60}Co源 γ 射线辐射剂量对3DK2222晶体管的 I_B 和 I_C 随 V_{BE} 变化曲线的影响

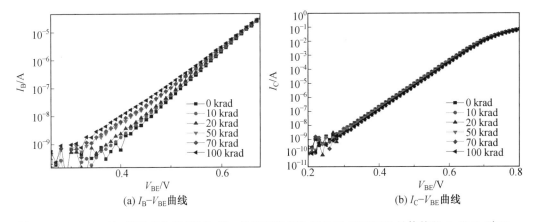

图3.56　10 mrad/s 剂量率条件下 ^{60}Co 源 γ 射线辐射吸收剂量对 3DK2222 晶体管的 I_B 和 I_C 随 V_{BE} 变化曲线的影响

图 3.57 和图 3.58 分别给出了 ^{60}Co 源 γ 射线辐射剂量率 100 rad/s 和 10 mrad/s 条件下，γ 射线辐射剂量对 3CG110 型 NPN 晶体管的 I_B 和 I_C 随 V_{EB} 变化曲线的影响。由图可见，高、低剂量率辐照条件下，随着 γ 射线辐射剂量的增加，基极电流 I_B 均明显增加，而集电极电流几乎未发生变化。

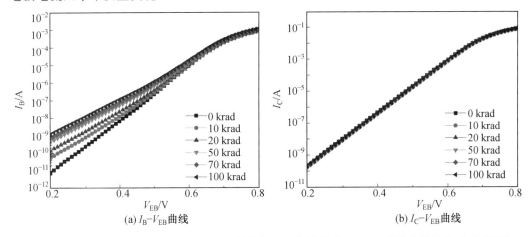

图3.57　剂量率 100 rad/s 条件下 ^{60}Co 源 γ 射线辐照吸收剂量对 3CG110 型晶体管的 I_B 和 I_C 随 V_{EB} 变化曲线的影响

2. 剂量率对电流增益变化的影响

双极晶体管的电流增益 β 是集电极电流 I_C 与基极电流 I_B 的比值，即 $β = I_C/I_B$，可由 Gummel 曲线计算得到。基于电流增益的变化，可以直观地反映双极晶体管在不同电离辐射条件下电性能的衰降程度。前面给出的试验结果已经表明，双极晶体管的基极电流 (I_B) 较易于受电离辐射的影响，而集电极电流 (I_C) 对电离损伤不敏感。因此，电流增益

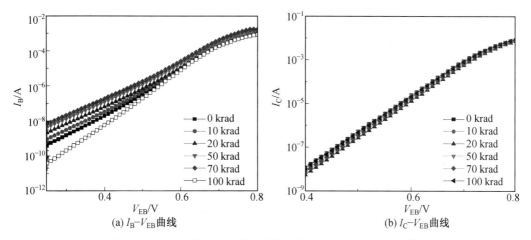

(a) I_B-V_{EB}曲线   (b) I_C-V_{EB}曲线

图3.58　辐射剂量率10 mrad/s条件下 ^{60}Co源γ射线辐射剂量对3CG110型晶体管的 I_B 和 I_C 随 V_{EB} 变化曲线的影响

的变化可以表征双极晶体管受到电离辐射损伤的程度。

　　图 3.59 为 ^{60}Co－γ 源辐照时,不同电离辐射剂量条件下 LPNP 型双极晶体管电流增益 β 随发射极电压 V_{EB} 变化曲线。图 3.59(a) 中剂量率取为 100 rad/s,5 个辐射吸收剂量点分别为 10 krad、20 krad、50 krad、70 krad 及 100 krad。 图 3.59(b) 中剂量率为 10 mrad/s,γ 射线辐射吸收剂量比图 3.59(a) 增加了 2 krad 和 5 krad 两个剂量点。由图可见,该 LPNP 晶体管的 β－V_{EB} 曲线出现电流增益 β 的信号峰,说明在某一给定的发射极电压 V_{EB} 下电离辐射损伤达到最大程度。无论是高剂量率还是低剂量率条件下,随着 γ 射线辐射剂量增加,电流增益信号峰均逐渐降低,且降低的幅度逐渐减小。

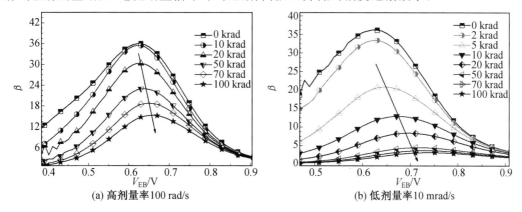

(a) 高剂量率100 rad/s   (b) 低剂量率10 mrad/s

图3.59　 ^{60}Co 源辐照时不同 γ 射线辐射剂量下 LPNP 双极晶体管电流增益 β 随 V_{EB} 变化曲线

　　由双极晶体管的输入特性可知,$V_{EB} < 0.5$ V 时,$I_B \approx 0$,晶体管处于截止状态。当 $V_{EB} > 0.5$ V 后,I_B 增长很快。若 I_B 增大时,I_C 也增大,且 I_C 增加量远远大于 I_B。这种现象即为晶体管的电流放大效应,放大区又称为线性区。I_C 与 I_B 基本上呈正比关系,比例系数即电流增益。当基极电流变化进入饱和状态时,I_C 与 I_B 的线性关系被破坏,晶体管失去放大作用。这相当于在集电极 — 发射极间作用有一个闭合的开关。正常工作情况下,双极硅管的发射结电压 $V_{EB} \approx 0.6 \sim 0.7$ V,集电极 — 发射极电压 $V_{EC} \approx 0.2 \sim 0.3$ V。由图 3.59 也可看出,在 $V_{EB} \approx 0.6 \sim 0.7$ V 范围内,电流增益 β 出现峰值。该范围是电流增益 β 随发射结电压 V_{EB} 变化对辐照最敏感的区间。下面给出不同剂量率条件下 $V_{EB} = 0.65$ V 对应的电流增益随 γ 射线辐射剂量变化的试验结果,用来说明剂量率对双极晶体管电离损伤影响的敏感程度。

　　图 3.60 为 ^{60}Co 源不同剂量率辐射条件下,LPNP 型双极晶体管电流增益变化的试验结果。图中纵坐标分别取为 $\Delta\beta/\beta_0$ 和 $\Delta(1/\beta)$,用于更好地显示电流增益 β 的变化。图 3.60(a) 是 γ 射线辐射剂量 100 krad 时,不同剂量率条件下,$\Delta\beta/\beta_0$ 随发射结电压 V_{EB} 的变化曲线(β_0 和 β 分别为辐照前后的电流增益)。图 3.60(b) 是在不同的剂量率条件下,$V_{EB} = 0.65$ V 时电流增益倒数变化量 $\Delta(1/\beta)$ 随 γ 辐射剂量的对数变化曲线。由图 3.60(a) 可见,在给定的 γ 辐射剂量 100 krad 条件下,随着辐射剂量率降低,$\Delta\beta/\beta_0$ — V_{EB} 曲线明显上移,说明晶体管受到的电离损伤程度增加。在 $10 \sim 100$ rad/s 的剂量率范围内,LPNP 晶体管的电离辐射损伤程度变化不明显,而剂量率为 0.1 rad/s 时辐射损伤程度明显大于剂量率10 rad/s 的影响。当 γ 射线辐射剂量率降低至 0.01 rad/s 时,$\Delta\beta/\beta_0$ — V_{EB} 曲线进一步大幅度升高,即对晶体管电离辐射损伤程度显著增加。若继续降低剂量率,所产生的电离辐射损伤效应不再有明显变化。因此,低剂量率辐射会对 LPNP 型晶体管产生电离损伤增强效应。一般认为,低剂量率辐射增强效应的最严重情况是在剂量率降至约 10 mrad/s 左右。图 3.60(b) 还表明,在给定的剂量率条件下,随着 γ 射线辐射剂量增加,$\Delta(1/\beta)$ 开始明显升高,而后变化趋势逐渐趋缓。在低剂量率 0.01 rad/s 条件下,$\Delta(1/\beta)$ 随 γ 射线辐射剂量增加开始迅速上升的趋势尤为明显。这表明在较低的 γ 射线辐射剂量

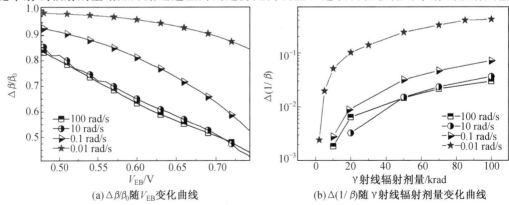

(a) $\Delta\beta/\beta_0$ 随 V_{EB} 变化曲线　　　　(b) $\Delta(1/\beta)$ 随 γ 射线辐射剂量变化曲线

图3.60　^{60}Co 源不同剂量率条件下 LPNP 双极晶体管电流增益变化的试验结果

下更易于显现低剂量率辐射增强效应。

　　为了比较不同剂量率辐射对双极晶体管电离损伤作用程度的大小,选取剂量率 100 rad/s 为参照条件,计算较低剂量率辐照前后的电流增益变化量与 100 rad/s 时的变化量之比,称为剂量率作用相对比。图 3.61 是 LPNP 晶体管在不同剂量率辐射条件下,剂量率作用相对比随 γ 射线辐射剂量的变化。由图可见,在给定 γ 射线辐射剂量时,剂量率越低,剂量率作用相对比越高,即所造成的电流增益退化程度越大。这种现象在 γ 射线辐射剂量较低时尤为明显。随着 γ 射线辐射剂量增加,不同剂量率作用的相对比逐渐趋于接近。

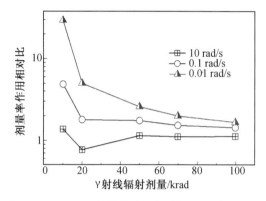

图3.61　LPNP 晶体管在不同剂量率条件下剂量率作用相对比随 γ 射线辐射剂量的变化

　　图 3.62 和图 3.63 分别是在不同剂量率辐照前后,3DK2222 型双极晶体管电流增益的变化量 $\Delta\beta$ 和倒数变化量 $\Delta(1/\beta)$ 随 γ 射线辐射剂量的变化。随着 γ 射线辐射剂量的增加,$\Delta\beta$ 逐渐降低,而 $\Delta(1/\beta)$ 逐渐升高。这两种变化趋势都说明,随着 γ 射线辐射剂量增加,3DK2222 型晶体管的电离辐射损伤程度逐渐加剧。当 γ 射线辐射剂量相同时,不同剂量率条件下 3DK2222 型晶体管的损伤程度不同。剂量率在 10 rad/s 以上时,3DK2222 型晶体管的辐射损伤程度相差并不明显;剂量率低于 100 mrad/s 时,辐射损伤程度明显加剧。在 γ 射线辐射剂量为 100 krad 时,3DK2222 型晶体管的电流增益倒数变化量 $\Delta(1/\beta)$ 与剂量率的关系如图 3.64 所示。试验结果表明,剂量率低于 1 rad/s 时,$\Delta(1/\beta)$ 随 γ 射线辐射剂量率降低而增高的程度明显加大。上述试验结果说明,3DK2222 型双极晶体管存在着明显的低剂量率辐射损伤增强效应。

　　基于双极晶体管在不同剂量率条件下的辐射损伤曲线,可以计算低剂量率辐射增强效应的损伤加速因子和增强因子。前者是在相同辐射损伤程度条件下,高剂量率和低剂量率辐射所对应的 γ 射线辐射剂量之比;后者是在相同 γ 射线辐射剂量下低剂量率和高剂量率辐射所对应的损伤程度之比。这两个参数可用于表征双极晶体管对低剂量率辐射增强效应的敏感性大小。低剂量率辐射增强效应的损伤加速因子和增强因子越大,说明双极器件受到的损伤作用越强烈,即器件对低剂量率辐射增强效应的敏感性越高。图3.65 是针对 3DK2222 型晶体管,基于图 3.62 和图 3.63 所计算的低剂量率辐射损伤加速因子和增强因子随 γ 射线辐射剂量的变化曲线。计算时低剂量率取 10 mrad/s,高剂量率取 100 rad/s。如图可见,随着 γ 射线辐射剂量的增加,3DK2222 型晶体管的低剂量率辐射损伤加速因子和增强因子均开始有较大幅度下降;随后,加速因子略有上升并趋于稳定在 3.7 左右,而增强因子趋于稳定在 4 左右。

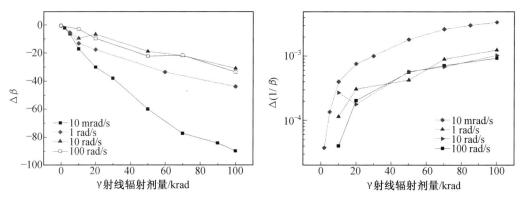

图3.62　不同剂量率条件下 3DK2222 型晶体管电流增益变化量与 γ 射线辐射剂量的关系(^{60}Co 源)

图3.63　不同剂量率条件下 3DK2222 型晶体管电流增益倒数变化量与 γ 射线辐射剂量的关系(^{60}Co 源)

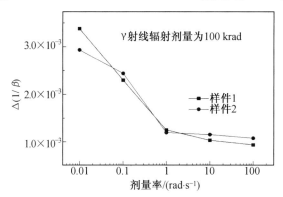

图3.64　3DK2222 型晶体管电流增益倒数变化量与 γ 射线辐射剂量率的关系(^{60}Co 源)

　　图 3.66 和图 3.67 为 100 rad/s 和 10 mrad/s 的高、低剂量率条件下,3CG110 型晶体管辐照前后的电流增益变化量 Δβ 和电流增益倒数变化量 Δ(1/β) 分别随着 γ 射线辐射剂量的变化曲线。如图可见,随着 γ 射线辐射剂量增加,3CG110 型晶体管的电流增益变化

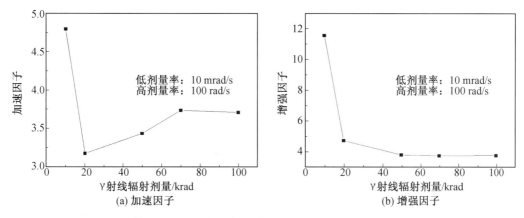

图3.65 3DK2222型晶体管的低剂量率辐射损伤加速因子和增强因子与γ射线辐射剂量的关系（^{60}Co源）

量逐渐降低,而电流增益倒数变化量逐渐升高。在相同的γ射线辐射剂量下,与高剂量率辐射时相比,低剂量率辐射使3CG110型晶体管的电流增益变化量$\Delta\beta$和电流增益倒数变化量$\Delta(1/\beta)$分别明显下降和升高。该试验结果表明,在低剂量率辐射条件下,3CG110型晶体管的电离辐射损伤程度明显加剧。因此,可以认为,3CG110型双极晶体管呈现明显的低剂量率辐射增强效应。

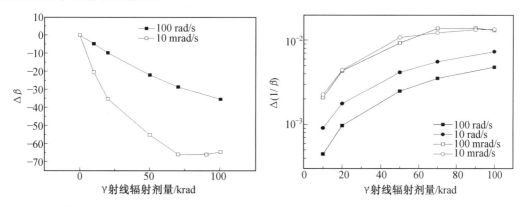

图3.66 高、低剂量率条件下3CG110晶体管电流增益变化量随γ射线辐射剂量变化曲线（^{60}Co源）

图3.67 高、低剂量率条件下3CG110晶体管电流增益倒数变化量随γ射线辐射剂量变化曲线（^{60}Co源）

图3.68示出针对3CG110型晶体管计算的低剂量率辐射损伤加速因子和增强因子随γ射线辐射剂量的变化。由图可知,随着γ射线辐射剂量增加,3CG110晶体管的低剂量率辐射损伤加速因子逐渐增大,且在辐射剂量达到约50 krad后略有减小;增强因子呈现逐渐单调下降的趋势。当γ射线辐射剂量达到100 krad时,加速因子和增强因子分别约为

2.7 和 1.4。

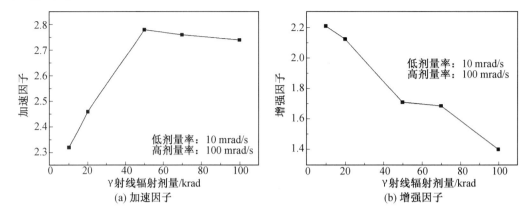

图3.68　3CG110 型晶体管的低剂量率辐射损伤加速因子和增强因子随 γ 射线辐射剂量变化曲线
（^{60}Co 源）

3.4.2　电离辐射粒子因素

在电离辐射作用下，双极晶体管的氧化物层及 Si 体内产生电子－空穴对，成为电离辐射损伤的元过程；并且，起主导作用的是氧化物层内的电子－空穴对。由于电子的移动速度高，所形成的电子会有相当部分很快逃逸至氧化物层外。与此同时，将会有一部分电子与空穴复合。电子与空穴的复合率与入射粒子的能量、种类及器件本身的状态有关。未被电子复合的空穴可被氧化物俘获，其被俘获的数量将直接影响双极晶体管或集成电路的性能。被氧化物俘获的空穴（正电荷）数量越多，对双极晶体管及集成电路造成的损伤程度越大。这种情况与 MOS 器件中的情形类似[7]。氧化物层中被俘获的正电荷数 N_h 可以表示为

$$N_h = f(E_{ox}, P_{p,E}) \cdot g_0 \cdot D_{i(T)} \cdot t_{ox} \qquad (3.4)$$

式中，$f(E_{ox}, P_{p,E})$ 为空穴未被电子复合的概率，与双极晶体管氧化物层内电场、入射粒子能量及种类有关；$D_{i(T)}$ 是总的电离辐射吸收剂量，rad 或 Gy（100 rad）；t_{ox} 是氧化物层厚度，cm；g_0 为单位吸收剂量所产生的电子－空穴对（ehp）浓度，ehp/（cm^3 · rad），可通过下式求得：

$$g_0 = \frac{1}{A} \cdot \frac{\rho}{w_0} \qquad (3.5)$$

式中，A 为量纲单位转化系数，$A = 1.6 \times 10^{-14}$ eV/（g · rad）；ρ 为材料密度，g/cm^3；w_0 为电离能（与材料的禁带宽度有关），eV/ehp。表 3.3 给出了 Si 和 SiO$_2$ 的密度、电离能以及单位吸收剂量产生的电子－空穴对密度。

表 3.3　Si 和 SiO$_2$ 的密度、电离能及单位吸收剂量产生的电子 — 空穴对浓度

材料	密度 ρ /(g · cm^{-3})	平均电离能 w_0 /(eV · ehp^{-1})	单位吸收剂量产生的电子 — 空穴对浓度 g_0 /(ehp · cm^{-3} · rad^{-1})
Si	2.33	3.6	4.05×10^{13}
SiO$_2$	2.27	18	8.35×10^{12}

基于以上分析可知,当 g_0、$D_{i(T)}$ 及 t_{ox} 均为已知条件时,氧化物层内空穴未被复合的概率 $f(E_{ox}, P_{p,E})$ 成为影响双极晶体管电离损伤程度的关键参数。当晶体管类型及使用条件固定时,空穴未复合概率与入射粒子的单位注量辐射吸收剂量(或 LET)有关。单位注量的入射粒子产生的电离辐射吸收剂量越高,会导致空穴未复合概率 $f(E_{ox}, P_{p,E})$ 越低,从而使氧化物层内俘获的正电荷数量越少。这是因为单位注量入射粒子的电离辐射吸收剂量越高时,产生的电子 — 空穴对复合率就越高。因此,可基于单位注量入射粒子的电离辐射吸收剂量,评价不同种类和能量的入射粒子对双极晶体管产生电离损伤能力的大小。

低能(如 110 keV)电子是较为理想的电离辐射源。低能电子的射程能够达到双极晶体管的氧化物层,可沿入射路径比较均匀地产生电子 — 空穴对,易于使电子和空穴"成对复合",导致复合率较低。相比之下,低能(如 70 keV)质子的能量主要沉积于射程末端附近,易于使电子 — 空穴对集中分布和产生"柱状复合",导致电子 — 空穴对的复合率较高。这种在电子 — 空穴对复合方式和复合率上的差异,便会使低能质子辐射对双极晶体管的电离损伤作用明显低于低能电子的作用。图 3.69 给出 70 keV 质子和 110 keV 电子辐照条件下,3 种双极晶体管辐照前后的电流增益变化量 $\Delta\beta$ 随电离辐射吸收剂量的变化关系。可见,在相同的电离辐射吸收剂量下,110 keV 电子会比 70 keV 质子产生更大的电离损伤程度。该结果与图 2.25 的计算结果吻合,即单位注量的 110 keV 电子对器件产生电离辐射损伤的能力明显高于单位注量 70 keV 质子的能力。与 110 keV 电子相比,单位注量的 70 keV 质子在氧化物层内能够产生较大的电离辐射吸收剂量。因此,70 keV 质子产生的电子 — 空穴对复合率高,导致氧化物层内俘获电荷的数量较少,造成双极晶体管电流增益的损伤程度较低。由此可以推断,170 keV 质子对双极晶体管产生电离损伤的程度也会较低,与其产生的位移损伤程度相比可忽略。170 keV 质子在双极晶体管氧化物层内产生的电离吸收剂量基本上与 70 keV 质子相等。

图 3.70 为 110 keV 电子与 ^{60}Co 源辐照时 3DG112 型 NPN 晶体管辐照前后的电流增益变化量 $\Delta\beta$ 随电离辐射剂量变化比较($V_{BE} = 0.65$ V)。如图所示,两种辐照源所产生的电流增益退化趋势基本相同。随着电离辐射吸收剂量的升高,两种情况的电流增益均逐渐降低,并在达到一定辐射吸收剂量后变化明显趋缓。在相同的电离辐射吸收剂量下,3DG112 型晶体管由 ^{60}Co 源辐照产生的电流增益退化与 110 keV 电子所造成的增益退化

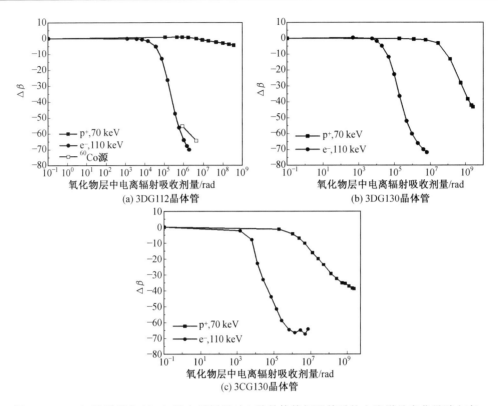

图3.69 70 keV 质子和 110 keV 电子辐照时 3 种晶体管辐照前后的电流增益变化量随电离
辐射吸收剂量的变化

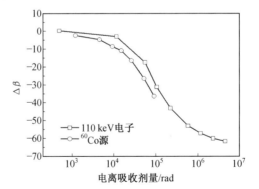

图3.70 110 keV 电子与 ^{60}Co 源辐照时
3DG112 型 NPN 晶体管辐照前后
的电流增益变化量随电离辐射吸
收剂量变化曲线比较

程度相差不大。图 3.71 为 110 keV 电子与 ^{60}Co 两种辐照源条件下 3DG112 型 NPN 晶体管的深能级瞬态谱对比(总剂量为 100 krad)。两种辐照源所产生的电离辐射缺陷信号峰基本上相同。因此,可以认为,^{60}Co 源 γ 射线辐射可以作为评价双极器件电离辐射效应敏感性的辐照源。

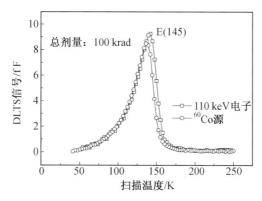

图3.71   110 keV 电子和 ^{60}Co 源辐照时 3DG112 型
NPN 晶体管深能级瞬态谱对比

通过上述分析结果表明,入射粒子的种类和能量是影响双极器件电离辐射损伤效应敏感性的重要因素,宜选用低能(如 110 keV)电子作为电离辐射源。低能质子产生的电离辐射损伤效应明显低于低能电子的作用。^{60}Co 源 γ 射线辐射的作用与低能电子辐射类似,也可作为电离辐射源应用。

3.4.3　器件偏置条件因素

在电离辐射环境中,双极晶体管处于工作状态时所施加的偏置条件对电离辐射损伤效应有着明显的影响。发射结是电离辐射损伤的主要影响区域。为了研究电离辐射条件下处于工作状态的双极晶体管电性能变化的规律及机理,可主要针对晶体管的发射结进行分析。选取 3 种常用的发射结偏置条件,研究双极晶体管的电学参数变化趋势。对于 NPN 型晶体管,零偏条件为 $V_{BE}=V_{BC}=0$ V;正偏条件为 $V_{BE}=0.7$ V,$V_{BC}=0$ V;反偏条件为 $V_{BE}=-4$ V,$V_{BC}=0$ V。对于 PNP 型晶体管,零偏条件为 $V_{EB}=V_{CB}=0$ V;正偏条件为 $V_{EB}=0.7$ V,$V_{CB}=0$ V;反偏条件为 $V_{EB}=-4$ V,$V_{CB}=0$ V。图 3.72 和图 3.73 分别为 NPN 型和 PNP 型晶体管的偏置条件电路原理图。

图 3.74(a)和(b)分别为 NPN 型 3DG112 和 PNP 型 3CG130 晶体管发射结施加不同的偏置条件时,辐照前后电流增益的倒数变化量 $\Delta(1/\beta)$ 随 110 keV 电子注量的变化关系。可见,在相同的辐照注量下,发射结正偏(+0.7 V)时,两种晶体管的损伤程度均较弱;发射结反偏(−4 V)时损伤程度明显加大。NPN 型和 PNP 型晶体管无论在发射结正偏或反偏时,所受到的影响均相同。为进一步说明偏置条件的影响,分别选取图 3.74(a)

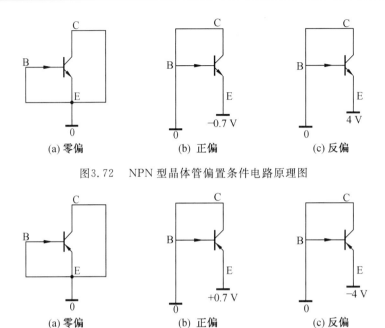

图3.72　NPN 型晶体管偏置条件电路原理图

图3.73　PNP 型晶体管偏置条件电路原理图

中的 $V_{BE} = -4$ V 曲线和图 3.74(b) 中的 $V_{EB} = 0.7$ V、-4 V 曲线,在最后的数据点进行辐照试验过程中移去偏置条件,即 V_{BE}(或 V_{EB})$= 0$ V。由图 3.74(a) 和 (b) 可见,此时电流增益倒数的变化量与正常发射结电压为 0 V($V_{BE} = 0$ V)时接近,从而更清晰地说明了偏置条件对晶体管的电离辐射损伤效应会有明显的作用。

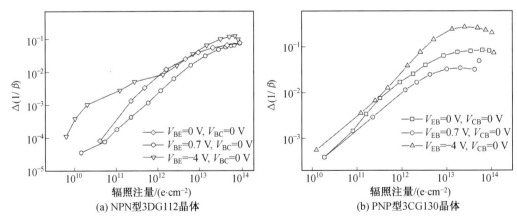

图3.74　发射结不同偏置条件下 NPN 型 3DG112 晶体管和 PNP 型 3CG130 晶体管辐照前后的电流增益倒数变化量随 110 keV 电子注量的变化

　　偏置条件对双极晶体管电离辐射损伤效应的影响,主要是由于辐照过程中,发射结的偏置会影响氧化物层的内电场,而导致晶体管受到的损伤程度不同。NPN 型晶体管在不同偏置条件下,发射结(发射结耗尽层)区域的变化如图 3.75 所示。若以发射结零偏($V_{BE} = 0$ V)时的内电场为参考点,当发射结正偏时,耗尽层区域变窄,内电场强度变弱;当发射结反偏时,耗尽层区域变宽,内电场强度增强。PNP 型晶体管的发射结区域随偏置条件变化的情况与 NPN 型晶体管相同,只是电场方向相反。在电离辐射损伤效应产生时,内电场的存在能够分离电子和空穴,有利于降低复合率。因此,内电场的强弱将直接影响电子－空穴对的复合率及氧化物层内正电荷的俘获数量。当发射结正偏时,内电场减弱,电子－空穴对的复合率增加,氧化物层内俘获正电荷数量减少,导致相同辐照注量时电流增益的退化程度减弱。当发射结反偏时,情况正好相反,致使电流增益退化程度加重。

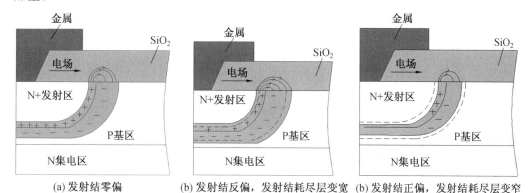

(a) 发射结零偏　　(b) 发射结反偏,发射结耗尽层变宽　(b) 发射结正偏,发射结耗尽层变窄

图3.75　不同偏置条件下 NPN 型晶体管发射结区域的变化

　　在偏置(尤其是反偏)条件下,电流增益随辐照注量的变化会出现某种波动,主要是由于内、外电场相互影响的结果。除内电场外,加在金属电极上的外电场也会对氧化物层中的俘获电荷起作用(金属电极有一部分覆盖在氧化物层上)。内电场和外电场的相互作用较为复杂,且对 NPN 型和 PNP 型晶体管的影响不同。例如,发射结正偏时,NPN 型晶体管的内、外电场均减弱,而 PNP 型晶体管的外电场增强,内电场减弱。因此,双极晶体管电流增益的变化还可能受到内、外电场相互作用的影响。

　　图 3.76(a) 和(b) 分别为发射结不同偏置条件下,NPN 型 3DG112 和 PNP 型 3CG130 晶体管辐照前后的电流增益变化量 $\Delta\beta$ 随[60]Co 源 γ 射线辐射剂量的变化曲线。如图所示,[60]Co 源辐照条件下,两种类型双极晶体管的电流增益变化趋势均与上述 110 keV 电子辐照时的变化趋势类似,即发射结反偏条件下的电离辐射损伤程度最大,发射结正偏时辐射损伤程度最低,发射结零偏时损伤程度居中。

　　图 3.77 为不同偏置条件下,[60]Co 源辐照时 NPN 型 3DG112 晶体管的电离损伤"类深

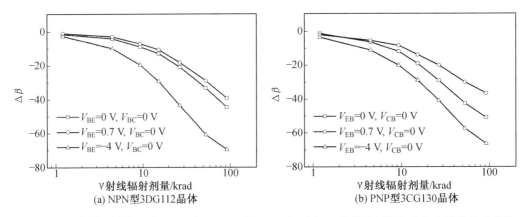

图3.76　发射结不同偏置时 NPN 型 3DG112 和 PNP 型 3CG130 晶体管辐照前后的电流增益变化量随[60]Co 源 γ 射线辐射剂量变化（剂量率为 10 rad/s）

能级"缺陷瞬态谱测试结果（总剂量为 100 krad）。图中信号峰对应的横坐标温度反映"类深能级"缺陷的能级位置，而纵坐标高度对应于"类深能级"缺陷的浓度。如图所示，对于 NPN 型晶体管，不同的偏置条件会影响电离辐射损伤产生的"类深能级"缺陷能级位置和浓度。DLTS 信号峰的分析表明，与发射结反偏和零偏条件相比，发射结正偏的电离辐射"类深能级"缺陷的能级较浅（对应于图中横坐标较低温度）。结合图 3.74 和图 3.76 所给出的晶体管电流增益退化数据，可以看出"类深能级"缺陷能级的位置对于电流增益的影响较大。对于发射结反偏的晶体管，DLTS 谱出现了两个相邻的信号峰，靠左的信号峰位置与正偏时的信号峰相近，而靠右的信号峰位置与零偏条件下所产生的信号峰相近。通过 DLTS 信号峰分析表明，NPN 型晶体管在零偏和正偏条件下各形成 1 种"类深能级"缺陷，而反偏条件却可形成 2 种"类深能级"缺陷。并且，反偏条件下出现的 2 种"类深能级"缺陷的浓度（对应于信号峰的高度）均高于其他两种偏置条件下形成的缺陷浓度。因此，在反偏条件下，双极晶体管更易于受到电离辐射损伤。

图 3.78 为不同偏置条件下，[60]Co 源辐照 PNP 型 3CG130 晶体管的"类深能级"缺陷的瞬态谱测试结果（总剂量为 100 krad）。可以看出，与上述 NPN 型双极晶体管的情况类似，偏置条件同样是影响 PNP 型晶体管电离损伤"类深能级"缺陷能级和浓度的重要因素。在不同偏置条件下，PNP 型晶体管的 DLTS 信号峰对应的横坐标位置和纵坐标高度均有所不同。发射结正偏晶体管与发射结反偏和零偏晶体管相比，电离损伤"类深能级"缺陷的能级较浅（对应于横坐标较低温度），且缺陷的浓度较低（对应于负向纵坐标较低高度）。发射结反偏和零偏时，"类深能级"缺陷的能级位置相同（对应于相同的横坐标温度），但发射结反偏晶体管中的"类深能级"缺陷浓度略高（对应于负向纵坐标较高的高度）。

上述电性能测试和 DLTS 谱分析结果表明，双极晶体管易在负偏置条件下呈现电离

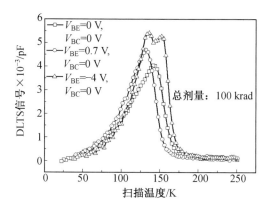

图3.77　不同偏置条件下^{60}Co 源辐照 NPN 型 3DG112 晶体管的 DLTS 谱测试结果

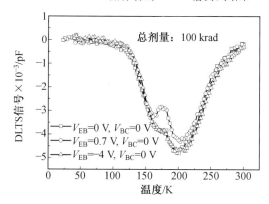

图3.78　不同偏置条件下^{60}Co 源辐照 PNP 型 3CG130 晶体管的 DLTS 谱测试结果

辐射损伤增强效应。NPN 型和 PNP 型晶体管均可在反偏条件下使电流增益的退化程度明显加大。这种现象主要与发射结偏置条件会影响氧化物层的内电场有关。内电场可以分离电离辐射产生的电子—空穴对,降低电子—空穴对的复合率,进而影响氧化物层内被俘获的正电荷数量。当发射结正偏时,内电场减弱,电子—空穴对的复合率增加,氧化物层内俘获的正电荷数量减少,导致电离辐照注量或吸收剂量相同时电流增益的退化程度减弱。当发射结反偏时,情况正好相反,致使电流增益退化程度更加明显。

3.4.4　器件结构因素

图 3.79 给出 3DG112 型和 3DG130 型 NPN 晶体管辐照前后的电流增益倒数变化量($\Delta(1/\beta)$)随70 keV 和 110 keV 电子辐照注量的变化。两种晶体管的测试及偏置条件均相同。可见,3DG112 型和 3DG130 型晶体管的电流增益随辐照注量的变化规律是一致

的,即随着辐照注量的增加,$\Delta(1/\beta)$ 逐渐增加并趋于稳态。基于前述分析可知,这种变化趋势主要是电离辐射效应产生的界面态和氧化物层内的正电荷所导致的,且与氧化物层的厚度及属性有关。3DG112 型和 3DG130 型晶体管的氧化物层厚度相同,均为 600 nm,且属性相同。然而,由图 3.79 可见,在相同的电子辐照注量下,3DG112 型和 3DG130 型晶体管的电流增益衰退程度不同。

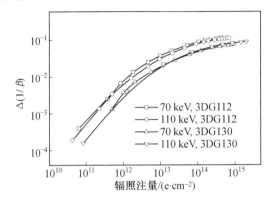

图 3.79   70 keV 和 110 keV 电子辐照时 3DG112
型和 3DG130 型 NPN 晶体管电流增益
倒数变化量随辐照注量的变化

上述情况产生的原因主要与两种晶体管的发射区具有不同周长 / 面积比相关。电离辐射效应在晶体管内产生的复合电流主要发生在发射区的周围。过剩基极电流的数量正比于发射区周长,而理想的基极电流正比于发射区面积。但是,前者对总基极电流的影响要比后者大很多,致使具有较大发射区周长 / 面积比的晶体管对电离辐射损伤效应更敏感。3DG112 型和 3DG130 型晶体管的发射区尺寸分别为 50 μm × 18 μm 和 170 μm × 35 μm,其周长 / 面积比分别为 0.15/μm 和 0.069/μm。可见,3DG112 型晶体管发射区的周长 / 面积比要较 3DG130 型晶体管大很多。所以,在相同的低能电子辐照注量下,3DG112 型晶体管的损伤程度要明显高于 3DG130 型晶体管。

为了进一步说明器件结构因素的影响,基于相同的 NPN 型晶体管基体结构选取不同的发射区周长 / 面积比。按照周长 / 面积比从大到小,依次将晶体管样件代号标记为 5、4、3、2 及 1 号。图 3.80 为剂量率 100 rad/s 条件下,不同结构尺寸的 NPN 型晶体管样件辐照前后的电流增益倒数变化量随 γ 射线辐射剂量的变化。如图所示,对于 NPN 型晶体管,电流增益倒数变化量的退化程度从大到小的样件代号依次是 5、4、3、2 及 1 号,此结果与样件发射区的周长 / 面积比次序一致。由此可见,在 ^{60}Co 源辐照条件下,NPN 型晶体管的发射区周长 / 面积比越大,电离辐射损伤程度越严重。

除 NPN 型晶体管外,双极晶体管结构的基本形式还有 LPNP、SPNP 及 PNP 等。图

3.81 给出了剂量率 100 rad/s 条件下,NPN、LPNP、SPNP 及 PNP 型晶体管的电流增益倒数变化量随 γ 射线辐射剂量的变化曲线。由图可见,该 4 类晶体管的电离辐射损伤效应敏感性存在着明显的差异。在相同 γ 射线辐射剂量条件下,上述 4 类晶体管按辐射损伤程度由大到小的顺序为 LPNP > SPNP > NPN > PNP。

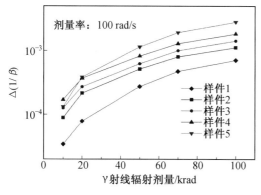

图 3.80　^{60}Co 辐照条件下不同发射区周长 / 面积比的 NPN 型晶体管电流增益倒数变化量随 γ 射线辐射剂量的变化比较(样件序号按发射区周长 / 面积比从小到大排序)

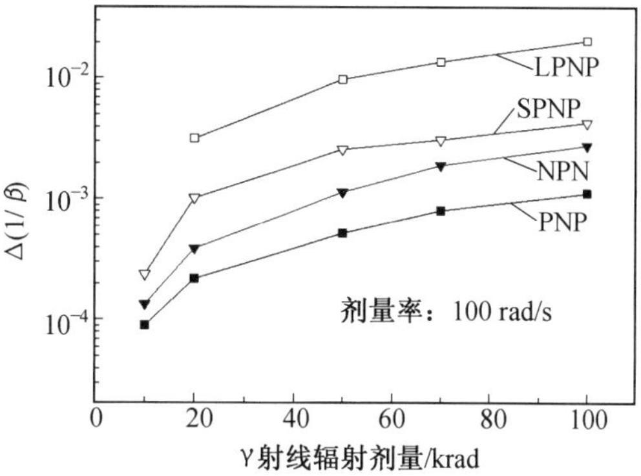

图 3.81　^{60}Co 辐照条件下不同类型晶体管辐照前后的电流增益倒数变化量随 γ 射线辐射剂量的变化

3.4.5　氢气气氛因素

图 3.82 给出了 70 keV 电子辐照条件下,经过氢气浸泡和未浸泡的 LPNP 型晶体管电流增益随辐照注量的变化关系。由图 3.82 可见,随 70 keV 电子辐照注量的增加,与未经过氢气浸泡的样件相比,氢气浸泡后 LPNP 型晶体管的电流增益下降速率明显加快。并且,当 70 keV 电子辐照注量增加到一定程度后,两种情况下的电流增益均趋于下降至稳态。经氢气浸泡后 LPNP 型晶体管的电流增益退化到达的稳态值较低。上述现象说明,氢气加剧了 LPNP 型双极晶体管的电离辐射损伤程度。

70 keV 电子辐照时,氢对 LPNP 型晶体管辐照前后电流增益倒数变化量的影响如图 3.83 所示。图中,实心数据点曲线表示浸泡过氢气的晶体管电流增益倒数变化量随辐照注量的变化;空心数据点曲线表示未浸泡过氢气的晶体管电流增益倒数的变化量随辐照注量的变化。由图可见,随辐照注量的增加,LPNP 型晶体管电流增益倒数的变化量 $\Delta(1/\beta)$ 逐渐增大。在相同的辐照注量下,经氢气浸泡后 LPNP 型晶体管的辐照前后电流增益倒数变化量远大于未经氢气浸泡时的变化量。

在 70 keV 电子辐照试验过程中,采用原位测试 GS 和 SS 曲线方法,研究辐照前加氢

和未加氢的 GLPNP 型晶体管内部微观缺陷随辐照注量的变化，所得结果分别如图
3.84 ~ 3.87 所示。图 3.84 为辐照前未浸泡氢气的 GLPNP 晶体管在 70 keV 电子辐照时
的 GS 曲线变化。由图可见，随着辐照注量增加，GS 曲线的信号峰单调地向左上方移动，
即峰值对应的基极电流 I_B 单调增加，且栅极电压 V_G 单调地向负值方向移动。这说明辐
照过程中 GLPNP 型晶体管内的氧化物俘获电荷和界面态陷阱均逐渐累积。

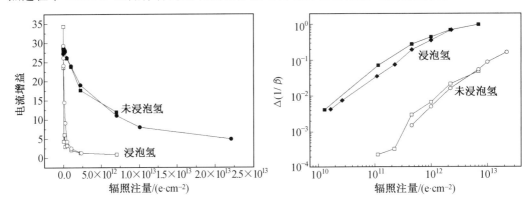

图3.82　70 keV 电子辐照时氢对 LPNP 型晶体　　图3.83　70 keV 电子辐照时氢对 LPNP 晶体管
　　　　　管电流增益的影响　　　　　　　　　　　　　　　　辐照前后电流增益倒数变化量的影响

　　图 3.85 给出了辐照前浸泡过氢气的 GLPNP 型晶体管在 70 keV 电子辐照时的 GS 曲
线变化。经氢气浸泡后 GS 曲线信号峰的位置随辐照注量单调地向左上方移动，同时信
号峰有明显的宽化现象，且辐照注量增高使峰宽化加重。GS 曲线中基区电流 I_B 的峰位
范围明显宽化与晶体管基区氧化物层中界面态陷阱大量累积有关。这说明氢气浸泡后，
GLPNP 型晶体管在辐照过程中易于产生大量的界面态陷阱。

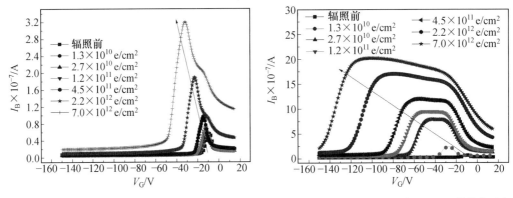

图3.84　70 keV 电子辐照时 GLPNP 晶体管（未　　图3.85　70 keV 电子辐照时 GLPNP 晶体管（浸
　　　　　浸泡氢）的 GS 曲线随辐照注量的变化　　　　　　　泡氢）的 GS 曲线随辐照注量变化

　　辐照前未浸泡氢气的 GLPNP 晶体管在 70 keV 电子辐照时的 SS 曲线变化如图 3.86

所示。随着辐照注量的增加,SS 曲线逐渐向栅极负电压方向移动,说明氧化物俘获电荷在逐渐累积。这种变化趋势和图 3.84 中 GS 曲线变化给出的结果相一致。然而,SS 曲线摆幅(指 SS 曲线左移的幅度)相对变化较小。SS 曲线摆幅的变化与界面态累积有关。由于亚阈值扫描只能测得 MOS 结构中从禁带中央到反型区域的界面态,可由 SS 曲线无明显摆幅变化说明辐照过程中从禁带中央到反型区域的界面态累积较少。实际上,由于辐照后界面态陷阱在能带上呈非均匀分布,从累积区到禁带中央的界面态浓度要大于从禁带中央到反型区的界面态浓度。图 3.87 是辐照前浸泡过氢气的 GLPNP 晶体管在 70 keV 电子辐照时的 SS 曲线随辐照注量的变化。该图和图 3.86 相比,随着辐照注量的增加,SS 曲线的位置和摆幅均发生了较大变化。可以发现,图 3.87 中 SS 曲线摆幅的大幅度增加与图 3.85 中 GS 信号峰的宽化是对应的。因此,上述试验结果说明 70 keV 电子辐照时,GLPNP 晶体管内部的氢气环境促进了氧化物俘获电荷和界面态陷阱的生成与累积。

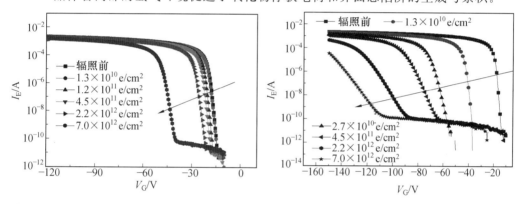

图3.86　70 keV 电子辐照时 GLPNP 晶体管(未浸泡氢气)的 SS 曲线随辐照注量的变化　　图3.87　70 keV 电子辐照时 GLPNP 晶体管(浸泡氢气)的 SS 曲线随辐照注量的变化

　　为定量分析氢气对 GLPNP 型晶体管电离损伤缺陷的影响,基于图 3.84～图 3.87 所示的数据,利用第 1 章给出的电荷提取公式(式(1.141)、式(1.142)),分别对氧化物俘获电荷密度 ΔN_{ot} 和界面态陷阱密度 ΔN_{it} 进行计算,结果如图 3.88 和图 3.89 所示。从图中可见,随着电离辐射吸收剂量的增加,氧化物俘获电荷密度和界面态密度均在增加。经过氢气浸泡的晶体管产生的氧化物电荷密度和界面态密度均远高于未浸泡过氢气的晶体管。试验结果表明,GLPNP 型晶体管在辐照过程中,氢促进了氧化物俘获电荷和界面态陷阱的大量生成与累积,加大了晶体管受到电离辐射损伤的程度。

　　图 3.90 是 70 keV 电子辐照时,未加氢与加氢条件下,GLPNP 型晶体管少子寿命随电离辐射吸收剂量变化的计算曲线。图中少子寿命是基于界面态陷阱对载流子复合率的影响,通过 GS 曲线定量计算得到的。由图可知,随电离吸收剂量的增加,晶体管少子寿命逐渐降低。在相同的电离辐射吸收剂量下,氢气浸泡晶体管的少子寿命远低于未浸泡过氢气的晶体管。随着少子寿命的减小,载流子复合率变大,会直接导致基极电流增加而

使晶体管电流增益退化加剧。这和前面的分析结果是一致的。

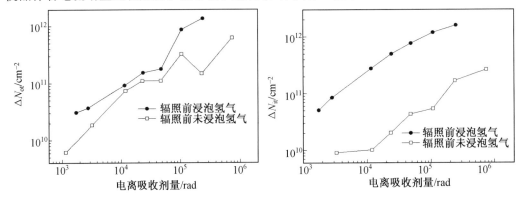

图3.88　70 keV 电子辐照时 GLPNP 型晶体管的氧化物电荷密度随电离辐射吸收剂量的变化

图3.89　70 keV 电子辐照时 GLPNP 型晶体管的界面态密度随电离辐射吸收剂量的变化

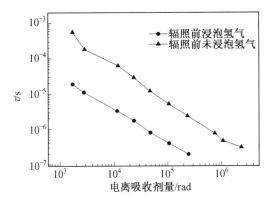

图3.90　70 keV 电子辐照时 GLPNP 型晶体管内少子寿命随电离辐射吸收剂量的变化

3.5　电离辐射缺陷产生过程

3.5.1　粒子与靶材料相互作用概述

空间辐射环境中,会有多种不同种类的粒子对半导体材料和器件造成辐射损伤。所关注的粒子主要包括中子、电子、质子、X 射线光子、γ 射线光子及重离子。这些粒子可分成 3 种主要类型:光子、带电粒子和中子。当靶材料受到辐射粒子撞击时,可由它们各自的特性决定相互作用的机制与特点。入射粒子的特性涉及粒子质量、电荷和能量;靶材料的特性涉及原子质量、原子序数和材料密度。

　　初始入射粒子和靶原子之间会产生多种不同的相互作用。光子的静止质量为 0,且呈电中性。入射光子可通过光电效应、康普顿效应及电子对效应 3 种方式与靶原子相互作用。这 3 种方式所产生的二次粒子均为自由电子。光子能量较低后,以光电效应为主。在光电效应发生时,入射光子能量全部转化为发射电子(光电子)的能量。由光电效应产生的光电子能量范围取决于靶材的原子序数 Z。如果入射光子的能量足够高,则与靶原子的 K 层电子碰撞概率高。K 层电子被发射时,L 层电子会落入 K 层的空轨道中。在 L 层电子落入 K 层过程中,将发射出特定能量的 X 射线光子或低能俄歇电子。

　　不同于光电效应,康普顿散射时不会全部吸收入射光子的能量。在康普顿散射条件下,光子能量远大于靶原子 − 电子的结合能(如 K 层的结合能)。入射光子失去部分能量,产生一个高能康普顿电子和一个低能散射光子,并继续在靶材料中散射。随着入射光子能量增加,康普顿散射所占的比例要超过光电效应。第三种光子与靶原子相互作用的方式是电子对效应,阈值能量为 1.02 MeV。在该阈值能量条件下,光子入射高原子序数 Z 的靶材料时会被完全吸收,并产生正、负电子对。

　　图 3.91 给出了光子与物质交互作用的示意图。实线为相邻效应产生同样作用时的分界。对于硅(Z=14)材料,入射光子能量小于 50 keV 时,以光电效应为主;入射光子能量大于 20 MeV 时,以电子对效应为主;在中间能量段,以康普顿散射为主。因此,在很宽的能量范围内,康普顿散射是光子与物质相互作用的主要机制。

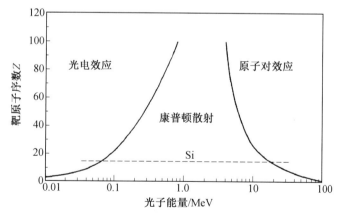

图3.91　光子产生的效应与靶材原子序数 Z 和光子能量的关系

　　带电粒子(质子或电子)与靶原子相互作用的一种重要方式是库仑散射,可导致靶原子中电子的激发和释放(电离效应)。在发生库仑散射的同时,靶原子还可能受到足够大的能量作用而偏离正常的晶格位置(位移效应)。视入射的带电粒子能量的高低,电离效应和位移效应的相对比例不同。此外,高能质子还会与靶原子产生核反应。中子入射靶材时,主要通过弹性碰撞、非弹性碰撞和蜕变反应与靶原子核发生作用。在弹性碰撞时,入射中子将一部分能量传递给靶原子,使得靶原子偏离晶格位置。只要入射粒子能量高于靶原子位移所需要的能量(对于大部分半导体材料,该能量为 5 ~ 30 eV),就会发生这种碰撞。非弹性碰撞主要是入射的中子被靶原子捕获,使得靶原子核处于激发状态。激发态的靶原子核会发射出 γ 射线,而重新回到初始状态。非弹性碰撞也会使靶原子产生位移。蜕变反应是靶原子核捕获入射中子后,发射出二次粒子(如 α 粒子),且残留的靶原子核可从一种元素变成另一种元素。在上述中子与靶原子碰撞过程中,均会伴随有电离辐射效应。硅与快中子(能量大于 1 MeV)碰撞的主要反应是产生位移和电离效应。

高能质子可产生与中子类似的效应。质子与靶材硅原子作用涉及弹性碰撞过程,也有非弹性碰撞过程。弹性碰撞过程包括高能质子与靶原子核发生库仑碰撞(通常称为卢瑟福散射)和直接的弹性核碰撞。当以直接的弹性碰撞作用为主时,用卢瑟福散射评价会产生较大误差。上述的两种弹性碰撞过程都会导致靶原子位移。在质子能量大于 10 MeV 时,硅原子核与入射质子的非弹性碰撞将变得越来越重要。非弹性碰撞会引起位移损伤、电离效应,乃至核反应。

基于不同的入射粒子种类、能量和作用机制,在半导体材料和器件中可产生多种复杂的效应。对于半导体材料和器件而言,空间辐射效应主要涉及两种机制:靶原子从晶格位置移位(位移损伤效应)和产生电子 — 空穴对(电离损伤效应)。大多数情况下,粒子穿过半导体材料时会将一部分能量用于产生电离效应,剩下的能量用于产生位移效应。图 3.92 给出了硅靶材中阻止本领与入射电子和质子能量的关系。阻止本领通常以 $1/\rho(-\,\mathrm{d}E/\mathrm{d}x)$ 表征,式中 ρ 为靶材料密度,E 为入射粒子能量,x 为粒子入射距离。单位质量靶物质中吸收的入射粒子能量,正比于粒子通量与阻止本领在厚度上的积分。

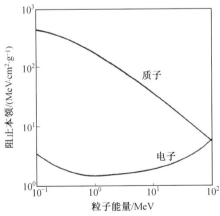

图3.92　硅的阻止本领与入射电子和质子能量的关系

3.5.2　电离辐射损伤过程

电子元器件中常见的辐射损伤效应，按作用时间长短可分为累积效应和瞬时效应。累积效应包括电离效应和位移效应。电离效应也常称为总剂量效应（Total Ionization Dose，TID）。瞬时效应包括由单个质子或重离子诱导产生的单粒子效应，以及由高剂量率电离辐射产生的瞬时光电流效应。本节将重点关注电离辐射损伤过程，即随时间的增加，入射粒子在靶材料中不断沉积能量所造成的电离缺陷累积过程。在理想状态条件下，电离缺陷的累积效应与能量的沉积率（电离吸收剂量率）无关。但实际研究中发现，γ 射线电离辐射剂量率对缺陷累积效应的影响很大。低剂量率辐射增强效应（Enhanced Low Dose Rate Sensitivity，ELDRS）就是在双极器件中观察到的一个独特的现象。

通常，电离辐射源的类型主要有 X 射线源、γ 射线源、质子源、电子源和重离子源。不同电离辐射源均会在器件中产生大量的电子－空穴对，所涉及的能量累积单元过程相同。在不同电离辐射粒子作用下，器件受到的总损伤累积程度均可通过电离辐射吸收剂量表征。总电离辐射吸收剂量（或简称电离吸收剂量）的计量单位是拉德（rad）。1 rad 表征每克物质吸收了 100 ergs 的能量。不同靶材料的密度不同，吸收入射粒子能量的能力有所差异，应在提及电离辐射吸收剂量时注明相应的靶材料，如 rad(Si)、rad(SiO$_2$) 等。吸收剂量的单位若未注明靶材料时，大多数情况下默认为 Si。

1. 电子－空穴对的产生

当电子元器件受到电离辐射损伤时，产生的电子－空穴对数量与材料的属性密切相关。如表 3.3 所示，在 SiO$_2$ 材料中平均沉积 18 eV 的能量能够产生 1 个电子－空穴对；对于 Si 材料而言，所需的相应能量为 3.6 eV。在 Si 材料中，辐射产生的电子－空穴对只引起瞬时效应，不会引起长期效应。然而，在 SiO$_2$ 材料中，电子－空穴对却会产生长期累积效应。

在电离辐射作用下，电子元器件受到损伤的微观机制主要涉及氧化物俘获电荷和界面态的形成过程，如图 3.93 所示。电离效应在 SiO$_2$ 层中产生的电子－空穴对（e－h 对），会诱导氧化物俘获电荷和界面态的累积。电子－空穴对产生后，由于功函数的差别，大多数电子向金属电极方向漂移，而空穴将向 Si/SiO$_2$ 界面漂移。在电子离开氧化物层前，一些电子与空穴复合。没有复合的电子－空穴对所占比例称为电子－空穴对产生率。逃避了"初始"复合的空穴，将在氧化物层中通过局域态跳跃的方式向 Si/SiO$_2$ 界面运动。当空穴抵达近界面区域时，一部分空穴将被俘获，形成正的氧化物俘获电荷；另一部分空穴在氧化物层内"跳跃"过程中，被俘获在 Si/SiO$_2$ 界面附近时，会释放氢离子。氢离子与 Si/SiO$_2$ 界面发生反应，形成界面态陷阱。

如前所述，电子在 SiO$_2$ 层中移动非常迅速，通常可在数皮秒内移动出氧化物层。然而，在电子逃逸之前，一部分电子将与氧化物价带中的空穴复合，称为初始复合。初始复合的数量将高度地依赖于氧化物层中的电场以及入射粒子的能量和种类。一般而言,单位体积内产生的电子－空穴对数量越多,初始复合率相对越高。在低能质子、α 粒子、γ 射线(^{60}Co 源)及 X 射线的作用下,初始复合对氧化物层中电场强度的依赖关系如图 3.94 所示[8]。图中所表述的是未复合空穴率(电荷产生率)随氧化物层电场强度的变化。

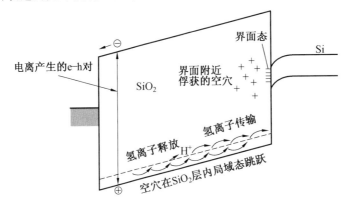

图3.93　电离辐射作用下氧化物俘获电荷和界面态产生示意图

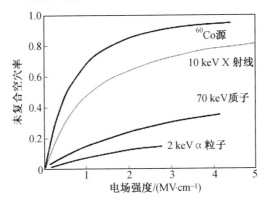

图3.94　不同类型辐射粒子作用下未复合空穴率随氧化物层电场的变化

2. 空穴传输过程

氧化物层内所产生的空穴在晶格中的传输过程要比电子缓慢得多。在氧化物层内电场的作用下,空穴可以传输到金属/SiO_2界面或 Si/SiO_2界面。空穴在传输过程中,会由空穴电荷引起 SiO_2 晶格局域势场畸变。局域势场的畸变增加了局部的陷阱深度,更趋向于把空穴限制在其邻近区域。因此,空穴将在局域畸变势场区域受到自我束缚。载流子(空穴)与其附近畸变势场形成的复合体称为极子化。当空穴在氧化物层内传输时,畸变势场将随其一起移动。因此,空穴可通过“极子化跳跃”的方式在氧化物层内进行传输。

极子化增加了空穴的有效质量,使其移动能力降低。

"极子化跳跃"将使空穴传输的时间弥散化(即空穴传输可在辐照后几十年内一直发生),并对温度和氧化物层厚度产生高度的依赖性。空穴传输时间的弥散化和温度的关系如图3.95所示[9]。图中,采用MOS电容的平带电压定量分析氧化物俘获电荷的演化状态。图中给出了不同温度下,平带电压(V_{FB})随脉冲辐照后时间的变化关系。由于采用的是脉冲辐照方式,辐照后界面态陷阱的数量很少。平带电压的变化主要由氧化物层中空穴的数量所决定。空穴的数量包括氧化物层中传输的空穴及被氧化物层所俘获的空穴。当氧化物层中传输的空穴离开氧化物层后,平带电压将降低至辐照前的初始值。在 $T = 293$ K 条件下,1 ms 的时间内,平带电压变化量 ΔV_{FB} 可恢复 50%;当 $T = 181$ K 时,ΔV_{FB} 恢复 50% 需要的时间约为 500 s;当 $T = 124$ K 和 141 K 时,1 000 s 内 ΔV_{FB} 只恢复约 20%。

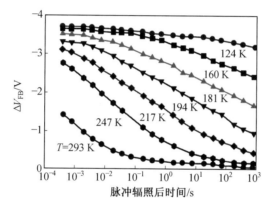

图3.95　不同温度下 MOS 电容平带电压变化量 ΔV_{FB}(表征氧化物层内空穴数量)随脉冲辐照后时间的变化

不同电场条件下,MOS电容平带电压变化量与脉冲辐照后时间的关系,如图3.96所示[10]。图中,MOS电容的氧化物层厚度为96.3 nm。在温度79 K和1 MV/cm电场条件下进行 4 s 的脉冲电离辐照后,立即测量平带电压随时间的变化。如图所示,平带电压的恢复时间强烈依赖于电场强度。在 3 MV/cm 电场下,在 1 000 s 内 ΔV_{FB} 只发生了很少量的恢复。这表明如果没有较大的电场,氧化物层内的空穴在低温下难于移动。随着电场强度的提高,空穴在氧化物层内传输时间大大减少。在 6 MV/cm 的电场下,平带电压恢复 50% 的时间大约是 0.02 s。平带电压变化量的恢复时间 τ 对温度和电场的依赖性遵循以下关系[10]:

$$\tau = \tau_0 \cdot e^{-qE/kT} \tag{3.6}$$

式中,E 为电场强度;T 为温度;τ_0 为常数。

这种变化关系表明,空穴在氧化物层中传输呈现极子化跳跃的特性。

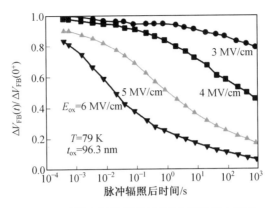

图3.96 不同电场条件下MOS电容平带电压变
化量与脉冲辐照后时间的关系

经脉冲电离辐照后,MOS电容平带电压变化量的恢复时间对氧化物层厚度的依赖关系如图 3.97 所示[10]。图中,辐照后恢复时间的测试是在 220 K 温度和 1 MV/cm 电场条件下进行。脉冲辐照在 79 K 温度和 1 MV/cm 电场下进行,脉冲辐照时间为 4 s。脉冲辐照后立即测量电容器平带电压的变化。MOS 电容器用不同厚度的氧化物层制造。平带电压变化量恢复 50% 的时间大约与氧化物层的厚度呈 t_{ox}^4(t 为氧化物层厚度)的依赖关系。试验数据分析表明,在室温下典型偏置条件的薄氧化物层内,空穴传输可在辐照后数微秒内完成。双极器件的氧化物层厚度较大,通常偏置条件下的电场强度较小,空穴传输将需要花费数毫秒或更长的时间。

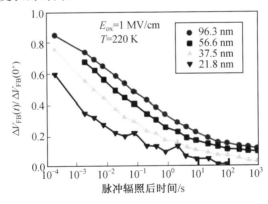

图3.97 不同氧化物层厚度条件下 MOS 电容平带电压变化量与单脉冲辐
照后时间的关系

3.5.3 氧化物电荷退火效应表征

1. 氧化物电荷退火效应特点

在大多数情况下,金属、绝缘体及半导体的功函数不同,会导致 SiO_2 层中电离产生的空穴向 Si/SiO_2 界面传输。在 SiO_2 层形成过程中,氧的扩散由于受到 Si/SiO_2 界面晶格错配的影响,易于向界面区逃逸,致使邻近 Si/SiO_2 界面附近区域存在较多的氧空位。这些氧空位可以作为陷阱中心,随着空穴向界面移动,一部分空穴会被氧空位陷阱俘获,形成氧化物俘获正电荷。

氧化物俘获电荷在形成后会产生退火效应,即氧化物电荷的数量随时间趋于减少。氧化物俘获电荷的退火过程与时间、温度和电场有关。NMOSFET 晶体管可用于定量分析氧化物俘获电荷的退火效应。室温下氧化物俘获电荷的退火行为如图 3.98 所示[11]。图中示出不同电离吸收剂量率与 100 krad(SiO_2) 吸收剂量条件下,NMOSFET 晶体管辐照后室温退火过程中,辐照前后的阈值电压变化量 ΔV_{ot} 随退火时间的变化。ΔV_{ot} 的变化与氧化物俘获电荷的数量直接相关,氧化物俘获电荷数量减少将导致 ΔV_{ot} 降低。辐照源分别为 X－射线源、Cs－137 源及电子直线加速器脉冲源(LINAC)。电离吸收剂量率在 6×10^9 rad(SiO_2)/s 至 0.05 rad(SiO_2)/s 范围内取值。辐照和退火过程中的偏压均为 6 V;晶体管的栅氧厚度是 60 nm。由图 3.98 可见,随着退火时间增加,ΔV_{ot} 的幅值(表征氧化物电荷数量)降低。在退火过程中,ΔV_{ot} 的变化与时间对数呈线性函数关系。各电离吸收剂量率条件下 ΔV_{ot} 随时间对数遵循相同的线性关系。因此,可以认为,氧化物俘获电荷的退火速率与电离吸收剂量率无关。实际的氧化物俘获电荷退火速率应与器件制造工艺过程的细节有关。ΔV_{ot} 与时间对数的关系可以用线性响应分析描述[12]。已有研究发现,氧化物俘获电荷的长时间退火响应可用如下经验公式表述:

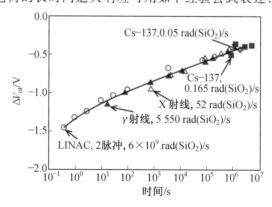

图3.98　不同剂量率辐照后 NMOSFET 晶体管室温退火过程中阈值电压变化量 ΔV_{ot}(表征氧化物电荷数量)的变化

$$-\Delta V_{o}(t) = \frac{-A\ln\left(\frac{t}{t_0}\right) + C}{\gamma_0} \tag{3.7}$$

式中,$\Delta V_{o}(t)$ 为给定时间 t 与单位辐射吸收剂量条件下,氧化物俘获电荷引起的阈值电压变化量;γ_0 为获取瞬态退火曲线的总辐射吸收剂量;A 为瞬态退火曲线的斜率;C 为曲线在 $t = t_0$ 处的截距。假设器件响应与辐射吸收剂量呈线性关系,可由上式通过对电离吸收剂量率 $\gamma(t)$ 和瞬态阈值电压 $\Delta V_{o}(t)$ 的积分得到 ΔV_{ot},即[12]

$$\Delta V_{ot} = \int_0^t \gamma(\tau) \cdot \Delta V_{o}(t - \tau)\mathrm{d}\tau \tag{3.8}$$

通过式(3.8),可基于 MOSFET 晶体管,在一系列辐照和退火过程中测得 $\Delta V_{ot}(t)$。这对于在地面上预测空间辐射环境下双极器件内氧化物俘获电荷数量的变化具有实用意义。在地面上难于完全再现空间辐射环境条件,只能在效应模拟的基础上预测器件氧化物俘获电荷的演化过程。因此,运用上述方程,通过试验模拟来预测氧化物俘获电荷数量的变化是可行的。

除与退火时间有关外,氧化物俘获电荷的退火过程还与温度有关,图 3.99 为温度对氧化物俘获电荷影响的典型试验结果[13]。试验用的双极晶体管经室温辐照至吸收剂量 1 Mrad(Si) 后,在不同温度下进行加偏置退火。辐照和退火过程中的偏压均为 10 V,氧化物层厚度为 45 nm。由图可见,在辐照过程中,随着氧化物俘获电荷的形成,晶体管的阈值电压逐渐下降。晶体管阈值电压的降低是由氧化物俘获电荷的增多引起的。在不同退火温度下,阈值电压均随时间而逐渐增高,表明氧化物俘获电荷数量的减少与退火温度密切相关。氧化物俘获电荷数量恢复 50% 的时间,在 25 ℃ 时约为 4.3×10^5 s,125 ℃ 时为 1.1×10^4 s。经过计算得出,氧化物俘获电荷退火过程的激活能约为 0.41 eV。受到上述试验结果的启发,可以考虑通过实验室辐照源在较高温度下进行辐照试验,适当降低氧化物俘获电荷的形成速率,用于进行空间低剂量率辐射效应模拟加速试验。在较高温度下进行辐照试验时,有利于氧化物俘获电荷产生动态退火,可适当地降低俘获电荷的形成速率。

偏置条件对氧化物俘获电荷退火效应的影响如图 3.100 所示[13]。图中给出了在室温辐照至吸收剂量 1 Mrad(Si) 后,100 ℃ 温度下不同偏置条件对氧化物俘获电荷退火效应影响的试验结果。氧化物俘获电荷的数量以晶体管的阈值电压 V_{th} 变化量表征,即 V_{th} 值越小,氧化物俘获电荷数量越多。辐照时偏压为 10 V,退火时偏压在 0 V 至 10 V 之间变化。晶体管的氧化物层厚度为 45 nm。试验结果表明,偏置会明显增加氧化物俘获电荷的退火速率。如图所示,在偏压为 0 V 时,只有 50% 的氧化物俘获电荷能够发生退火;当偏压为 10 V、退火 200 h 时,100% 的氧化物俘获电荷发生了退火。

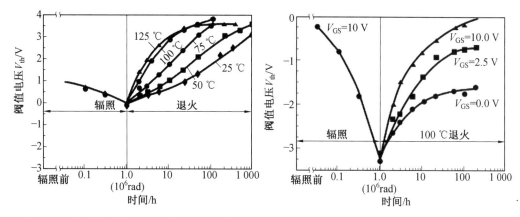

图3.99　氧化物俘获电荷与退火温度的关系　　图3.100　偏置条件对氧化物俘获电荷退火效应的影响

氧化物俘获电荷的退火状态通常是可逆的。图3.101中N沟道晶体管在室温下辐照至1 Mrad(Si)的吸收剂量后,首先在100 ℃下加+10 V偏压退火200 h,再在100 ℃下加−10 V偏压退火30 h[14]。在100 ℃,加+10 V的正偏压退火至200 h时,V_{th}值增大至零值,说明氧化物正电荷已全部消失;正偏压变为负偏压后,V_{th}值随退火时间增加而减小,表明又有氧化物俘获电荷再次出现。这意味着双极器件中氧化物俘获电荷的退火状态不是固定的,极易受到偏置条件的影响。实际上,与氧化物俘获电荷相关的缺陷中心依然存在,氧化物俘获电荷只是受到偏置条件的补偿而消失或再现。通过改变偏压的正、负极性,氧化物俘获电荷的数量可多次重复增加或减少。

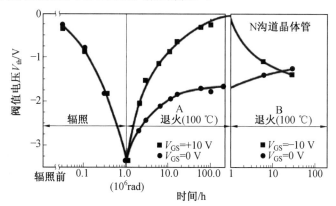

图3.101　氧化物俘获电荷退火状态的可逆性

2. 氧化物电荷退火机制

迄今为止,氧化物俘获电荷的退火机制有两种:① 从硅到氧化物的电子隧道效应;② 电子从氧化物价带热激发到氧化物缺陷中心。这两种机制可由图 3.102 示意表述。

两种机制均着眼于氧化物陷阱中心(空穴陷阱)可输运电子,对氧化物俘获电荷产生退化调制作用。两种退化机制的特点如下。

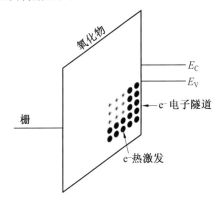

图3.102　氧化物俘获电荷的退火机制示意图

(1) 电子隧道效应机制。

一些学者已经验证了氧化物俘获电荷的退火效应是源于电子的隧道效应。从硅到氧化物陷阱的电子隧道效应发生的概率 P_{tun} 如下式所示[15]:

$$P_{tun} = \alpha \cdot e^{-\beta x} \tag{3.9}$$

式中,α 为电子逃逸频率;x 为陷阱距 Si/SiO$_2$ 界面的距离;β 为与电子势垒高度有关的隧道系数。虽然 P_{tun} 与温度无关,但是其与陷阱到 Si/SiO$_2$ 界面的距离 x 呈指数关系。隧道效应的形成过程可以描述成隧道前端从硅向氧化物移动。如果定义隧道前端为隧道最大速率的位置 $x_m(t)$,则时间为 t 时隧道前端进入氧化物中的距离可由下式给出[15]:

$$x_m = \frac{1}{2\beta} \ln(t/t_0) \tag{3.10}$$

式中,t_0 为隧道效应的时间尺度,与跃迁到最近陷阱的基本速度有关。x_m 与时间 t 呈对数关系。为了使一个电子在很短的时间内通过隧道效应进入氧化物陷阱,则陷阱应与 Si/SiO$_2$ 界面很近。在 SiO$_2$ 中,隧道前端以每10年 $0.2 \sim 0.4$ nm 的速度前进。如果陷阱距界面的距离大于 4 nm,将难以形成从 Si 到 SiO$_2$ 中陷阱的电子隧道。因此,通过电子隧道退火的氧化物陷阱的数量和速率与氧化物中陷阱的空间分布关系十分密切,且与器件制造工艺有关。

(2) 电子热激发机制。

已有研究发现,氧化物价带电子受到热激发可导致氧化物缺陷发生退火。热激发过程中,一个电子被从氧化物价带发射到陷阱的概率 P_{em} 为[16]

$$P_{em} = A \cdot T^2 \cdot e^{-\Phi_t q/(kT)} \tag{3.11}$$

式中,Φ_t 为陷阱和氧化物价带之间的势垒;A 为与陷阱中心俘获截面有关的参量;q 为电子电荷量;T 为温度。电子热发射的概率 P_{em} 随温度呈指数规律变化,而与陷阱的空间分布无关。这种机制导致了图 3.99 所示的氧化物俘获电荷呈现明显的温度效应。与隧道前端位置和时间的关系类似,电子的热发射也可以用时间函数界定。定义电子热激发的初始状态为最大激发态,所对应的时间为 t,则电子热发射所需要的最大能量 $\Phi_m(t)$ 可按下式计算[16]:

$$\Phi_m(t) = \frac{kT}{q}\ln(A \cdot T^2 \cdot t) \tag{3.12}$$

式中,各符号的意义同上。McWhorter 等人将电子隧道效应和热发射过程相结合,建立了俘获空穴退火模型[15]。俘获空穴的分布是与空穴位置、电子热激发能量和时间相关的函数,则俘获空穴的退火概率可由下式给出:

$$P_t(x, \psi_t, t) = P_0(x, \psi_t)\, e^{-(P_{tun}-P_{em})t} \tag{3.13}$$

式中,$P_t(x, \psi_t, t)$ 为某时刻 t 和位置 x 条件下,俘获空穴的退火概率;$P_0(x, \psi_t)$ 为辐照后瞬时俘获空穴在给定能量 ψ_t 和空间位置 x 的初始密度;其余符号的意义同前。由该式可以诠释氧化物俘获电荷退火效应与温度和电场(偏置条件)的关系。

显然,氧化物陷阱中心在空间和能量上的分布将明显影响俘获电荷退火的速率。按照电子隧道效应,氧化物陷阱中心应位于 Si/SiO$_2$ 界面附近。对于电子热发射效应,氧化物陷阱的能级需要位于氧化物的价带附近。氧化物陷阱的空间和能量分布,不仅会影响室温下氧化物俘获电荷的退化速率,还会影响其与温度和偏压的关系。氧化物陷阱中心的空间和能量分布受器件制造条件的影响。

如上所述,在退火过程中,通过改变偏压的正、负极性,氧化物电荷可再次出现和消失。电子离开空穴陷阱所需要的条件与其进入空穴陷阱的条件类似。如果一个电子要从空穴陷阱中心被发射,热激发时需要在氧化物的价带有一个空的空穴,而隧道效应需要 Si 的价带上有空的空穴。

3. 氧化物缺陷结构

在氧化物层中已经发现有多种类型的辐射损伤缺陷中心,最常见的是 E′ 心。在器件氧化物层热生长过程中,至少已经发现了 9 种不同结构状态的 E′ 心,见表 3.4[17]。表中列出了缺陷的类型、缺陷的前驱体、EPR 活化状态及电荷状态等信息(EPR 是电子顺磁共振的英文缩写)。表中的 Si≡O$_3$ 是表示 1 个 Si 原子连着 3 个 O 原子。箭头 ↑ 表示净磁矩(EPR 中心)。大多数 E′ 心的特点是有 1 个未配对的电子在 Si 原子上,且 Si 原子连着 3 个 O 原子。按照通用的化学符号,E′ 心是 ↑Si≡O$_3$,或者 $^+$Si≡O$_3$。图 3.103 是用于描述 E′ 心的 EPR 状态示意图。图 3.103 所示缺陷的特点是呈现双峰的 E′ 心的 EPR 信号[17]。氧化物热生长过程中最常见的 E′ 心为 E′$_\gamma$ 心。E′$_\gamma$ 中心的化学符号是 O$_3$≡Si↑ $^+$ Si≡O$_3$。这表明 E′$_\gamma$ 中心为 +3 价的 Si 原子连着 3 个 O 原子。当辐射诱导产生的一个空穴被 Si 置换原子所俘获,便呈现顺磁性且带正电荷。若 EPR 信号的 $g = 2.0006$ 便可以确

定是 E_γ' 心。对于热生长氧化物而言,辐照前会存在 E_γ' 心前驱体。E_γ' 心常出现在距离 Si/SiO_2 界面很近的位置。

其他 3 种最常见的 E' 心是 E_δ' 心、E_{74-G}' 心和 $E_{10.4-G}'$ 心。E_δ' 心可能是在 Si 间隙原子和 O 空位处俘获了空穴。E_δ' 心与 E_γ' 心的不同之处可以通过比较 g 参数值得出。E_δ' 心比 E_γ' 心在更低温度下退火[18]。E_δ' 心和 E_γ' 心一样,也是呈正的顺磁性电荷状态。E_{74-G}' 心和 $E_{10.4-G}'$ 心都是含有 H 的 E' 心。E_{74-G}' 心的结构为 Si 原子上有一个未配对的自旋电子,连着两个 O 原子和一个 H 原子。它的化学符号是 $H—Si=O_2^+Si\equiv O_3$,同样是呈现正的顺磁性电荷状态。

表 3.4 不同结构状态的 E' 心

缺陷类型	缺陷的前驱体	EPR 活化状态	电荷状态	g 张量	可靠度
E_1'	$O_3\equiv Si—O—Si\equiv O_3$	$O_3\equiv Si\uparrow\ ^+Si\equiv O_3$	正电	$g_1 = 2.001\,76$ $g_2 = 2.000\,49$ $g_3 = 2.000\,29$	$*\,*$
E_γ'	$O_3\equiv Si—Si\equiv O_3$	$O_3\equiv Si\uparrow\ ^+Si\equiv O_3$	正电	$g_1 = 2.001\,8$ $g_2 = 2.000\,6$ $g_3 = 2.000\,3$	$*\,*\,*\,*$
E_s'	$\uparrow Si\equiv O_3$	$\uparrow Si\equiv O_3$	中性	$g_1 = 2.001\,8$ $g_2 = 2.000\,3$ $g_3 = 2.000\,3$	$*\,*\,*$
E_d'	$O_3\equiv Si—O—Si\equiv O_3$	$O_3\equiv Si\uparrow\ \uparrow O—Si\equiv O_3$	中性	$g_1 = 2.001\,53$ $g_2 = 2.000\,12$ $g_3 = 2.000\,00$	$*\,*$
E_α'	$O_3\equiv Si—O—Si\equiv O_3$	$O—O—\overrightarrow{Si}=O_2\ ^+Si\equiv O_3$	正电	$g_1 = 2.001\,8$ $g_2 = 2.001\,3$ $g_3 = 1.999\,8$	$*$
E_β'	$O_3\equiv Si—Si\equiv O_3+H^O$	$\uparrow Si\equiv O_3\quad H—Si\equiv O_3$	中性	$g_1 = 2.001\,8$ $g_2 = 2.000\,4$ $g_3 = 2.000\,4$	$*$

续表3.4

缺陷类型	缺陷的前驱体	EPR 活化状态	电荷状态	g 张量	可靠度
E_8'	$O_3{\equiv}Si{-}Si{-}Si{\equiv}O_3$ 上下各一 Si	$O_3{\equiv}Si\ \overset{+}{Si}\ Si{\equiv}O_3$ 上下各一 Si	正电	$g_1 = 2.001\,8$ $g_2 = 2.002\,1$ $g_3 = 2.002\,1$	＊＊＊
E_{74-G}'	$O_3{\equiv}Si{-}Si{\equiv}O_2$ 下接 H	$H{-}\overset{\rightarrow}{Si}{\equiv}O_2\ \ ^+Si{\equiv}O_3$	正电	$g = 2.001\,6$	＊＊＊
$E_{10.4-G}'$	—	$H{-}O{-}\overset{\rightarrow}{Si}{\equiv}O_2$	—	$g_1 = 2.001\,8$ $g_2 = 2.000\,6$ $g_3 = 2.000\,4$	＊

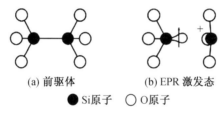

(a) 前驱体　　　(b) EPR 激发态

● Si原子　　○ O原子

图3.103　E' 心的 EPR 状态示意图

3.5.4　界面态陷阱特性

电离辐射效应除了产生氧化物电荷,还会在 Si/SiO₂ 界面诱发界面态陷阱。界面态陷阱的能级连续分布于 Si 禁带中,使得其状态易于受到外部电场偏压调制。界面态陷阱可以是带正电荷、中性或带负电荷。位于 Si 禁带下部的界面态陷阱中心主要作为施主能级。如果界面态陷阱能级高于界面态的费米能级,则陷阱会将电子"施舍"给 Si 体。在这种情况下,陷阱中心是带正电荷。处于 Si 禁带上部的陷阱主要作为受主能级,即如果界面态陷阱能级低于界面态的费米能级时,陷阱中心将从 Si 中"接受"电子。此时,陷阱中心带负电荷。在 Si 禁带中部,界面态陷阱近似呈电中性。

在给定时间内,界面态陷阱的累积速率要比氧化物俘获电荷慢得多。例如,电离脉冲辐照后,界面态陷阱的累积需要几千秒时间才能达到饱和状态。再有,与氧化物俘获电荷不同的是,界面态俘获电荷在室温下无退火现象。界面态俘获电荷的这些性质将会对空间低剂量率辐射效应产生重要的影响。

1. 界面态陷阱积累效应

通常,为了便于表征界面态陷阱的形成特点,采用脉冲辐照试验进行研究。脉冲辐照的特点是快速沉积能量,界面态陷阱将在随后的能量弛豫过程中逐渐形成并趋于饱和。研究表明,电离脉冲辐照后,可在几毫秒内产生部分"初始"界面态陷阱。初始界面态只会在正偏压条件下出现,而负偏压时不会形成。该现象表明,初始界面态不会在辐照过程中直接出现,而是由偏压条件所间接诱发的二次响应。初始界面态数量通常只占总量的一小部分,约低于总量的 25%。初始界面态数量与器件的制备工艺密切相关。

在 1 次高剂量率电离脉冲辐照后的几秒到几千秒内,会形成大多数的界面态陷阱。图 3.104 是高剂量率脉冲辐照条件下,界面态陷阱密度随时间增加的变化曲线[19]。界面态陷阱密度为给定时间间隔禁带内陷阱的平均数量,单位为"陷阱数・cm^2・eV^{-1}",通常用 D_{it} 表示。图中曲线的数据是通过电子直线加速器(LINAC),在 4 Hz 脉冲频率下,对多晶 Si 晶体管连续进行 5 次、70 次和 572 次脉冲辐照试验所得。总剂量为 75 krad(Si),栅氧化物层厚度为 47 nm,辐照和随后测试期间的电场为 1 MV/cm。界面态陷阱的密度是从辐照后第 1 秒开始测试,直至达到饱和状态结束。图 3.104 是典型的界面态陷阱形成曲线。由图可见,经不同次数的高剂量率脉冲辐照后,界面态陷阱密度随时间的变化曲线大体上相同,均在辐照后约 10^5 s 时开始饱和。在连续进行 5 次脉冲辐照后,约 35 s 的时间内会产生 50%($\tau_{1/2}$)的界面态陷阱数量。

在脉冲辐照和随后测试过程中,负偏压条件下界面态陷阱形成的数量较少。然而,在进行测试时先施加负偏压,紧随其后施加正偏压,会导致界面态陷阱易于形成。图 3.105 为 1.5 μs 脉冲产生 25 ~ 40 krad(Si) 剂量的辐照后,多晶硅栅控晶体管的界面态陷阱数量随时间的变化曲线[20]。栅氧厚度为 35 nm。标有"参比"字样的数据是指辐照和测试过程中施加的偏压为 + 2 V。该曲线所给出的界面态陷阱形成速率与图 3.104 相类似。图中 0.001 s、0.01 s、300 s 和 1 000 s 分别表示测试期间偏置电压的转换时间点($t_{切换}$),即在辐照和测试的最初阶段,先加 − 2 V 的偏压,然后在对应的时间点将偏压转变为 + 2 V。在脉冲辐照后 0.001 s 切换偏置的情况下,最终可获得持续加 + 2 V 正偏压时约 85% 的界面态陷阱累积量。且大约在 10 s 时界面态陷阱才开始增多。相比而言,持续加 + 2 V 正偏压的情况下,在第一次测量约 0.3 s 界面态陷阱数量就开始增加。因此,先加负偏置电压再切换为正偏置电压的情况下,会使界面态陷阱初始累积的时间更长。其原因可能是由于负偏压时,空穴向金属 /SiO_2 界面传输,并在金属 /SiO_2 界面附近释放氢离子,不利于在 Si/SiO_2 界面形成界面态陷阱。先加负偏压再切换为正偏压条件下,氢离子从金属 /SiO_2 界面漂移到 Si/SiO_2 界面需要的时间增加。对于正偏压情况,空穴向 Si/SiO_2 界面传输过程中,释放的氢离子距 Si/SiO_2 界面较近,漂移到 Si/SiO_2 界面所需的时间大大减少。所加负偏压的时间越长,最终界面态陷阱的累积量越少。在 300 s 或 1 000 s 切换偏压条件下,只能产生很少量的界面态陷阱。

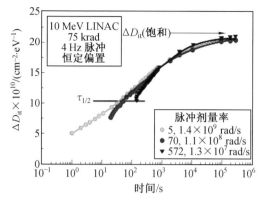 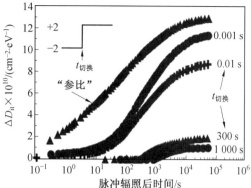

图3.104　多晶 Si 晶体管经高剂量率脉冲辐照后界面态陷阱密度随时间的变化（$\tau_{1/2}$ 表示产生 50% 的界面态陷阱）

图3.105　多晶 Si 栅控晶体管经脉冲辐照后测试期间切换偏置电压（+2 V → -2 V）对界面态陷阱形成数量的影响

上述试验结果表明，界面态陷阱是在辐照后退火过程中，随着辐射能量的弛豫而逐渐形成的。这种现象与氧化物俘获电荷的数量在辐照后退火过程中逐渐降低的变化趋势有明显的不同。随着辐照后测试时间或退火时间增加，界面态陷阱的数量逐渐增加，直至辐射能量弛豫过程终止而不再变化。界面态陷阱的状态同样取决于辐照后的退火温度。图 3.106 是在单次吸收剂量为约 50 krad(Si) 的 1.5 μs 脉冲辐照后，退火温度从 278 K 到 375 K 范围内，多晶硅栅控晶体管在单位吸收剂量下界面态陷阱密度随退火时间的变化[21]。在辐照和退火过程中，氧化物层电场为 2 MV/cm；氧化物层厚度是 26 nm。试验结果表明，界面态陷阱的形成速率随着退火温度的增高而增加。在较低的退火温度（< 150 K）下，界面态陷阱的形成速率显著降低。图 3.107 是在温度 78 K 单次脉冲辐照（吸收剂量为 0.74 Mrad）后，界面态陷阱密度随退火温度的变化[22]。辐照后，温度逐渐增加且在图中所示的各温度下进行 20 min 退火，然后重新冷却至 78 K 进行测量。辐照期间所加栅压为 +5.2 V；退火期间所加偏压在 -5.2 V 到 +10.4 V 之间取值。由图 3.107 可以看出，界面态陷阱的形成量除了受偏置条件的显著影响外，还与退火温度相关。在退火温度从 78 K 到 150 K 范围内，界面态陷阱形成量很少（总量的 1% ~ 10%）；大部分的累积量（> 90%）发生在从 200 K 到 300 K 的退火温度范围内。

2. 界面态陷阱潜在累积效应

在正常情况下，辐照后 10^2 s 到 10^5 s 的时间内，界面态陷阱的数量可能会大量增加而趋于饱和。此外，界面态陷阱存在二次累积效应，称为潜在累积效应。在辐照后较长的时间段（> 10^6 s），二次累积效应具有重要作用。鉴于 MOSFET 晶体管便于直观地揭示界面态的演化规律，研究界面态属性时大多以 MOSFET 晶体管为试验对象。图 3.108 为界面态陷阱"潜在"累积效应导致 MOSFET 晶体管阈值电压随时间的变化曲线[23]。图中纵坐标为辐照前后阈值电压变化量 ΔV_{it} 与最大变化量 ΔV_{itmax} 的比值。样件为 P 沟道晶体管,辐射吸收剂量为 75 krad(SiO$_2$)。在辐照后大约 300 s 时,$\Delta V_{it}/\Delta V_{itmax}=0.3$,界面态陷阱的"正常"累积效应停止。之后,从 300 s 到 10^6 s 内没有出现界面态陷阱累积("正常"饱和)。在辐照后时间大于 10^6 s 时,界面态俘获电荷数量大量增加。这种二次增加的界面态陷阱即源于潜在的累积效应。研究发现,界面态陷阱的潜在累积效应主要是源于器件工艺所致。

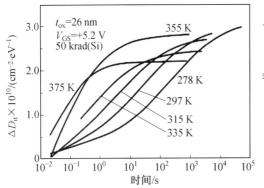

图3.106 硅栅控晶体管经 1.5 μs 脉冲辐照后 278 K 至 375 K 温度范围内界面态陷阱密度随时间的变化

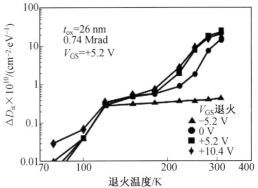

图3.107 硅栅控晶体管经 78 K 温度下脉冲辐照后界面态陷阱密度随退火温度的变化 (各温度下退火时间均为 20 min)

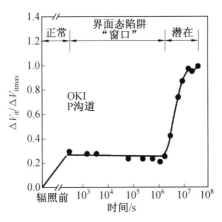

图3.108 P 沟道晶体管的界面态陷阱潜在累积效应

界面态陷阱的潜在累积有两种可能的机制。一是氧化物陷阱直接转换成界面态陷阱或"边界陷阱"。所谓边界陷阱是指在测试时间尺度上可与硅建立联系的氧化物陷阱,其电学特性类似于界面态陷阱。在加偏压的退火过程中,当电子从硅进入氧化物陷阱时,可能使氧化物陷阱转化为界面态陷阱。由于源于 Si 的电子和氧化物陷阱的复合,氧化物俘获电荷将会减少,在复合过程中释放氢离子,相应地导致界面态陷阱的形成和累积。第二种可能的界面态陷阱潜在累积形成机制与氢原子释放和扩散有关。界面附近的氢原子可以在带正电的氧化物陷阱处形成氢离子。氢离子可在 Si/SiO_2 界面自由漂移而形成界面态陷阱。

界面态陷阱的大量累积会对空间环境下电子元器件的应用造成很大影响。界面态陷阱的潜在累积会降低电子元器件的电性能,还可能导致电子系统出现故障。迄今为止,地面试验的评价标准中尚无法预测界面态陷阱的潜在累积效应。

3. 界面态陷阱形成机制

与氧化物俘获电荷不同的是,室温下界面态陷阱不会发生退火衰降过程。已有研究表明,界面态陷阱的退火衰降约发生在 100 ℃。通常,为了观察界面态陷阱的退火衰降过程,往往需要更高的温度。图 3.109 是多晶硅栅控晶体管的 ΔV_{th}、ΔV_{it} 和 ΔV_{ot} 随等时退火温度的变化[24]。图中所示结果是在总辐射吸收剂量达到 3 Mrad(Si) 后,紧接着进行等时退火条件下得到的。在每个温度下等时退火的时间均为 3 min。在辐照和退火过程中,氧化物层电场为 2.5 MV/cm。界面态陷阱在 25 ℃ 到 125 ℃ 的等时退火过程中逐渐累积。等时退火温度高于 125 ℃ 后,界面态陷阱的数量(由 ΔV_{it} 表征)开始减少。在 300 ℃ 等时退火后,ΔV_{it} 已经下降至峰值的 $\frac{1}{5}$。此时尽管大量界面态陷阱发生了退火降解,在 300 ℃ 以上进行等时退火过程中仍会有一些界面态陷阱存在。

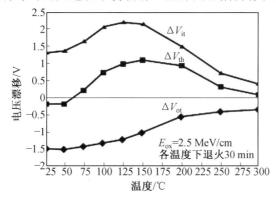

图3.109 多晶硅栅控晶体管经 3 Mrad(Si) 辐照后电压漂移(ΔV_{it}、ΔV_{th} 及 ΔV_{ot})与等时退火温度的关系

界面态陷阱退火降解的机制与其形成机制相关联。实际上,界面态陷阱形成机制比氧化物电荷的形成机制还不确定。迄今为止,已提出了 3 种界面态陷阱形成的机制,包括:① 电离辐射直接诱导界面态陷阱形成;② 俘获空穴导致界面态陷阱形成;③ 通过双级效应机制形成界面态陷阱。在这 3 种机制中,电离辐射不可能是界面态陷阱形成的主要原因。真空紫外辐射试验表明,界面态陷阱可以在非穿透性的辐射条件下形成[25]。在试

验过程中,MOS 电容器的薄金属栅顶端受到非穿透性的真空紫外线(VUV)辐照。氧化物层顶端吸收所有紫外辐射,不会有紫外辐射到达 Si/SiO$_2$ 界面。然而,试验中却在正向偏压条件下观察到了类似于穿透辐射的现象,即界面态陷阱的形成。该试验表明,直接由电离辐射产生的界面态陷阱可以忽略不计,而大部分氧化物层中的电子一空穴对和后续空穴在氧化物层中的运输过程,会导致界面态陷阱的形成。

空穴传输对界面态陷阱形成的作用机制尚不完全清晰。界面态陷阱的形成时间相对较长,可以从几秒到几分钟,而空穴却可在几微秒内穿过较薄的氧化物层。显然,界面态陷阱形成的时间要比空穴的传输时间大几个数量级。Svensson 等人[26]首次提出了界面态陷阱的形成可分成两个阶段。在第一阶段,电离辐射感生的空穴打断了大部分氧化物层中的 Si—H 键,释放出 H 原子;在第二阶段,释放的 H 原子可在 Si/SiO$_2$ 界面自由扩散,并打断界面处的 Si—H 键而形成硅悬键(界面态陷阱)和氢分子。该模型可以解释界面态陷阱缓慢形成的特点。然而,却与试验结果不一致。事实上,界面态陷阱的形成和偏压有关,而 H 原子扩散诱发界面态陷阱的形成应与偏压无关。

Winokur 和 McLean 针对这种矛盾的状况,提出了改进的两阶段模型[27,28]。他们所提出的第一阶段模型和上述 Svensson 的第一阶段模型类似。在加偏压(正值或负值)情况下,氧化物层中的辐射感生空穴以极子化跳跃的方式向 Si/SiO$_2$ 界面或者金属/SiO$_2$ 界面传输。在空穴的传输过程中,可释放足够的能量(约 5 eV)打断 Si—O 键、Si—H 键或 O—H 键。与 Svensson 的模型不同,Winokur 和 McLean 的模型中不是中性的 H 原子被释放,而是随着价键的断裂,释放了带电离子。所释放的离子最有可能是氢离子。第二阶段是在正向偏压条件下,H 离子可向 Si/SiO$_2$ 界面漂移。氢离子到达 Si/SiO$_2$ 界面时,使得 Si—H 键或 Si—OH 键被迅速打断,从而形成界面态陷阱。在该模型中,界面态陷阱形成的时间依赖性由氢离子漂移到 Si/SiO$_2$ 界面的时间决定。该模型的上述内容与试验数据吻合。试验已经表明,只有在正栅压下才会形成界面态陷阱。界面态形成数量的多少将由第一阶段中氧化物层释放的离子数量决定。在 Winokur 和 McLean 模型中,极子化跳跃方式使得空穴在穿越氧化物层时释放离子,从而产生界面态陷阱。因此,对于 Winokur 和 McLean 模型,随着界面态陷阱的增多,伴随着的电场强度应该逐渐增加。研究认为,电场强度的增加,会使得空穴在 SiO$_2$ 中传输状态发生改变。这种改变在 Al 栅 MOS 电容器试验中被发现。目前,该模型尚不能很好地解释电场的影响机制。

为了解释界面态陷阱对电场的依赖关系,常采用 Shaneyfelt 等人提出的空穴/氢离子输运(HT)^2 模型[19]。(HT)^2 模型认为,空穴向 Si/SiO$_2$ 界面传输时,会在界面附近形成陷阱电荷。随着空穴成为陷阱电荷或被中和,Si/SiO$_2$ 界面附近的氢离子被释放。传输到 Si/SiO$_2$ 界面的氢离子可与界面发生相互作用,同时生成界面态陷阱。Shaneyfelt 模型的限制条件在于氢离子漂移速率及其与界面相互作用的速率。该模型中,界面附近的空穴俘获截面是受电场影响的重要因素。因此,Shaneyfelt 模型可用于诠释试验所观察到的界面态陷阱对电场的依赖性。

若将 Si/SiO_2 界面附近的空穴陷阱作为界面态陷阱形成的诱导因素,则界面态陷阱形成的速率将与栅氧化物厚度无关。除了特别厚的氧化物层,辐射感生的空穴在氧化物层中的穿越时间只需要几毫秒。对于不太厚或薄的氧化物层,大多数界面态陷阱还未形成,空穴输运已经完成。然而,在较厚的氧化物层条件下,如果大部分界面态陷阱的形成与氧化物层中氢离子的漂移相关,氢离子漂移到 Si/SiO_2 界面附近的路程较长,则界面态陷阱的形成应与氧化物层的厚度有关。图 3.110 为干氧工艺及不同氧化物层厚度条件下,辐照后晶体管中界面态陷阱的形成与时间的关系[19]。图中,栅氧的形成方式为干氧法,栅氧的厚度从 27.7 nm 到 104 nm 不等。辐照和退火期间,晶体管的恒定偏置为 1 MV/cm。由图可见,界面态陷阱的形成速率与栅氧厚度未呈现明显的相关性。因此,所得的试验数据总体上支持 $(HT)^2$ 模型。

图 3.111 为湿氧工艺及不同氧化物层厚度条件下,栅控晶体管辐照后界面态陷阱数量与时间的关系[19]。图中,栅氧厚度在 23.2 nm 到 100 nm 之间。当晶体管的氧化物层厚度达到 100 nm 时,界面态陷阱的形成速率明显低于其他栅氧厚度的晶体管。由图可见,不同栅氧厚度条件下,湿氧晶体管的数据既不符合 $(HT)^2$ 模型,也不符合 Winokur 和 McLean 模型。对于氧化物层较厚的晶体管,界面态陷阱的形成很有可能一部分来源于 Si/SiO_2 界面附近的空穴俘获,一部分来源于氧化物层中氢离子的漂移所致。

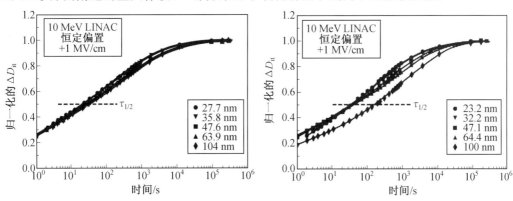

图3.110　干氧工艺及不同氧化物层厚度条件下　　图3.111　湿氧工艺及不同氧化物层厚度条件下
　　　　　辐照后界面态陷阱数量随时间的变化　　　　　　　　辐照后界面态数量随时间的变化
　　　　　（$\tau_{1/2}$ 表示产生 50% 的界面态陷阱）　　　　　　　（$\tau_{1/2}$ 表示产生 50% 界面态陷阱）

通常认为,诱导界面态陷阱形成的离子为氢离子。氢很早就被认为是辐射感生界面态陷阱形成的关键因素。在器件制造期间,高温退火的气体环境中,氢的分压可影响界面态陷阱的数量。通过研究发现,当氢离子接近 Si/SiO_2 界面时,它可被硅中的电子通过隧穿的方式中和。所产生的氢原子扩散到界面并打断 Si—H 键,形成界面态陷阱。这一过程可以写成如下反应式：

$$H^+ + e^- \rightarrow H \tag{3.14}$$

$$H + H\text{—}Si \equiv Si \rightarrow H_2 + \cdot Si^- \equiv Si \tag{3.15}$$

其中，$H\text{—}Si \equiv Si$ 代表 1 个 Si 原子连着 1 个 H 原子和 3 个 Si 原子；$\cdot Si^- \equiv Si$ 代表 1 个负价硅离子连着 3 个 Si 原子和 1 个悬挂键（界面态陷阱）。上述反应式表明，反应的第一步是将氢离子（H^+）转变成原子氢（H）。然后，H 原子在 Si/SiO_2 界面处打断 $H\text{—}Si$ 键，形成界面态陷阱。但是，这种反应仍有两个疑点。首先，SiO_2 中溶入的 H 原子高度稳定，且输运期间其化学能低于 H^+；其次，SiO_2 中的氢离子能级较 H 原子低。因此，如果反应可以进行，H 原子将向硅中释放一个电子从而形成 H^+。密度泛函理论计算[29] 表明，更有可能的是，界面态陷阱是氢离子按如下反应直接形成的：

$$H^+ + H\text{—}Si \equiv Si \rightarrow H_2 + \cdot Si^+ \equiv Si \tag{3.16}$$

采用正向偏压时，带正电荷的界面态陷阱 $\cdot Si^+ \equiv Si_3$ 可从硅体中捕获电子，迅速转化为负电荷状态。需要注意的是，虽然 Winokur 和 McLean 模型[27] 与 $(HT)_2$ 模型[19] 在细节上有所不同，两者的基本思路相似。它们都基于氧化物层中产生的空穴建立模型的框架，涉及空穴输运和氢的释放等基本过程。这两个模型是目前较为有说服力的界面态陷阱形成模型。至于在 Si/SiO_2 界面附近的氧化物是否会经常释放大量的氢，尚有待于进一步研究。

上述分析表明，界面态陷阱形成机制涉及的问题较多，不少细节尚有待于进一步研究。界面态陷阱形成模型的深入研究，可以结合以下几个重要的关注点进行，包括：① 界面态陷阱的形成主要取决于氧化物中所产生的大量电子－空穴对，而并非直接由电离辐射诱生；② 界面态陷阱的形成与空穴输运方式有关，将主要涉及氧化物中或 Si/SiO_2 界面附近的陷阱捕获中心的贡献；③ 释放的氢离子将全部或大部分参与界面态陷阱的形成；④ 界面态陷阱的形成与所加偏置电场的极性有关，负栅压下界面态陷阱难于形成。

4. 界面态陷阱的结构

辐射诱生界面态陷阱的微观结构已被确定是 P_b 缺陷中心。P_b 心键接 3 个 Si 原子，类似于 E' 心。P_b 心的化学符号为 $\cdot Si \equiv Si$。针对 $\langle 111 \rangle$ Si 晶体，采用 EPR 测试方法，已在辐照后的 MOS 电容器上发现了界面态的一些属性。P_b 心有一个 g 张量为 2.008 的磁场与垂直于 $\langle 111 \rangle$ 轴的零磁场交点，以及一个 g 张量为 2.0014 的磁场与平行于 $\langle 111 \rangle$ 轴的零磁场交点。在辐照和退火过程中，采用 CV 测量方法所得到的 P_b 心数量与界面态陷阱的数量有关[30]。P_b 心的能级密度峰值在禁带中央，而在导带和价带的能级密度降低。这种能级分布说明禁带中部的界面态陷阱是顺磁和电中性的。在禁带的上部，界面态陷阱类似于受主（可以接受一个电子）和带负电荷，包含两个电子，P_b 心具有磁性。在禁带的下部，界面态陷阱类似于施主（可以提供一个电子）与带正电荷，不包含电子，P_b 心具有逆磁性。在禁带中央，界面态陷阱是中性的，包含一个电子，P_b 心具有顺磁性。

在未经辐照的 $\langle 110 \rangle$ 面硅中，已确定有两种截然不同类型的 P_b 心[31]，分别标记为 P_{b0}

心和P_{b1}心。P_{b0}心的g张量类似于P_b心的g张量,说明该两种缺陷中心的结构相似。P_{b1}心的g张量与硅中其他缺陷中心及SiO_2中的缺陷中心都不相同。迄今为止,尚不完全清楚P_{b1}心的属性。

3.5.5 边界陷阱

前已述及,电离辐射损伤可诱生两种主要缺陷:界面态陷阱和氧化物俘获电荷。在正偏条件下,电子可从硅体中隧穿到氧化物层并中和氧化物陷阱;在负偏压条件下,可进行该过程的逆过程。隧穿电子中和氧化物陷阱所需要的时间取决于陷阱中心到Si/SiO_2界面的距离。靠近界面的陷阱可以相对容易地与硅体进行电荷转移,而远离界面的陷阱却难于进行电荷转移。如果靠近界面的缺陷可在电性能测试的时间范围内与硅体发生电荷交换,则它的特性与界面态陷阱类似,而不同于氧化物陷阱电荷。这类陷阱被称为边界陷阱。边界陷阱、氧化物陷阱和界面态陷阱的位置如图3.112所示[32]。随着到界面的距离增加,隧穿所需的时间呈指数地增加。因此,边界陷阱必须非常接近Si/SiO_2界面。

隧穿电子可在1 min内,将距Si/SiO_2界面或金属$/SiO_2$界面约3 nm范围内的缺陷电荷钝化。若缺陷距界面的距离仅发生± 0.25 nm的变化,隧穿时间却要增加1个数量级。通常,只有距界面不到3 nm的陷阱才能够很容易地与隧穿电子交换电荷,并成为边界陷阱。边界陷阱和氧化物陷阱的区别是,后者距离界面超过3 nm,不容易与隧穿电子发生电荷交换。实际上,这种区分界线可能并不严格。准确"划分"氧化物陷阱和边界陷阱之间的界线还与测试方法和测试条件有关。

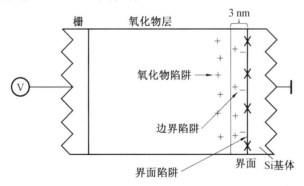

图3.112 边界陷阱、氧化物陷阱和界面态陷阱的位置示意图

通过引入边界陷阱的概念,便于更好地区分3种不同类型的"界面附近陷阱"的差异。通常所谓的"界面附近陷阱",包括氧化物陷阱、界面态陷阱及边界陷阱。采用不同的测试方法,可以测试界面附近的陷阱是氧化物陷阱或为界面态陷阱。例如,采用$1/f$噪声测试可以界定界面附近的氧化物电荷陷阱。然而,尽管是同样的缺陷,在某些情况下$1/f$噪声符合氧化物陷阱的特征,而在其他情况下,又可能符合界面态陷阱的特征。已有研究

数据表明,$1/f$ 噪声与边界陷阱的数量很可能具有某种相关性。因此,通过区分界面态陷阱(P_b 心)和边界陷阱可以解释 $1/f$ 噪声的演化。

3.6　双极晶体管电离损伤相关问题

3.6.1　概述

如第 1 章所述,电流增益是双极晶体管最关键的电性能参数。双极模拟电路对双极晶体管电流增益的变化非常敏感。然而,双极数字电路对双极晶体管的电流增益变化却不敏感,只要电流增益高于某一最小值即可正常工作。

经过电离辐射损伤后,双极晶体管的电流增益降低。特别是,在低电压水平条件下,电流增益的退化程度更大。作者课题组研究表明,在相同的辐射吸收剂量条件下,不同类型的 PNP 双极晶体管电流增益退化程度不同,如图 3.113 所示。该结论与国际上的研究结果一致。图 3.113 是总剂量为 500 krad(SiO_2) 时,LPNP、SPNP 及 VPNP 三种类型晶体管的电流增益随发射结电压变化的归一化曲线[33]。由图可见,VPNP 晶体管的电流增益退化程度最小,而 LPNP 晶体管的电流增益退化程度最大。在发射结电压较低时,电离辐射诱导的双极晶体管增益退化较为严重。图 3.113 中,$V_{EB} = 0.75$ V 时,VPNP 晶体管的电流增益降低到初始值的 70%;发射结电压为 0.6 V 时,电流增益降低到初始值的 40%。

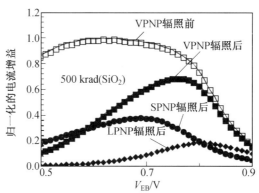

图3.113　不同类型的 PNP 型双极晶体管辐照后电流增益变化对比

已有研究表明,辐照后双极晶体管的电流增益降低主要是由于基极电流 I_B 的增加所导致,而集电极电流 I_C 的变化不大。图 3.114(a) 和 (b) 分别为针对 3DG112 型和 3DG130 型晶体管,将不同辐照注量下的 I_C 和 I_B 随 V_{BE} 变化放在同一图中比较的结果。可以看到,随着 110 keV 电子辐照注量增加,集电极电流 I_C 大致不变。除非发射结电压 V_{BE} 非常低,集电极电流随辐照注量的增加实际上没有变化,而基极电流显著增加。这就使得电流增益大幅度降低。本节将重点讨论电离辐射导致基极电流增加的机制。

图 3.115 示出基极电流 I_B 有 3 个重要的组成部分,包括:载流子在发射结耗尽区产生的复合电流 I_{B1};从基区到发射区的反注入载流子产生的电流 I_{B2};以及中性基区产生的复合电流 I_{B3}。对于未辐照的晶体管,I_{B2} 是基极电流主要部分。然而,在电离辐射条件下,I_{B1} 和 I_{B3} 增加,且 I_{B1} 为基极电流的主要部分。在下一章讨论位移损伤效应时,I_{B3} 将成为基极电流的主要组成部分。

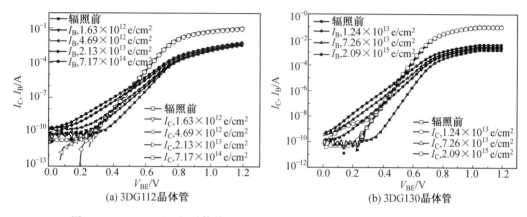

图3.114 NPN 型双极晶体管经 110 keV 电子辐照时 I_C 和 I_B 随 V_{BE} 的变化

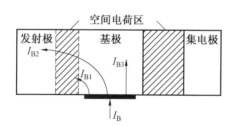

图3.115 NPN 型双极晶体管基极电流的组成

3.6.2 载流子复合

1. SRH 复合模型讨论

如第 1 章所述,当导带中电子遇到价带中空穴时会发生复合,两者湮灭。载流子湮灭时将以光或热的形式释放能量。硅是间接能带间隙半导体,为了保持动量和能量守恒,载流子湮灭时会有声子(热能)产生。当复合中心的能级处于禁带内时,发生这种间接复合的概率更高。这种能量复合的方式可由如下 Shockley－Read－Hall(SRH) 方程式表述:

$$R = \frac{pn - n_i^2}{\tau_{n0}(p + p_1) + \tau_{p0}(n + n_1)} \tag{3.17}$$

式中，R 为载流子复合率；τ_{n0} 为电子寿命；τ_{p0} 为空穴寿命；n_i 为本征载流子浓度；n 和 p 分别表示电子和空穴的浓度。载流子寿命和复合中心的体积浓度呈反比关系。p_1 和 n_1 分别表示复合时空穴和电子的浓度，均取决于复合陷阱的能级并可分别如以下两式所示：

$$p_1 = n_i \exp\left(\frac{E_i - E_t}{kT}\right) \tag{3.18}$$

$$n_1 = p_i \exp\left(\frac{E_t - E_i}{kT}\right) \tag{3.19}$$

式中，E_i 是本征能级；E_t 是复合陷阱能级。如果复合过程涉及多个陷阱能级，整个硅禁带内载流子的总复合率可以通过积分求得。需要注意的是，上述两式应满足如下关系：

$$n_1 p_1 = n_i^2 \tag{3.20}$$

SRH 方程是诠释双极晶体管总剂量（TID）效应的最重要的方程式。在双极晶体管中，所有 TID 效应诱发的电流－电压关系变化的特性，都可归因于该方程式中的某项发生变化所致。式（3.17）的分子项描述器件的载流子状态偏离平衡半导体的程度；分母项包含了代表复合中心属性的因素。

能级位于硅禁带中部的陷阱是最有效的复合中心。这是因为载流子发生复合时，陷阱必须同时捕获电子和空穴。若对 SRH 方程式的分母进行微分，当其微分值为 0 时，复合率最大。此时，则有

$$n_1 = n_i \sqrt{\frac{\tau_{n0}}{\tau_{p0}}} \tag{3.21}$$

如果电子和空穴的寿命相等，最大复合率在 $n_1 = p_1$ 时发生，相应于陷阱中心的能级就是本征能级。即使电子和空穴的寿命不相等，最大复合率的陷阱能级也应在禁带中部附近。这是因为 n_1 和 p_1 随陷阱能级 E_t 以指数形式变化，且与电子／空穴寿命比的平方根成正比。

通过对 SRH 方程的分母微分，并假设电子和空穴的寿命相等，同样可以求得最大复合率在电子和空穴浓度相等时发生。这表明陷阱捕获空穴和电子的概率相等时，复合率最高。通常将电子浓度 n 和空穴浓度 p 相等的状态，即 $n = p$，称为浓度交叉点。这种状态总会在 PN 结耗尽区某处发生，即每个 PN 结区均有满足 $n = p$ 的浓度交叉点。当双极晶体管受到电离辐射作用时，由于耗尽层内氧化物电荷和界面态浓度的改变，会导致复合率的最大值和出现的位置均发生变化。耗尽区载流子浓度变化与 SRH 复合率的定性关系如图 3.116 所示。

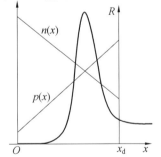

图3.116　耗尽区载流子浓度与 SRH 复合率的定性关系（n 表示电子浓度；p 表示空穴浓度；R 表示复合率；x_d 表示耗尽层厚度；x 表示沿耗尽层厚度位置变量）

2. 载流子表面复合速度

SRH 方程也可用于分析载流子在 Si/SiO_2 界面发生的复合过程（常称为表面复合）。在二维表面复合的情况下，只是相关物理量的维度有所变化（由一维变为二维），可将 SRH 方程写成如下公式：

$$R_s = \frac{p_s n_s - n_i^2}{\dfrac{1}{c_{ns} N_{Ts}}(p_s + p_{1s}) + \dfrac{1}{c_{ps} N_{Ts}}(n_s + n_{1s})} \tag{3.22}$$

式中，c_{ns} 和 c_{ps} 为以 cm^3/s 为单位的常数，分别称为电子和空穴的捕获系数，下标"s"指表面（Si/SiO_2 界面）；$c_{ns} N_{Ts}$ 乘积是速率参量，称为电子的表面复合率（类似地，$c_{ps} N_{Ts}$ 乘积称为空穴的表面复合率）；N_{Ts} 表示界面态陷阱面密度。假定界面态陷阱处于单一的能级，经辐照后器件中的界面态复合中心能级将遍布于整个禁带。在此种情况下，可将上式改为

$$R_s = \int_{E_v}^{E_C} R_s \, dE = \frac{p_s n_s - n_i^2}{(p_s + p_{1s})/c_{ns} + (n_s + n_{1s})/c_{ps}} D_{it}(E) \, dE \tag{3.23}$$

式中，$D_{it}(E)$ 是界面态陷阱密度，其量纲为单位面积、单位能量的陷阱数量。

通常，在低注入水平和平带条件下，载流子的表面复合速率是常数。所谓低注入水平是指表面的过剩载流子浓度远比平衡状态下多数载流子浓度低；平带指平衡状态时表面的多数载流子浓度等于净掺杂的浓度。在这两种条件下，载流子的表面复合率可分别针对 N 型材料和 P 型材料按下述公式近似求得：

$$\text{N 型材料} \qquad R_s = s_n \Delta n_s \tag{3.24}$$

$$\text{P 型材料} \qquad R_s = s_p \Delta p_s \tag{3.25}$$

式中，s_p 和 s_n 分别表示空穴和电子的表面复合速率；Δp_s 和 Δn_s 分别表示辐照前后 Si/SiO_2 界面上空穴和电子浓度的变化。对于低注入水平和平带条件以外的情况，表面复合速率不再是常数。

上述表面复合公式中的捕获系数可基于陷阱的有效捕获面积（横截面）和载流子运动速度计算。如果载流子以热运动方式漂移，室温下热运动速度大约是 10^7 cm/s。在这种情况下，电子和空穴的表面复合速率可以分别由以下公式给出：

$$s_n = \sigma_n \cdot N_{Ts} \cdot v_{th} \tag{3.26}$$

$$s_p = \sigma_p \cdot N_{Ts} \cdot v_{th} \tag{3.27}$$

式中，$\sigma_{n(p)}$ 是电子或空穴的俘获截面；v_{th} 是热运动速度；其余符号含义同前。经受电离辐射后，界面态陷阱密度（相应于 N_{Ts}）增加，则表面复合速率和表面复合率提高。在下面的讨论中，表面复合速率将用 v_{surf} 表示。

3. 复合电流

在热平衡条件下，载流子的产生和复合两个反向过程互相平衡，净复合率为 0。这意

味着 SRH 方程的分子项消失,即 $n_1 p_1 = n_i^2$。然而,当 PN 结正偏时,$pn > n_i^2$,有净复合发生。在这种情况下,载流子复合过程发生时,为了保持稳态条件,需要有外部电源供应的空穴和电子,以便能有电流持续不断地流入载流子的复合区。这种维持载流子稳态复合过程的电流,称为复合电流。对于 PN 结而言,复合电流密度 J_{rec} 可以通过耗尽区载流子复合率的积分求得,即

$$J_{rec} = \int_{-x_p}^{x_n} (q \cdot R) \, dx \tag{3.28}$$

式中,x_n 和 x_p 分别为耗尽区两侧的位置坐标参数;q 为电子电荷量;R 为载流子复合率。

4. 理想因子

大多数双极晶体管中,电流 I 和电压 V 呈指数关系,可以通过下述公式普适性地加以描述:

$$I = I_0 \exp\left(\frac{qV}{nkT}\right) \tag{3.29}$$

其中,I_0 是饱和电流;n 为理想因子。若对上式中的电流取对数与电压建立函数关系,其结果是一条直线,n 值是该线性关系的斜率因子。在理想情况下,若没有载流子复合过程发生,则 $n=1$;若最大复合率发生,则 $n=2$。在正偏条件下,空穴和电子的浓度乘积 pn 可以表示为

$$pn = n_i^2 \exp\left(\frac{qV}{kT}\right) \tag{3.30}$$

式中,各符号含义同前。

通常假设,PN 结耗尽区的总复合过程由耗尽区内载流子浓度交叉点($p=n$)的复合率控制。但这只是对未辐照器件的一种近似。双极晶体管经过辐射损伤后,表面复合效应将变得更为重要,且耗尽区载流子浓度交叉点以外的区域也可能对总复合过程有重要的影响。图 3.28 表明了 NPN 型双极晶体管发射结附近的表面复合位置与复合率的关系[34]。表面复合率达到峰值的理想因子是 2,在中性基区复合的理想因子是 1,在耗尽区其他位置是 1 到 2 之间。通常,辐射诱导双极晶体管复合电流的理想因子在 1 到 2 之间。

3.6.3　过剩基极电流

1. 发射结中的复合

当双极晶体管受到电离辐射损伤时,主要会影响发射结中载流子的复合,从而导致辐照后基极电流增大。基极电流超过初始值的部分称为过剩基极电流。最大复合率发生在 PN 结耗尽区载流子浓度交叉点。

通常,载流子复合可发生在不同的空间位置,表面复合产生的过剩基极电流的理想因子在 1 和 2 之间。然而,在许多情况下,一个合理的近似是假定过剩基极电流主要源于耗尽区浓度交叉点处复合,其结果为

$$J_{\mathrm{B1}} \propto \upsilon_{\mathrm{surf}} \exp\left(\frac{qV}{2kT}\right) \tag{3.31}$$

其中,下标"1"表示所描述的基极复合电流发生在发射结耗尽区;J_{B1} 为源于发射结耗尽区浓度交叉点的过剩基极电流密度;υ_{surf} 为表面复合发生的频率;其余符号含义同前。在发射结电压较低情况下,发射结中表面复合的作用更明显。在后面第 4 章将要讨论位移损伤的情况下,复合率可在整个耗尽区增大,而不仅仅是发生在 $\mathrm{Si/SiO_2}$ 界面上。如果体缺陷在硅中均匀分布,复合率的峰值同样发生在耗尽区内载流子浓度交叉点($n = p$)处。在这种情况下,陷阱的电特性可用少数载流子寿命的降低来描述。如果体缺陷造成的载流子复合在耗尽区中占主导地位,则式(3.31)变为

$$J_{\mathrm{B1}} \propto \frac{1}{\tau} \exp\left(\frac{qV}{2kT}\right) \tag{3.32}$$

式中,τ 为在耗尽区域中的少数载流子寿命。

2. 中性基区中的复合

当少数载流子从发射区注入中性基区时,在它们到达集电极之前会发生复合。对于未经电离辐射的晶体管,载流子在中性基区的复合概率很小。但经辐射之后,中性基区的复合将成为主要因素。双极晶体管在正向有源状态下,少子浓度在中性基区大致呈三角形分布,则 NPN 型晶体管基区少子的电荷总量 Q_{B} 可由下式求得:

$$Q_{\mathrm{B}} = \frac{1}{2} q W_{\mathrm{B}} n_{\mathrm{B0}} = \frac{q W_{\mathrm{B}} n_{\mathrm{B0}} \exp\left(\frac{qV_{\mathrm{BE}}}{kT}\right)}{2} \tag{3.33}$$

式中,q 为电子电荷量;W_{B} 为中性基区宽度;n_{B0} 为中性基区少子(电子)浓度;V_{BE} 为发射结电压;其余符号含义同前。

如果少数载流子在中性基区的平均寿命是 τ_{B},则中性基区复合过程所产生的基极电流密度为

$$J_{\mathrm{B3}} = \frac{Q_{\mathrm{B}}}{\tau_{\mathrm{B}}} = \frac{q W_{\mathrm{B}} n_{\mathrm{B0}} \exp\left(\frac{qV_{\mathrm{BE}}}{kT}\right)}{2\tau_{\mathrm{B}}} \tag{3.34}$$

其中,下标"3"表示基极电流源于中性基区复合;其余符号含义同前。在发射结中复合时,理想因子接近于 2,而在中性基区复合时理想因子接近于 1。当双极晶体管经受电离辐射损伤后,基区少子寿命降低。在电离辐射损伤条件下,界面态陷阱中心会导致表面少子寿命的降低,而少子的体寿命近似不变。

3.6.4　双极晶体管退火效应

如 3.5 节所述,针对 MOS 晶体管,可通过观察辐照前后阈值电压变化的退火响应,分析电离缺陷的演化状态。双极晶体管经电离辐射损伤后,其退火效应的特点与 MOS 晶

体管明显不同。但是,仍然可借助于退火效应分析,揭示双极晶体管电离辐射损伤机理。

经 γ 射线辐照后,多晶硅发射极的 NPN 型晶体管的退火特征曲线如图 3.117 所示[35]。辐照源为[60]Co,γ 射线剂量率为 240 rad(SiO₂)/s,总剂量为 500 krad(SiO₂),各温度下的等时退火时间均为 30 min。图中,A、B、C 及 D 点分别表示在 60 ℃、100 ℃、150 ℃ 及 200 ℃ 等时退火的试验点;E、F 及 G 点分别表示在 200 ℃ 退火完成后,再次回到室温退火 15 h,29 天和 87 天的试验点。如图所示,在室温条件下,随着辐照后时间增加,基极电流几乎保持不变;然而,在高温(> 100 ℃)等时退火时,基极电流随退火温度升高而显著降低。已有研究表明,基极电流对表面复合中心的密度敏感。在 100 ℃ 或更高温度下,界面态陷阱会发生退火(界面态密度降低)。因此,可以认为,NPN 型晶体管经辐照后,其基极电流在较高温度等时退火时的下降主要与界面态密度变化有关。

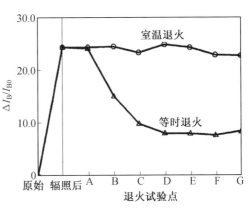

图3.117　反偏条件下 NPN 型晶体管的室温退火和等时退火特征曲线

上述试验结果表明,双极晶体管的基极电流与温度具有相关性。基极电流和温度的关系如下式所示:

$$I_B = \frac{K}{\beta_F} T^3 \exp\left(\frac{qV_{BE} - E_g}{k_B T}\right) \tag{3.35}$$

式中,K 为常数;β_F 为正向电流增益;T 为温度,K;V_{BE} 为发射结电压;k_B 为玻耳兹曼常数;E_g 是带隙能量。载流子扩散系数对温度的依赖性体现在常数 K 中。在室温附近,E_g 被设定为 1.12 eV。β_F 和 K 可通过基极电流与温度的关系曲线拟合求得。在双极晶体管辐照后退火期间,尽管可能由于温度波动引起过剩基极电流变化,却仅约占电离辐射产生的过剩基极电流的 1%。基于上式可知,若发射结电压 V_{BE} 为 0.6 V,基极电流的温度敏感系数为 0.03 nA/℃,则辐照前后基极电流可由 0.4 nA 变为 10 ～ 15 nA。

3.6.5　开关偏置效应

偏置条件会影响双极晶体管的电离辐射损伤程度。为了研究发射结偏置状态与电离损伤效应的关系,针对多晶硅发射极的 NPN 晶体管的不同偏置状态进行了对比分析。辐照试验分两种情况进行。第 1 种情况:在发射结反偏 $V_{BE} = -2$ V 条件下进行辐照,辐射吸收剂量达到 1 Mrad(SiO₂)时,将发射结变为正偏 $V_{BE} = 0.5$ V,再进行 1 Mrad(SiO₂)剂量的辐照试验。第 2 种情况:先在发射结正偏 $V_{BE} = 0.5$ V 时,进行 1 Mrad(SiO₂)的辐照试验,然后在发射结反偏 $V_{BE}=-2$ V 条件下进行第 2 阶段的辐照试验,最后在发射结零偏 $V_{BE}=0$ V 条件下再进行 1 Mrad(SiO$_2$)的辐照试验。辐照源为 X 射线源,电离吸收剂量率为 1 760 rad(SiO$_2$)/s。

图 3.118 给出了上述第 1 种情况的试验结果。由图可见,当吸收剂量为 1 Mrad(SiO$_2$)时,NPN 型晶体管的集电极电流 I_C 增大了 4 倍;吸收剂量为 2 Mrad(SiO$_2$)时,集电极电流 I_C 的增幅回落至趋近于 0。这种结果类似于 MOS 晶体管中开关偏置辐射诱发的电荷中和效应。

图 3.119 给出了针对 NPN 型晶体管进行上述第 2 种情况试验结果。在辐照试验的第 1 阶段发射结正偏 0.5 V 条件下,基极电流增加,而集电极电流不变;在第 2 阶段发射结反偏(-2 V),I_B 和 I_C 均随辐射吸收剂量显著增加;在第 3 阶段发射结零偏条件下,随辐射吸收剂量的增加,基极电流 I_B 呈线性增加趋势,而集电极电流 I_C 呈线性趋势下降。

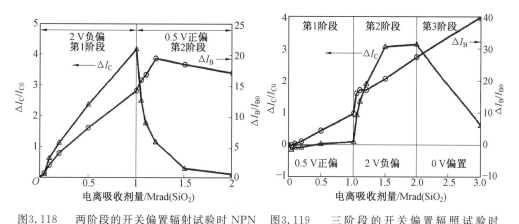

图3.118　两阶段的开关偏置辐射试验时 NPN 型晶体管基极电流和集电极电流的变化　图3.119　三阶段的开关偏置辐照试验时 NPN 型晶体管基极电流和集电极电流的变化

上述集电极电流在不同偏置条件下随辐射吸收剂量的变化现象,仅在多晶硅发射极的 NPN 型晶体管中出现,而在标准发射极晶体管中尚没有发现。该现象可能是由多晶硅—硅界面处的界面态陷阱电荷所诱发。在双极晶体管 $I-V$ 特性曲线测试期间,发射结反偏且 V_{BE} 较大时,若基极接地会使发射极负偏压程度加大,导致能带向上弯曲,如图 3.120(a)所示。由于多晶硅发射极带有负电荷,带负电荷的界面态陷阱将有效地减小跨越氧化物层的电压降。因此,在固定的偏置条件下,电离辐射诱导的界面态陷阱中心越多,发射结处的有效偏置越大。这种增强的偏置效应导致 I_C 和 I_B 以 $\exp(V_j/V_t)$ 的速率增长(其中,V_j 是结的有效偏置,V_t 是热电压)。

上述分析是基于 $I-V$ 特性曲线测试过程中的偏置状态,诠释电离辐射诱导界面态电荷的影响机制。在电离辐射过程中,偏置条件的影响同样可基于 NPN 型晶体管的多晶硅一硅界面处界面态陷阱中心的累积来理解。当辐照过程中发射结反偏时(见图3.120(a)),施加在多晶硅与 Si 发射极的电压为正电压,建立了从多晶硅指向硅的电场。与 MOSFET 晶体管的电性能退化类似,这种偏置条件会导致氧化物俘获电荷累积,致使表面电位和界面态陷阱电荷的状态改变,造成最大程度的损伤效应。当辐照过程中晶体管发射结处于正向偏置时,电场方向相反(见图3.120(b))。此时,缺陷聚积在多晶硅/氧化物层的界面处,其对晶体管的性能几乎没有影响。

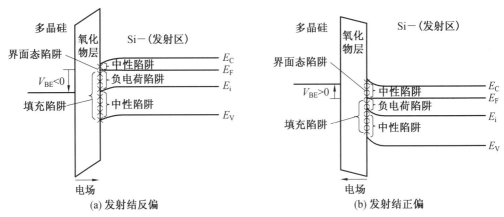

图3.120　不同偏置条件下 NPN 型晶体管的多晶硅-硅界面的能带图

3.6.6　双极晶体管电离损伤模型

1. NPN 型晶体管

如上所述,当 NPN 型晶体管受到电离辐射损伤时,基极电流 I_B 增加,而集电极电流 I_C 基本上保持不变。过剩基极电流(定义为 $\Delta I_B = I_B - I_{B0}$,其中 I_{B0} 是照射前的基极电流)的增加是两种效应造成的,包括:① 表面复合速率的增加;② 发射结耗尽区的扩展。过剩基极电流 ΔI_B 通常可表述为如下形式:

$$\Delta I_B = \Delta I_{B0} \exp\left(\frac{qV_{BE}}{nkT}\right) \tag{3.36}$$

式中,n 为理想因子,其值随氧化物电荷和发射结电压 V_{BE} 的变化而变化。

表面复合速率的增加正比于发射结 Si/SiO_2 界面的复合中心的密度。能级在硅禁带中部附近的陷阱中心对复合电流增强最为有效。该复合中心与诱导 MOS 工艺器件阈值电压偏移的界面态陷阱中心(其密度记为 N_{it})不同。在 MOS 工艺器件中,N_{it} 通常是指处于阈值电压范围内的界面态陷阱的总密度。

通常情况下,由电离辐射引入到氧化物层的净电荷(其密度记为 N_{ox})是正的。正的氧化物电荷会使得 PN 结耗尽区向 P 型基区扩展。对于 NPN 型晶体管,氧化物正电荷增多使表面耗尽区向掺杂相对较轻的 P 型基区扩展。当耗尽区内的电子和空穴密度相等时,复合率最大。

复合发生在发射区周围的情况下,过剩基极电流 ΔI_B 正比于发射区的周长。因为过剩基极电流正比于发射区周长,而理想的基极电流正比于发射区的面积,则 NPN 型晶体管发射区的周长 / 面积比越大,电离辐射损伤的程度将越高。假定电子和空穴的俘获截面相等,陷阱中心的能级处于禁带中部,且偏置条件处于中等水平,则复合速率可写成与载流子复合中心的横向位置有关的函数[36]:

$$R_s(y) = \frac{n_i v_{surf} \exp\left(\dfrac{qV_{BE}}{2kT}\right)}{2\cosh\left[\dfrac{q}{kT}\left(\psi_s(y) - \dfrac{V_{BE}}{2}\right)\right]} \tag{3.37}$$

式中,ψ_s 为表面电势;y 为发射结横向位置坐标参量;其余符号含义同前。当 $\psi_s = V_{BE}/2$ 时,复合率最高,其峰值 $R_{s,pk}$ 可由下式给出:

$$R_{s,pk} = \frac{n_i v_{surf} \exp\left(\dfrac{qV_{BE}}{2kT}\right)}{2} \tag{3.38}$$

当载流子浓度达到 $n = p$ 时,复合率呈现峰值,此时理想因子为 $n = 2$。若氧化物电荷密度 N_{ox} 特别大,P 型基极表面被反型,可使基极表面的复合率减小。但实际上,复合电流可能并不减小,因为此时复合率的峰位将移到 Si/SiO_2 界面的下方。当 N_{ox} 较小时,复合率 R_s 不受 N_{ox} 的约束,而主要取决于 V_{BE} 的高低。如果 R_s 有最大值,则表面势 ψ_s 须等于 $V_{BE}/2$。当 N_{ox} 特别大时,ψ_s 总是高于 $V_{BE}/2$,则 R_s 不会再出现峰值。因此,当 N_{ox} 特别大时,复合率 R_s 不再是氧化物电荷密度的函数。在此种情况下,最大复合率发生在表面(Si/SiO_2 界面)之下区域(亚表面),而不是在表面处。当这种情况发生时,过剩基极电流饱和,如图 3.121 所示。

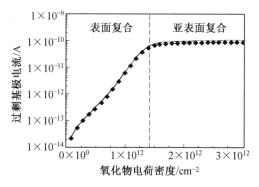

图3.121　NPN 型晶体管电离损伤时过剩基极电流与氧化物电荷密度的关系

对于本章参考文献[34]中的 NPN 型晶体管,$V_{BE} = 0.5$ V 时,从表面复合转移到亚表面复合的临界氧化物电荷密度为 1.5×10^{12} cm^{-2}。若氧化物电荷密度值小于该临界值,

最大复合发生在表面,则在中性基区表面电势 ψ_s 的平台区段(图 3.28)表面复合率可以写成如下形式:

$$R_{s,I_B} = \frac{n_i^2}{N_s} v_{surf} \exp\left(\frac{qV_{BE}}{kT}\right) \exp\left(\frac{N_{ox}}{\sqrt{2L_D N_s}}\right) \tag{3.39}$$

式中, N_s 为基区表面掺杂浓度; N_{ox} 为覆盖在基区上方的氧化物正电荷密度; L_D 为载流子的德拜长度。该方程式表明,基区表面的复合强烈地依赖于氧化物电荷密度。因此,即使氧化电荷密度的变化相对较小,也可能导致过剩基极电流发生较大变化。此时,理想因子为 $n=1$ 。

表面复合过剩基极电流正比于发射区周长和本征基区面积。表面复合与发射结相关时 ΔI_B 的理想因子为 2 ,与中性基区相关时 ΔI_B 的理想因子为 1 。所以,NPN 型晶体管复合电流的理想因子处于 1 和 2 之间。当复合率峰位在中性基体表面下方(亚表面)时,复合电流对表面(Si/SiO₂ 界面)的损伤程度不再敏感。这是因为最大复合率点位于表面之下。此时,发射结表面复合起主要作用,故 ΔI_B 的理想因子为 2 。当对 NPN 型双极晶体管的发射结施加较高的反向电压时,可通过耗尽区热载流子注入产生电流增益退化。热载流子应力产生的损伤区域要比辐射损伤区域更加局域化,如图 3.122 所示。

2. PNP 型晶体管

通常,所谓的 NPN 型和 PNP 型双极晶体管均为纵向型晶体管。相对于 NPN 型晶体管而言,PNP 型晶体管的抗电离辐射性能较好,氧化物正电荷可在 N 型基区表面累积,降低发射结的有效宽度,如图 3.123 所示。通常,发射区的掺杂浓度较大,受氧化物俘获正电荷的影响较小。

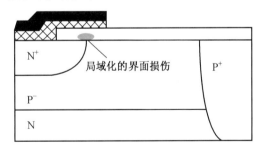 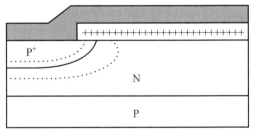

图 3.122　由热载流子在 NPN 晶体管中产生的局域化损伤位置示意图　　图 3.123　氧化物正电荷对 PNP 晶体管发射结耗尽区的影响

基区表面(Si/SiO₂ 界面)的界面态陷阱会导致复合率增加,成为 LPNP 型晶体管性能退化的主要机制。电离辐射损伤在 Si/SiO₂ 界面处引入界面态陷阱,增加了基区表面的复合率,导致基极电流增加。然而,对于给定的表面复合率,氧化物俘获正电荷使得基区表面多子累积,而促使少子空穴向表面以下积聚。这样的结果将导致基区表面载流子(电子与空穴)的密度差加大,表面复合率减小。因此,辐射感生的氧化物正电荷和表面复合率增加的作用相反。表面复合率的降低有利于抑制过剩基极电流,导致其最大饱和速率接近于载流子热运动速度。氧化物正电荷导致表面电位的横向变化会改变 ΔI_{B} 随 V_{EB} 变化的斜率。

　　相比于 SPNP 型晶体管,LPNP 型晶体管对电离辐射损伤较为敏感,因为后者的电流流向模式是横向的,直接受到界面态陷阱的影响。LPNP 型晶体管的电流流向如图 3.124 所示。电离辐射损伤导致界面态的增多,会增加 LPNP 晶体管的过剩基极电流。氧化物俘获正电荷可改变载流子注入的势垒高度,进而改变载流子浓度。在此种情况下,LPNP 型晶体管的基极电流可以表示为

$$I_{\mathrm{B}} = \frac{1}{2} q \cdot x_{\mathrm{dB}} \cdot v_{\mathrm{surf}} \cdot n_{\mathrm{i}} \cdot P_{\mathrm{E}} \exp\left(\frac{qV_{\mathrm{eff}}}{2kT}\right) \tag{3.40}$$

式中, x_{dB} 为基区表面的耗尽区宽度; P_{E} 为发射区周长; V_{eff} 为表面发射结的有效电压。由于氧化物俘获正电荷的作用,有效电压实际上低于发射结的工作电压,如下式所示:

$$V_{\mathrm{eff}} = V_{\mathrm{EB}} - \left| V_{\mathrm{semi}} \right| \tag{3.41}$$

式中, V_{semi} 为氧化物俘获电荷累积的电势,可表示为

$$\left| V_{\mathrm{semi}} \right| = \frac{2kT}{q} \ln\left(1 + \frac{q^2 \cdot y_{\mathrm{acc}} \cdot N_{\mathrm{ox}}}{2\varepsilon_{\mathrm{Si}} \cdot kT}\right) \tag{3.42}$$

式中, y_{acc} 为氧化物俘获正电荷累积层厚度,近似于 1 个德拜长度; $\varepsilon_{\mathrm{Si}}$ 是硅的介电常数;其余符号含义同前。

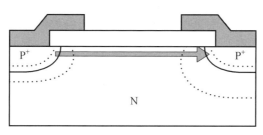

图3.124　LPNP 型晶体管的电流流向示意图

　　上述模型表明,LPNP 型双极晶体管的电离辐射损伤程度受制于界面态和氧化物正电荷两者的共同作用。表面复合速率和过剩基极电流均正比于界面态陷阱的数量。然而,氧化物俘获电荷的增多,可抑制表面复合,使得基极电流的增加变得缓慢,导致过剩基极电流对电离吸收总剂量呈亚线性依赖关系。此外,发射区轻掺杂的 LPNP 双极晶体管对电离辐射损伤更为敏感。

　　在给定的偏置条件下,注入基区中的载流子数量仅与基区掺杂浓度和偏置条件有关,发射结中复合率的增高不会导致集电极电流降低。在耗尽区载流子复合率的增大,会导致发射极电流和基极电流增加,而集电极电流保持不变。然而,当注入的载流子在中性基区发生复合时,它们就不能到达集电结区,会使集电极电流减小。针对 LPNP 型晶体管而

言,为了抑制注入的载流子空穴的影响,基区必须提供电子以支持载流子在中性基区的复合。

3. 双极晶体管电离损伤模型应用

本节将基于上述电离损伤模型,结合不同类型的双极晶体管进行分析和讨论。前面的研究结果表明,双极晶体管在受到电离辐射损伤后,集电极电流基本上保持不变。双极晶体管的电流增益退化主要来源于基极电流的增加所致。基极电流可以表示为 $I_B = I_{B-pre} + \Delta I_B$($I_{B-pre}$ 为晶体管初始的基极电流;ΔI_B 为基极电流的变化量,又称过剩基极电流)。过剩基极电流源于氧化物俘获电荷和界面态所导致的表面复合电流和体复合电流。电离辐射损伤主要在双极晶体管内部产生两种基本类型的辐射缺陷,包括氧化物俘获正电荷和界面态陷阱。氧化物俘获正电荷主要影响晶体管的体复合电流,而界面态对于表面复合电流影响较大。

双极晶体管的过剩基极电流可以通过试验测定。例如,在 3.3.1 节给出的图 3.29 为 110 keV 电子不同辐照注量下,3DG110 型 NPN 双极晶体管的过剩基极电流与发射结电压 V_{BE} 的关系曲线。如图所示,在辐照注量较小的情况下,整条曲线分为斜率不同的两段直线。在较高的发射结电压区段,直线斜率较小,理想因子为 $n=2$;对于较低的发射结电压区段,直线斜率较大,理想因子为 $1 < n < 2$。辐照注量较大的曲线基本上为单一斜率($n=2$)的直线。试验曲线上两段直线斜率发生变化时的发射结电压,被定义为转换电压 V_{tr}。随着辐照注量的升高,转换电压逐渐降低。转换电压的改变与电离辐射产生的氧化物电荷累积所导致的表面电势变化有关,根据转换电压的数值,可以计算出电离辐射过程中所产生的氧化物累积电荷。

如上所述,复合电流的增大有两方面原因,分别为表面复合率的增加和发射结耗尽层的扩展。表面复合率的增加与集电结上方的 Si/SiO_2 界面处的复合中心浓度成正比。电离辐射产生的氧化物俘获正电荷会产生表面正电场,影响表面特性,导致 PN 结的耗尽区向 P 区扩展。在较低的电离辐射吸收总剂量条件下,复合电流的增加大部分发生在发射结周围的 Si/SiO_2 界面。这种复合过程可以用 Shockley－Read－Hall(SRH) 复合模型加以表述。在表面(Si/SiO_2 界面)上,距 PN 结距离为 y 处的复合率的表达式如下:

$$R_s(y) \approx \frac{n_i v_{surf} \exp\left(\frac{qV_{BE}}{2kT}\right)}{2\cosh\left[q\left(\psi_s(y) - \frac{V_{BE}}{2}\right)/kT\right]} \tag{3.43}$$

式中,ψ_s 为距 PN 结距离 y 处的表面势;v_{surf} 为表面热载流子复合速率,$v_{surf} = \sigma v_{th} N_T$;$\sigma$ 为俘获截面;v_{th} 为热载流子速度;N_T 为缺陷密度。根据式(3.43)可知,R_s 与晶体管的表面势 ψ_s 有关。表面势由发射结的掺杂浓度、发射结俘获电压和氧化物正电荷累积量所决定。当电子和空穴的浓度相等时,复合率将达到最大值。由式(3.43)可知,$\psi_s = \frac{V_{BE}}{2}$ 时,

表面复合率达到最大值 $R_{s,pk}$，即

$$R_{s,pk} = \frac{1}{2} n_i v_{surf} \exp\left(\frac{qV_{BE}}{2kT}\right) \tag{3.44}$$

当发射结附近的表面复合率达到最大值时，本征基区内的表面势要小于发射结电压的一半，即 $\psi_s < V_{BE}/2$。因此，在本征基区的表面复合率可以表示为

$$R_{s,IB} = \frac{n_i v_{surf} \exp\left(\frac{qV_{BE}}{2kT}\right)}{2\cosh[q(\psi_{s,IB} - \frac{V_{BE}}{2})/kT]}$$

$$= \frac{n_i v_{surf} \exp\left(\frac{qV_{BE}}{2kT}\right)}{\exp[q(\psi_{s,IB} - \frac{V_{BE}}{2})/kT] + \exp(q(\frac{V_{BE}}{2} - \psi_{s,IB})/kT)}$$

$$\approx \frac{n_i v_{surf} \exp\left(\frac{qV_{BE}}{2kT}\right)}{\exp(q(\frac{V_{BE}}{2} - \psi_{s,IB})/kT)} = n_i v_{surf} \exp\left(\frac{q\psi_{s,IB}}{kT}\right) \tag{3.45}$$

式中，$\psi_{s,IB}$ 为基区表面势，其表达式如下：

$$\psi_{s,IB} = \psi_{N_{ox}} + V_{BE} - \frac{kT}{q}\ln(n_s/n_i) \tag{3.46}$$

式中，n_s 为表面处的电子浓度；n_i 为本征载流子浓度；$\psi_{N_{ox}}$ 为氧化物俘获正电荷所引起的能带畸变，可由下式给出：

$$\psi_{N_{ox}} = \frac{q \cdot N_{ox}^2}{2\varepsilon_{Si} \cdot n_s} \tag{3.47}$$

式中，N_{ox} 为氧化物俘获正电荷浓度；ε_{Si} 为 Si 的介电常数。另外，电场作用的德拜长度，可由下式给出：

$$L_D = \sqrt{\frac{k \cdot T \cdot \varepsilon_{Si}}{q^2 \cdot n_s}} \tag{3.48}$$

基于式(3.46)、式(3.47) 和式(3.48) 可以推出本征基区的表面复合率表达式如下：

$$R_{s,IB} = \frac{n_i^2}{n_s} v_{surf} \exp\left(\frac{qV_{BE}}{kT}\right) \exp\left(\frac{N_{ox}}{\sqrt{2} L_D n_s}\right)^2 \tag{3.49}$$

因此，$R_s(y)$ 可以表示如下：

$$R_s(y) = \begin{cases} R_{s,pk}, & 0 \leqslant y \leqslant \Delta L \\ R_{s,IB}, & \Delta L \leqslant y \leqslant \Delta L + L_{IB} \end{cases} \tag{3.50}$$

式中，L_{IB} 为基区的边长；ΔL 为表面复合区在理想因子为 2 时的有效宽度。过剩基极电流通常是基区表面的复合电流所产生的，故可将过剩基极电流表示如下：

$$\Delta I_{B,surf} = q \int_{in\,trin\,sic\_base} R_s(y,z)\mathrm{d}y\mathrm{d}z = qn_i v_{surf}(L_{E_1} + L_{E_2})\exp\left(\frac{qV_{BE}}{2kT}\right) \cdot$$

$$\left[\Delta L + \frac{2n_i L_{IB}}{n_s}\left(1 + \frac{2L_{IB}}{L_{E_1} + L_{E_2}}\right) \cdot \exp\left(\frac{N_{ox}}{\sqrt{2}L_D n_s}\right)^2 \exp\left(\frac{qV_{BE}}{2kT}\right)\right]$$

$$= qn_i v_{surf}(L_{E_1} + L_{E_2}) \cdot \Delta L \exp\left(\frac{qV_{BE}}{2kT}\right) +$$

$$\frac{2n_i^2 q v_{surf}}{n_s}(L_{E_1} + L_{E_2} + 2L_{IB}) \cdot L_{IB}\exp\left(\frac{N_{ox}}{\sqrt{2}L_D n_s}\right)^2 \exp\left(\frac{qV_{BE}}{kT}\right) \quad (3.51)$$

式中，$\Delta I_{B,surf}$ 为基区表面复合产生的过剩基极电流；L_{E_1} 和 L_{E_2} 分别为发射区的长度和宽度；L_{IB} 为基区的边长；其余符号含义同前。由该式可以看出，基区表面复合所产生的过剩基极电流可以表示为两项组分之和。第一项组分与发射区的周长成正比，而第二项组分与基区的面积成正比。这两项过剩基极电流组分的理想因子并不相同，其中与发射区周长相关项的理想因子为 2，而与基区面积相关项的理想因子为 1。因此，当上述两项相加时，过剩基极电流的理想因子在 1 和 2 之间。这种现象在发射结电压小于转换电压时尤为明显。当发射结电压大于转换电压时，与发射区周长相关项对过剩基极电流的贡献较大，致使理想因子为 2。当复合率的峰值移动至本征基区的表面以下时，复合电流对表面复合率增加与否相对不敏感。此时，基于亚表面复合的过剩基极电流可以按下式计算：

$$\Delta I_{B,sub} = 2\frac{qn_i}{\tau} \cdot \Delta x \cdot L_{IB}^2\left(1 + \frac{L_{E_1} + L_{E_2}}{2L_{IB}}\right)\exp\left(\frac{qV_{BE}}{2kT}\right) \quad (3.52)$$

式中，Δx 为有效复合宽度；τ 为载流子体复合寿命；其余符号同前。

根据上述过剩基极电流的理论模型，结合双极晶体管的电离辐射损伤机制，可给出电流增益倒数变化量随电离辐照注量增加而衰降的简化模型。按照载流子复合方式的不同，可依据辐照注量大小将简化模型分成两阶段表达。在辐照注量较小的第 1 阶段，主要涉及氧化物俘获正电荷累积导致体复合电流增强效应；辐照注量较大的第 2 阶段，主要体现界面态陷阱密度增大对表面复合电流的影响。简化模型的表达方式如下：

$$\Delta(1/\beta)_i = \begin{cases} K_{i1} \cdot \Phi, & \Phi < \Phi_{th} \\ K_{i2} \cdot \exp(\Phi^a) - b, & \Phi \geqslant \Phi_{th} \end{cases} \quad (3.53)$$

其中，K_{i1} 和 K_{i2} 分别为双极晶体管处于不同复合阶段的辐射损伤因子，与器件和入射粒子的类型有关；Φ 为电离辐照注量；a、b 均为拟合系数，且与转换电压有关；Φ_{th} 为体复合和表面复合两种复合方式的临界转换注量，与转换电压和饱和氧化物电荷有关。

图 3.125～3.129 分别为针对 3DG112、3DG130、3DG110、3CG130 和 3CG110 共 5 种双极晶体管，基于 110 keV 电子辐照试验数据对式（3.53）进行拟合的结果。其中，各图中的（a）图为临界转换注量前的数据拟合结果，（b）图为临界转换注量后的数据拟合结果。由图可见，式（3.53）与试验所得的数据吻合良好，能够较好地表述双极晶体管辐照前后

的电流增益倒数变化量随辐照注量的变化关系。表 3.5 为上述 5 种晶体管在 110 keV 电子辐照条件下 K_{i1}、K_{i2}、a 及 b 参数的拟合值。

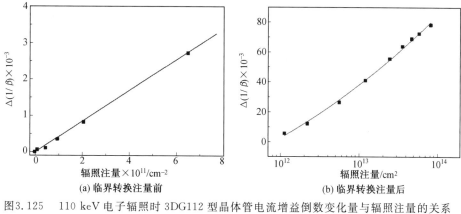

图3.125　110 keV 电子辐照时 3DG112 型晶体管电流增益倒数变化量与辐照注量的关系

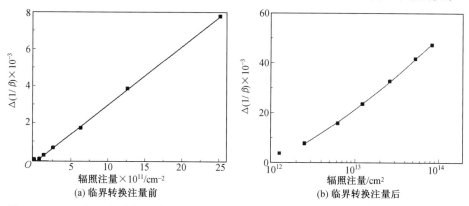

图3.126　110 keV 电子辐照时 3DG130 型晶体管电流增益倒数变化量与辐照注量的关系

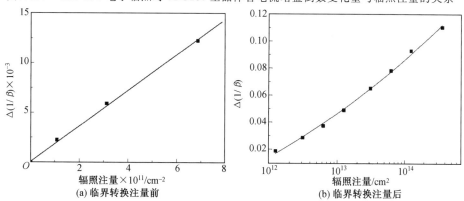

图3.127　110 keV 电子辐照时 3DG110 型晶体管电流增益倒数变化量与辐照注量的关系

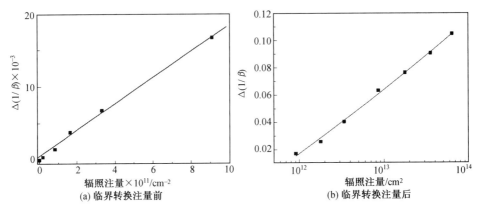

图3.128　110 keV 电子辐照时 3CG130 型晶体管电流增益倒数变化量与辐照注量的关系

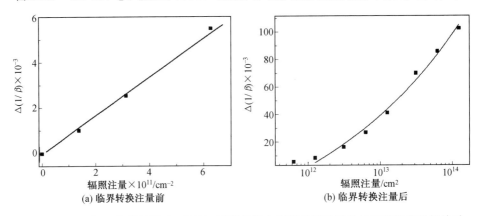

图3.129　110 keV 电子辐照时 3CG110 型晶体管电流增益倒数变化量与辐照注量的关系

表3.5　110 keV 电子辐照条件下 3DG112、3DG130、3DG110、3CG130 和 3CG110 共 5 种双极晶体管的拟合参数 K_{i1}、K_{i2}、a 及 b 的值

器件代号	K_{i1}	K_{i2}	a	b
3DG112	4.255×10^{-8}	0.015 45	0.032 07	0.172 21
3DG130	3.188×10^{-8}	0.008 71	0.032 71	0.103 49
3DG110	1.720×10^{-7}	0.026 92	0.027 06	0.208 31
3CG130	1.843×10^{-7}	0.192 80	0.014 91	0.855 30
3CG110	8.860×10^{-8}	0.003 44	0.043 01	0.089 65

3.6.7 低剂量率辐射增强效应

1991年首次发现双极线性器件在轨服役时出现低剂量率辐射增强现象,并于1994年在双极线性电路中被证实[37]。自此,低剂量率辐射增强效应成为备受人们关注的热门课题。在1996年、2001年及2008年先后建立有关低剂量率辐射增强效应的数据库,涉及的电路达到30多种[38-40]。有关低剂量率辐射增强效应的研究主要包括效应表征、机制分析、加固措施及加速试验方法。

低剂量率辐射增强效应目前仍是热点问题,尚有许多问题亟待解决。低剂量率辐射增强效应(Enhanced Low Dose Rate Sensivity,ELDRS)一词是在其机理研究之前提出的,一直沿用至今,其实含义并不十分准确。低剂量率辐射增强效应的机理模型,目前广被接受的主要有3种,包括:① 空间电荷模型[38];② 双分子模型[39];③ 二元反应率模型[40]。各模型均表明,低剂量率辐射增强效应的机制实际上是高剂量率辐射时总剂量损伤效应的减弱,而不是低剂量率辐射时总剂量损伤效应的增强。因此,更加准确的英文缩写应该是RHDRS(Reduced High Dose Rate Sensivity,即高剂量率敏感度弱化效应)。但是,ELDRS术语已经用习惯了,也就延续下来。当ELDRS术语被首次使用时,不涉及CMOS器件中常观察到的与时间相关的效应。低剂量率辐射增强效应一词是指总剂量辐照和室温退火给定时间条件下,低剂量率辐照器件的退化程度比高剂量率辐照器件的退化程度大。时间相关效应是指从辐照一开始,在任一相同的时间(包括退火时间)内,无论以高剂量率还是以低剂量率辐照对器件所造成的退化程度基本相同。低剂量率效应增强因子EF通常定义为总剂量相同条件下,器件敏感电参数在低剂量率下的退化程度与某一给定高剂量率条件下的退化程度之比的倍数。低剂量率效应增强因子的经典解释如图3.130所示[37]。图中,EF因子是指各低剂量率与50 rad(si)/s辐照时产生的损伤相比的相对因子。这里给出了几种双极运算放大器、比较器及双极晶体管的EF因子随电离吸收剂量率的变化关系。实际上,所定义的EF因子既包含真正的剂量率效应又包含时间相关效应。真正的剂量率效应(True Dose Rate Effect,TDRE)与时间相关效应(Time−Dependent Effect,TDE)的区别如图3.131所示[41]。在该图中,为了更好地显示辐射效应的影响,将比较器LM111在辐照前经过175 ℃、300 h的退火处理;然后,分别在50 rad(Si)/s和10 mrad(Si)/s剂量率下进行不同总剂量的辐照。由于采用^{60}Co源,可在器件的Si基体和SiO_2层中产生近似相同的辐射吸收剂量率。再将经50 rad(Si)/s剂量率辐照的器件进行室温退火,其退火时间与低剂量率辐照时间相同且总剂量相等。通过这种方法可以确定时间相关效应(TDE)的影响程度。试验结果表明,总剂量在10^4 rad(SiO_2)以上时,低剂量率效应增强因子EF由TDRE和TDE两部分组成。

对于空间电子系统而言,低剂量率辐射增强效应会带来严重问题。空间广泛应用的许多双极线性电路呈现低剂量率辐射增强效应的敏感性。尽管当低剂量率辐射的累积剂量达到预定的总剂量水平时,双极线性电路很少出现功能性失效,但却常常产生较大的参数漂移,以致影响系统正常运行。例如,国产 OP27、LM139 及 F77A 等器件的特性在低剂量率辐射条件下均呈现不同程度的退化,且增强因子 EF 随剂量率的降低而增大。

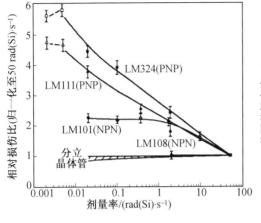

图3.130　比较器、放大器及晶体管不同剂量率条件下的增强因子变化

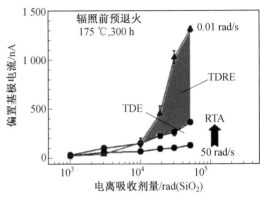

图3.131　TDRE 与 TDE 的区别

低剂量率辐射增强效应包括真正剂量率效应和时间相关效应。由于时间相关现象易于理解,本节主要讨论真正剂量率效应的形成机制。国际上针对低剂量率辐射增强效应已建立了许多模型,大体上可以分成 3 种,包括:① 空间电荷模型;② 双分子模型;③ 二元反应率模型。3 种模型的相关情况如下:

(1) 空间电荷模型。

第一个诠释真正剂量率效应的模型是空间电荷模型[42]。该模型在 1994 年提出,主要基于零辐照偏置(即氧化物中存在着低电场)条件下,缓慢的空穴输运形成的空间电荷来解释高剂量率敏感度降低现象。E'_δ 心可俘获氧化物中的空穴。在高剂量率辐射条件下,氧化物中的空穴被大量俘获很容易形成空间电荷,从而阻碍后续空穴向界面继续输运。低剂量率辐射条件下,由于相同时间内氧化物中被俘获的空穴数量较少,形成的空间电荷数量有限,难于有效地阻止空穴向界面持续输运。该模型在 1996 年得到进一步深化[43]。1994 年和 1996 年的模型基本上能够解释高剂量率和低剂量率条件下氧化物俘获电荷阻碍空穴输运能力的差别,但尚不能解释该两种情况下界面俘获电荷(空穴)能力(以界面态缺陷密度 N_{it} 表征)的差异。1998 年 Witczak 等人基于空间电荷模型,进一步解释低剂量率对界面俘获空穴陷阱的影响[44]。他们认为,高剂量率辐射条件下,空间电荷可促使氢离子从输运的空穴中逃离,迁移到界面与 Si—H 键反应,从而产生界面态陷阱,如图 3.132 所示[44]。该模型解释了 Si 钝化时引入的氢可对低剂量率辐射增强效应产生重要影响。在高剂量率辐射条件下,氧化物中过剩的空穴会导致该区域的空穴朝向电

极漂移,而不是向 Si－SiO₂ 界面漂移。

2002 年 Rashkeev 等人利用空间电荷效应解释基于界面俘获电荷能力产生的低剂量率辐射增强效应。他们认为,低剂量率辐射增强效应与氧化物中空穴和氢离子的有效迁移率的差别具有相关性[38]。在电场反向区域内,取决于空穴和 H⁺ 迁移率的相对值,输运空穴的空间电荷阻碍着氢离子的输运。总体上而言,空间电荷模型所涉及的过程主要包括:空穴在 Si－SiO₂ 界面附近被俘获,导致空穴的继续输运受到阻碍;俘获的大量电子在空穴附近形成中性偶极子,降低了净正电荷;电场反向导致电极附近的空穴漂向电极而不是漂向硅体;空穴形成的静电势垒使得电极附近产生的氢离子漂向电极而不漂向硅体。因此,在高剂量率辐射条件

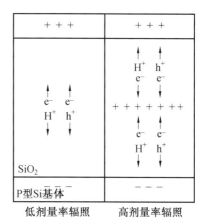

图3.132 低剂量率辐射增强效应对界面态的影响

下,双极器件产生电离辐射损伤的敏感性相对较低。这也正是低剂量率辐射增强效应得以呈现的原因。

(2) 双分子模型。

双分子模型是基于以下基本过程解释低剂量率辐射增强效应:① 自由电子与自由空穴复合;② 俘获的电子与自由空穴复合;③ 自由电子与俘获的空穴复合,促使俘获的空穴中和;④ 形成分子氢;⑤ 通过氢分子裂化,从氢中释放出俘获的空穴;⑥ 氢离子和自由电子复合;⑦ 氢的再次俘获。每一过程的进行都要有临界剂量 D_c 和临界剂量率 D_c',且数值上要超出低剂量率辐射增强效应发生前的值。为了求得临界剂量 D_c 和剂量率 D_c',提出了相关的假设条件。Si/SiO₂ 界面或附近区域 Si 的悬键浓度,以及氧化物中氢的浓度都会显著影响界面态陷阱形成和退火的相对速率。电子与空穴的复合过程包括:电子在氧化物中被俘获后与从最初复合中逃逸出来的自由空穴复合;在外电场作用下,氧化物中剩余的电子与自由空穴复合;自由电子与俘获的或输运的空穴复合。

若电离辐射诱导电子从最初的复合中逃离并在氧化物中保留时间足够长,可通过 Shockley－Read－Hall 复合方式与输运过程中的空穴再次发生复合。在高剂量率条件下,辐射诱导电子的浓度很高,从而产生高剂量率敏感度降低效应。这种现象实际上是由于空穴陷阱俘获空穴过程和空穴与电子重新复合的竞争结果。在自由电子和空穴重组过程中,提高温度会促使从陷阱中激发出的电子数目增多,增加俘获空穴的概率。高剂量率敏感度降低效应可以视为缺陷(包括空穴)反应之间竞争的结果。起主导作用的关键性反应是在氢裂化处(可能是 E_δ' 心)空穴的俘获。分子氢发生裂化过程中,氢离子被释放,并留下一个俘获的中性氢原子。中性的氢可与其他空穴发生反应,从而释放出一个另外

的氢离子。氢离子可迁移到界面替代钝化中的氢，形成界面态陷阱。在低剂量率（< 100 mrad/s）条件下，这一过程产生的效应与剂量率无关。然而，在高剂量率辐射时，自由空穴的净正电荷、俘获的空穴及氢离子允许电子在氧化物中保留较长的时间（比剂量率本身涉及的时间还要长）。这样，这些电子往往会与带正电荷的空穴，主要是氢裂化位置处俘获的空穴复合。在高剂量率条件下，很少有氢离子从这些位置释放出来。

　　Fleetwood 等人[45] 所建立的模型中，基于电子被陷阱中的或缓慢输运中的空穴俘获概率大于被氢离子俘获的概率，解释低剂量率辐射增强效应（ELDRS）及其与氢浓度的关系。在氧化物电场强度较低的情况下，氧化物中的俘获正电荷改变了电势的分布，导致氧化物中的电子从初始复合中逃离的次数增加。因此，高剂量率辐照会使自由电子的浓度大大增加，从而导致电子与自由空穴或俘获的中性空穴复合。然而，在低剂量率辐射条件下，空穴在与电子复合或被俘获之前释放氢离子的概率很大，易于导致更多界面态陷阱的生成（即界面态浓度 N_{it} 增加）。

　　（3）二元反应率模型。

　　二元反应率模型，通常又称为 Freitag 模型和 Brown 模型[40]。该模型认为，界面态陷阱的产生是两种缺陷按照二元反应率理论相互作用的最终结果。电离辐射产生的反应物 A 与已有一定初始数量的反应物 B（可能是氢）相互作用，导致界面态陷阱的最初生成。随着已有的反应物 B 的消耗，界面态陷阱数量的增加速率达到峰值，然后又随时间不断降低。当反应物 B 运输到达界面时，如果器件仍在被辐照，则性能退化的程度便会较为严重。在辐射吸收剂量相同的条件下，低剂量率辐射器件实际受到的辐照时间与高剂量率辐射时相比要长得多（$10^5 \sim 10^6$ s）。因此，低剂量率辐射条件下器件的性能退化程度要严重得多。但到目前为止，该模型仍有待完善之处。

本章参考文献

[1] PEASE R L,GALLOWAY K F,STEHLIN R A. Gamma radiation effects on Integrated Injection Logic Cells[J]. IEEE Trans. Electron Devices,1975,ED-22:348-351.

[2] PEASE R L. Total ionizing dose effects in bipolar devices and circuits[J]. IEEE Trans. on Nuclear Science,2003,50(3):539-551.

[3] PEASE R L,SCHRIMPF R D,FLEETWOOD D M. ELDRS in bipolar linear circuits:a review[J]. IEEE Trans. on Nuclear Science,2009,56(4):1894-1908.

[4] JOHNSTON A H,RAX B G,LEE C I. Enhanced damage in linear bipolar integrated circuits at low dose rate[J]. IEEE Trans. on Nuclear Science,1995,42:1650-1659.

[5] TURFLINGER T L,CAMPBELL A B,SCHMEICHEL W M,et al. ELDRS in space:an updated and expanded analysis of the bipolar eldrs experiment on MPTB[J]. IEEE Trans. on Nuclear Science,2003,50(6):2328-2334.

[6] KOSIER S L,WEI A,SCHRIMPF R D,et al. Physically based comparison of hot-carrier-induced and ionizing-radiation-induced degradation in BJT's[J]. IEEE Transactions on Electron Devices,1995,42(3):436-444.

[7] SCHWANK J R,SHANEYFELT M R,FLEETWOOD D M,et al. Radiation effects in MOS oxides[J]. IEEE Trans. on Nuclear Science,2008,55(4):1833-1853.

[8] SHANEYFELT M R,FLEETWOOD D M,SCHWANK J R,et al. Charge yield for cobalt-60 and 10 keV X-ray irradiations[J]. IEEE Trans. Nucl. Sci. ,1991, 38(6):1187-1194.

[9] BOESCH H E,McGARRITY J M,McLean F B. Temperature-and field-dependent charge relaxation in SiO_2 gate insulators[J]. IEEE Trans. Nucl. Sci. ,1978, 25(3):1012-1016.

[10] BOESCH H E,MCLEAN F B,MCGARRITY J M,et al. Enhanced flatband voltage recovery in hardened thin MOS capacitors[J]. IEEE Trans. Nucl. Sci. , 1978,25(6):1239-1245.

[11] OLDHAM T R,LELIS A J,MCLEAN F B. Spatial dependence of trapped holes determined from tunneling analysis and measured annealing[J]. IEEE Trans. Nucl. Sci. ,1986,33(6):1203-1209.

[12] MCLEAN F B. Generic impulse response function for MOS systems and its application to linear response analysis[J]. IEEE Trans. Nucl. Sci. ,1988, 35(6):1178-1185.

[13] SCHWANK J R,WINOKUR P S,MCWHORTER P J,et al. Physical mechanisms contributing to device rebound[J]. IEEE Trans. Nucl. Sci. ,1987, 3(16):1434-1438.

[14] FLEETWOOD D M,SHANEYFELT M R,RIEWE L C,et al. The role of border traps in MOS high-temperature postirradiation annealing response[J]. IEEE Trans. Nucl. Sci. ,1993,40(6):1323-1334.

[15] MCWHORTER P J,MILLER S L,MILLER W M. Modeling the anneal of radiation-induced trapped holes in a varying thermal environment[J]. IEEE Trans. Nucl. Sci. ,1990,37(6):1682-1689.

[16] MCWHORTER P J,MILLER S L,DELLIN T A. Modeling the memory retention characteristics of SNOS transistors in a varying thermal environment[J]. J. Appl.

Phys. ,1990,68(4):1902-1908.

[17] WARREN W L,POINDEXTER E H,OFFENBERG M,et al. Paramagnetic point defects in amorphous silicon dioxide and amorphous silicon nitride thin films[J]. J. Electrochem. Soc. ,1992,139(3):872-880.

[18] WARREN W L,SHANEYFELT M R,SCHWANK J R,et al. Paramagnetic defect centers in BESOI and SIMOX buried oxides[J]. IEEE Trans. Nucl. Sci. ,1993, 40(6):1755-1764.

[19] SHANEYFELT M R,SCHWANK J R,FLEETWOOD D M,et al. Interface-trap buildup rates in wet and dry oxides[J]. IEEE Trans. Nucl. Sci. ,1992, 39(6):2244-2251.

[20] SAKS N S,BROWN D B,RENDELL R W. Effects of switched bias on radiation-induced interface trap formation[J]. IEEE Trans. Nucl. Sci. ,1991, 38(6):1130-1139.

[21] SAKS N S,DOZIER C M,BROWN D B. Time dependence of interface trap formation in MOSFETS following pulsed irradiation[J]. IEEE Trans. Nucl. Sci. , 1988,35(6):1168-1177.

[22] SAKS N S,KLEIN R B,GRISCOM D L. Formation of interface traps in MOSFETs during annealing following low temperature irradiation[J]. IEEE Trans. Nucl. Sci. ,1988,35(6):1234-1240.

[23] SCHWANK J R,FLEETWOOD D M,SHANEYFELT M R,et al. Latent interface-trap buildup and its implications for hardness assurance[J]. IEEE Trans. Nucl. Sci. ,1992,39(6):1953-1963.

[24] LELIS A J,OLDHAM T R,DELANCEY W M. Response of interface traps during high-temperature anneals[J]. IEEE Trans. Nucl. Sci. ,1991,39(6):1590-1597.

[25] POWEL L R J,DERBENWICK G F. Vacuum ultraviolet radiation effects in SiO_2[J]. IEEE Trans. Nucl. Sci. ,1971,18(6):99-105.

[26] SVENSSON C M. The defect structure of the Si-SiO$_2$,interface,a model based on trivalent silicon and its hydrogen "compounds"[J]. Physics of SiO_2 & Its Interfaces,1978:328-332.

[27] MCLEAN F B. A framework for understanding radiation-induced interface states in SiO_2 MOS structures[J]. IEEE Trans. Nucl. Sci. ,1980,27(6):1651-1657.

[28] SCHWANK J R,FLEETWOOD D M,WINOKUR P S,et al. The role of hydrogen in radiation-induced defect formation in polysilicon gate MOS devices[J]. IEEE Trans. Nucl. Sci. ,1987,34(6):1152-1158.

[29] RASHKEEV S N,FLEETWOOD D M,SCHRIMPF R D,et al. Proton-induced defect generation at the Si — SiO$_2$ interface[J]. IEEE Trans. Nucl. Sci. ,2001, 48(6):2086-2092.

[30] LENAHAN P M,DRESSENDORFER P V. An electron spin resonance study of radiation-induced electrically active paramagnetic centers at the Si/SiO$_2$ interface[J]. J. Appl. Phys. ,1983,54(3):1457-1460.

[31] POINDEXTER E H,CAPLAN P J,DEAL B E,et al. Interface states and electron spin resonance centers in thermally oxidized (111) and (100) silicon wafers[J]. J. Appl. Phys. ,1981,52(2):879-884.

[32] FLEETWOOD D M. 'Border traps' in MOS devices[J]. IEEE Trans. Nucl. Sci. , 1992,39(2):269-271.

[33] SCHMIDT D M,FLEETWOOD D M,SCHRIMPF R D,et al. Comparison of ionizing-radiation-induced gain degradation in lateral,substrate,and vertical PNP BJTs[J]. IEEE Trans. Nucl. Sci. ,1955,42:1541-1549.

[34] KOSIER S L,WEI A,SCHRIMPF R D,et al. Physically based comparison of hot-carrier-induced and ionizing-radiation-induced degradation in BJTs[J]. IEEE Trans. Electron Devices,1995,42:436-444.

[35] TANG D D L,HACKBARTH E. Junction degradation in bipolar transistors and the reliability imposed constraints to scaling and design[J]. IEEE Trans. Electron Devices,1988,35:2101-2107.

[36] KOSIER S L,SCHRIMPF R D,NOWLIN R N,et al. Charge separation for bipolar transistors[J]. IEEE Trans. Nucl. Sci. ,1993,40:1276-1285.

[37] JOHNSTON A H,SWIFT G M. RAX B G. Total dose effects in conventional bipolar transistors and linear integrated circuits[J]. IEEE Trans. Nucl. Sci. ,1994, 41(6):2427-2436.

[38] RASHKEEV S N,CIRBA C R,FLEETWOOD D M,et al. Physical model for enhanced interface-trap formation at low dose rates[J]. IEEE Trans. Nucl. Sci. , 2002,49(6):2650-2655.

[39] HJALMARSON H P,PEASE R L,DEVINE R. Simulation of dose-rate sensitivity of bipolar transistors[J]. IEEE Trans. Nucl. Sci. ,2008,55(6):3655-3660.

[40] FREITAG R K,BROWN D B. Study of low-dose-rate effects on commercial linear bipolar ICs[J]. IEEE Trans. Nucl. Sci. ,1998,45(6):2649-2658.

[41] SHANEYFELT M R,WITCZAK J R,SCHWANK J R,et al. Thermal — stress effects on enhanced low dose rate sensitivity in linear bipolar ICs[J]. IEEE Trans.

Nucl. Sci. ,2000,NS－47(6):2539-2545.

[42] FLEETWOOD D M,KOSIER S L,NOWLIN R N,et al. Physical mechanisms contributing to enhanced bipolar gain degradation at low dose rates[J]. IEEE Trans. Nucl. Sci. ,1994,41(6):1871-1883.

[43] FLEETWOOD D M,RIEWE L C,SCHWANK J R,et al. Radiation effects at low electric fields in thermal,CMOS and bipolar-base oxides[J]. IEEE Trans. Nucl. Sci. ,1996,43(6):2537-2546.

[44] WITCZAK S C,LACOE R C,MAYER D C,et al. Space charge limited degradation of bipolar oxides at low electric fields[J]. IEEE Trans. Nucl. Sci. ,1998, 45(6):2339-2351.

[45] FLEETWOOD D M,SCHRIMPF R D,PANTELIDES S T,et al. Electron capture,hydrogen release and ELDRS in bipolar linear devices[J]. IEEE Trans. Nucl. Sci. ,2008,55(6):2986-2991.

第4章 双极器件位移损伤效应

4.1 概 述

位移辐射损伤是入射粒子(如质子、重离子、中子及高能电子)在靶材料中与晶格点阵原子发生弹性碰撞而产生的。当入射粒子与靶原子发生碰撞时,可使晶格点阵上的靶原子发生位移,形成间隙原子—空位对(常称 Frenkel 对),同时被碰撞离位的初级靶原子可在材料内产生级联效应。对于入射的质子和重离子而言,其能量的传递主要是通过与靶原子核之间的库仑作用来实现的。带电粒子与靶原子核发生库仑作用(卢瑟福散射)时,将会改变其运动方向和速度,并可能多次与靶原子核发生弹性碰撞,从而逐渐损失能量。弹性碰撞过程中不会辐射光子,不激发原子核,碰撞前后动量和总动能保持守恒。入射带电粒子碰撞时损失部分能量,而靶原子核发生反冲。靶材料中的反冲原子核如果能量高,也可能与其他的靶原子核发生碰撞,而产生级联碰撞效应。级联碰撞效应通常发生在入射粒子射程末端,导致靶材料的位移损伤呈现明显的非均匀性。位移辐射损伤的直接结果是产生间隙原子和空位缺陷,成为在靶材料内形成各种缺陷陷阱或复合中心的前驱体。位移损伤效应对器件性能最直接的影响是降低少数载流子的寿命,导致半导体器件的电学或光学性能衰降。

半导体材料的位移损伤效应及试验研究最早可追溯到 20 世纪 40 年代。美国普渡大学及橡树岭国家实验室,首次针对半导体 Ge 和 Si 材料及其器件开展了位移损伤效应研究[1]。此后,半导体器件的位移损伤效应研究一直持续至今。起初主要是针对 Ge 和 Si 体材料及晶体管,研究某些特征参数(如少子寿命、电流增益等),随着入射粒子辐照注量的变化,还在给定的测试条件下分析这些参数的退化规律。从 20 世纪 50 年代末期到 80 年代中期,位移辐射效应的研究主要是基于定性分析,将位移损伤机制归结为入射粒子在靶材料中产生 Frenkel 对所致。针对双极晶体管的位移损伤效应,早期主要是采用中子辐照源进行研究,如 Gwyn 等人研究了中子辐照在双极晶体管不同区域产生复合中心对电流增益的影响[2]。

20 世纪 80 年代后期,开始基于 NIEL 方法评价双极晶体管电流增益的退化。NIEL 为非电离能损失的英文缩写。该方法能够对电流增益进行量化表征,并且可将不同的辐照粒子(如中子、质子、α 粒子及高能电子)的影响进行归一化。在半导体器件位移损伤效应研究中,Messenger—Spratt 方程[3]可用于表征电流增益 β 随入射粒子辐照注量的变化如下：

$$1/\beta = 1/\beta_0 + K_d \cdot \Phi \tag{4.1}$$

式中，β_0 为辐照前原始电流增益；K_d 为位移损伤系数，与入射粒子的能量、种类及测试条件有关；Φ 为入射粒子注量（辐照注量）。图 4.1 给出了不同能量的质子、氘核及氦离子辐照条件下，Si 双极晶体管中 NIEL 值及相应的辐射损伤系数相对于 1 MeV 电子辐照时的比值随粒子能量的变化[4]。图中左侧纵坐标 K 和 K_n 分别为不同粒子辐照和 1 MeV 中子辐照的损伤系数；右侧纵坐标 S 和 S_n 分别为不同粒子辐照和 1 MeV 中子辐照的 NIEL 值。所得试验数据点和理论计算吻合良好，说明位移损伤系数 K_d 与 NIEL 参数间存在着良好的线性关系。

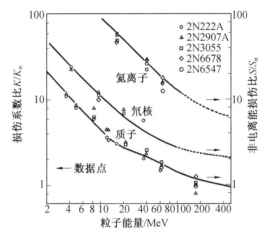

图4.1　不同能量及种类粒子辐照 Si 双极晶体管时 NIEL 值及相应的损伤系数相对于 1 MeV 电子辐照时的比值随粒子能量的变化（图中数据点源于不同型号晶体管）

　　NIEL 方法最大的优点是无须进行大量的地面辐照试验，可作为评价不同种类粒子产生位移辐射损伤效应的简化方法。该方法认为，当不同种类粒子的 NIEL 值相同时，相同注量下靶材料的位移辐射损伤程度相同。虽然 NIEL 方法是一种较好的等效模拟试验评价方法，但其本身尚有一定的局限性。例如，对于低能入射粒子，该方法会存在较大的偏差[5]。对于中、高能量的质子辐照所造成的晶体管损伤，基于 NIEL 方法分析也会带来误差。这种方法既和试验测试手段有关，又和 NIEL 的计算方法有关，应用时不可避免地会带来误差。因此，进一步完善基于 NIEL 的等效模拟试验方法十分必要，以便于增强 NIEL 方法的适用性，又能合理地解释所出现的各种偏差。双极器件的特点是对电离效应和位移效应均具有敏感性。电离辐射效应主要作用于器件的氧化物层和 Si/SiO₂ 界面，而位移辐射损伤则作用于器件的 Si 体材料，直接对 PN 结的工作状态产生影响。PN

结及其附近区域是双极器件辐射损伤的敏感部位。在空间带电粒子辐射环境下,PN 结及其附近区域受到位移损伤可能会直接导致双极器件在轨服役失效。因此,深入开展位移损伤效应及机理研究至关重要,能够为有效提升双极器件的抗辐射能力提供必要的理论依据。本章的内容将在总结作者课题组相关研究成果的基础上,针对双极晶体管的位移损伤效应进行分析,揭示位移辐射损伤导致双极晶体管性能退化的基本规律及损伤机理,供读者涉及相关问题时参考。

4.2　位移辐射损伤效应基本特征

4.2.1　辐照源选择

根据第 2 章的计算结果,低能质子及高能重离子辐照源均可用于双极器件位移损伤效应试验评价分析。目前国际上对空间带电粒子产生的位移损伤效应尚没有统一的试验标准。有些情况下,常将 1 MeV 中子作为辐照试验源。中子源可以很好地模拟位移辐射损伤效应,但如何解释从中子源测试获得的数据尚存在一定的困难。实际上,航天器上电子器件的位移损伤主要来自于空间质子和重离子辐射环境。因此,宜选择低能质子(如 170 keV)和高能重离子作为辐照源,进行双极器件的位移损伤效应研究。

低能质子和高能重离子均会对靶材料和器件造成显著的位移损伤,而所产生的电离损伤效应的影响较小。并且,空间绝大多数电子器件(具有屏蔽防护)的位移损伤通常是由低能质子辐射引起的。空间高能量质子穿过航天器屏蔽防护层后,作用于电子器件时将损失大部分能量而演变成为低能入射质子。选用低能质子和高能重离子作为辐照源进行位移辐射效应研究,便于揭示空间带电粒子对双极器件产生位移损伤效应的基本特征与微观机制。低能质子和高能重离子导致的位移损伤效应测试,可以在不同能量和通量的加速器上进行。质子和重离子的能量选择主要是使其能够达到器件的损伤敏感区。

为了更好地比较各种辐照源位移辐射能力的大小,本节将应用前面第 2 章的计算方法,对各种重离子及 170 keV 质子的单位注量吸收剂量进行计算,包括单位注量电离辐射吸收剂量和单位注量位移辐射吸收剂量。由于低能质子和不同能量的重离子在晶体管内的射程较短,在各种双极晶体管中产生的单位注量吸收剂量相差较大,需要分别针对不同的晶体管进行相应的计算。

图 4.2～4.6 分别为单位注量($1/cm^2$)的几种重离子及 170 keV 质子辐照时,在 5 种双极晶体管(3DG110、3DG112、3DG130、3CG110 及 3CG130)中所产生的电离吸收剂量 D_i' 及位移吸收剂量 D_d' 随芯片深度的变化。如图 4.2～4.6 所示,不同种类的重离子及 170 keV 质子在器件结构内部的入射深度和所产生的单位注量吸收剂量均相差较大。根据计算所得到的结果可见,除了 170 keV 质子外,所选用的几种重离子均能穿透晶体管的基区。170 keV 质子在晶体管内

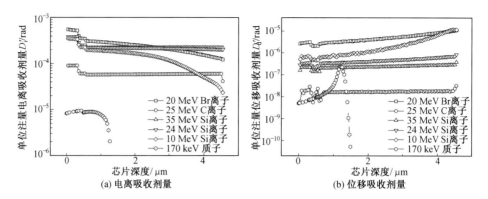

图4.2 不同粒子单位注量条件下 3DG112 型双极晶体管的电离吸收剂量与位移吸收剂量随芯片深度的分布

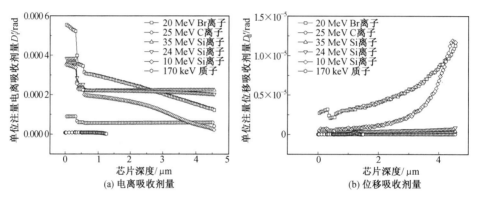

图4.3 不同粒子单位注量条件下 3DG130 型双极晶体管的电离吸收剂量与位移吸收剂量随芯片深度的分布

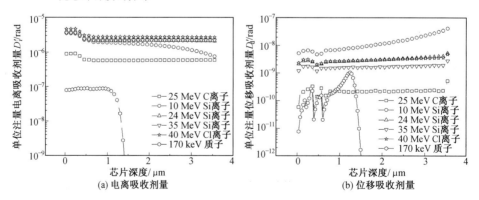

图4.4 不同粒子单位注量条件下 3DG110 型双极晶体管的电离吸收剂量与位移吸收剂量随芯片深度的分布

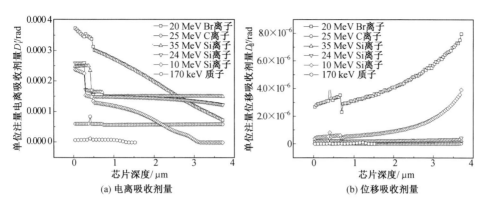

图4.5 不同粒子单位注量条件下3CG110型双极晶体管的电离吸收剂量与位移吸收剂量随芯片深度的分布

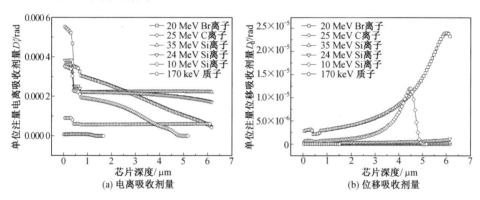

图4.6 不同粒子单位注量条件下3CG130型双极晶体管的电离吸收剂量与位移吸收剂量随芯片深度的分布

的射程约为 1.5 μm。所选用粒子在单位注量条件下产生的电离辐射吸收剂量,从大到小按粒子种类排序为 20 MeV Br 离子、35 MeV Si 离子、24 MeV Si 离子、10 MeV Si 离子、25 MeV C 离子及 170 keV 质子。所选用的单位注量粒子产生的位移辐射吸收剂量,从大到小按粒子种类排序为 20 MeV Br 离子、10 MeV Si 离子、24 MeV Si 离子、35 MeV Si 离子、25 MeV C 离子及 170 keV 质子。其中,25 MeV C 离子、35 MeV Si 离子和 24 MeV Si 离子能够穿透晶体管基区,它们在晶体管内部沿入射深度所产生的单位注量电离及位移吸收剂量基本上保持稳定;而 20 MeV Br 离子和 10 MeV Si 离子,在晶体管内部沿入射深度所产生的单位注量电离及位移吸收剂量却有明显变化。其中,单位注量电离吸收剂量随粒子入射深度增大逐渐下降,而相应的位移吸收剂量随离子入射深度增大逐渐上升。对比 35 MeV、24 MeV 和 10 MeV Si 离子产生的单位注量电离及位移吸收剂量可以看出,不同能量的同种类粒子能量较高时,单位注量辐照所产生的电离吸收剂量较高而位移吸收剂量较低;反之,能量较低粒子的单位注量电离辐射吸收剂量较低而位移吸收剂量较高。采用上述方法所得的计算结果可为选择合适的电离和位移辐照源提供基本依据,能够有效地用于评价双极晶体管的电离效应与位移损伤效应。

4.2.2　Gummel 曲线变化规律

1. NPN 型晶体管

为了深入研究位移辐射条件下,NPN 型晶体管基极电流 I_B 和集电极电流 I_C 随辐照注量的变化关系,需要进行 Gummel 特性曲线的测试。Gummel 特性曲线是在不同的辐照注量下,分别测量基极电流 I_B 和集电极电流 I_C 随发射结电压 V_{BE} 的变化关系。NPN 型晶体管的 Gummel 曲线的测量条件为:发射极接扫描电压,即 $V_E = -1.2 \sim 0$ V,扫描步长为 0.01 V;基极和集电极接 0 V 电压,即 $V_B = V_C = V_{BC} = 0$ V。

(1)3DG112 晶体管。

图 4.7(a) 和(b) 分别为不同注量的 170 keV 质子辐照条件下,3DG112 型 NPN 晶体管的基极电流 I_B 和集电极电流 I_C 随发射结电压 V_{BE} 的变化曲线。由图 4.7(a) 可见,随着低能质子辐照注量的增加,基极电流 I_B 明显增大。并且,当 V_{BE} 较小时,基极电流 I_B 的相对变化较大;反之,I_B 的相对变化较小。图 4.7(b) 表明,随辐照注量增加,集电极电流 I_C 基本保持不变。在图 4.7(a) 中,还给出了辐照(注量为 2.84×10^{13} p/cm^2) 结束 5 min 时测试的 $I_B - V_{BE}$ 曲线,与辐照后立即测试的曲线相比无明显变化。该结果表明,辐照后 5 min 内 Gummel 曲线可不考虑退火效应的影响。

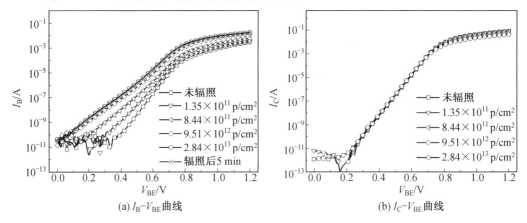

(a) I_B-V_{BE}曲线　　　　　　　　(b) I_C-V_{BE}曲线

图4.7　不同注量的 170 keV 质子辐照时 3DG112 晶体管的 I_B 和 I_C 随 V_{BE} 的变化曲线($V_{BC} = 0$V)

图 4.8(a) 和(b) 分别为不同注量的 20 MeV Br 离子辐照条件下,3DG112 型 NPN 晶体管的基极电流 I_B 和集电极电流 I_C 随发射结电压 V_{BE} 的变化曲线。在 20 MeV Br 离子辐照过程中,基极电流 I_B 和集电极电流 I_C 的变化规律与上述低能质子辐照条件下的情况类似。随着辐照注量的增加,I_C 基本上不受影响,而 I_B 受位移辐射损伤的影响较大。

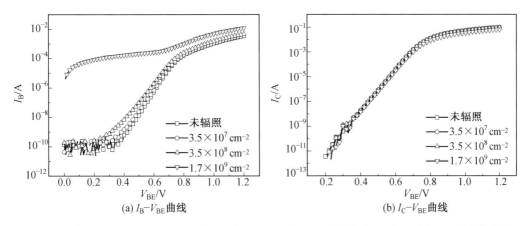

图4.8 不同注量的 20 MeV Br 离子辐照时 3DG112 型 NPN 晶体管的 I_B 和 I_C 随 V_{BE} 的变化曲线（$V_{BC} = 0$ V）

(2)3DG130 晶体管。

图 4.9(a) 和(b) 分别为不同注量的 170 keV 质子辐照条件下，3DG130 型 NPN 晶体管的基极电流 I_B 和集电极电流 I_C 随发射结电压 V_{BE} 的变化曲线。由图 4.9(a) 可知，随着低能质子辐照注量的增加，基极电流 I_B 逐渐增大。并且，当 V_{BE} 较低时，基极电流 I_B 的相对变化较大；反之，I_B 的相对变化较小。图 4.9(b) 表明，随着辐照注量增加，集电极电流 I_C 基本保持不变。注量达到 1.12×10^{13} p/cm^2 时辐照过程结束。上述变化规律同3DG112 晶体管相同。同样，图 4.9(a) 中辐照完成 5 min 后的测量结果可说明退火效应不明显。

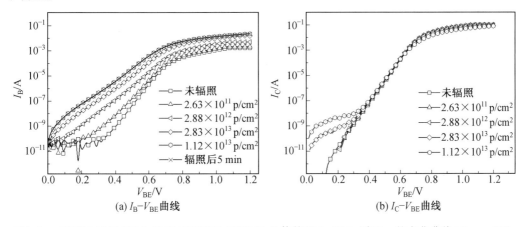

图4.9 不同注量的 170 keV 质子辐照时 3DG130 晶体管的 I_B 和 I_C 随 V_{BE} 的变化曲线（$V_{BC} = 0$V）

图 4.10(a) 和(b) 分别为不同注量的 20 MeV Br 离子辐照条件下，NPN 型 3DG130 晶体管的基极电流 I_B 和集电极电流 I_C 随发射结电压 V_{BE} 的变化曲线。在 20 MeV Br 离子

辐照过程中,基极电流 I_B 和集电极电流 I_C 的变化规律与上述低能质子辐照时类似。随着辐照注量的增加,I_B 受位移辐射损伤的影响较大,而 I_C 基本不受影响。

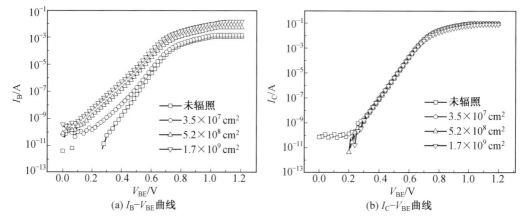

图 4.10　不同注量的 20 MeV Br 离子辐照时 3DG130 型晶体管的 I_B 和 I_C 随 V_{BE} 的变化曲线($V_{BC} = 0$ V)

2. PNP 型晶体管

在带电粒子辐照过程中,PNP 型晶体管的 Gummel 曲线测试条件为:发射极接扫描电压,$V_E = 0 \sim 1.2$ V,扫描步长为 0.01 V;基极和集电极接 0 V 电压,即 $V_B = V_C = V_{BC} = 0$ V。

图 4.11(a) 和 (b) 分别为不同注量的 170 keV 质子辐照条件下,3CG130 晶体管的型 PNP 基极电流 I_B 和集电极电流 I_C 随发射结电压 V_{EB} 的变化曲线。由图可知,随着低能质子辐照注量的增加,基极电流 I_B 逐渐增大。当 V_{EB} 较小时,基极电流 I_B 的相对变化较大;V_{EB} 较大时,I_B 的相对变化较小。图 4.11(b) 表明,集电极电流 I_C 基本上不随辐照注量的

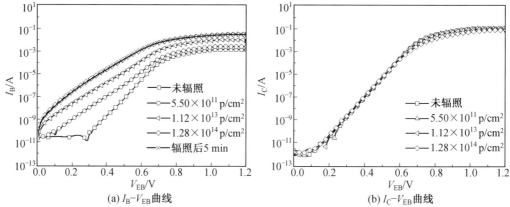

图 4.11　不同注量的 170 keV 质子辐照时 3CG130 晶体管的 I_B 和 I_C 随 V_{EB} 的变化曲线($V_{BC} = 0$ V)

增加而改变。基于图 4.11(a) 中辐照(注量至 1.28×10^{14} p/cm^2) 完成5 min 后的测量结果,说明在辐照后 5 min 测试 Gummel 曲线时可不考虑退火效应的影响。由以上结果可知,低能质子辐照条件下,PNP 型晶体管与 NPN 型晶体管的基极电流 I_B 和集电极电流 I_C 随辐照注量的变化趋势一致。

图 4.12(a) 和(b) 分别为不同注量的 20 MeV Br 离子辐照条件下,3CG130 型 PNP 晶体管的基极电流 I_B 和集电极电流 I_C 随发射结电压 V_{EB} 的变化曲线。如图所示,20 MeV Br 离子辐照条件下,PNP 型晶体管的 Gummel 曲线变化规律与 NPN 型晶体管相同。

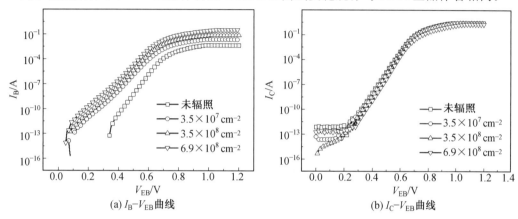

(a) I_B-V_{EB}曲线   (b) I_C-V_{EB}曲线

图4.12   不同注量的 20 MeV Br 离子辐照时 3CG130 晶体管的 I_B 和 I_C 随 V_{EB} 的变化曲线($V_{BC} = 0$ V)

3. LPNP 型晶体管

图 4.13 为不同注量的 40 MeV Si 离子辐照条件下 LPNP 型双极晶体管的基极电流 I_B 和集电极电流 I_C 随发射结电压 V_{EB} 的变化曲线。由图可见,40 MeV Si 离子辐照时,随辐照注量的增加,基极电流 I_B 逐渐增加,尤其发射结电压 V_{BE} 较低时变化明显。集电极电流 I_C 随辐照注量增加略有降低。这说明 40 MeV Si 离子辐照时,LPNP 型晶体管的基极电流和集电极电流均受到重离子辐射损伤效应的影响。

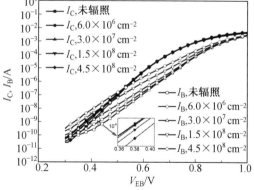

图4.13   不同注量的 40 MeV Si 离子辐照时 LPNP 型双极晶体管的 I_B 和 I_C 随 V_{EB} 的变化曲线

图 4.14 为不同注量的 40 MeV Si 离子辐照过程中 LPNP 晶体管的过剩基极电流 ΔI_B 随发射结电压 V_{EB} 的变化曲线。由图可见,随着辐照注量的增加,过剩基极电流 ΔI_B 增大。并且,随着辐照注量的增加,理想因子

由 $1 < n < 2$ 变为接近于 1。这说明 40 MeV Si 离子辐照 LPNP 型晶体管时,基极电流的增加与中性基区载流子的复合密切相关。这是由于 Si 离子辐射导致 LPNP 型晶体管受到位移损伤所致。

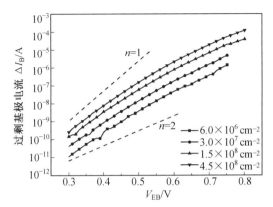

图4.14　不同注量的 40 MeV Si 离子辐照时 LPNP 晶体管的过剩基极电流 ΔI_B 随 V_{EB} 的变化曲线

4.2.3　电流增益变化规律

电流增益是反映双极晶体管辐射损伤效应的最重要参数。本节中双极晶体管电流增益的测试是采取共发射极接线方式,测得 $\beta = I_C / I_B$。以下所涉及的主要内容包括:① 电流增益 β 随集电极电流 I_C 的变化;② 电流增益 β 随发射结电压 V_{BE}(或 V_{EB})的变化;③ 在给定发射结电压 V_{BE}(或 V_{EB})条件下,电流增益 β 随辐照注量的变化。相关的研究结果可为深入开展双极器件辐射损伤机理研究提供必要的依据。

1. 电流增益随集电极电流的变化

上节中 NPN 型和 PNP 型晶体管的基极电流 I_B 和集电极电流 I_C 随辐照注量的变化规律表明,不同种类及能量的粒子辐照时,基极电流 I_B 随着辐照注量的增加而增加,而集电极电流 I_C 几乎不随辐照注量的变化而变化(尤其是当 $I_C < 10$ mA 时)。因此,可在不同的辐照注量条件下,研究电流增益 β 随集电极电流 I_C 的变化,揭示集电极电流对电流增益的影响规律。图 4.15 为 170 keV 质子辐照条件下,NPN 型 3DG112 晶体管的电流增益 β 随集电极电流 I_C 的变化趋势。由图可见,电流增益 β 随集电极电流 I_C 先明显升高,而后变化趋于平缓并达到峰值后下降。集电极电流 I_C 相同时,随着辐照注量的增加,电流增益 β 逐渐降低。在相同的辐照注量下,集电极电流 I_C 越小,电流增益 β 的相对变化越大;集电极电流 I_C 较高时,电流增益 β 的相对变化较小。

NPN 型 3DG130 晶体管及 PNP 型 3CG130 晶体管的电流增益 β 随集电极电流 I_C 的变

化趋势,均与上述 NPN 型 3DG112 晶体管的变化一致,分别如图 4.16 和 4.17 所示。其中,图 4.16 为 170 keV 质子辐照条件下,3DG130 NPN 型晶体管的电流增益 β 随集电极电流 I_C 的变化曲线;图 4.17 为 170 keV 质子辐照条件下,3CG130 PNP 型晶体管的电流增益 β 随集电极电流 I_C 的变化曲线。

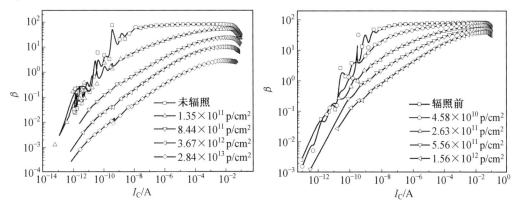

图4.15　170 keV 质子辐照时 3DG112 晶体管的电流增益随集电极电流的变化曲线

图4.16　170 keV 质子辐照时 3DG130 晶体管的电流增益随集电极电流的变化曲线

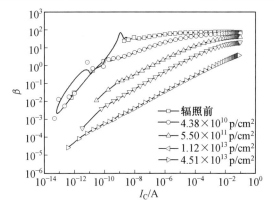

图4.17　170 keV 辐照时 3CG130 晶体管的电流增益随集电极电流的变化曲线

2. 电流增益随发射结电压的变化

前述试验结果已经表明,双极晶体管的集电极电流(I_C)对位移辐射损伤效应不敏感,而基极电流(I_B)则容易受到位移辐射损伤的影响。这表明电流增益主要受到基极电流的影响。当发射结电压较小或较大时,集电极电流也会随位移辐照注量发生轻微的改变。为了避免集电极电流的影响,有必要给出电流增益随发射结电压的变化规律。电流增益是指集电极电流与基极电流之比($\beta = I_C/I_B$),可由上面给出的 Gummel 特性曲线计算。本节中的电流增益为发射结正偏电压 V_{BE}（或 V_{EB}）$=0.65$ V 时，所计算得到的数值。电流增益的变化为 $\Delta\beta = \beta - \beta_0$，式中 β_0 和 β 分别为晶体管辐照前和辐照后的电流增益。

图 4.18(a) 和（b）分别为不同注量的 170 keV 质子辐照时 3DG112 型和 3DG130 型 NPN 晶体管电流增益的退化曲线。如图所示，两种晶体管的电流增益在 V_{BE} 较小时均基本上保持不变；当 $V_{BE} > 0.3$ V 时，电流增益均随发射结电压的增加，呈现先升高后降低的趋势，即出现峰值。对于 3DG112 型晶体管，随着辐照注量的增加，电流增益明显下降，且电流增益的峰值逐渐向较高的 V_{BE} 方向移动。当 $V_{BE} > 1.0$ V 时，电流增益随 V_{BE} 增加而降低的趋势变缓。对于 3DG130 型晶体管，电流增益的退化曲线也存在类似的变化趋势。

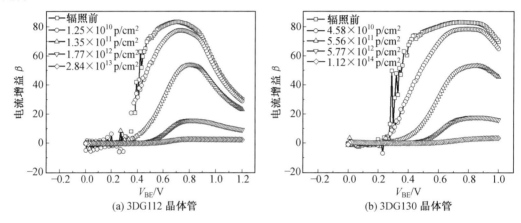

图4.18　不同注量的 170 keV 质子辐照时 3DG112 和 3DG130 晶体管电流增益的退化曲线

图 4.19(a) 和（b）分别为不同注量的 20 MeV Br 离子辐照时 3DG112 型和 3DG130 型 NPN 晶体管电流增益的退化曲线。如图所示，20 MeV Br 离子辐照条件下电流增益变化与低能质子辐照时的变化规律类似。3DG112 和 3DG130 晶体管的电流增益均在 V_{BE} 较小时基本保持不变。当 $V_{BE} > 0.3$ V 时，两晶体管的电流增益均随发射结电压升高而先增加后降低，存在一个峰值。随着 20 MeV Br 离子辐照注量的增加，两种晶体管的电流增益明显下降，电流增益的峰值逐渐向较高的 V_{BE} 方向移动。

图 4.20 和图 4.21 分别为不同注量的 170 keV 质子和 20 MeV Br 离子辐照时 3CG130 型 PNP 晶体管电流增益的退化曲线。如图 4.20 所示，170 keV 质子辐照条件下 3CG130 晶体管的电流增益在 V_{EB} 较小时基本保持不变。当 $V_{EB} > 0.2$ V 后，电流增益随发射结电压增加而升高并达到一定程度后，基本保持不变，呈现趋于饱和的趋势，而不存在上述 NPN 型晶体管所出现的峰值。随着 170 keV 质子辐照注量的增加，3CG130 型晶体管的电流增益明显下降，且电流增益曲线逐渐向较高的 V_{EB} 方向移动。图 4.21 的结果表明，20 MeV Br 辐照后，3CG130 晶体管电流增益的退化规律与低能质子辐照时基本类似。然

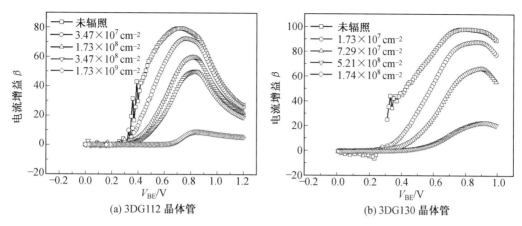

(a) 3DG112 晶体管   (b) 3DG130 晶体管

图4.19 不同注量的 20 MeV Br 离子辐照时 3DG112 和 3DG130 晶体管电流增益的退化曲线

而,若在大体相同的辐照注量下比较时,20 MeV Br 离子辐照可使电流增益下降的幅度明显大于低能质子辐照时下降的幅度。这说明在相同辐照注量下 Br 离子所产生的位移损伤要比低能质子辐照时大得多。

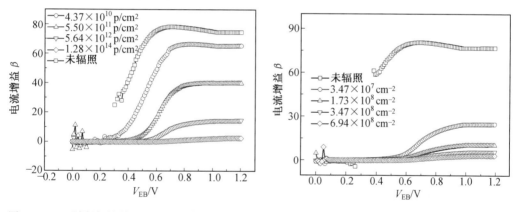

图4.20 不同注量的 170 keV 质子辐照时 3CG130 型 PNP 晶体管电流增益的退化曲线   图4.21 不同注量的 20 MeV Br 离子辐照时 3CG130 型 PNP 晶体管电流增益的退化曲线

3.电流增益随辐照注量的变化

图 4.22 显示了 170 keV 质子辐照时,3DG112 晶体管辐照前后的电流增益倒数变化量 $\Delta(1/\beta)$ 随辐照注量的变化。电流增益倒数变化量 $\Delta(1/\beta)$ 为辐照后与辐照前的差值。图中给出了质子辐照通量不同的 3 条曲线。由图可见,电流增益倒数变化量随辐照注量的增加而增加;并且,电流增益倒数的变化量 $\Delta(1/\beta)$ 与辐照注量大体上呈线性关系。图 4.23 显示了在辐照通量相近的条件下,不同能量的 Br 离子辐照时,3DG112 晶体管电流增益倒数的变化量 $\Delta(1/\beta)$ 随辐照注量的变化。由图 4.23 可知,电流增益倒数变化量

$\Delta(1/\beta)$ 随辐照注量的增加而呈线性增大。当辐照注量相同时,Br 离子的能量越低, $\Delta(1/\beta)$ 值越高,即产生的位移损伤程度越大。上述试验结果表明,在 Br 离子及 170 keV 质子辐照条件下,电流增益倒数变化量 $\Delta(1/\beta)$ 与辐照注量均呈线性关系。

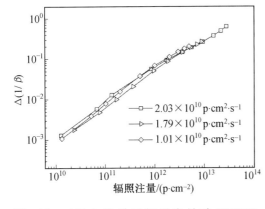

图4.22　170 keV 质子辐照注量对 3DG112 晶体管电流增益倒数变化量的影响

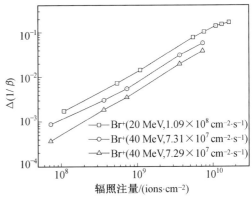

图4.23　不同能量的 Br 粒子辐照时 3DG112 晶体管电流增益倒数变化量随辐照注量的变化

在位移辐射损伤条件下,3DG130 型 NPN 晶体管和 3CG130 型 PNP 晶体管的电流增益随辐照注量的变化趋势,均与上述 3DG112 型 NPN 晶体管的变化类似。图 4.24 和图 4.25 分别给出了 170 keV 质子辐照时,3DG130 晶体管和 3CG130 晶体管的电流增益倒数变化量 $\Delta(1/\beta)$ 随辐照注量的变化趋势。由图 4.24 和图 4.25 可知,在 170 keV 质子辐照条件下,3DG130 和 3CG130 晶体管的 $\Delta(1/\beta)$ 均随辐照注量的增加而线性增加。

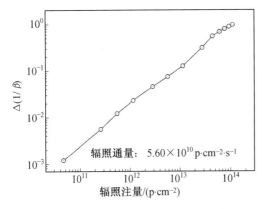

图4.24　170 keV 质子辐照时 3DG130 型 NPN 晶体管的电流增益倒数变化量随辐照注量的变化

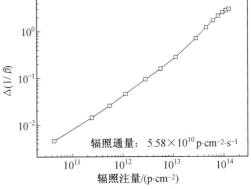

图4.25　170 keV 质子辐照时 3CG130 型 PNP 晶体管的电流增益倒数变化量随辐照注量的变化

4.3　双极器件位移缺陷表征及演化

4.3.1　深能级瞬态谱分析

在空间带电粒子作用下,双极器件内部产生的位移损伤缺陷属于深能级缺陷。深能级瞬态谱分析是用于表征位移辐射损伤缺陷的有效方法,能够给出位移损伤缺陷的种类、能级位置及浓度变化等信息。本节以高能 Si 离子辐照 3DK2222 型 NPN 双极晶体管为例,给出深能级瞬态谱(DLTS)分析结果,以显示 DLTS 谱图上位移损伤缺陷信号峰的典型形貌。深能级瞬态谱的测试部位为双极晶体管的 BC 结。所采用的参数为:反向偏压 $U_R = -10$ V,脉冲电压 $U_P = -0.1$ V,测试周期 $T_W = 0.2$ s,脉冲宽度 $T_P = 0.01$ s,以及扫描温度为 $40 \sim 300$ K。

图 4.26 为 10 MeV Si 离子辐照条件下,3DK2222 型 NPN 双极晶体管的深能级瞬态谱测试结果。NPN 型双极晶体管的 DLTS 信号为正值,即 10 MeV Si 离子在 NPN 型晶体管的集电区产生的缺陷为多子陷阱中心。图中,NPN 双极晶体管的位移损伤缺陷呈现 3 个信号峰,其横坐标位置分别在 75 K、125 K 和 220 K 附近。其中,信号峰在 75 K 附近的缺陷为氧间隙原子与 Si 空位结合形成的 VO 心(又称 A 心)和 C_iC_s 心的复合体。这两种缺陷的能级位置与俘获截面均非常近似,无法通过 DLTS 谱峰加以区分。在 DLTS 谱图上,这两种缺陷叠加在相同的信号峰上。

图 4.26 中分别位于 125 K 和 220 K 附近的两个信号峰,相应于双空位缺陷(V_2)的两种电荷态。其中,125 K 附近的信号峰为 $V_2(=/-)$ 心,即带有两个电荷的双空位缺陷,该缺陷的能级约为 $(E_C - 0.22)$eV;220 K 附近的信号峰为 $V_2(-/0)$ 心,即带有单独一个电荷的双空位缺陷,其能级约为 $(E_C - 0.41)$eV。需要指出的是,N 型硅材料中的 P 掺杂原子还会形成另一种缺陷,即 P 掺杂原子与 Si 空位结合形成的缺陷(VP 心,又称 E 心),其能级位置和俘获截面均与 $V_2(-/0)$ 心十分接近。因此,在 DLTS 谱图上 VP 心也可能叠加在 220 K 附近的信号峰上。该两种缺陷的信号峰叠加情况只能通过退火效应试验进行分离。除此之外,BC 结区的空位和间隙原子浓度较高时,可能发生级联效应,故在 220 K 附近能级上还会存在使信号峰加宽、加高的级联缺陷。

图 4.27 显示了 40 MeV、24 MeV 及 10 MeV 的 Si 离子辐照条件下,3DK2222 型 NPN 双极晶体管深能级瞬态谱测试结果。如图 4.27 所示,75 K 附近信号峰的峰高随着 Si 离子能量由高到低而增加。通过对比发现,10 MeV Si 离子辐照在该能级位置所产生的缺陷数量最多,而 40 MeV Si 离子辐照所产生的缺陷最少。若去掉基线原因,125 K 附近信号峰的高低与 Si 离子的能量关系不大。220 K 信号峰的峰高随着入射 Si 离子能量由高到低而减小,可见 40 MeV Si 离子辐照在该能级位置所产生的缺陷数量最多,而 10 MeV Si

离子辐照产生的缺陷最少。

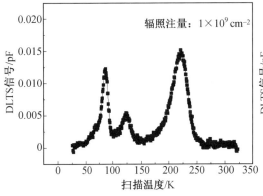

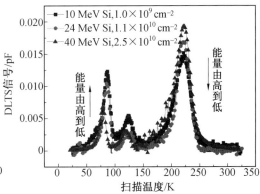

图 4.26　在 10 MeV Si 离子辐照条件下 3DK2222 晶体管的深能级瞬态谱测试结果

图 4.27　不同能量的 Si 离子辐照条件下 3DK2222 型 NPN 双极晶体管的深能级瞬态谱测试结果

4.3.2　不同能量重离子辐射缺陷演化

1. 40 MeV Si 离子辐照

图 4.28～4.30 分别为不同退火温度条件下，40 MeV Si 离子辐照 3DK2222 型 NPN 双极晶体管的深能级瞬态谱(DLTS)测试结果。为了便于分析，将 DLTS 谱图按扫描温度分成 3 段进行表述，相应的温度区段分别为 30～90 K、90～135 K 及 135～290 K。图 4.28 中，存在两个由 40 MeV Si 离子辐射所产生缺陷的信号峰。其中，在扫描温度 45 K 处的信号峰涉及双稳态位移缺陷 V_3 心(三空位缺陷)和 V_4 心(四空位缺陷)。该两种双稳态位移缺陷实际上并不稳定，它们的浓度在退火温度升高到 340 K 时开始逐渐降低。这两种缺陷退火后将很快转化为双空位缺陷和单空位缺陷，且单空位可与游离的氧间隙原子结合生成 VO 心，导致扫描温度 75 K 处的信号峰高度增加。"75 K 信号峰"中最主要的缺陷就是 VO 心，又称 A 心。当退火温度从 300 K 升至 400 K 时，可以看到"75 K 信号峰"逐渐升高。这是由于(V_3,V_4) 心不断退火而导致 VO 心的增多所致。然而，仅凭这种"45 K 信号峰"的退火所产生的 VO 心的数量，尚不足以支撑"75 K 信号峰"峰高增加的幅度。这种现象出现的原因可能与双极晶体管制造过程中所残留的 H 相关联，一种可能是 H 参与退火过程；另一种可能是某些和 H 间隙原子相关的非稳态少子缺陷随退火温度升高而发生退火所致。在这两种可能的情况下，都会产生 VH 心、VH_2 心等缺陷，导致"75 K 信号峰"的额外增高。在 425 K 退火时，"45 K 信号峰"趋于消失，相关的缺陷可大部分转化为某种与 75 K 信号峰能级相关的缺陷，导致 75 K 信号峰突然大幅度升高。

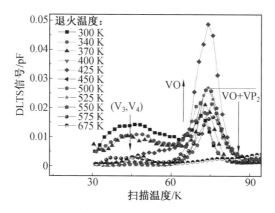

图4.28 40 MeV Si 离子辐照条件下 3DK2222 型 NPN 双极晶体管的深能级瞬态谱(扫描温度从 30 K 至 90 K;退火温度从 300 K 至 675 K;辐照注量为 2.5×10^{10} cm^{-2})

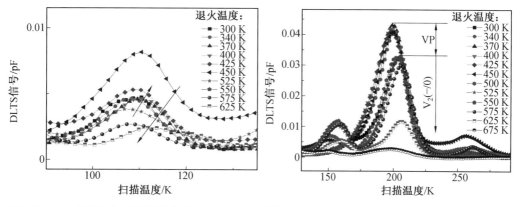

图4.29 40 MeV Si 离子辐照条件下 3DK2222 型晶体管的深能级瞬态谱(扫描温度从 90 K 至 135 K;退火温度从 300 K 至 675 K;辐照注量为 2.5×10^{10} cm^{-2})

图4.30 40 MeV Si 离子辐照条件下 3DK2222 型晶体管的深能级瞬态谱(扫描温度从 135 K 至 290 K;退火温度从 300 K 至 675 K,辐照注量为 2.5×10^{10} cm^{-2})

由图4.29和图4.30可知,"75 K信号峰"退火后部分转化为160 K和260 K处的信号峰,相关的缺陷成分将在下文中分析。此外,退火温度425 K时,"75 K信号峰"的峰高远低于其退火前的峰高,这说明辐照在该能级产生的不止 VO 心一种缺陷。根据退火温度和能级来推断,辐照还会导致 C_iC_s 心(间隙碳原子与置换碳原子组成的点缺陷对)的产生。在退火温度大于 550 K 时,"75 K信号峰"开始明显降低(图4.28)。根据以往研究,退火温度升至 550 K 时,刚刚开始退火的"75 K信号峰"相关的能级缺陷只有 VO 心和 VP_2 心(两个 P 间隙原子与一个空位结合的缺陷,主要由 VP 心退火转化而生成)。"75 K

信号峰"峰高的降低表明,这两种缺陷在 550 K 条件下开始发生退火。

图 4.29 中只有一种信号峰。该信号峰主要涉及带两个电荷的双空位缺陷 $V_2(=/-)$ 心。退火温度从 300 K 到 400 K 时,"110 K 信号峰"峰高基本上保持不变。当退火温度达到 425 K 至 450 K 时,该信号峰升高。然而,在这两个退火温度点,扫描温度 75 K 所对应的信号峰高度都有明显的下降(图 4.28),所以,可以推测,上面提到的"75 K 信号峰"的退火部分所代表的缺陷中可能含有空位,即应为与空位相关的缺陷。退火温度从 450 K 开始,"110 K 信号峰"的峰高明显下降,说明 $V_2(=/-)$ 心开始退火。相比之下,退火温度高于 450 K 时,"75 K 信号峰"的峰高却略有增加(图 4.28),表明可由 $V_2(=/-)$ 心退火转化生成单空位,增加了单空位的浓度,从而促进了 VO 心的生成。总体上而言,$V_2(=/-)$ 心的退火过程比较缓慢。双稳态缺陷 $V_2(=/-)$ 心和 $V_2(-/0)$ 心可通过退火温度和退火速度上的不同加以区分。第一,两种缺陷的退火温度不尽相同;第二,$V_2(=/-)$ 心的退火速度相对较慢,而 $V_2(-/0)$ 心缺陷的退火速度较快。

图 4.30 中有 3 种类型的信号峰,其中最高的"200 K 信号峰"从退火温度 300 K 到 370 K 时增高。这是由于"45 K 信号峰"的双稳态缺陷 (V_3,V_4) 退火所引起的(对比图 4.28)。在辐照后的 DLTS 曲线扫描温度 175 K 左右,可以看到存在一个小的信号峰(对比图 4.27)。这是双稳态缺陷 (V_3,V_4) 的另一种稳态,已在退火试验初期发生退火,成为"200 K 信号峰"峰高明显增加的原因。

"200 K 信号峰"在退火温度从 340 K 至 500 K 时,退火的缺陷组分主要为 VP 心。P 与 Si 空位结合生成的 VP 心缺陷具有使硅器件内部的施主减少的作用,原因是 P 原子俘获空位后即变为电中性,从而不能向器件提供载流子。因此,辐照产生的 VP 心缺陷会使得双极晶体管 PN 结中的施主杂质大量减少,以致直接影响双极晶体管内部的载流子浓度。随着 VP 心缺陷在退火温度达到 425 K 时消除,单空位和 P 原子被释放出来,成为导致 VO 心浓度上升的原因之一。此外,当 VP 心退火时,可能转化为一种与 VO 心缺陷能级相近的缺陷 VP_2 心,也会使 VO 心的信号峰峰高上升。当退火温度达到 500 K 时,VP 心全部退火,被俘获的 P 原子也重新被释放而作为施主发挥作用。同时,随着退火温度升高到 450 K 时,位于扫描温度 160 K 和 260 K 附近的信号峰同时显现出来。这说明该两个信号峰的缺陷组分应该与同一种元素有关。根据分析,"160 K 信号峰"代表的可能是 VOH 心的生成,即由 VO 心再次俘获 H 原子而形成,而"260 K 信号峰"代表的是界面态(Si—H 悬挂键),两个缺陷都与 H 有关。在前面文中已经提到,这两个信号峰恰好是在"75 K 信号峰"陡降时产生,故"75 K 信号峰"相关的退火缺陷应该与 H 有关。按照前文的推测,"75 K 信号峰"在退火温度 425 K 时相关的退火缺陷可能为 VH 心或 VH_2 心。

2. 24 MeV Si 离子辐照

图 4.31 为不同退火温度条件下,24 MeV Si 离子辐照 3DK2222 型 NPN 双极晶体管的深能级瞬态谱测试结果,由图中可以看到,24 MeV Si 离子辐照时,5 个主要的 DLTS 信

号峰的峰高均随退火温度而发生变化。为了方便分析,将试验测得的深能级瞬态谱按扫描温度划分为 3 个区段:50 ～ 85 K,85 ～ 135 K 及 135 ～ 280 K。各扫描温度区段相应的 DLTS 谱分别如图 4.31(a)、(b) 及 (c) 所示。在图 4.31(d) 中,给出了 24 MeV Si 离子辐照条件下,3DK2222 型晶体管在不同退火温度的深能级瞬态谱全貌。

图 4.31(a) 表明在扫描温度 50 ～ 85 K 范围内,深能级瞬态谱只有一种主要的信号峰,即"75 K 信号峰"。可以看到,随着退火温度从 300 K 升至 425 K,"75 K 信号峰"逐渐升高,尤其在 400 ～ 425 K 时显著增高。这一现象在 40 MeV Si 离子辐照 3DK2222 型晶体管退火时的深能级瞬态谱中也有表现(图 4.28)。这说明该种现象并不是个别情况,其原因已在上述 40 MeV Si 离子辐照后退火时深能级瞬态谱分析中有所涉及。一是源于"45 K 信号峰"退火时,双稳态的位移缺陷(V_3,V_4)心转变为 VO 心缺陷;二是源于双极晶体管内部和 H 原子相关的少子缺陷发生退火,产生 VH 心、VH_2 心等缺陷。在图 4.31(a) 中,还可以观察到退火温度高于 425 K 时,"75 K 信号峰"显著降低,而在扫描温度 150 K 和 275 K 处各出现了 1 个新的信号峰,分别相应于 VOH 心缺陷和界面态(Si—H 悬挂键)。这说明"75 K 信号峰"在 425 K 退火条件下包含某种和 H 间隙原子有关的缺陷。这种与 H 相关的缺陷可能来自于未检测到的 H_2 心的退火演化。

上述的"75 K 信号峰"在退火温度 400 ～ 425 K 区间显著增高现象表明,当 Si 离子的能量较大可穿透双极晶体管 BC 结时,易于产生稳态位移缺陷(V_3,V_4)心,可能还更容易形成与 H 有关的少子缺陷。当退火温度达到 500 K 时,"75 K 信号峰"又逐渐升高。在退火温度高于 550 K 以上,VO 心开始退火。此外,退火温度高于 425 K 时,"75 K 信号峰"退火,其峰高变得远小于辐照条件下的信号峰高度。这说明 24 MeV Si 离子辐照 3DK2222 型晶体管时,在 75 K 信号峰相关能级所产生的缺陷不只有 VO 心一种。上文已经提到,辐照在该能级下还会导致 C_iC_s 心缺陷的产生,而这种缺陷在 425 K 温度下发生退火。

图 4.31(b) 表明在扫描温度 85 ～ 135 K 区段,24 MeV Si 离子辐照后退火过程中,只有"110 K 信号峰"出现。该信号峰所代表的缺陷是 V_2(=/−)心,即带两个电荷的双空位缺陷。该缺陷随退火温度的演化趋势与上述 40 MeV Si 离子辐照后退火时基本相同。在退火温度 300 ～ 425 K 范围内,V_2(=/−)心不断增多。当退火温度达到 450 K 时,V_2(=/−)心开始快速退火。

图 4.31(c) 表明,扫描温度 135 ～ 280 K 区段中,主要信号峰出现在 200 K 附近。在 24 MeV Si 离子辐照与不同温度退火条件下,该信号峰的变化趋势总体上与前述 40 MeV Si 离子辐照后退火时类似。这种"200 K 信号峰"在退火温度 300 K 条件下,位于扫描温度 190 K 附近。随着退火温度的升高,该信号峰的峰高逐渐增加,且峰的位置向高扫描温度方向移动。这说明 24 MeV Si 离子辐射产生的缺陷只有双稳态的(V_3,V_4)心,而在退火过程中(V_3,V_4)心转化为 V_2(−/0)心。当退火温度高于 550 K 时,V_2(−/0)心开始退

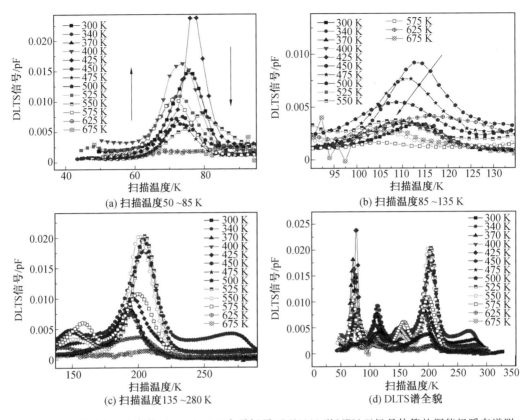

图4.31　不同退火温度条件下 24 MeV Si 离子辐照 3DK2222 型 NPN 双极晶体管的深能级瞬态谱测试结果(辐照注量为 1.1×10^{10} p/cm^2)

火,并且退火速度很快。

3. 10 MeV Si 离子辐照

图 4.32 为不同退火温度下,10 MeV Si 离子辐照 3DK2222 型 NPN 双极晶体管的深能级瞬态谱测试结果。为了方便表述,将其按扫描温度分成 4 个区段,分别对应于 10 MeV Si 离子辐照时所产生的 4 个主要的深能级缺陷信号峰,如图 4.32(a)、(b)、(c) 及(d) 所示。

由图 4.32(a) 可以看到,在扫描温度 80 K 附近出现明显的 DLTS 信号峰,所对应的主要缺陷是 VO 心。随着退火温度的升高,VO 心的浓度先增大后减小,退火温度 500 K 为其转折点。这是 VO 心产生退火效应的温度。与上述较高能量 Si 离子辐照双极晶体管退火时的情况不同,10 MeV Si 离子辐照后退火时,"80 K 信号峰"的峰高在退火温度为 425 K 时没有明显增加,其后变化也不明显。可以看出,该信号峰相应缺陷的组分基本上只有 VO 心。

图 4.32(b) 表明,在扫描温度 95 ~ 135 K 的区段内,主要呈现"115 K 信号峰",所涉

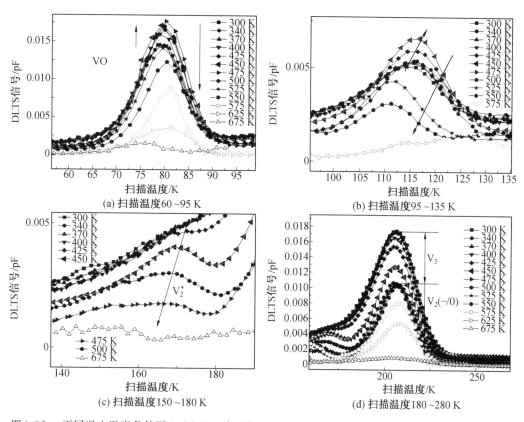

图4.32 不同退火温度条件下10 MeV Si离子辐照3DK2222型NPN双极晶体管的深能级瞬态谱测试结果

及的缺陷为双空位缺陷$V_2(=/-)$心。这种缺陷在10 MeV Si离子辐照后退火过程中,其演化趋势与前述较高能量 Si 离子辐照后退火时的规律一致。 当退火温度较低时,$V_2(=/-)$心的浓度随退火温度升高而逐渐增加。在退火温度达到450 K时,$V_2(=/-)$心开始退火,并且其退火速度较快。但是,双空位缺陷$V_2(=/-)$心在退火温度较低时浓度变大的原因与高能量 Si 离子辐照后退火时增加的原因不同。后者与"75 K信号峰"的峰高随着退火温度升高而降低有关。10 MeV Si 离子辐照后退火时,$V_2(=/-)$心浓度的增加则是源于"200 K信号峰"的退火转化,具体分析在下面说明。

由图4.32(c)可见,在扫描温度150 ~ 180 K区段,"170 K信号峰"的峰高从退火温度425 K开始逐渐降低。该信号峰所涉及缺陷的能级位置似乎与(V_3,V_4)心相同。但是,该缺陷开始发生退火的温度为425 K,略高于(V_3,V_4)心的退火温度。 这说明10 MeV Si 离子辐照时,在"170 K信号峰"相应的能级所产生的缺陷并不是(V_3,V_4)心。通过第2章的SRIM计算表明,10 MeV Si 离子射程末端正好落在DLTS测试位置

(晶体管 BC 结),可在晶体管 BC 结形成缺陷分布的布拉格峰。这使得同 24 MeV Si 离子和 40 MeV Si 离子辐照相比,10 MeV Si 离子辐照单位注量产生的位移吸收剂量明显增加。因此,10 MeV Si 离子辐照可能在晶体管的 BC 结产生级联缺陷,导致"170 K 信号峰"所代表的缺陷应为 V_2^* 心。该缺陷在 400 K 开始退火而转化为单空位缺陷,从而增大了单空位的浓度,使得生成双空位和 VO 心的概率增大,造成了上述"80 K"和"115 K"信号峰的升高。这也是图 4.32(a) 和(b) 中"80 K"和"115 K"信号峰从 400 K 退火时升高的原因之一。另一个导致"80 K"和"115 K"信号峰在退火温度较低时升高的原因,则是"200 K 信号峰"的退火。

如图 4.32(d) 所示,在退火温度高于 340 K 时,"200 K 信号峰"开始呈现持续的退火现象,即信号峰的高度或所代表的缺陷浓度持续降低。该缺陷的退火温度与 (V_3, V_4) 心退火温度一致。这种情况表明,双稳态多空位缺陷 (V_3, V_4) 心的 DLTS 信号峰,不仅会出现在扫描温度 45 K(图 4.28) 和 190 K 处,还将导致"200 K 信号峰"宽化。当退火温度升高至 550 K 以上,带一个电荷的双空位缺陷 $V_2(-/0)$ 心开始退火。

综上所述,不同能量的 Si 离子辐照时,所诱导产生的位移缺陷类型不同。通过辐照后退火试验,能够有效地表征位移缺陷的属性及演化行为。本节的试验结果具有一定的典型性,可供分析双极器件位移缺陷时参考。3 种不同能量的 Si 离子在双极晶体管中产生位移缺陷的基本情况可总结如下:

(1)40 MeV Si 离子辐照时,3DK2222 型 NPN 双极晶体管中产生多种位移缺陷,包括双稳态的 (V_3, V_4) 心,在较低温度(340 K) 开始退火,并向其他缺陷转化;双空位缺陷 $V_2(=/-)$ 心,从 450 K 开始退火,退火速度较低;VP 心,在 500 K 退火速度高;VO 心,从 525 K 开始退火;双空位缺陷 $V_2(-/0)$ 心,在 575 K 开始退火。$V_2(=/-)$ 心和 VP 心的退火会导致 VO 心浓度增加。

(2)24 MeV Si 离子辐照时,所产生的缺陷类型和 40 MeV Si 离子辐照时基本相同,且退火效应的规律也一致。在这两种能量 Si 离子辐照条件下,退火温度升至 425 K 时,DLTS 谱图上的"75 K 信号峰"明显升高而其他信号峰变化很小。这是由于 H 间隙原子相关的少子缺陷退火转化而形成的新缺陷极不稳定,温度升至 450 K 就会开始退火。在深能级位置上,辐照后产生的缺陷全部为 (V_3, V_4) 心等多空位缺陷。

(3)10 MeV Si 离子辐照时,3DK2222 型 NPN 双极晶体管中会产生级联缺陷 V_2^* 心和部分 (V_3, V_4) 心缺陷。这些缺陷在退火温度 370 K 即开始退火。

4.3.3　不同种类重离子辐射缺陷演化

1.O 离子辐照

图 4.33 为不同退火温度条件下,25 MeV O 离子辐照 3DK2222 型 NPN 双极晶体管的深能级瞬态谱测试结果。在该深能级瞬态谱上,主要呈现 3 种信号峰,分别如图

4.33(a)、(b)及(c)所示。随着退火温度的升高,各信号峰均发生明显变化。

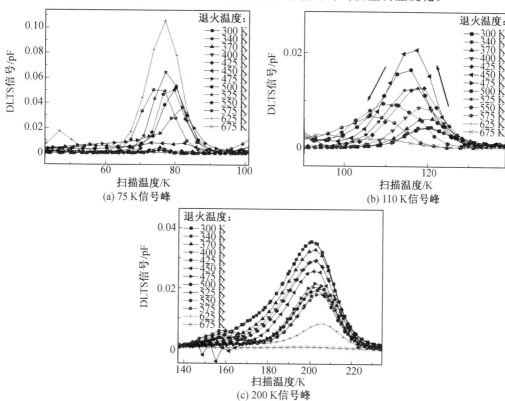

图4.33　不同退火温度下 25 MeV O 离子辐照 3DK2222 型 NPN 双极晶体管的深能级瞬态谱测试结果(辐照注量为 8.3×10^{10} ions/cm^2)

通过对比图 4.33 中 3 种 DLTS 信号峰在退火温度 300 K 下的高度可见,"75 K 信号峰"和"110 K 信号峰"的峰高较低,远低于"200 K 信号峰"的峰高。这表明在 25 MeV O 离子辐照条件下,双极晶体管中所产生的位移缺陷主要与"200 K 信号峰"相关联。"200 K 信号峰"在退火温度较低(370 K)时即开始退火(峰高降低),且持续到 500 K 时第一阶段退火过程结束。退火过程中信号峰宽度变小,峰位置向右(深能级方向)移动。此阶段的退火缺陷主要为不稳定的 (V_3, V_4) 心。以上的分析说明 25 MeV O 离子辐照注量较大的情况下,会在入射路径上产生较多的空位缺陷,其浓度适合于 (V_3, V_4) 心的团聚形成。由于形成了 (V_3, V_4) 心缺陷,从而抑制 V_2 心和 VO 心的形成。当退火温度大于 550 K 后,"200 K 信号峰"开始再次退火(第二阶段)。上文分析过,这是双空位缺陷 V_2(—/0)心的退火。

伴随着"200 K 信号峰"的退火过程(峰高降低),"110 K 信号峰"和"75 K 信号峰"的峰高不断上升。这是因为 (V_3, V_4) 心缺陷的解体而转化形成了大量的 V_2 心和单空位缺陷,并可由单空位与 O 间隙原子相结合而形成 VO 心所致。当退火温度达到 450 K 时,可以看到,"110 K 信号峰"开始退火使其峰高趋于降低。随着退火温度继续升高,"110 K 信号峰"的峰高逐渐下降,说明退火过程进展比较缓慢。这与之前 3 种能量 Si 离子辐照时所产生的双空位缺陷 $V_2(=/-)$ 心的退火效应相一致。随着退火温度的升高,"75 K 信号峰"不断升高,直到 625 K 退火时达到最高点。前面的分析中已经表明,VO 心缺陷在525 K 左右即开始退火。"75 K 信号峰"升高的最高退火温度应为 525 K 而不是 625 K。该现象产生的主要原因与上述的 Si 离子辐照时不同,25 MeV O 离子辐照可直接导致晶体管中 O 间隙原子数量的大量增加。当单空位被释放的数量较多时,大量存在的 O 间隙原子会与其结合生成许多 VO 心。这一过程产生的 VO 心数量可能大于退火缺陷的数量,故直至退火温度达到 625 K,VO 心的数量都在增加。

2. C 离子辐照

图 4.34 为不同退火温度条件下,6 MeV C 离子辐照 3DK2222 型 NPN 双极晶体管的

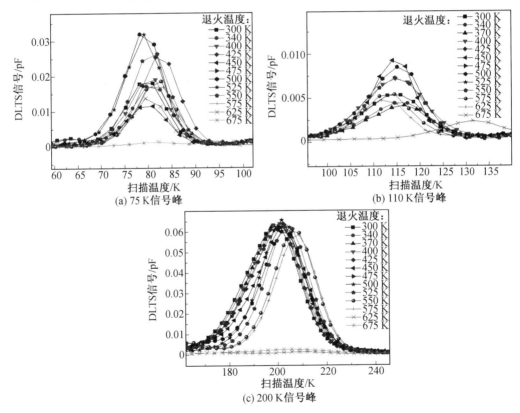

(a) 75 K信号峰   (b) 110 K信号峰

(c) 200 K信号峰

图4.34　不同退火温度条件下 6 MeV C 离子辐照 3DK2222 型 NPN 双极晶体管的深能级瞬态谱测试结果(辐照注量为 1.7×10^{10} ions/cm²)

深能级瞬态谱测试结果。在 6 MeV C 离子辐照作用下，3DK2222 型晶体管产生 3 种主要的深能级缺陷信号峰。由图中可以看出，"75 K 信号峰"和"110 K 信号峰"随退火温度升高的变化规律均与上述 Si 离子和 O 离子辐照时基本一致。"75 K 信号峰"代表的主要缺陷为 VO 心；"110 K 信号峰"代表的主要缺陷为 $V_2(=/-)$ 心。

与上述 Si 离子和 O 离子辐照时有所不同的是，6 MeV C 离子辐照时，"200 K 信号峰"在退火温度 475 K 之前未呈现明显的退火过程，而在 500 K 时峰高还略有增加且峰位置向右移动。当退火温度高于 500 K 后，"200 K 信号峰"开始退火（峰高降低），峰位置不断向右移动，而峰宽度变化较小。这是因为退火温度高于 500 K 时，"200 K 信号峰"所代表的 $V_2(-/0)$ 心缺陷发生转化，可结合一个 O 间隙原子而生成 V_2O 心。这种缺陷的能级位置略深于双空位缺陷 $V_2(-/0)$ 心，故导致了峰位置向右（高扫描温度方向）移动。

4.3.4 不同重离子源位移辐射效应对比分析

图 4.35 为不同种类和能量的重离子单位注量（$1/cm^2$）辐照条件下，3DK2222 型 NPN 双极晶体管中所产生的位移吸收剂量 D_d' 随芯片深度的变化。该图是通过 SRIM 程序计算的结果。如图所示，不同能量的硅离子在器件结构内部所产生的单位注量位移吸收剂量 D_d' 与入射深度（射程）均有较大差别。根据计算结果可见，单位注量位移吸收剂量 D_d' 随入射深度的增加逐渐升高，至某一深度后急剧降低。这种变化趋势表明，入射粒子的能量主要沉积于射程的末端。10 MeV Si 离子的射程末端恰好在晶体管的 BC 结，即在深能级瞬态谱的测试范围内。在射程末端入射粒子能量集中沉积的作用下，晶体管的 BC 结将受到严重的位移损伤，导致位移缺陷产生级联效应。相比之下，25 MeV O、6 MeV C、24 MeV 及 40 MeV Si 离子的入射深度较大，穿透了 BC 结，即射程末端未能终止于 BC 结。入射粒子的能量越高，在 BC 结内经过的路径越短（沉积能量越少），使所产生的位移缺陷主要为单空位和间隙原子。因此，入射粒子的能量或射程越大，在晶体管 BC 结所产生的单位注量位移吸收剂量越小。在试验选用的几种高能量重离子中，25 MeV O 离子辐照在 BC 结所产生的单位注量位移吸收剂量最小。在给定的芯片深度下，不同能量的同种类的重离子能量较高时，其单位注量的位移吸收剂量较低；反之，能量较低的重离子产生的单位注量位移吸收剂量较高。

图 4.36 为不同辐照源辐照 3DK2222 型 NPN 双极晶体管的深能级瞬态谱测试结果。图中 DLTS 信号峰的高度变化，可以反映相应能级的缺陷浓度的改变。由"200 K 信号峰"的高度变化可见，上述 5 种不同种类或能量的重离子辐照条件下，3DK2222 型 NPN 双极晶体管产生深能级缺陷的浓度变化规律与 SRIM 程序计算的单位注量位移吸收剂量的变化不相一致。通过 SRIM 程序计算表明，穿透能力越小的重离子在路径上产生的空位缺陷和间隙原子浓度越高，而两者的浓度越高时复合率也就越高，最终便会使绝大多数空位复合；反之，穿透能力越大的重离子在 BC 结产生的单位注量位移吸收剂量越小，最终

产生空位缺陷的浓度反而越高,深能级缺陷更易于形成。图4.36中6 MeV C离子辐照所产生的深能级缺陷浓度高于注量更高的40 MeV Si离子的效果。通过4.3.2节研究表明,40 MeV Si离子辐照时深能级位置上除了产生双空位缺陷$V_2(-/0)$心外,还产生了一定数量的(V_3,V_4)心缺陷,而6 MeV C离子辐照后深能级上只产生了双空位缺陷$V_2(-/0)$心。所以,虽然40 MeV Si离子同6 MeV C离子相比,其穿透能力较大,却可由于产生的缺陷种类不同而影响深能级缺陷的形成。(V_3,V_4)心缺陷形成所占用的空位数量较多,使40 MeV Si离子辐照产生的深能级缺陷浓度反而较小。

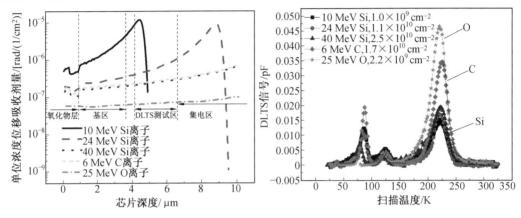

图4.35　不同种类和能量的重离子单位注量辐照条件下,位移吸收剂量 D'_d 随3DK2222型NPN双极晶体管芯片深度的变化

图4.36　不同辐照源条件下3DK2222型NPN双极晶体管深能级瞬态谱测试结果

4.4　位移损伤影响因素

4.4.1　偏置条件

图4.37(a)和(b)分别为发射结不同偏置条件下,NPN型3DG112和PNP型3CG130晶体管的电流增益倒数变化量随170 keV质子注量的变化。电流增益倒数的变化量表示为$\Delta(1/\beta)=1/\beta-1/\beta_0$,式中$\beta_0$和$\beta$分别为晶体管辐照前和辐照后的电流增益值。偏置接法与3.4.3节中的偏置条件接法一致。对于NPN型晶体管,零偏条件为$V_{BE}=V_{BC}=0V$;正偏条件为$V_{BE}=0.7\ V,V_{BC}=0\ V$;反偏条件为$V_{BE}=-4\ V,V_{BC}=0\ V$。对于PNP型晶体管,零偏条件为$V_{EB}=V_{BC}=0\ V$;正偏条件为$V_{EB}=0.7\ V,V_{BC}=0\ V$;反偏条件为$V_{EB}=-4\ V,V_{BC}=0\ V$。如图4.37所示,两种双极晶体管电流增益倒数的变化量均随170 keV质子注量增加而增加,且基本上呈线性变化。根据Messenger-Spratt方程,这种变化趋势表明170 keV质子辐射主要对晶体管造成位移损伤。图4.37表明,3种偏置

条件下 NPN 型 3DG112 晶体管的位移损伤效应相差不大。在 170 keV 质子辐照注量较大时,发射结正偏条件下 3DG112 晶体管的位移辐射损伤程度略小于其他两种偏置条件的影响。对于 3CG130 型 PNP 晶体管而言,发射结反偏条件下的位移辐射损伤程度与发射结零偏时的损伤基本相同,而发射结正偏条件下的位移辐射损伤程度较其他两种偏置条件时小。

图 4.38(a) 和(b) 分别为发射结不同偏置条件下,NPN 型 3DG112 和 PNP 型 3CG130 晶体管电流增益倒数变化量随 20 MeV Br 离子辐照注量的变化。对于 NPN 型 3DG112 晶体管,电流增益倒数的变化趋势与上述 170 keV 质子辐照时类似,且线性变化趋势更明显。对于 PNP 型 3CG130 晶体管,电流增益倒数的变化量也有明显的线性规律。比较 3 种不同偏置条件下晶体管的位移损伤程度可见,两种晶体管受偏置条件的影响类似。两种晶体管均在发射结零偏条件下所产生的位移损伤程度最大,而发射结正偏条件下位移损伤程度最小,发射结反偏条件下位移损伤程度居中。

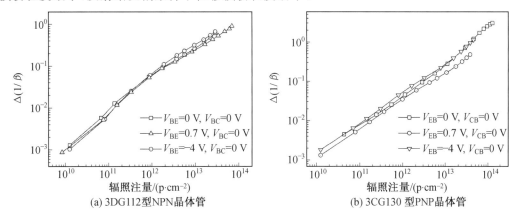

(a) 3DG112型NPN晶体管　　　　　　(b) 3CG130 型PNP晶体管

图4.37　发射结不同偏置条件下 NPN 型 3DG112 和 PNP 型 3CG130 晶体管的 $\Delta(1/\beta)$ 随 170 keV 质子注量的变化

图 4.39 为不同发射结偏置条件下,20 MeV Br 离子辐照 NPN 型 3DG112 晶体管的深能级瞬态谱。如图所示,20 MeV Br 离子辐照过程中施加不同偏置条件时,NPN 型 3DG112 晶体管所产生的深能级缺陷类型基本相同。该种 NPN 型晶体管位移损伤缺陷的深能级瞬态谱主要呈现 3 种信号峰,分别出现在扫描温度 84 K、125 K 及 220 K 附近。其中,84 K 附近的信号峰表征的缺陷为 VO 心,能级约为($E_C - 0.12$) eV;125 K 附近的信号峰相应的缺陷为 $V_2(=/-)$ 心,能级约为($E_C - 0.22$) eV;220 K 附近的信号峰代表的缺陷为 $V_2(-/0)$ 心,能级约为($E_C - 0.41$) eV。

不同偏置条件下,3DG112 晶体管经 20 MeV Br 离子辐照后所产生的 3 种深能级缺陷的浓度不同,如图 4.39 中的谱峰高度所示。正偏条件下,所产生的氧空位缺陷浓度较大,其他两种偏置条件下的 VO 心缺陷浓度较小。对于 $V_2(=/-)$ 缺陷,正偏条件下所产生的

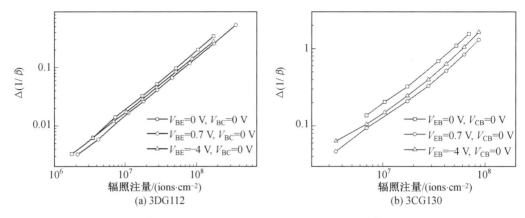

图4.38　发射结不同偏置条件下 NPN 型 3DG112 和 PNP 型 3CG130 晶体管的 $\Delta(1/\beta)$ 随20 MeV Br 离子辐照注量的变化

$V_2(=/-)$ 缺陷浓度最大,零偏条件下产生的 $V_2(=/-)$ 缺陷浓度最小。对于 $V_2(-/0)$ 缺陷,零偏条件下所产生的 $V_2(-/0)$ 缺陷浓度最高,正偏条件下产生的 $V_2(-/0)$ 缺陷浓度最小。不同偏置条件下,$V_2(-/0)$ 缺陷浓度的变化趋势与上述电性能变化趋势一致,说明能级较深的缺陷对双极晶体管电性能的影响较严重。

图 4.40 为不同发射结偏置条件下,20 MeV Br 离子辐照 PNP 型 3CG110 晶体管的深能级瞬态谱测试结果。如图所示,辐照过程中施加不同偏置条件时,PNP 型 3CG110 晶体管所产生的深能级缺陷类型基本相同。该种 PNP 型晶体管位移损伤缺陷的深能级瞬态谱主要存在两个信号峰,包括"125 K 信号峰"和"200 K 信号峰"。其中,"125 K 信号峰"表征的缺陷为 $V_2(+/0)$ 心,能级约为 $(E_V + 0.20)$ eV;"200 K 信号峰"代表的缺陷为 $C_iO_i(+/0)$ 心,能级约为 $(E_V + 0.36)$ eV。在不同的发射结偏置条件下,两种深能级缺陷的浓度并不相同。零偏条件下的 $V_2(+/0)$ 缺陷浓度最大,而正偏条件下的 $V_2(+/0)$ 缺陷浓度最小。对于 $C_iO_i(+/0)$ 缺陷,正偏条件下产生的 $C_iO_i(+/0)$ 缺陷浓度最小,其他两种偏置条件下产生的 $C_iO_i(+/0)$ 缺陷浓度相近。

入射的重离子可在双极晶体管内同时产生电离辐射损伤和位移辐射损伤,且双极晶体管对这两种辐射损伤效应均较为敏感。在辐照注量较小时,由于重离子所产生的电离吸收剂量大于位移吸收剂量,双极晶体管的损伤效应以电离辐射损伤为主。根据第 3 章的试验结果,反偏条件下,入射重离子将在晶体管的氧化物层产生较其他两种偏置条件时更多的俘获正电荷;正偏条件下,入射重离子在氧化物层中所产生的俘获正电荷较少。当辐照注量较大时,电离辐射损伤效应趋于饱和,而位移辐射损伤效应将占主要部分。在这种情况下,辐照过程前期所累积的氧化物俘获正电荷可对位移辐射损伤产生一定的影响。氧化物正电荷将降低基区表面的多子密度,从而增加体复合电流,降低基区亚表层与表面的载流子密度差。这种效应可部分中和重离子所产生的位移损伤。因此,反偏条件下双极晶体管的位移辐射损伤程度将略低于零偏条件的晶体管。当对双极晶体管发射结施加正偏电压时,会向基区内注入电荷(少子)。在辐照过程中,由于这些额外少子的注入,可使重离子辐射产生的位移缺陷发生退火效应,导致电流增益退化程度减轻。而且,发射结正偏电压越高,注入的少子数量越多,使位移缺陷退火效应越明显。所以,正偏条件下双极晶体管所受到的位移辐射损伤程度将低于零偏条件下的晶体管。

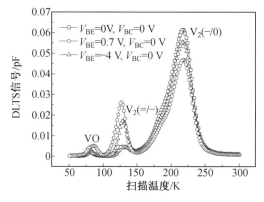

图4.39　不同偏置条件下 20 MeV Br 离子辐照 NPN 型 3DG112 晶体管的深能级瞬态谱(辐照注量为 1×10^8 cm^{-2})

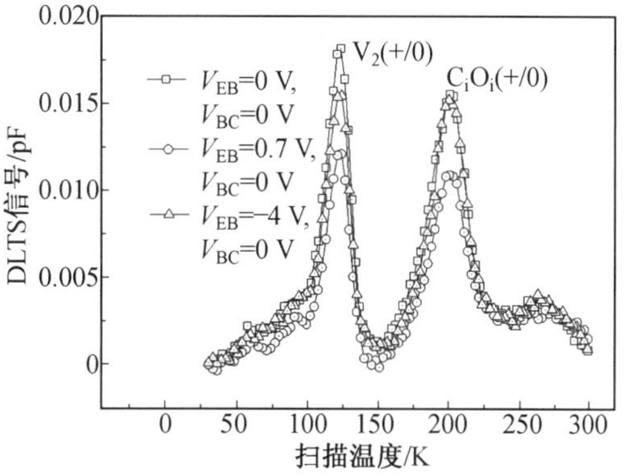

图4.40　不同偏置条件下 20 MeV Br 离子辐照 PNP 型 3CG110 晶体管的深能级瞬态谱(辐照注量为 1×10^8 cm^{-2})

4.4.2　器件类型

图 4.41 为 40 MeV Si 离子辐照条件下,NPN 型与 PNP 型分立晶体管辐照前后的电流增益倒数变化量随辐射吸收剂量的变化。由该图可见,随着 40 MeV Si 离子辐射吸收剂量的增加,5 种晶体管的电流增益倒数变化量均呈线性逐渐升高。这表明 5 种晶体管表现出明显的位移损伤效应,具有相同的辐照响应特征。然而,各类型晶体管对 Si 离子辐射损伤的敏感程度不同,其中 NPN 型分立晶体管及 VNPN 型晶体管的抗位移辐射损伤能力均高于 PNP 型晶体管。对于 PNP 型晶体管而言,抗辐射能力最弱的是 LPNP 型晶体管,其次为 SPNP 型晶体管,最强的是分立的 PNP 型晶体管。在相同辐射吸收剂量条件下,图 4.41 中 5 种晶体管受到的位移辐射损伤程度由大到小的顺序为:LPNP ＞ SPNP ＞ PNP ＞NPN ＞ VNPN。

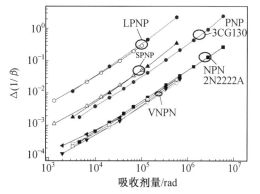

图4.41　40 MeV Si 离子辐照条件下 NPN 型与 PNP 型分立晶体管的电流增益倒数变化量随辐射吸收剂量的变化

4.4.3 器件结构参数

图 4.42 为不同氧化物层厚度条件下,LPNP 型晶体管经 40 MeV Si 离子辐照时电流增益倒数变化量与吸收剂量的关系。图中氧化物层的厚度分别为 150 nm 和 700 nm。由图可知,$\Delta(1/\beta)$ 随辐射吸收剂量大体上呈线性变化(位移损伤响应特征)。在相同辐射吸收剂量下,具有不同氧化物层厚度的 PNP 型栅控晶体管对高能 Si 离子辐射的敏感性基本相同。

图 4.43 为不同氧化物层厚度条件下,NPN 型栅控晶体管经 40 MeV Si 离子辐照时电流增益倒数变化量与吸收剂量的关系。可见,$\Delta(1/\beta)$ 与辐射吸收剂量大体上呈线性变化关系(位移损伤响应特征)。与上述 LPNP 型晶体管的情况类似,在相同辐射吸收剂量下,不同氧化物层厚度的 NPN 型栅控晶体管对重离子辐射损伤的敏感性差别不大。因此,基于上述试验结果表明,氧化物层的厚度对双极晶体管的位移辐射损伤程度影响较小。

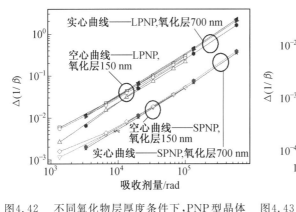 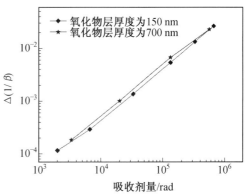

图4.42 不同氧化物层厚度条件下,PNP 型晶体管经 40 MeV Si 离子辐照时电流增益倒数变化量与吸收剂量的关系

图4.43 不同氧化物层厚度条件下,NPN 型栅控晶体管经 40 MeV Si 离子辐照时电流增益倒数变化量与吸收剂量的关系

图 4.44 展示了 40 MeV Si 离子辐照条件下不同发射区周长／面积比的 VNPN 型晶体管电流增益倒数变化量随辐射吸收剂量的变化(呈现位移损伤响应特征)。试验所用晶体管样件序号,按照发射区周长／面积比从大到小的次序为 No.5 > No.4 > No.3 > No.2 > No.1。如图所示,对于 NPN 型晶体管,不同结构尺寸条件下的电流增益退化规律相同。随着辐射吸收剂量增加,不同结构尺寸的 NPN 晶体管辐照前后的电流增益倒数变化量均呈线性变化。相同辐射吸收剂量下,不同结构尺寸晶体管的电流增益倒数变化量之间的差别较小。然而,若仔细分析仍可看出,发射区的周长／面积比会对晶体管电流增益退化产生影响。图 4.44 中,在相同的辐射吸收剂量条件下,NPN 晶体管按电流增益倒数变化量从大到小的次序为 No.5 > No.4 > No.3 > No.2 > No.1,相应的发射区周

长/面积比也依次为 No.5＞No.4＞No.3＞No.2＞No.1。由此可见,对于经受高能重离子辐照的 NPN 型晶体管,发射区周长/面积比越大,辐射损伤程度也越大。

图 4.45 展示了基区面积不同的 LPNP 型晶体管辐照前后的电流增益倒数变化量随辐射吸收剂量的变化,辐照源为 40 MeV Si 离子;晶体管样件序号按照基区面积从大到小的次序为 No.1＞No.2＞No.3。如图所示,对于 LPNP 型晶体管,电流增益倒数变化量与吸收剂量呈线性关系,表现出明显的位移损伤响应特征。电流增益倒数变化量从大到小依次是 No.1＞No.2＞No.3,此结果与晶体管按基区面积从大到小的次序一致,即 No.1＞No.2＞No.3。由此可见,在高能重离子辐照条件下,LPNP 型晶体管的基区面积越大,位移辐射损伤程度也越大。

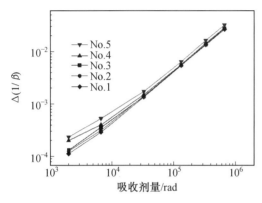 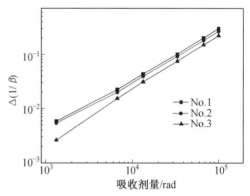

图4.44　40 MeV Si 离子辐照条件下不同发射区周长/面积比的 NPN 型晶体管电流增益倒数变化量随辐射吸收剂量的变化

图4.45　40 MeV Si 离子辐照条件下基区面积不同的 LPNP 型晶体管的电流增益倒数变化量随辐射吸收剂量的变化

4.5　位移损伤效应机理

4.5.1　概述

位移损伤是指在入射粒子作用下,靶原子被撞离给定的点阵结点位置,移动到靶材料晶格点阵的其他位置而产生的损伤状态。位移损伤会在半导体带隙中引入新的能级,改变载流子的复合寿命等特性,导致半导体材料和器件的电学性能及光学性能退化。通常情况下,少子器件对位移损伤效应较为敏感,而多子器件对位移损伤效应不敏感。

在位移辐射损伤条件下,入射粒子在单位质量的靶材料中沉淀的能量称为位移吸收剂量(D_d),常用的单位为 rad(每克靶材料吸收 100 尔格能量)。位移吸收剂量的基本表达式是粒子通量 $\Phi(E)$ 乘以 NIEL,即 $D_d = \Phi(E) \times$ NIEL。NIEL 是靶材料产生位移损伤的非电离能量损失(单位为 MeV·cm²/g),取决于靶材料、入射粒子种类和能量。当粒子穿透靶材料或器件时,NIEL 沿入射路径不会有明显变化。

高能带电粒子产生电离损伤效应时,所损失的能量可在靶材料中产生电子－空穴对。不同的是入射粒子发生非电离能量损失时,会产生声子和晶格原子位移。位移损伤效应是由非电离能量沉积诱导产生的。位移损伤会产生间隙原子－空位对。一个空位和一个邻近间隙原子的组合被称为 Frenkel 对。半导体中常见的位移缺陷主要有双空位,由两个邻近的空位组成。除 Frenkel 对外,位移损伤还可能产生由多空位和间隙原子组成的缺陷团簇。同时,空位和间隙原子可产生空穴－杂质原子复合体,如 Si 空位－P 间隙原子复合体(称为硅中的 E 心)。当辐射损伤产生的缺陷彼此相距较远时,称为孤立缺陷或点缺陷。在硅材料中,1 MeV 电子辐射主要产生孤立缺陷;1 MeV 中子辐射既会产生孤立缺陷,又会产生缺陷团簇。一般情况下,高能粒子辐照半导体时,要么同时产生孤立缺陷和缺陷团簇,要么只产生孤立缺陷,这取决于入射粒子的质量和能量。

4.5.2 位移能量阈值

如第 3 章所述,入射粒子与半导体材料交互作用时,会同时使靶材料产生电离损伤和位移损伤。若入射粒子能量足够大,传递给靶原子的能量可使其离开所在的固定位置,便会产生位移损伤缺陷。以硅材料为例,第一个受入射粒子撞击离位的硅原子称为初始撞出原子(PKA),或称初级反冲原子。入射粒子与硅原子主要通过 3 种相互作用方式产生位移损伤:① 卢瑟福散射(入射粒子与靶原子核发生库仑碰撞);② 核弹性散射(入射粒子与靶原子核直接弹性碰撞);③ 核非弹性散射(入射粒子激发靶原子,产生核反应)。当 PKA 原子的能量足够高时,它会继续通过卢瑟福散射和核弹性散射产生更多的位移损伤缺陷。

带电粒子辐射产生的位移损伤和离子注入效应有相似之处。在自然或人工辐射粒子作用下,靶材料中首先产生一个 PKA 离子。若 PKA 离子继续撞击靶材料中的其他原子,则与同种离子自注入情况相同。例如,空间环境中一个 100 MeV 质子在 Si 半导体中撞击出一个 Si 离子时,可使该 Si 离子获得 10 keV 的能量。如果该 Si 离子继续撞击靶材料中其他的硅原子,则与 10 keV Si 离子注入产生的效应相同。

对于电子辐射而言,在硅半导体中产生位移损伤效应的最小能量是 150 keV。对于质子辐射,在硅中产生原子位移的最小能量是 100 eV。入射粒子使靶原子从所在的晶格结点位置移出所需的最小能量,取决于靶材料原子的位移阈值能量 T_d(靶原子在晶格结点的结合能)。T_d 值越高,则入射粒子在靶材中产生位移效应所需的能量越大。基于试验和理论研究,已确定了多种材料的 T_d 值。Corbett 和 Bourgoin[6] 总结了 1975 年之后试验测定的 T_d 值。他们发现 T_d 值与靶材料的晶格常数相关,如图 4.46 所示。然而,Bourgoin 和 Lannoo[7] 指出,T_d 值在不同试验条件下会有明显的差异,主要涉及辐照和测试的温度对辐射缺陷的产生和恢复过程的影响。已经确定,硅的 T_d 值变化范围为 $11 \sim 21$ eV。

4.5.3　位移损伤缺陷

入射粒子能量高于靶原子的位移能量阈值时,会产生位移损伤缺陷。当带电粒子传递给 Si 半导体原子核的能量超过 21 eV(位移能量阈值)时,便会导致 Si 原子位移。正常晶格位置上缺失一个原子被称为空位,这是位移辐射诱导缺陷的一种。硅在辐射粒子作用下可产生多种类型的位移缺陷,包括简单缺陷(也称点缺陷或孤立缺陷)以及大量缺陷的聚集区域(如缺陷群、缺陷团簇或级联缺陷)。当移位原子运动到非晶格结点位置

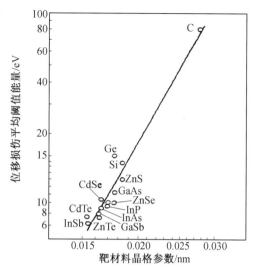

图4.46　几种半导体的晶格参数与位移损伤阈值能量的关系

时,会成为间隙原子。空位－间隙原子的组合称为 Frenkel 对。两个相近的空位可形成双空位缺陷;相近的两个间隙原子会形成双间隙原子缺陷;缺陷群也能在被辐照的硅半导体中观察到。当空位或间隙原子与掺杂原子接近时,会形成其他类型的复合缺陷,如空位－磷复合体等。能量为 MeV 级的电子和光子主要在硅中产生孤立缺陷;质子可在硅中产生孤立缺陷和小缺陷群的混合组态。

双极晶体管是容易受到位移损伤缺陷影响的敏感器件,需要密切关注位移辐射损伤缺陷所造成的复杂效应。图 4.47 为 Si 半导体中常见的几种位移损伤缺陷类型。

1. 空位复合缺陷

最早发现的 Si 中位移损伤缺陷是单空位缺陷。根据文献[8]所述,单独的空位缺陷在硅的能带中有 5 种电荷状态,分别为 V^{++}、V^{+}、V^{0}、V^{-} 及 V^{--}。其中,V^{--} 的能级为 $[E_c - (0.18 \pm 0.02)]$ eV;V^{-} 的能级为 $[E_c - (0.32 \pm 0.02)]$ eV;V^{0} 的能级为 $[E_c - (0.45 \pm 0.04)]$ eV。在 20 世纪 80 年代,研究学者们发现,室温条件下单独的空位可不断移动,或与邻近的单空位、间隙 O 原子及置换原子 P、B 等形成复合缺陷,如常见的空位对、VO 缺陷(A 心)和 VP 缺陷(E 心)。此外,单空位还可与 H 复合形成 VH、VH_2、VH_3 和 VH_4 等缺陷。

空位对是一种最常见的位移损伤缺陷。它主要由两种方式产生,一种方式是辐照过程中两个相连的 Si 原子同时发生位移,留下一对空位;另一种是两个单空位相结合而形成空位对。按照后一种方式,空位对的形成可能分别是由两个单空位直接发生碰撞,或者由反冲原子与邻近靶原子碰撞而形成。空位对的形成率与离子碰撞和自身的能量状态相关。空位对通常有 3

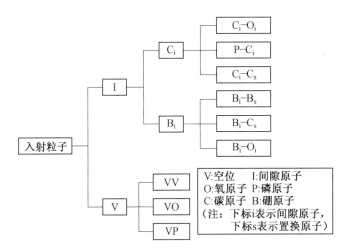

图4.47 硅半导体中常见的几种位移损伤缺陷类型

种电荷状态,包括:$V_2(=/-)$ 心,能级为$(E_c-0.22)$ eV;$V_2(-/0)$ 心,能级为$(E_c-0.42)$ eV;施主态的 $V_2(+/0)$ 心,能级为$(E_v+0.2)$ eV。文献[9] 中给出了空位对的模型,表明组成空位对的两个空位毗邻着同一个硅原子。空位对大约从250 ℃ 开始退火。由于空位对可能时刻与其他间隙原子合并,其退火过程与材料组分及杂质状态有很大关系。在大约 350 ℃ 退火时,空位对分解,其分解所需的能量最低为1.6 eV[10]。

2002 年,随着研究的深入发现,当辐照产生的单空位浓度较大时,单空位会相互团聚,形成级联缺陷(V_2^* 心)或多空位缺陷(V_3 心、V_4 心)[11]。这两种团簇型缺陷开始退火的温度略有不同。除上述各种空位缺陷外,空位与间隙原子将时刻伴随着缺陷的复合而存在,形成间隙原子与空位相互作用而组成的复合缺陷。图 4.48 给出不同退火温度下存在的热稳定态缺陷[8],以及通过各温度下 15 ~ 30 min 等时退火所分离出的空位缺陷对。

当高能质子与靶材料原子碰撞时,靶原子将从晶格结点反冲。如果辐射粒子转移给靶原子的能量足够高,靶原子可从晶格结点反冲到间隙位置。靶原子离开晶格结点所需要的最小能量称为位移能量阈值。靶原子离开初始晶格结点位置后成为间隙原子并留下一个空位。间隙原子和空位的组合统称为 Frenkel 对。如果离开晶格结点的靶原子有足够高的能量,它可以反过来置换其他靶原子。因此,高反冲能量的靶原子可以产生级联缺陷,形成缺陷群。50 keV Si 离子辐射产生的典型级联缺陷的分布如图 4.49 所示。当初始碰撞出的 Si 原子穿过硅半导体时,会撞击其他 Si 原子使其离开晶格结点,且初始碰撞 Si 原子被反冲而改变路径。在初始碰撞 Si 原子的路径终点附近,可能形成大的缺陷群(终端缺陷群)。室温辐射条件下,约 90％“的间隙原子－空位对”可在 1 min 内复合。

位移损伤的主要作用是在靶材料中生成各种深、浅能级缺陷。浅能级缺陷可补偿多子,使载流子减少;深能级缺陷可以作为载流子产生、复合及俘获中心。复合或俘获中心会降低少子

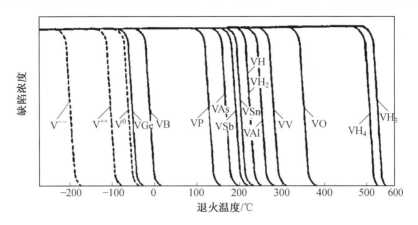

图4.48 空位复合缺陷的退火温度示意图

寿命,增加电子—空穴对的热生成率,降低载流子的迁移率。位移辐射缺陷主要是导致少数载流子器件(如双极晶体管)和光电器件受到损伤,而对 MOS 晶体管影响不大。

2. 间隙原子复合缺陷

O 和 C 是硅半导体中的主要杂质,会与带电粒子辐射所产生的点缺陷发生相互作用,形成缺陷复合体。O 可以俘获单空位,生成 VO 心。C 主要和间隙原子相互作用,生成 C_iO_i 心和 C_iC_s 心。C_iC_s 心是一种双稳态的两性缺陷,既有施主能级又有受主能级;C_iO_i 心的能级为 $(E_v + 0.36)$ eV,直至温度达到 350 ℃ 左右才开始退火。

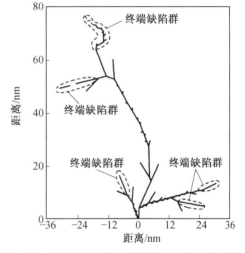

图4.49 50 keV Si 离子辐射产生的典型级联缺陷的分布

N 型 Si 中有 P 掺杂时,很有可能形成 VP(E 心)缺陷,它的能级大约在 $(E_c - 0.45)$ eV 位置。VP 心对于 N 型硅可能产生两种影响:一是 VP 心将引入一个受主能级,从而移除了 P 掺杂,使 P 掺杂失效,这种效应称为施主移除;二是 VP 心在 150 ℃ 左右完全退火,可能和其他间隙原子复合而形成更高阶的缺陷,也可能发生离解。VP 心离解后所产生的单空位可能被 O 原子俘获,形成 VO 心。

VO 心(A 心)是单空位被 O 原子俘获所形成的缺陷。当单空位被两个 O 原子的聚合态俘获时,会形成 VO_2 心。VO 心在 300 ℃ 左右开始退火,其退火过程可能是俘获一个 H 原子,形成一种受主能级在 $(E_c - 0.32)$ eV 的高阶缺陷 VOH[12]。图 4.50 为 VO 心和 C_iC_s 心的微观结构示意图[13]。

此外,通过 EPR 分析发现,双极器件中存在电性能极其相似的两种复合缺陷:V_2O 心和 V_2O_2 心。V_2O 心的形成可能有两种方式,一种是 $VO+V$,另一种是 V_2+O。其中,第二种方式在室温下无法进行,一般发生在 250 ℃ 左右。V_2O 心缺陷在 325 ℃ 左右退火,可能俘获一个氧原子转化为 V_2O_2 心。该缺陷要比 V_2O 心稍微稳定一些,退火时将转化为 V_3O_2 心和 V_3O_3 心等高阶缺陷。图 4.51 为一些常见的深能级缺陷在硅禁带中的能级位置[13]。

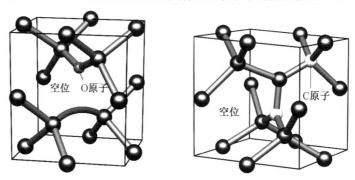

图4.50　VO 心和 C_iC_s 心的微观结构示意图

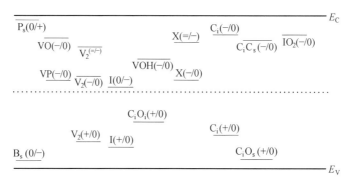

图4.51　常见的深能级缺陷在硅禁带中的能级位置

国内在 Si 半导体中深能级缺陷研究方面已取得了一定的成果。最早在 1986 年,戚盛勇[14]在 90 ～ 300 K 温区范围内测试了中子辐照直拉硅单晶的正电子寿命谱及红外光谱,发现直拉硅单晶的中子辐照缺陷主要是双空位和 VO 心。1996 年,贾文宝和苏桐龄等人[15]用 14 MeV 中子辐照掺有稀土元素杂质及未掺稀土元素杂质的 N 型 Si,采用红外吸收谱仪和四探针法分析了稀土元素杂质与中子辐照缺陷相互作用的特点。杨帅等人[16]通过霍尔效应、四探针法、傅立叶红外光谱仪(FTIR)和正电子湮没谱(PAS)技术,研究了快中子辐照在硅中引入的辐射缺陷及其对硅电学性能的影响。试验结果表明,经快中子辐照后,硅中间隙 O 含量显著下降,主要辐射缺陷 VO 心经 200 ℃ 退火消失,转化为 V_2O 心以及 O－V－O 心等体积较大的复合体。当硅中 O 含量较低时,双空位型缺陷会在低温退火过程中相互链接成链状;O 含量较高时,双空位通过捕获 VO 心,形成 V_3O 心等复合体。

4.5.4　位移缺陷对半导体电性能的影响

1. 不同类型缺陷的影响机制

本节主要讨论不同类型位移缺陷对半导体材料电性能的影响机制。如前所述,位移缺陷会在半导体禁带中形成不同深度的能级,这些能级将直接影响半导体材料的电学和光学性能。几乎所有半导体材料的位移损伤效应都可以用辐射诱导的带隙新能级来解释。辐射诱导的新能级会导致如下效应:载流子的复合寿命和扩散长度减小;多子浓度改变;在足够大的电场下热激发的电子－空穴对增多;发生载流子隧穿等。图 4.52 给出了硅能带中辐射诱导缺陷中心可能产生的 5 种基本过程。图中,E_t 为缺陷能级;E_d 为施主能级;E_i 为能隙中带能级;E_C 和 E_V 分别为导带底部和价带顶部的能级。过程 ① 是禁带中部附近的深能级缺陷通过热激发产生电子－空穴对。在该过程中,通过热激发使价带电子跃迁到缺陷中心,随后缺陷中心俘获的电子又被激发到导带,最终产生一个自由电子－空穴对。同样,该过程可视为空穴从缺陷中心发射到价带,随后电子从缺陷中心发射到导带。只有能级在能隙中部(中带)附近的缺陷中心才能对载流子的产生产生重要影响,且载流子的产生率随缺陷能级偏移中带距离的增加呈指数式降低。当自由载流子浓度低于其热平衡浓度时,缺陷能级的发射过程才能超过捕获过程。因此,在热激发作用下,能隙中带附近的辐射诱导缺陷中心产生电子－空穴对,将对器件耗尽区有重要影响。这种缺陷中心是硅器件漏电流增加的主要机制。

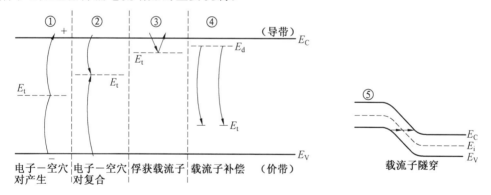

图4.52　辐射诱导缺陷中心的 5 种效应示意图

过程 ② 是电子－空穴对的复合过程。该过程中,一个自由载流子先被缺陷中心捕获,然后缺陷中心会捕获电性相反的载流子。与激发过程相反,复合过程将减少电子－空穴对。通常情况下,复合率取决于缺陷中心(或复合中心)的密度、自由载流子浓度、电子和空穴的捕获截面以及缺陷中心能级位置。能带中少子复合之前的平均存在时间被称为复合寿命。辐射诱导产生的复合中心会使复合寿命 τ_r 降低,成为双极晶体管电流增益降低的主要机制。

过程 ③ 是浅能级缺陷中心俘获载流子的过程。在该过程中,载流子被俘获到缺陷中心,随后又被发射到其本源的能带中,无复合过程发生。一般情况下,多数载流子和少数载流子都可能被浅能级缺陷中心所俘获(在不同能级上)。辐射诱导产生的浅能级陷阱会使电荷耦合器件转换效率降低。

过程 ④ 是辐射诱导产生的缺陷中心使施主或受主发生补偿的过程。在图 4.52 所示的情况下,施主能级中的一些自由电子被辐射诱导产生的深受主能级所补偿,其结果会导致平衡状态下多数载流子浓度降低。这种载流子的移除过程,将引起依靠载流子浓度工作的器件和电路性能发生变化。例如,该过程可使双极晶体管的集电极电阻增加。

过程 ⑤ 是由缺陷中心的深能级为载流子提供穿越势垒的隧道。该隧道效应会导致器件特定区域电流增加。例如,在 PN 结二极管中,隧道效应产生的电流可成为反向电流的主要组成部分。

综上所述,位移辐射损伤将在半导体材料的能带中产生 5 种效应,包括激发、复合、俘获、补偿及隧穿效应。一般而言,这些过程及其相互组合都可能发生在同一个能级的缺陷中心上。在一个特定能级的缺陷中心上发生哪种过程,主要取决于载流子浓度、温度和缺陷中心所在的器件区域(如耗尽区)。除此之外,辐射诱导的缺陷中心也会作为散射中心,导致载流子迁移率的降低。如第 1 章所述,随电离杂质浓度的增加,载流子的迁移率降低;同样,位移辐射诱导的缺陷中心电荷增多,也会导致载流子迁移率的降低。这种效应在温度远低于 300 K 时明显增强,其原因在于较低温度下电离化杂质散射所占比例要高于晶格散射。

2. 缺陷电荷及其影响

位移缺陷中心的电荷状态由占据该缺陷中心的空穴或电子所决定(如缺陷中心被一个电子占据,则该缺陷中心呈一个负电荷状态)。缺陷的电荷状态是影响缺陷在晶格中迁移率及其所产生损伤效应程度的基础特性。硅半导体中位移缺陷的退火效应与电荷状态密切相关。缺陷的电荷状态取决于缺陷能级与费米能级的相对位置。

硅中空位在室温下有很高的迁移率,常被称为不稳定态缺陷。辐射引入空位后,空位通过在 Si 晶格中移动,会形成较稳定的缺陷(如双空位和空位－杂质复合体)。如果在缺陷重组(退火)过程中测试硅半导体的电性能,则可看到随退火时间的增加,缺陷所产生的损伤效应降低。图 4.53 给出了经 40 ns 的 1.4 MeV 电子脉冲辐照后,P 型 Si 的相对损伤系数随不同温度的退火时间变化。基于图中的试验数据,可提取不同退火温度下的特征恢复时间,在该时间内位移损伤程度呈现指数式下降。

N 型 Si 和 P 型 Si 的费米能级位置不同,会导致位移缺陷的电荷状态不同。因此,可通过改变 N 型 Si 和 P 型 Si 的掺杂浓度,来改变位移缺陷的电荷状态。通过光激发和电注入的方式增加过剩载流子浓度,也可以改变缺陷中心的电荷状态。缺陷中心电荷状态的改变会影响缺陷的迁移率,进而影响半导体材料及器件辐射损伤的恢复状态。电子－空穴

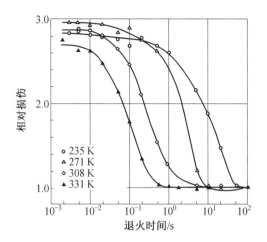

图4.53　经 1.4 MeV 电子 40 ns 脉冲辐照后 P 型 Si 的相对损伤
系数随不同温度的退火时间变化

对复合过程中,所释放的能量可加剧位移缺陷的退火。

在一定的温度条件下,半导体材料和器件内部的位移损伤缺陷可移动和重组形成某些相对稳定的缺陷。某些特定温度下,半导体器件中少子寿命与辐照过程中注入的过剩载流子浓度密切相关。图4.54给出了 4 种不同测试温度条件下,经 γ 射线辐射注入的过剩载流子浓度与硅器件中少子寿命的关系[17]。在低注入水平时,少子寿命随过剩载流子浓度变化缓慢。随后,随着载流子注入水平的升高,少子寿命逐渐增加,且达到最大值后降低。这种变化趋势可通过Si 能带中两个独立能级缺陷的复合作用进行解释,如图 4.55 所示。

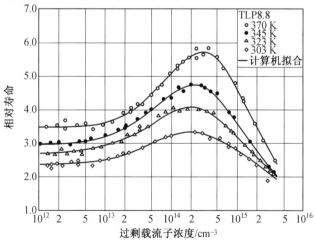

图4.54　经 γ 射线辐射注入的过剩载流子浓度与硅器件中少子寿命的
关系(图中所示温度为测试温度)

图 4.55 表明,低注入水平时,能带中较深能级(能级 1)缺陷的复合占主要作用;在高注入水平时,以较浅能级(能级 2)缺陷的复合为主[18]。通常情况下,在单一能级缺陷作用下,硅器件中少子寿命随载流子注入水平呈单调升高或降低的变化趋势。低注入水平条件下,由于能带中能级较深的缺陷在复合过程起主要作用,导致少子寿命随过剩载流子注入水平的增加而增加。在高注入水平时,由于浅能级缺陷的复合占主导,会使复合率随注入水平的增加而增大。因此,在低注入水平时,少子寿命的增加可由缺陷能级上的"交通堵塞"所致。当较深能级(能级 1)上的载流子浓度较高时,多数复合中心被少子所占据,用于俘获少子的缺陷中心数量变少,致使少子寿命呈增加趋势。在高注入水平条件下,这种阻塞效应可通过较浅能级(能级 2)上的缺陷复合作用缓解,导致少子寿命降低。

3. 位移损伤系数

迄今为止,在位移损伤条件下,半导体材料和器件的电性能退化大多基于损伤系数进行表述。通常,半导体器件中少数载流子复合寿命与粒子辐照通量的关系可如下式所示:

$$\frac{1}{\tau_r} = \frac{1}{\tau_{r0}} + \frac{\phi(E)}{K_r} \tag{4.2}$$

式中,τ_{r0} 和 τ_r 分别是辐照前和辐照后的少子寿命;$\phi(E)$ 是粒子辐照通量,E 为粒子能量;K_r 是少子复合寿命损伤系数。位移损伤条件下,辐照前后少数载流子的产生率、扩散系数和迁移率的变化也可以类似的形式表述。位移辐射所引起的辐射诱导补偿效应和载流子浓度的降低量均可通过载流子迁移率进行表征。通常情况下,Si 的位移损伤系数主要取决于以下参数:入射粒子类型和能量、掺杂类型及浓度、电阻率、过剩载流子注入水平、温度以及辐照后时间。位移辐射损伤系数需要合理选择,以保证可适合于特定的条件。

Van Lint 等人[19] 通过对比进行电子、质子和中子辐照试验,给出了硅材料的位移损伤系数。Summers 等人[20] 成功地将不同能量质子、氦核和氢离子对双极晶体管产生的位移损伤系数,与 1 MeV 中子等效产生的位移损伤系数相对应。研究发现,双极晶体管位移损伤系数与入射粒子的非电离能量损失(NIEL)呈单调变化关系,该结论对于所有能量的入射粒子都适用。图 4.56 给出了不同种类粒子与 1 MeV 中子辐照时双极晶体管的位移损伤系数比(K/K_n)与非电离能量损失比(S/S_n)的对应关系。图中,K 和 K_n 分别为某辐照粒子和 1 MeV 中子对晶体管的位移损伤系数;S 和 S_n 分别为某辐照粒子与 1 MeV 中子的 NIEL 值。因此,通过对比分析不同带电粒子与 1 MeV 中子辐射损伤系数的对应关系,可基于 1 MeV 中子辐照对硅器件所产生的位移损伤效应,在较宽的能量范围内预测其他带电粒子的作用效果。

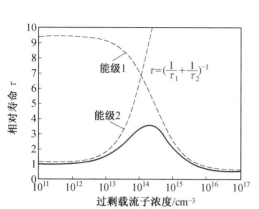

图4.55　过剩载流子注入水平对少子寿命影响的双能级复合模型

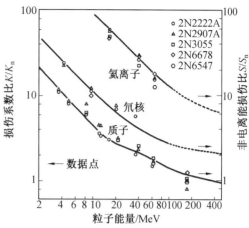

图4.56　不同种类粒子与 1 MeV 中子辐照时双极晶体管的位移损伤系数比和非电离能量损失比的对应关系

4.5.5　位移损伤等效关系

位移辐射损伤与电离效应时双极晶体管所涉及的氧化物电荷和界面态的影响不同。位移辐射损伤直接影响双极晶体管中硅体材料的晶格势场,从而导致晶体管的电性能下降。带电粒子对双极器件产生位移损伤的元过程是在硅体内产生间隙原子 — 空位对。所形成的间隙原子和空位具有动态变化特征,可以在硅体内移动、复合及形成稳定态的缺陷,所涉及的物理过程十分复杂。最终的结果是形成复合中心,导致半导体器件中少数载流子寿命降低,从而使电流增益减小。带电粒子辐照的注量越大,在硅体内形成的复合中心数量越多。

通常认为,中子源是较为理想的位移辐射源,所产生的位移损伤不会受到电离效应的干扰。然而,中子辐照试验操作难度较大,不易于控制中子的能量和通量,试验的危险性也较大。相比之下,重离子辐照试验操作方便得多,较易于调控粒子的能量与通量,也能够产生明显的位移辐射损伤效应。所以,近年来重离子辐照源越来越受到青睐。重离子源和中子源两者所产生的位移辐射损伤效应如何进行等效,是重离子源能否替代中子源的重要条件。

目前,国际上针对不同粒子辐照源所产生的位移损伤效应,主要是通过 NIEL 方法进行等效分析的。该方法是以位移辐射粒子在半导体材料和器件中所给出的 NIEL 参数作为判据,对不同粒子辐照源的位移辐射损伤效应进行归一化。NIEL 方法认为,位移损伤系数 K_d 与辐照粒子在材料和器件内的 NIEL 值成正比。但是,随着双极晶体管位移辐射损伤效应研究的深入,NIEL 方法的局限性越来越明显。已有试验表明,对于给定相同

NIEL 值的不同种类辐照粒子(如原子序数不同的重离子),对双极晶体管所导致的电流增益变化程度并不相同。因此,有必要提出一种优化的位移辐射损伤等效方法,以便使不同种类重离子产生的位移辐射损伤效应可以相互等效。

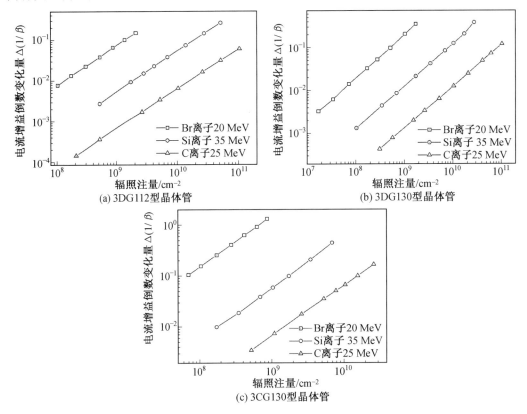

图4.57　3DG112、3DG130 及 3CG130 型双极晶体管经不同种类重离子辐照后电流增益倒数变化量随辐照注量的变化

　图 4.57(a)、(b) 和(c) 分别为 3DG112、3DG130 及 3CG130 型双极晶体管经不同种类重离子辐照后的电性能退化测试结果。如图所示,不同种类重离子辐照后,几种双极晶体管的电流增益倒数变化量与辐照注量之间均呈线性关系。根据前面第 2 章中单位注量的电离吸收剂量和位移吸收剂量的计算结果,可以看出,在器件内产生较大单位注量电离和位移吸收剂量的粒子能够产生较大的损伤效应,如 20 MeV Br 离子和 35 MeV Si 离子;在器件内产生较小单位注量电离和位移吸收剂量的粒子,如 25 MeV C 离子,则产生的辐射损伤程度较小。针对上述试验和分析结果,若通过 NIEL 方法进行归一化处理,所得结果如图 4.58 所示。图 4.58(a)、(b) 和(c) 分别示出 3DG112、3DG130 及 3CG130 型双极晶体管受到不同种类重离子辐照时电性能随位移吸收剂量变化的归一化曲线(NIEL 法)。如

图所示,对于基区内产生电离和位移辐射损伤分布比较均匀的35 MeV Si和25 MeV C离子,经过 NIEL 方法处理过的曲线可以很好地吻合在一起。然而,对于电离和位移辐射损伤分布不均匀的重离子,如 20 MeV Br 离子,通过 NIEL 方法对位移辐射损伤效应归一化并不适用。因此,为了解决这一问题,有必要对 NIEL 方法进行适当的修正以使其能够具有较好的普适性。

上述分析结果表明,在以下两种情况下 NIEL 方法难以有效地应用。首先,对于电离损伤能力较强的辐照粒子,由于其所产生的电离效应对位移损伤效应的影响,会使 NIEL 方法难于适用。其次,若辐照粒子在器件位移损伤敏感区域产生的非电离能量损失分布不均匀,NIEL 方法不适用。在辐照粒子射程较大而器件结构较小(即薄靶条件)时,粒子在入射路径上产生的非电离能量损失基本上是均匀的,可以忽略器件结构对 NIEL 取值的影响。若粒子射程较小而器件结构较大(即厚靶条件)时,入射粒子在路径上所产生的非电离能量损失呈不均匀分布,需要考虑双极晶体管结构的影响。

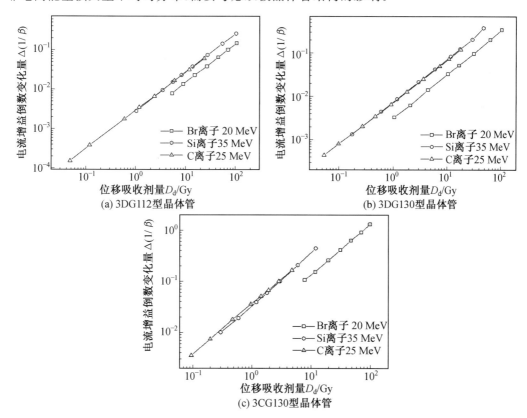

图4.58　3DG112、3DG130 及 3CG130 型双极晶体管经不同种类重离子辐照后 $\Delta(1/\beta)$ 随位移吸收剂量 D_d 变化(NIEL 方法)

　　基于以上分析,作者课题组对传统的 NIEL 方法进行了修正。一是考虑到双极晶体管位移辐射损伤的主要敏感区域涉及整个基区,为了更好地符合损伤效应的实际情况,采用整个基区的 NIEL 积分值作为优化公式的 NIEL 特征值;二是考虑到辐照粒子可能产生较强的电离辐射损伤效应的影响,在修正的 NEIL 公式中引入了一项电离效应对位移损伤效应的影响因子,以 $\log(D_i/D_d)$ 表征。所提出的 NIEL 方法的优化公式如下:

$$\Delta(1/\beta) = K_d \cdot \log\left(\frac{D_i}{D_d}\right) \cdot D_d = K_d \cdot D_d^* \tag{4.3}$$

其中,K_d 为常数,称为位移损伤归一化因子,与器件的类型有关;$\log(D_i/D_d)$ 为器件内电离效应对位移损伤效应的影响因子,与器件的结构、入射粒子的种类和能量有关;D_d^* 为归一化的位移吸收剂量,数值上等于 $\log(D_i/D_d) \cdot D_d$(其中 D_i 和 D_d 的取值分别为电离和位移吸收剂量在双极晶体管基区内的积分值)。通过优化的 NIEL 方法对图 4.57 中 3 种情况进行归一化,所得结果如图 4.59 所示。由图可见,通过优化的 NIEL 方法,可使所测

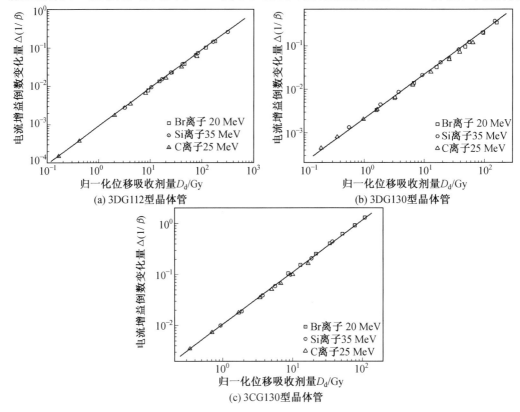

图4.59　3DG112、3DG130 及 3CG130 型双极晶体管经不同种类重离子辐照后 $\Delta(1/\beta)$ 随归一化位移吸收剂量的变化(优化 NIEL 方法)

试的 3 种器件在不同重离子辐照条件下的测试数据归一化吻合良好。采用优化的 NIEL 方法能够克服传统方法的不足,很好地满足了不同种类重离子位移辐射损伤效应归一化的需要。因此,采用优化的 NIEL 方法便于揭示不同种类粒子产生位移损伤的等效关系,具有重要的学术和实际应用价值。在学术研究上,将有利于更好地界定入射带电粒子在双极晶体管内产生位移辐射损伤效应的物理本质;从工程应用的角度上,便于针对航天器用双极晶体管简化抗辐射性能评价试验方法,降低试验成本和减少试验工作量。

本章参考文献

[1] DAVIS R E,JOHNSON W E,LARK-HOROVITZ K. Neutron-bombarded germanium semiconductors[J]. Physical Review,1948,74:1255.

[2] GWYN C W,GREGORY B L. Designing ultrahard bipolar transistors[J]. IEEE Trans. on Nuclear Science,1971,18:340-349.

[3] SIEDLE A H,ADAMS L. Handbook of radiation effects[M]. 2nd ed. Oxford University Press,2004:209-213.

[4] SROUR J R,MARSHALL C J,MARSHALL P W. Review of displacement damage effects in silicon devices[J]. IEEE Trans. on Nuclear Science,2003,50(3):653-666.

[5] SUMMERS G P,BURKE E A,SHAPIRO P,et al. Damage correlations in semiconductors exposed to gamma,electron and proton radiations[J]. IEEE Trans. on Nuclear Science,1993,40:1372-1379.

[6] CRAWFORD J H,SLIFKIN L M. Semiconductors and molecular crystals[J]. Acta Crystallographica,2005,61 (Suppl):C60.

[7] BOURGOIN J,LANNOO M. Point Defects in Semiconductors II[J]. 1983,35:117-194.

[8] KRAMBERGER G,CINDRO V,MANDIC I,et al. Investigation of Irradiated Silicon Detectors by Edge-TCT[J]. IEEE Transactions on Nuclear Science,2010,57(4):2294-2302.

[9] CASALI R A,RÜCKER H,METHFESSEL M. Interaction of vacancies with interstitial oxygen in silicon[J]. Applied Physics Letters,2001,78(7):913-915.

[10] STAHL J. Defect characterisation in high-purity silicon after γ and hadron irradiation[D]. Hamburg:University of Hamburg,2004.

[11] MONAKOV E V,AVSET B S,HALLEN A. Formation of a doubleacceptor center during divacancy annealing in low-doped high purity oxygenated Si[J]. Physical Review B,2002,65(233207):1-4.

[12] HUGHART D R,SCHRIMPF R D,FLEETWOOD D M,et al. The effects of proton-defect interactions on radiation-induced interface-trap formation and annealing[J]. IEEE Trans. Nucl. Sci. ,2012,59(6):3087-3092.

[13] NICHOLS D K,PRICE W E,GAUTHIER M K. A comparison of radiation damage in transistors from cobalt-60 gamma rays and 2.2 MeV electrons[J]. IEEE Transactions on Nuclear Science,1982,29(6):1970-1974.

[14] 戚盛勇. 正电子检测直拉硅的中子辐照缺陷[J]. 复旦学报,1986,25(4):12.

[15] 贾文宝,苏桐龄. 半导体 Si 中稀土元素杂质与中子辐照缺陷的互作用研究[J]. 核技术,1996,19(6):6.

[16] 杨帅,徐建萍,邓晓冉. 快中子辐照直拉硅中的空位型缺陷[J]. 硅酸盐学报,2013,41:6.

[17] JR O L C, SROUR J R, RAUCH R B. Recombination studies on gamma-irradiated N-type silicon[J]. Journal of Applied Physics, 1972, 43(11):4638-4646.

[18] BLAKEMORE J S. Semiconductor statistics[J]. Proceedings of the IEEE, 1962, 51(1):268-269.

[19] VAN LINT V A J, GIGAS G, BARENGOLTZ J. Correlation of Displacement Effects Produced by Electrons Protons and Neutrons in Silicon[J]. IEEE Trans. on Nuclear Science, 2007, 22(6):2663-2668.

[20] SUMMERS G P, BURKE E A, DALE C J, et al. Correlation of Particle-Induced Displacement Damage in Silicon[J]. Nuclear Science IEEE Transactions on, 1987, 34(6):1133-1139.

第 5 章   双极器件电离／位移协同效应

5.1   概   述

空间辐射条件下,电子器件遭受的辐射损伤有许多情况常与高能质子辐射密切相关。高能质子往往会同时分别在双极器件的氧化物层和基区内产生电离效应与位移损伤。这两种辐射损伤效应的敏感区不同,可通过载流子的输运和交集而以一种复杂的机制相互作用[1]。这种作用不是两种效应的简单加和。已经发现同 γ 射线辐射相比,高能质子辐射可在低很多的总剂量下,引起线性集成电路失效[2]。这种现象表明,高能质子辐射与 γ 射线产生的纯电离效应不同,可通过电离和位移协同效应而导致双极器件过早失效。高能重离子同电子和 ^{60}Co 源 γ 射线辐射相比,可在相同总剂量下,使双极器件性能产生更大程度的退化。高能重离子辐射与高能质子辐射类似,能够使双极器件产生电离／位移协同效应[3]。

随着双极器件电离和位移效应研究的不断深入,电离和位移效应的相互作用问题也日益受到关注。Brucker 等人[4]首次比较了 1 MeV 和 125 keV 电子对双极晶体管产生的不同影响。在 20 世纪 80 年代,美国 JPL 实验室比较了 2.2 MeV 电子和 ^{60}Co 源辐射对双极晶体管[5]和线性电路[6]的影响。试验结果表明,2.2 MeV 电子辐射要比 ^{60}Co 源 γ 射线所产生的损伤程度更大,其原因是 2.2 MeV 电子辐射除引起电离效应外,还会导致位移损伤。通过电离和位移损伤效应的综合分析,可更有利于揭示双极器件在轨性能退化的规律,为地面模拟试验评价提供更好的依据。

高能质子既能引起电离效应,又能产生位移损伤。因此,近几年来,主要基于高能质子辐射开展了电离和位移效应相互作用研究。文献[7]～[9]研究了高能质子(如 200 MeV)辐射对双极线性电路的影响,并对电离和位移效应的相互作用进行了分析。Barnaby 等人[9]提出了一种分析模型,用于解释高能质子辐射对 PNP 型晶体管的损伤机制。高能质子辐射可同时在氧化物层中产生电离效应与在硅体中产生位移效应。在 PNP 型晶体管中高能质子所产生的总损伤效应,低于相应等效注量的 1 MeV 中子辐照和等效剂量的 ^{60}Co 源辐照所产生的效应之和。Barnaby 等人认为,该现象产生的原因是氧化物层中的正电荷累积改变了表面电势,会在一定程度上抑制位移损伤,导致少子寿命的减少。这种电离与位移协同效应的结果将导致 PNP 型晶体管的电流增益退化呈现"亚线性行为"(sublinear),即随着高能质子辐照注量的增加,电流增益退化逐渐从线性偏离而趋于稳态饱和。相反,对于 NPN 型晶体管而言,高能质子辐射所引起的电离效应(在氧化物层中)与位移效应(在硅体中)相互作用的结果,可使电流增益退化呈现"超线性行为"(super linear),即随着高能质子辐照注量增加,电流增益退化逐渐偏离线性而趋于加剧。文献[9]和[10]指出,与^{60}Co源 γ 射线辐射相比,10 keV X 射线辐射能够更好地模拟高能质子辐射所产生的电离损伤效应。

Diez 等人[11-12]研究了 24 GeV 质子对双极晶体管所产生的损伤效应,并将其等效为^{60}Co源 γ 射线和 1 MeV 中子所造成的损伤之和,如图5.1所示。他们认为,高能质子产生的电离损伤可等效为相同吸收剂量的^{60}Co源 γ 射线辐射效果,而所产生的位移损伤可等效为 1 MeV 中子所造成的损伤。由此,高能质子产生的辐射损伤效应便可等效于^{60}Co源 γ 射线和 1 MeV 中子所造成的损伤之和。然而,这种等效方法涉及损伤系数和辐射吸收剂量的计算,会给等效分析带来很大的误差。

双极器件电离 / 位移协同辐射效应包括两方面含义:一是同一种粒子同时对双极器件产生电离和位移辐射效应时,两种辐射效应彼此发生相互作用,如高能质子可分别在氧化物层和硅体中产生电离效应与位移效应;二是异种粒子分别产生电离和位移辐射效应时,两种辐射效应彼此发生相互作用。因此,本章分别选取高能质子源与低能电子和质子综合辐照源,针对电离 / 位移的协同效应进行研究,用以揭示双极晶体管在电离与位移协同辐射损伤作用下的性能退化规律及损伤机理。

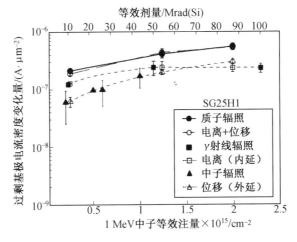

图5.1　24 GeV 质子辐射在双极晶体管中产生电离和位移协同效应的解析(^{60}Co源 γ 射线辐射用于产生电离效应;1 MeV中子辐照用于产生位移效应)

5.2　电离／位移协同效应基本特征

5.2.1　辐照源的选择

本章所涉及的试验中,选用低能电子和质子综合辐照源主要有两点考虑:一是空间辐射条件下,电子器件辐射损伤通常是由质子和电子同时作用引起的;二是低能电子与质子综合辐射作用下,可在对电离和位移损伤都敏感的双极器件中产生协同效应。从科学研究的角度,选用低能电子／质子综合辐照源,有利于更好地揭示电离和位移协同损伤机理。从工程应用的角度上,通过低能电子与低能质子辐照相匹配,有利于更好地揭示空间环境中双极器件的实际辐射损伤效应。低能电子／质子综合辐照源选用 110 keV 电子和 170 keV 质子,可分别在双极晶体管的氧化物层和硅基体内产生电离效应与位移效应。

高能质子源可同时对双极器件产生电离效应和位移损伤。通过选用高能质子源进行单因素辐照试验,也可以综合分析电离和位移效应的损伤机制。高能质子的能量分别选为 3 MeV、5 MeV、8 MeV 及 10 MeV。

为了分析比较不同能量质子产生位移辐射损伤能力的大小,本节通过计算给出了 3 种能量的高能质子产生单位注量的电离与位移吸收剂量随入射深度的变化关系,如图 5.2 所示。可见,在相同入射深度下,单位注量的电离和位移吸收剂量均随质子能量的增加而逐渐降低。在 3～10 MeV 能量区间的高能质子辐照时,靶材料的阻止本领与入射粒子的能量成反比。这是由于相比于较高能量的质子,较低能量质子的速度较慢,较易于与入射路径上靶原子的电子和原子核发生相互作用而损失能量。对于较高能量的质子,其入射速度较快,与靶原子的电子和原子核发生作用的概率较小,故在靶材料内沉积的能量

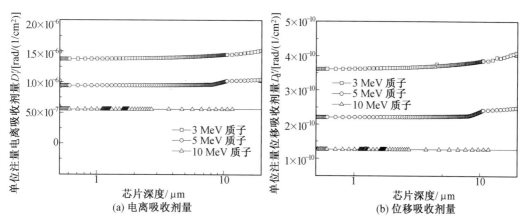

图5.2　单位注量高能质子在晶体管芯片中的电离吸收剂量与位移吸收剂量随深度分布的变化曲线

也较少。低能电子／质子综合辐照源中的单个辐照源(110 keV 电子和 170 keV 质子),在器件芯片所产生的单位注量电离与位移吸收剂量的计算结果已在第 2 章中给出,如图 2.25 和 2.26 所示。

5.2.2　Gummel 曲线变化规律

NPN 型及 PNP 型晶体管在辐照过程中,发射极、基极及集电极均处于接地状态($V_E = V_B = V_C = 0$ V)。辐照过程中电性能参数的测试条件为真空、室温原位测试。NPN 型晶体管的 Gummel 曲线测量条件为:发射极接扫描电压,即 $V_E = -1.2 \sim 0$ V,扫描步长为 0.01 V;基极和集电极接 0 V 电压,即 $V_B = V_C = V_{BC} = 0$ V。PNP 型晶体管的测量条件为:发射极接扫描电压,即 $V_E = 0 \sim 1.2$ V,扫描步长为 0.01 V;基极和集电极接 0 V 电压,即 $V_B = V_C = V_{BC} = 0$ V。

1. 不同类型辐照源同时辐照

图 5.3 给出 170 keV 质子和 110 keV 电子(通量均为 1.0×10^7 cm^{-2} s^{-1})同时辐照条件下,3DG112 型和 3DG130 型 NPN 晶体管的基极电流 I_B 和集电极电流 I_C 随发射结电压 V_{BE} 变化的测试结果。综合辐照条件下,质子和电子的注量均取图中给出的相同注量值。由图 5.3(a)可见,在 170 keV 质子和 110 keV 电子同时辐照过程中,随着辐照注量的增加,3DG112 型晶体管的集电极电流 I_C 基本上不受影响。3DG130 型晶体管在发射结电压较小时,集电极电流 I_C 随辐照注量增加逐渐上升;而发射结电压较大时,集电极电流不随辐照注量变化,如图 5.3(c)所示。两种晶体管的基极电流 I_B 受辐射损伤的影响程度均较大,如图 5.3(b)和 5.3(d)所示。随着辐照注量增加,两种晶体管的基极电流 I_B 均呈明显增大趋势。

图 5.4(a)和(b)分别为 170 keV 质子和 110 keV 电子(通量均为 1.0×10^7 cm^{-2} · s^{-1})同时辐射条件下,3CG130 型 PNP 双极晶体管基极电流 I_C 和集电极电流 I_B 随发射结电压 V_{EB} 的变化。综合辐照过程中,质子和电子注量取图中给出的相同注量值。如图 5.4(a)所示,在 170 keV 质子和 110 keV 电子综合辐照过程中,随着辐照注量的增加,集电极电流 I_C 基本保持不变,仅在发射结电压较小时略有变化。图 5.4(b)表明,基极电流 I_B 随着辐照注量的增大而逐渐增大。根据图中的结果,在 170 keV 质子和 110 keV 电子综合辐照条件下,所得结果与上述 NPN 型晶体管的变化趋势类似,均表现为集电极电流 I_C 基本上不受影响,而基极电流 I_B 受到的协同辐射损伤程度较大。

2. 单一种类辐照源辐照

为了揭示单一种类粒子辐射可在双极晶体管中产生电离和位移协同效应的特点,选用了 3 MeV 质子和 1 MeV 电子分别进行辐照试验。3 MeV 质子和 1 MeV 电子均可在双极晶体管中同时产生电离效应(氧化物层内)和位移效应(硅体内),故可作为诱发双极晶体管产生电离／位移协同效应的辐照源。

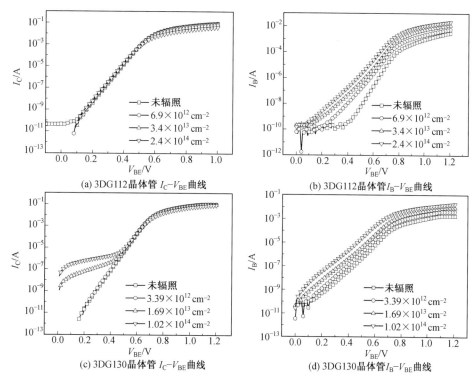

(a) 3DG112晶体管 I_C-V_{BE} 曲线

(b) 3DG112晶体管 I_B-V_{BE} 曲线

(c) 3DG130晶体管 I_C-V_{BE}曲线

(d) 3DG130晶体管 I_B-V_{BE}曲线

图5.3　170 keV质子和110 keV电子同时辐照时3DG112型和3DG130型NPN晶体管的 I_C 和 I_B 随 V_{BE} 的变化($V_{BC}=0$V；辐照通量为 1.0×10^7 $cm^{-2}\cdot s^{-1}$；质子和电子注量均为图中所示值)

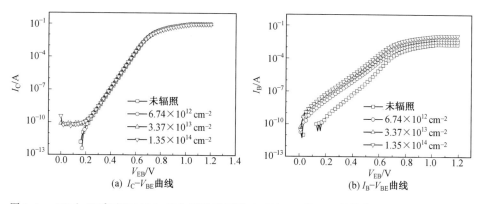

(a) I_C-V_{EB}曲线

(b) I_B-V_{EB}曲线

图5.4　170 keV质子和110 keV电子同时辐照时3CG130型PNP晶体管的 I_C 和 I_B 随 V_{EB} 的变化($V_{BC}=0$V；辐照注量为 1.0×10^7 $cm^{-2}\cdot s^{-1}$；质子和电子注量均为图中所示值)

图5.5给出不同注量的3 MeV质子辐照条件下,3DG112型和3DG130型NPN晶体

管的基极电流 I_B 和集电极电流 I_C 随发射结电压 V_{BE} 变化的测试结果。如图 5.5(a) 和(c) 所示,在 3 MeV 质子辐照过程中,随着辐照注量的增加,两种类型双极晶体管的集电极电流 I_C 变化均较小,仅在发射结电压较小时漏电流略有增加。图 5.5(b) 和(d) 表明,两种晶体管的基极电流 I_B 均随辐照注量增大而逐渐增大。根据图中的结果可以说明,在 3 MeV 质子辐照条件下,集电极电流 I_C 基本上不受影响,而基极电流 I_B 受辐射损伤影响的程度较大。这种变化趋势与上述 170 keV 质子和 110 keV 电子综合辐照时类似。

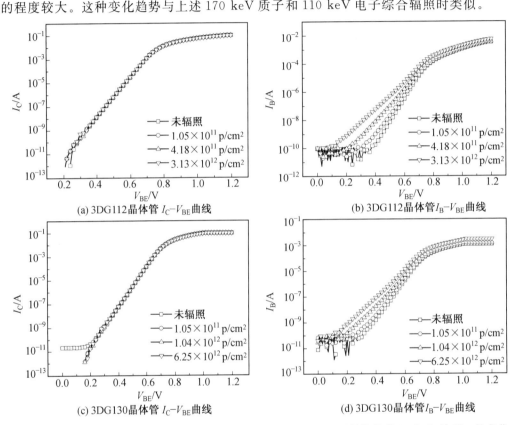

(a) 3DG112晶体管 I_C-V_{BE}曲线

(b) 3DG112晶体管 I_B-V_{BE}曲线

(c) 3DG130晶体管 I_C-V_{BE}曲线

(d) 3DG130晶体管 I_B-V_{BE}曲线

图5.5 不同注量的 3 MeV 质子辐照时 3DG112 型和 3DG130 型晶体管的 I_C 和 I_B 随 V_{BE} 的变化 ($V_{BC} = 0$ V;辐照注量为 1.0×10^{10} cm^{-2} · s^{-1})

图 5.6(a) 和(b) 分别为不同注量的 3 MeV 质子辐照条件下,3CG130 型 PNP 晶体管的基极电流 I_C 和集电极电流 I_B 随发射结电压 V_{EB} 的变化。如图所示,在 3 MeV 质子辐照过程中,随着辐照注量的增加,集电极电流 I_C 基本保持不变,仅在发射结电压较小时略有变化,而基极电流 I_B 逐渐增加。这表明在 3 MeV 质子辐照条件下,集电极电流 I_C 基本不受影响,而基极电流 I_B 受辐射损伤的影响程度较大。

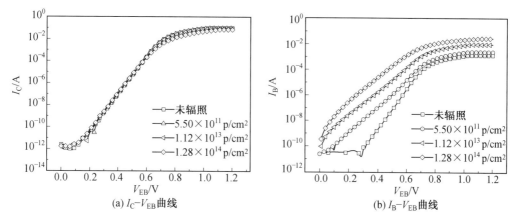

图5.6　不同注量的 3 MeV 质子辐照时 3CG130 型 PNP 晶体管的 I_C 和 I_B 随 V_{EB} 的变化
($V_{BC} = 0$ V;辐照注量为 1.0×10^{10} cm$^{-2} \cdot$ s^{-1})

图 5.7(a) 和 (b) 分别为 1 MeV 电子辐照过程中,3DG110 型 NPN 晶体管的基极电流 I_B 和集电极电流 I_C 随发射结电压 V_{BE} 的变化曲线。由图所示,在 1 MeV 电子辐照时,随着发射结 V_{BE} 电压的增加,3DG110 晶体管的基极电流 I_B 和集电极电流 I_C 均逐渐降低;并且,随着辐照注量的增加,基极电流 I_B 逐渐增大,而集电极电流 I_C 逐渐减小(如图中箭头方向所示)。相比之下,基极电流变化幅度明显大于集电极电流的变化幅度。由此可知,3DG110 双极晶体管的基极电流受辐射损伤影响较大。

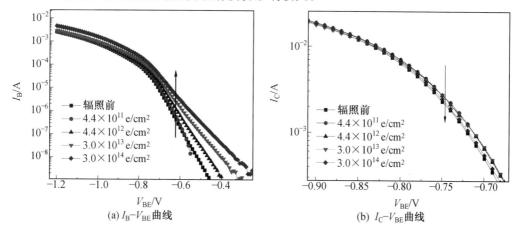

图5.7　1 MeV 电子辐照条件下 3DG110 型 NPN 晶体管的 I_B 和 I_C 随 V_{BE} 的变化($V_{BC} = 0$ V)

5.2.3　电流增益变化规律

1. 电流增益随发射结电压的变化

图 5.8(a) 和(b) 分别为不同注量的 3 MeV 质子辐照时 3DG112 型和 3DG130 型 NPN 晶体管电流增益的退化曲线。如图所示,两种 NPN 型晶体管的电流增益在 V_{BE} 较小时均基本上保持不变。当 $V_{BE} > 0.3$ V 时,两种晶体管的电流增益随发射结电压升高呈现先增大后减小的趋势,即存在峰值。对于 3DG112 晶体管,随着辐照注量的增加,电流增益的峰值明显降低,且电流增益峰逐渐向较高的 V_{BE} 方向移动。当 $V_{BE} > 0.8$ V 时,各辐照注量下的电流增益均逐渐变小。对于 3DG130 晶体管,其电流增益退化曲线的变化趋势与 3DG112 晶体管类似。

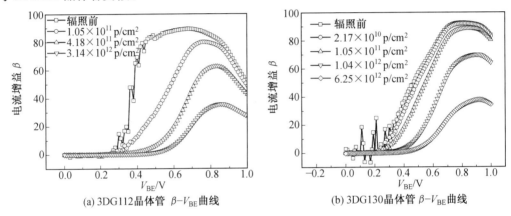

(a) 3DG112晶体管 β-V_{BE}曲线　　　　(b) 3DG130晶体管 β-V_{BE}曲线

图5.8　不同注量的 3 MeV 质子辐照时 3DG112 型和 3DG130 型 NPN 晶体管电流增益的退化曲线

图 5.9(a) 和(b) 分别为不同注量的 170 keV 质子和 110 keV 电子(通量均为 1.0×10^7 cm^{-2}·s^{-1}) 同时辐照时,3DG112 型和 3DG130 型 NPN 晶体管电流增益的退化曲线。可以看出,170 keV 质子和 110 keV 电子同时辐照时,两种 NPN 型晶体管的电流增益变化与 3 MeV 质子辐照条件下的变化规律基本类似。两种晶体管的电流增益均表现为在 V_{BE} 较小时基本保持不变。当 $V_{BE} > 0.3$V 时,电流增益随发射结电压先增大后减小,存在变化的峰值。随着辐照注量的增加,两种晶体管的电流增益均明显下降,且电流增益的峰值逐渐向较高的 V_{BE} 方向移动。

图 5.10 和图 5.11 分别为不同注量的 3 MeV 质子辐照与低能质子／电子同时辐照条件下,3CG130 型 PNP 晶体管电流增益的退化曲线。如图 5.10 所示,在 3 MeV 质子辐照条件下,3CG130 型 PNP 晶体管的电流增益在 V_{EB} 较小时基本保持不变。当 V_{EB} 高于一定值时,电流增益随发射结电压增加达到一定值后,基本保持不变,呈现明显饱和趋势。在给定 V_{EB} 时,随着 3 MeV 质子辐照注量增加,电流增益明显下降。图 5.11 表明,在 170 keV 质子和 110 keV 电子同时辐照条件下,3CG130 型 PNP 晶体管电流增益的退化规

律与 3 MeV 质子单独辐照时基本一致。

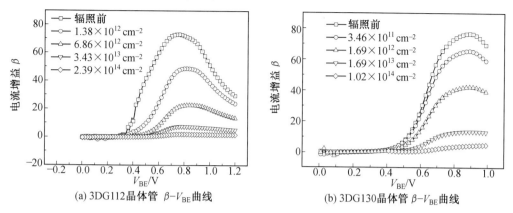

(a) 3DG112晶体管 β-V_{BE}曲线 (b) 3DG130晶体管 β-V_{BE}曲线

图5.9 170 keV质子和110 keV电子同时辐照时3DG112型和3DG130型NPN晶体管的电流增益随辐照注量的退化曲线(质子和电子注量均为图中所示值)

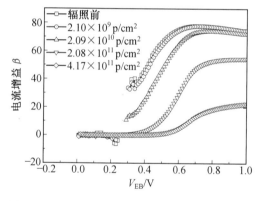

图5.10 不同注量的 3 MeV 质子辐照时 3CG130 型 PNP 晶体管电流增益的退化曲线

图5.11 170 keV质子和110 keV电子同时辐照时 3CG130 型 PNP 晶体管的电流增益随辐照注量的退化曲线(质子和电子注量均为图中所示值)

2. 电流增益随辐照注量的变化

在低能质子和电子综合辐照条件下,揭示双极晶体管电性能的退化规律是表征其在轨服役行为的有效方法之一。低能质子和低能电子综合辐照可采用两种不同方式,包括相同或不同辐照通量的质子和电子同时辐照,以及质子和电子顺序辐照。采用低能质子和低能电子同时辐照有利于明显揭示双极器件的在轨性能退化规律,但较难进行机理分析,而顺序辐照可在很大程度上弥补这一点。

图 5.12(a)、(b) 及(c) 分别为 170 keV 质子与 70 keV 电子、170 keV 质子与 110 keV 电子，以及 70 keV 质子与 110 keV 电子同时辐照时，3DG112 型 NPN 晶体管电流增益倒数的变化量 $\Delta(1/\beta)$ 随辐照时间的变化。为了进行比较分析，图中还给出了低能质子和电子单独辐照时的结果。在图 5.12(a) 中，单独辐照时，70 keV 电子的通量为 1.44×10^{10} e/(cm$^2 \cdot$ s)，170 keV 质子的通量为 1.79×10^{10} p/(cm$^2 \cdot$ s)；同时辐照时 170 keV 质子和 70 keV 电子的辐照通量分别为 4.9×10^{9} p/(cm$^2 \cdot$ s) 和 1.0×10^{10} e/(cm$^2 \cdot$ s)。图 5.12(b) 中，110 keV 电子的通量为 1.16×10^{10} e/(cm$^2 \cdot$ s)，170 keV 质子的通量为 1.73×10^{10} p/(cm$^2 \cdot$ s)；170 keV 质子和 70 keV 电子同时辐照时，辐照通量分两种情况。第一种情况质子和电子的通量分别为 1.16×10^{10} p/(cm$^2 \cdot$ s) 和 1.11×10^{10} e/(cm$^2 \cdot$ s)；第二种情况分别为 3.96×10^{9} p/(cm$^2 \cdot$ s) 和 6.53×10^{10} e/(cm$^2 \cdot$ s)。图 5.12(c) 中，单独辐照条件下，110 keV 电子的通量为 1.04×10^{10} e/(cm$^2 \cdot$ s)，70 keV 质子的通量为 1.01×10^{10} p/(cm$^2 \cdot$ s)；70 keV 质子和 110 keV 电子同时辐照时，通量分别为

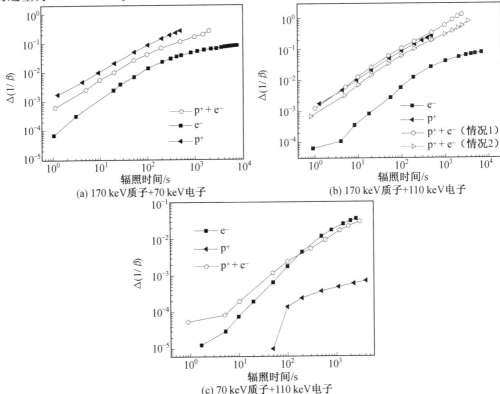

图5.12　3 种低能质子和电子单独及同时辐照情况下 3DG112 型 NPN 晶体管辐照前后的电流增益倒数变化量随辐照时间的变化

1.0×10^{10} p/(cm² · s) 和 1.0×10^{10} e/(cm² · s)。

由图 5.12(a) 和(b) 可见,170 keV 质子和 70 keV 电子及 170 keV 质子和 110 keV 电子同时辐照时,3DG112 型 NPN 晶体管电流增益倒数变化量和辐照时间的关系与 170 keV 质子单独辐照时相同,即均呈现单调线性变化。在相同的辐照时间下,若同时辐照时质子的通量低于质子单独辐照时的通量,则质子和电子同时辐照比质子单独辐照造成的损伤程度低;若同时辐照时质子的通量接近于质子单独辐照时的通量,则同时辐照与质子单独辐照造成的损伤程度相近(图 5.12(b))。这说明 170 keV 质子和 70 keV 电子、170 keV 质子和 110 keV 电子同时辐照,与 170 keV 质子单独辐照的损伤机制类似,其结果均满足 Messenger － Spratt 方程。70 keV 质子和 110 keV 电子同时辐照时,所造成的损伤与 110 keV 电子单独辐照时相接近。可见,70 keV 质子和 110 keV 电子同时辐照的损伤机制与 110 keV 电子辐照时的机制类似,其结果均不能够用 Messenger－Spratt 方程进行表述,且随着辐照注量的增加,电流增益倒数的变化量逐渐趋于稳态饱和。

图 5.13(a) 和(b) 分别为 170 keV 质子与 110 keV 电子同时辐照时,3DG130 型 NPN 和 3CG130 型 PNP 晶体管电流增益倒数的变化量 $\Delta(1/\beta)$ 随辐照时间的变化。在图5.13(a) 中,单独辐照条件下 110 keV 电子的通量为 9.72×10^{10} e/(cm² · s),170 keV 质子的通量为5.60×10^{10} p/(cm² · s);170 keV 质子和 110 keV 电子同时辐照时,通量分别为 1.11×10^{10} p/(cm² · s) 和 1.01×10^{10} e/(cm² · s)。 图 5.13(b) 中,单独辐照条件下,170 keV 质子的通量为 5.58×10^{10} p/(cm² · s),110 keV 电子的通量为1.51×10^{10} e/(cm² · s);170 keV 质子和 110 keV 电子同时辐照时,通量分两种情况。第一种情况是质子和电子的通量分别为1.12×10^{10} p/(cm² · s) 和 1.13×10^{10} e/(cm² · s);第二种情况是分别为4.54×10^{9} p/(cm² · s) 和 6.43×10^{10} e/(cm² · s)。由图 5.13 可见,170 keV 质子和110 keV 电子同时辐照时,3DG130 型和 3CG130 型晶体管的电流增益倒数变化量与辐照注量的关系均与上述 3DG112 型晶体管一致。在辐照时间相同

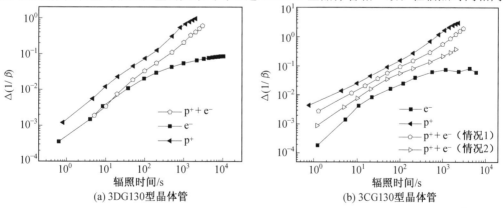

(a) 3DG130型晶体管　　　　　(b) 3CG130型晶体管

图5.13　170 keV 质子和 110 keV 电子单独与同时辐照时 3DG130 型和 3CG130 型晶体管的 $\Delta(1/\beta)$ 随辐照时间的变化

条件下,同时辐照时质子的通量越低,则同时辐照比质子单独辐照造成的损伤程度越低。并且,同时辐照与 170 keV 质子单独辐照的损伤机制类似,其结果均满足 Messenger — Spratt 方程。

图 5.14(a) 和(b) 分别为 170 keV 质子与 70 keV 电子及 170 keV 质子与 110 keV 电子单独及顺序辐照时,3DG112 型 NPN 晶体管电流增益倒数的变化量 $\Delta(1/\beta)$ 随辐照时间的变化。在图 5.14(a) 中,单独辐照条件下 70 keV 电子的通量为 1.44×10^{10} e/(cm$^2 \cdot$ s),170 keV 质子的辐照通量为 1.79×10^{10} p/(cm$^2 \cdot$ s)。经先电子后质子依次顺序交替辐照时,70 keV 电子和 170 keV 质子通量分别为 2.81×10^{10} e/(cm$^2 \cdot$ s) 和 1.44×10^{10} p/(cm$^2 \cdot$ s),且电子的辐照时间是质子的 10 倍;先质子后电子顺序交替辐照时,170 keV 质子和 70 keV 电子的辐照通量分别为 1.68×10^{10} p/(cm$^2 \cdot$ s) 和 4.83×10^{10} e/(cm$^2 \cdot$ s),电子和质子的辐照时间相同。图 5.14(b) 中,170 keV 质子的通量为 1.73×10^{10} p/(cm$^2 \cdot$ s),110 keV 电子的通量为 5.64×10^{10} e/(cm$^2 \cdot$ s)。先电子后质子顺序交替辐照时,110 keV 电子和 170 keV 质子辐照通量分别为 2.06×10^{10} e/(cm$^2 \cdot$ s) 和 9.24×10^{9} p/(cm$^2 \cdot$ s),电子与质子的辐照时间相同;先质子后电子顺序辐照时,170 keV 质子和 110 keV 电子的辐照通量分别为 1.31×10^{10} p/(cm$^2 \cdot$ s) 和 3.44×10^{10} e/(cm$^2 \cdot$ s),电子和质子的辐照时间相同。由图 5.14 可见,质子和电子顺序交替辐照时,无论先质子后电子顺序交替辐照,还是先电子后质子顺序交替辐照,3DG112 型 NPN 晶体管的电流增益退化规律一致。可见,质子辐照造成较大程度损伤,而电子辐照造成的损伤分两种情况:在辐照注量较低时,电子辐照加剧电流增益的退化;辐照注量较高时,电子辐照使质子造成的损伤发生退火效应。在顺序交替辐照时,若电子辐照时间较长而质子辐照时间较短,会使电流增益退化曲线整体向下方平移。

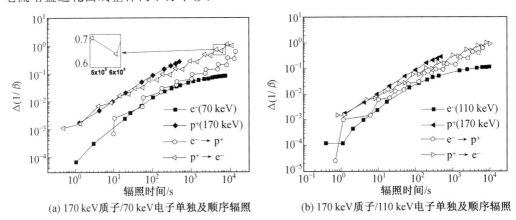

(a) 170 keV质子/70 keV电子单独及顺序辐照　　(b) 170 keV质子/110 keV电子单独及顺序辐照

图5.14　低能质子和电子单独及顺序交替辐照时 3DG112 型 NPN 晶体管辐照前后的电流增益倒数变化量随辐照时间的变化

图 5.15 和图 5.16 分别为低能质子和电子单独及顺序辐照时 3DG130 型 NPN 和 3CG130 型 PNP 晶体管电流增益倒数的变化量 $\Delta(1/\beta)$ 随辐照时间的变化。在图 5.15(a) 中,单独辐照条件下 70 keV 电子的通量为 1.26×10^{11} e/(cm²·s),170 keV 质子的通量为 5.60×10^{10} p/(cm²·s)。经先电子后质子依次顺序交替辐照时,70 keV 电子和 170 keV 质子的辐照通量分别为 3.80×10^{10} e/(cm²·s) 和 1.09×10^{10} p/(cm²·s),且电子的辐照时间是质子的 10 倍;先质子后电子顺序交替辐照时,170 keV 质子和 70 keV 电子的辐照通量分别为 1.50×10^{10} p/(cm²·s) 和 4.96×10^{10} e/(cm²·s),电子和质子的辐照时间相同。图 5.15(b) 中,低能质子和电子单独辐照时,170 keV 质子的通量为 5.60×10^{10} p/(cm²·s),110 keV 电子的通量为 1.90×10^{11} e/(cm²·s)。先电子后质子顺序交替辐照时,110 keV 电子和 170 keV 质子的辐照通量分别为 1.72×10^{10} e/(cm²·s) 和 8.53×10^{9} p/(cm²·s),电子与质子的辐照时间相同;先质子后电子顺序交替辐照时,170 keV 质子和 110 keV 电子的辐照通量分别为 1.16×10^{10} p/(cm²·s) 和 2.40×10^{10} e/(cm²·s),电子和质子的辐照时间相同。

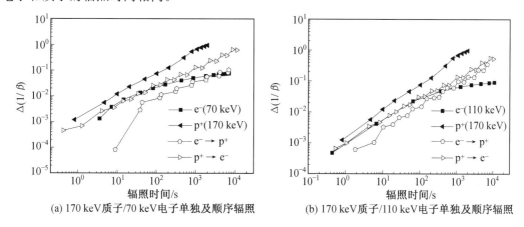

(a) 170 keV质子/70 keV电子单独及顺序辐照 (b) 170 keV质子/110 keV电子单独及顺序辐照

图5.15 低能质子和电子单独及顺序交替辐照时 3DG130 型 NPN 晶体管的 $\Delta(1/\beta)$ 随辐照时间的变化

图 5.16(a) 中,单独辐照条件下,70 keV 电子的通量为 5.60×10^{10} e/(cm²·s),170 keV 质子的通量为 5.58×10^{10} p/(cm²·s)。经先电子后质子顺序交替辐照时,70 keV 电子和 170 keV 质子的辐照通量分别为 2.27×10^{10} e/(cm²·s) 和 1.71×10^{10} p/(cm²·s),电子和质子的辐照时间相同;先质子后电子顺序交替辐照时,170 keV 质子和 70 keV 电子的辐照通量分别为 1.49×10^{10} p/(cm²·s) 和 5.38×10^{10} e/(cm²·s),电子和质子的辐照时间相同。图 5.16(b) 中,单独辐照时 170 keV 质子的通量为 5.58×10^{10} p/(cm²·s),110 keV 电子的通量为 2.96×10^{10} e/(cm²·s);先电子后质子顺序交替辐照时,110 keV 电子和170 keV 质子的通量分别为 1.67×10^{10} e/(cm²·s) 和 1.10×10^{10} p/(cm²·s),电子与质子的辐照时间相同;先质子后电子顺序交替辐照时,170 keV

质子和 110 keV 电子的通量分别为 1.27×10^{10} p/(cm² · s) 和 2.10×10^{10} e/(cm² · s),电子和质子的辐照时间相同。

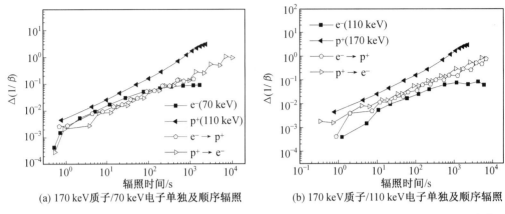

(a) 170 keV 质子/70 keV 电子单独及顺序辐照　　(b) 170 keV 质子/110 keV 电子单独及顺序辐照

图5.16　低能质子和电子单独及顺序交替辐照时 3CG130 型 PNP 晶体管的 $\Delta(1/\beta)$ 随辐照时间的变化

由图 5.15 和图 5.16 可知,经低能质子和电子顺序交替辐照时,3DG130 型和 3CG130 型晶体管的电流增益退化趋势与图 5.14 所示 3DG112 型晶体管的结果类似。无论先质子后电子顺序交替辐照,还是先电子后质子顺序交替辐照,质子辐照时均造成较大的电流增益退化,而电子辐照时电流增益退化分两种情况:辐照注量较低时,电子辐照加剧电流增益的退化;辐照注量较高时,电子辐照使质子造成的损伤产生退火效应。在低能质子和电子顺序交替辐照条件下,若电子辐照时间较长而质子辐照时间较短(如电子辐照时间是质子的 10 倍),会使整个退化曲线向下方平移。

电流增益倒数变化量是可用于衡量不同双极晶体管之间电流增益退化程度大小的一种显性指标,定义为晶体管辐照后与辐照前电流增益倒数之差,即 $\Delta(1/\beta) = 1/\beta - 1/\beta_0$。这种数据处理方法能够使得晶体管间的差异表现更加明显,且当晶体管受到位移损伤时,电流增益倒数变化量与辐照注量可呈线性关系。图 5.17 为 1 MeV 电子辐照 3DG110 型晶体管时电流增益倒数变化量随辐照注量的变化曲线。如图所示,电流增益倒数变化量随辐照注量的增加而逐渐升高。当 1 MeV 电子的辐照注量达到一定值后电流增益倒数的变化逐渐趋缓。值得注意的是,在辐照开

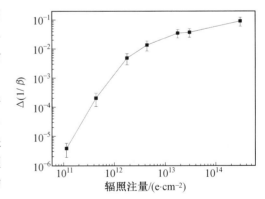

图5.17　1 MeV 电子辐照 3DG110 型晶体管时电流增益倒数变化量随辐照注量的变化曲线

始阶段(电子辐照注量低于 1.0×10^{12} e/cm²),该晶体管的电流增益倒数变化量与辐照注量之间呈现出线性关系。由此可以推断,1 MeV 电子辐照过程中会有位移损伤的产生。

5.3　辐射损伤缺陷表征

5.3.1　异种粒子协同辐射缺陷分析

深能级瞬态谱分析是用于表征双极晶体管辐射损伤缺陷演化规律的有效方法。在不同的辐照试验条件下,可通过深能级瞬态谱仪测试辐照前后双极晶体管深能级缺陷的浓度、激活能和俘获截面,揭示晶体管内部产生深能级缺陷的基本特性。

图 5.18 是 40 MeV Si 离子辐照后 3DG110 型 NPN 晶体管的 DLTS 谱测试结果。参照文献上已有的 DLTS 谱分析结果可知,图中 DLTS 信号峰位于 75 K 附近的缺陷为 VO 心,能级约为($E_C - 0.12$) eV。对于 190 K 附近的信号峰,信号的来源有两种,涉及双 $V_2(-/0)$ 心和 VP 心,均是由位移损伤导致的缺陷。190 K 信号峰为前两种缺陷信号的叠加。110 K 附近有一个很小的 E_1 信号峰,涉及氧化物电荷(典型的电离缺陷)。该信号峰的出现是由于 3DG110 型晶体管对电离损伤和位移损伤都较为敏感,导致即使在以位移损伤为主的40 MeV Si 离子辐照条件下,也会产生小部分的电离缺陷。300 K 附近的 E_2 信号峰源于界面态缺陷。应该指出的是,E_2 信号峰所表征的界面态也是一种典型的电离缺陷,尽管 40 MeV Si 离子辐照后 3DG110 型晶体管中会产生小部分的电离损伤,但图中界面态 E_2 信号峰的高度远远超过了应有的电离损伤程度。因此,推测该 E_2 信号峰的出现可能主要是 3DG110 型晶体管本身固有的界面态缺陷的贡献。关于这种推测将在下面的退火试验分析时进行讨论和验证。

图 5.19 是经 1 MeV 电子辐照后 3DG110 型 NPN 晶体管的 DLTS 谱测试结果。图中可见有 4 个深能级信号峰。上面已经提到在 75 K 附近的信号峰所涉及的缺陷为 VO 心。在 125 K 附近的 E_1 信号峰,源于电离损伤产生的氧化物电荷。190 K 附近有一个很小的信号峰源于 $V_2(-/0) + VP$ 心,属于典型的位移缺陷,其产生的原因在上文中已经有所涉及。这说明 3DG110 型晶体管对电离损伤和位移损伤都较为敏感,致使在以电离损伤为主的 1 MeV 电子辐照条件下也会产生一定量的位移缺陷。300 K 附近的 E_2 信号峰所涉及的是界面态缺陷,也是一种典型的电离缺陷。该信号峰的高度与图 5.18 中 40 MeV Si 离子辐照时 DLTS 谱测试结果接近,说明辐照前该缺陷的浓度已经基本上达到饱和,故在 1 MeV 电子辐照时没有明显的增加。对比图 5.18 和图 5.19 可以明显看出,以位移损伤为主的 40 MeV Si 离子辐照和以电离效应为主的 1 MeV 电子辐照产生的损伤缺陷有明显不同。前者主要以形成双空位型的位移缺陷为主,而后者除形成电离缺陷(氧化物电荷)外,还可形成 VO 心型的位移缺陷。因此,在位移辐射与电离辐射并存的情况下,不同

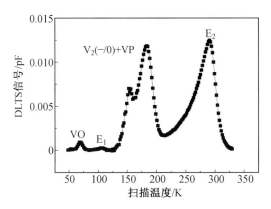

图5.18　40 MeV Si 离子辐照时 3DG110 型晶体管的 DLTS 谱测试结果（辐照注量为 $1.2 \times 10^9 \ cm^{-2}$）

类型的缺陷之间便可能产生一定的相互作用。

　　图 5.20 是经 40 MeV Si 离子辐照、1 MeV 电子辐照以及两者顺序协同辐照后，3DG110 型晶体管 DLTS 谱测试结果的综合对比。所得测试结果可用于分析 40 MeV Si 离子和 1 MeV 电子两种辐照源产生的位移缺陷和电离缺陷协同作用对晶体管损伤效应的影响。从图 5.20 中可以看出，同 1 MeV 电子单独辐照时相比，经 40 MeV Si 离子和 1 MeV 电子顺序协同辐照后，$V_2(-/0)+VP$ 复合缺陷信号峰的高度未发生明显变化，而 VO 心信号峰和 E_1 氧化物电荷信号峰的高度均低得多；E_2 界面态信号峰的位置略微左移，且峰高有小幅度上升。E_2 信号峰左移是伴随界面态峰升高出现的现象，可见 1 MeV 电子辐照后 E_2 峰的高度比其他两种辐照情况略高。这说明在 40 MeV Si 离子单独辐照及其与 1 MeV 电子顺序协同辐照条件下，界面态 E_2 缺陷的浓度已经趋近饱和状态。显然，该现象与 E_2 信号峰源于辐射效应导致产生小部分电离缺陷的推测不符，可以佐证 3DG110 型晶体管存在固有的界面态缺陷。40 MeV Si 离子辐照主要对晶体管造成位移损伤，产生的缺陷多是双空位或多空位缺陷，且缺陷的浓度较大；1 MeV 电子辐照主要对晶体管产生电离效应，形成的缺陷以氧化物电荷为主，还有部分的位移缺陷 VO 心。当对 3DG110 晶体管进行顺序协同辐照时，先经受 40 MeV Si 离子辐照产生较多的位移缺陷，再进行 1 MeV 电子辐照时，已有的位移缺陷可限制氧化物电荷和 VO 心等缺陷的生成，从而造成上述 40 MeV Si 离子与 1 MeV 电子顺序协同辐照时出现电离损伤缺陷信号峰的峰高明显降低的现象。

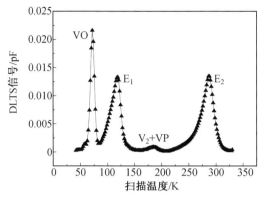

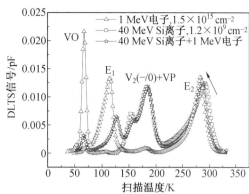

图5.19 经 1 MeV 电子辐照后 3DG110 型晶体管 DLTS 谱测试结果（辐照注量为 1.5×10^{15} cm^{-2}）

图5.20 40 MeV Si 离子与 1 MeV 电子单独及顺序协同辐照后 3DG110 型晶体管 DLTS 谱测试结果比较

图 5.21 是经 40 MeV Si 离子辐照后 3CG110 型 PNP 晶体管的 DLTS 谱测试结果。由图可见，40 MeV Si 离子辐照作用下，该种 PNP 型晶体管产生位移损伤缺陷，导致深能级瞬态谱出现 3 个信号峰。其中，一是在 100 K 附近出现明显的 DLTS 信号峰，所涉及的缺陷为双空位缺陷 $V_2(+/0)$，能级约为（$E_v + 0.20$ eV）；二是 175 K 附近出现较高的信号峰，所涉及的缺陷是 $C_iO_i(+/0)$ 心，能级约为（$E_v + 0.36$ eV）；三是在 220 K 附近有一个较小的信号峰，所涉及的是一种非稳态的缺陷，将其命名为 H(220)。图 5.22 是经 1 MeV 电子辐照后 3CG110 型晶体管的 DLTS 谱测试结果。经 1 MeV 电子辐照后，3CG110 型晶体管的 DLTS 谱出现了明显的负向信号峰，将其命名为 E(150)。E(150) 缺陷是一种少子陷阱。

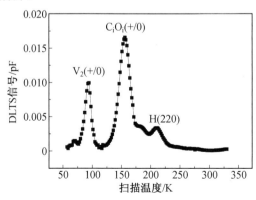

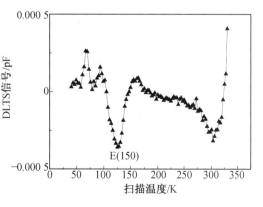

图5.21 40 MeV Si 离子辐照后 3CG110 型晶体管的 DLTS 谱测试结果（辐照注量为 1.2×10^{9} cm^{-2}）

图5.22 1 MeV 电子辐照后 3CG110 型晶体管的 DLTS 谱测试结果（辐照注量为 1.5×10^{15} cm^{-2}）

图 5.23 是经 40 MeV Si 离子和 1 MeV 电子单独及协同辐照后 3CG110 型 PNP 晶体管的 DLTS 谱测试结果对比。可以看出，经 40 MeV Si 离子 /1 MeV 电子顺序协同辐照后，同 40 MeV Si 离子单独辐照时相比，DLTS 谱上两个位移辐射缺陷的信号峰，$V_2(+/0)$ 峰和 $C_iO_i(+/0)$ 峰，均明显降低；1 MeV 电子单独辐照产生负向的信号峰 E(150)，该信号峰与电离效应有关。显然，E(150) 信号峰在 150 K 附近，而 $V_2(+/0)$ 信号峰在 100 K 附近，$C_iO_i(+/0)$ 信号峰在 175 K 附近，尚难于将 $V_2(+/0)$ 和 $C_iO_i(+/0)$ 两个信号峰的降低归因于负向的 E(150) 峰的叠加补偿作用。因此，可以认为，在 40 MeV Si 离子 /1 MeV 电子顺序协同辐照条件下，可能由于电离缺陷和位移缺陷的交互作用，导致了 $V_2(+/0)$ 和 $C_iO_i(+/0)$ 两种主要位移缺陷信号峰峰高的降低。

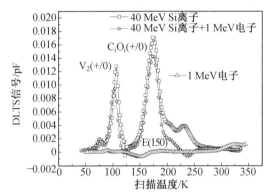

图5.23　40 MeV Si 离子与 1 MeV 电子单独和顺序协同辐照后 3CG110 型晶体管的 DLTS 谱测试结果对比（40 MeV Si 离子和 1 MeV 电子的辐照注量分别为 1.2×10^9 cm^{-2} 和 1.5×10^{15} cm^{-2}）

5.3.2　单一种粒子辐射缺陷分析

图 5.24 为不同辐照注量下 3 MeV 质子辐照 3DG110 型 NPN 晶体管的深能级瞬态谱的测试结果。图中的 DLTS 信号为正值，表明 3 MeV 质子辐照在 3DG110 型晶体管集电区产生的缺陷为多子陷阱。如图所示，该种晶体管辐射损伤缺陷的深能级瞬态谱主要呈现 3 个信号峰，分别位于 75 K、100 K 及 200 K 附近。其中，"75 K 信号峰"的缺陷能级约为 $(E_c - 0.14)$ eV，应为 VO 心；"100 K 信号峰"的缺陷能级约为 $(E_c - 0.18)$ eV，该缺陷命名为 E(100)，与第 3 章中由电离辐射效应所产生的"类深能级"缺陷 E(145) 相似；"200 K 信号峰"的缺陷能级约为 $(E_c - 0.41)$ eV，应为 $V_2(-/0)$ 缺陷。VO 心缺陷的浓度随着 3 MeV 质子辐照注量的增加而逐渐增加。随着辐照注量的升高，E(100) 缺陷的浓度逐渐加大（信号峰高度增加），且缺陷能级逐渐加深（信号峰右移）。对于 $V_2(-/0)$ 心缺陷，随着辐照注量的升高，缺陷浓度逐渐增加。通过软件计算，获得了 3DG110 型 NPN 晶

体管经 3 MeV 质子辐照时深能级缺陷的相关信息见表5.1。

图 5.25 为不同辐照注量下 3 MeV 质子辐照 3CG110 型 PNP 晶体管的深能级瞬态谱测试结果。如图所示，与上述 NPN 型晶体管的深能级瞬态谱不同，PNP 型晶体管的 DLTS 谱存在两种缺陷类型，即多子缺陷与少子缺陷同时存在。深能级缺陷信号峰出现在扫描温度 $100 \sim 200$ K 的范围内，主要呈现 3 个信号峰，其中正向存在两个信号峰，负向存在一个信号峰。两个正向信号峰分别位于 120 K 和 220 K 附近。"120 K 信号峰"的缺陷能级约为 $(E_v + 0.15)$ eV，应为 $V_2(+/0)$ 缺陷；"160 K 信号峰"的缺陷能级约为 $(E_c - 0.27)$ eV，应为电离效应所产生的"类深能级"缺陷，命名为 E(145)；"220 K 信号峰"的缺陷能级约为 $(E_v + 0.39)$ eV，应为 $C_iO_i(+/0)$ 心。图 5.25 中 3 种深能级缺陷信号峰的位置在辐照过程中未发生明显变化，说明随着辐照注量的增加缺陷能级基本上没有变化。随着辐照注量的增加，辐射损伤缺陷浓度（信号峰高度）增加明显。通过计算，可获得 3CG110 型 PNP 晶体管的深能级缺陷相关信息见表5.2。

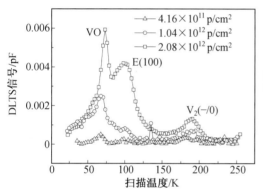 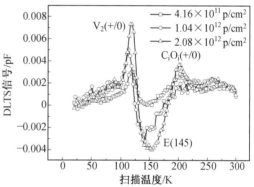

图5.24 不同辐照注量下 3 MeV 质子辐照 3DG110 型 NPN 晶体管的深能级瞬态谱测试结果

图5.25 不同辐照注量下 3 MeV 质子辐照 3CG110 型 PNP 晶体管的深能级瞬态谱测试结果

表 5.1 不同辐照注量下 3 MeV 质子辐照 3DG110 型 NPN 晶体管的深能级缺陷特征值

辐照注量 /$(p \cdot cm^{-2})$	缺陷类型	$E_c - E_t$/eV	σ/cm^2	N_t/cm^{-3}
	VO	0.136	3.56×10^{-16}	5.99×10^{13}
4.16×10^{11}	E(100)	0.176	4.69×10^{-17}	6.58×10^{13}
	$V_2(-/0)$	0.410	1.31×10^{-15}	1.79×10^{13}
	VO	0.120	1.12×10^{-16}	3.88×10^{13}
1.04×10^{12}	E(100)	0.179	1.11×10^{-16}	1.30×10^{13}
	$V_2(-/0)$	0.396	2.39×10^{-16}	9.92×10^{12}

续表5.1

辐照注量 /(p·cm⁻²)	缺陷类型	$E_C - E_t$/eV	σ/cm²	N_t/cm⁻³
	VO	0.117	9.41×10^{-17}	6.13×10^{12}
2.08×10^{12}	E(100)	0.173	3.21×10^{-17}	2.73×10^{12}
	$V_2(-/0)$	0.303	4.43×10^{-18}	3.88×10^{12}

表 5.2　不同辐照注量下 3 MeV 质子辐照 3CG110 型 PNP 晶体管的深能级缺陷特征值

辐照注量 /(p·cm⁻²)	缺陷类型	缺陷能级 /eV	σ/cm²	N_t/cm⁻³
	$V_2(+/0)$	$E_V + 0.173$	3.16×10^{-15}	3.25×10^{13}
4.16×10^{11}	E(145)	$E_C - 0.258$	7.19×10^{-18}	5.23×10^{12}
	$C_iO_i(+/0)$	$E_V + 0.343$	4.35×10^{-18}	2.10×10^{13}
	$V_2(+/0)$	$E_V + 0.146$	3.41×10^{-17}	6.28×10^{13}
1.04×10^{12}	E(145)	$E_C - 0.246$	2.78×10^{-16}	2.35×10^{13}
	$C_iO_i(+/0)$	—	—	—
	$V_2(+/0)$	$E_V + 0.154$	3.43×10^{-17}	8.06×10^{13}
2.08×10^{12}	E(145)	$E_C - 0.270$	8.33×10^{-15}	4.57×10^{13}
	$C_iO_i(+/0)$	$E_V + 0.384$	2.17×10^{-15}	2.79×10^{13}

图 5.26 为不同等时退火温度下,3 MeV 质子辐照 3DG110 型 NPN 双极晶体管的深能级瞬态谱测试结果。退火温度选择 300 ～ 700 K,每间隔 50 K 选取一个温度点。在每个退火温度下保持 30 min 进行测试。如图所示,3 MeV 质子辐照条件下 NPN 型晶体管的 DLTS 信号为正值,说明所产生的缺陷为多子陷阱中心。图中主要呈现 4 个信号峰,分别位于 75 K、100 K、140 K 及 200 K 附近(扫描温度)。其中,"75 K 信号峰"源于 VO 心,缺陷能级约为($E_C - 0.136$) eV;"100 K 信号峰"的缺陷能级随退火温度有所变化,可推断该缺陷应为电离效应所产生,命名为 E(100) 缺陷;200 K 附近的信号峰涉及 $V_2(-/0)$ 心,　缺 陷 能 级 为 （$E_C -$

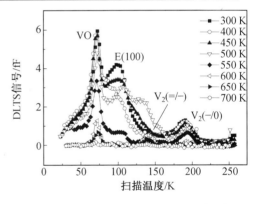

图5.26　不同等时退火温度下 3 MeV 质子辐照 3DG110 型 NPN 双极晶体管的深能级瞬态谱测试结果(辐照注量为 2.4×10^{12} cm⁻²;各退火温度下保温时间均为 30 min)

0.399)eV。随着退火温度的升高,在扫描温度约 140 K 附近出现一个新的 DLTS 信号峰,且峰高逐渐增加,其缺陷能级约为(E_C − 0.289)eV。根据 DLTS 谱数据库已有资料,该缺陷为 $V_2(=/-)$ 心。

由图 5.26 可见,等时退火温度低于 500 K 时,75 K 信号峰的高度未发生明显变化,即 VO 心的浓度基本不变。当退火温度高于 500 K 时,VO 心的浓度迅速下降,且在达到 700 K 时该缺陷浓度基本为 0。对于 E(100)缺陷(相应于 100 K 信号峰),随着退火温度的升高,缺陷浓度逐渐降低,其中退火温度达到 400 K 时,缺陷浓度略有下降;退火温度升高至 600 K 时,该种缺陷基本消失。随着 E(100)缺陷的消失,位于 140 K(扫描温度)附近的 $V_2(=/-)$ 缺陷信号峰逐渐显现出来。当退火温度达到 600 K 时,可以明显看见 $V_2(=/-)$ 心的信号峰。随着退火温度的进一步增加,$V_2(=/-)$ 缺陷浓度逐渐降低,且退火温度达到 700 K 时该缺陷基本消失。对于 $V_2(-/0)$ 缺陷(200 K 信号峰),退火温度小于 450 K 时,缺陷浓度基本保持不变。当退火温度高于 450 K 时,$V_2(-/0)$ 缺陷浓度迅速下降,且在达到 600 K 时该缺陷基本消失。不同温度等时(30 min)退火过程中上述 4 种深能级缺陷的特征参数分别见表 5.3～5.6。图 5.27 为该 4 种主要缺陷信号峰所对应的缺陷浓度随等时退火温度的变化曲线。

表 5.3　3 MeV 质子辐照 3DG110 型 NPN 晶体管在不同等时退火温度下 VO 缺陷的特征值

退火温度 /K	$E_C − E_t$/eV	σ/cm^2	N_t/cm^{-3}
300	0.136	3.56×10^{-16}	5.99×10^{13}
400	0.136	6.33×10^{-16}	5.36×10^{13}
450	0.133	3.33×10^{-16}	5.34×10^{13}
500	0.136	3.30×10^{-16}	4.34×10^{13}
550	0.135	3.86×10^{-16}	3.50×10^{13}
600	0.139	6.46×10^{-16}	1.50×10^{13}
650	0.147	1.66×10^{-15}	8.74×10^{12}

注:各退火温度下保温时间均为 30 min

表 5.4　3 MeV 质子辐照 3DG110 型 NPN 晶体管在不同等时退火温度下 E(100)缺陷的特征值

退火温度 /K	$E_C − E_t$/eV	σ/cm^2	N_t/cm^{-3}
300	0.176	4.69×10^{-17}	6.58×10^{13}
400	0.193	8.75×10^{-18}	4.34×10^{13}
450	0.200	4.16×10^{-16}	5.34×10^{13}
500	0.204	2.42×10^{-16}	4.34×10^{13}
550	0.214	1.49×10^{-16}	4.88×10^{12}

注:各退火温度下保温时间均为 30 min

表 5.5　3 MeV 质子辐照 3DG110 型 NPN 晶体管在不同等时退火温度下 $V_2(=/-)$ 缺陷的特征值

退火温度 /K	E_C-E_t/eV	σ/cm^2	N_t/cm^{-3}
600	0.289	8.05×10^{-16}	6.62×10^{12}
650	0.295	8.87×10^{-16}	3.93×10^{12}

注:各退火温度下保温时间均为 30 min

表 5.6　3 MeV 质子辐照 3DG110 型 NPN 晶体管在不同等时退火温度下 $V_2(-/0)$ 缺陷的特征值

退火温度 /K	E_C-E_t/eV	σ/cm^2	N_t/cm^{-3}
300	0.410	1.31×10^{-15}	1.79×10^{13}
400	0.398	5.95×10^{-16}	1.76×10^{13}
450	0.399	6.12×10^{-16}	1.70×10^{13}
500	0.401	1.95×10^{-15}	1.30×10^{13}
550	0.396	3.96×10^{-16}	9.28×10^{12}
600	0.406	6.47×10^{-16}	2.22×10^{12}

注:各退火温度下保温时间均为 30 min

图 5.28 为不同等时退火温度下,3 MeV 质子辐照 3CG110 型 PNP 双极晶体管的深能级瞬态谱测试结果。各退火温度下的保温时间均为 30 min。3 MeV 质子辐照条件下,该PNP 型晶体管的 DLTS 谱呈现 4 个正向的信号峰和 1 个负向的信号峰。这表明 3 MeV 质子在 PNP 型晶体管中所产生的缺陷有 4 种多子陷阱中心和 1 种少子陷阱中心。多子缺陷的信号峰分别位于 100 K、175 K、190 K 及 220 K 附近(扫描温度);少子缺陷信号峰位于135 K 附近(扫描温度)。其中,"100 K 信号峰"为 $V_2(+/0)$ 心,缺陷能级约为(E_V+0.186) eV;"135 K 信号峰"的缺陷能级约为($E_C-0.245$) eV,现有资料和数据库尚无法查到相关缺陷的名称,暂命名为 E(135) 缺陷;"175 K 信号峰"相应的缺陷为 $C_iO_i(+/0)$心,缺陷能级为($E_V+0.349$) eV;"190 K 信号峰"相应的缺陷能级为($E_V+0.409$) eV,现有资料和数据库尚未见相关缺陷,暂命名为 H(190) 缺陷;"220 K 信号峰"的缺陷能级为($E_V+0.517$) eV,现有资料和数据库也尚未见到相关缺陷,暂命名为 H(220) 缺陷。

图 5.29 为不同的等时退火温度下,3 MeV 质子辐照 3CG110 型 PNP 晶体管内$V_2(+/0)$ 和 E(135) 缺陷信号峰的比较。各退火温度下保温时间均为 30 min。该图表明,退火温度低于 550 K 时,$V_2(+/0)$ 缺陷的浓度(信号峰高度)基本没有变化。当退火温度高于 550 K 时,$V_2(+/0)$ 缺陷的浓度迅速下降;退火温度达到 600 K 时,$V_2(+/0)$缺陷的信号峰位置略向高温方向偏移时,缺陷浓度(信号峰高度)也有所升高,且随着退火温度的升高而继续增加。$V_2(+/0)$ 缺陷信号峰的位置继续向高温方向偏移时,缺陷浓度迅速下降。当退火温度达到 700 K 时,$V_2(+/0)$ 缺陷消失。E(135) 缺陷在 DLTS 谱上表

现为较宽大的负向信号峰,其形成应与 3 MeV 质子所产生的电离效应有关。随着退火温度的升高,E(135)缺陷浓度逐渐降低,且当退火温度达到 500 K 时该缺陷消失。

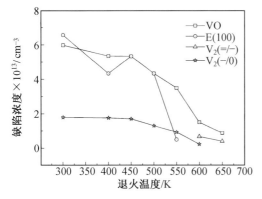

图5.27　3 MeV 质子辐照 3DG110 型 NPN 晶体管深能级缺陷浓度随等时退火温度的变化(辐照注量为 2.4×10^{12} cm^{-2};各退火温度下保温时间均为 30 min)

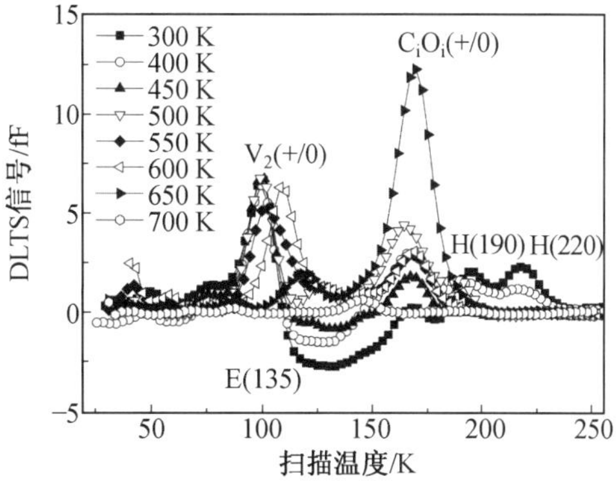

图5.28　不同等时退火温度下 3 MeV 质子辐照 3CG110 型 PNP 晶体管的深能级瞬态谱测试结果(辐照注量为为 2.4×10^{12} cm^{-2};各退火温度下保温时间均为 30 min)

图 5.30 为不同等时退火温度下,3 MeV 质子辐照 3CG110 型 PNP 晶体管内 $C_iO_i(+/0)$、H(190) 和 H(220) 缺陷的信号峰比较。在退火温度高于 400 K 时,H(190) 和 H(220) 缺陷的信号峰消失。$C_iO_i(+/0)$ 缺陷信号峰的变化趋势较复杂。退火温度为 300 K 时,DLTS 谱中无 $C_iO_i(+/0)$ 缺陷信号峰,应为其与负向的 E(135) 缺陷信号峰叠加所致。随着退火温度的升高,$C_iO_i(+/0)$ 缺陷信号峰的高度先升高,退火温度达到 450 K 时又有所降低;当退火温度达到 500 K 时,$C_iO_i(+/0)$ 缺陷浓度又继续升高;退火温度升至 550～600 K 时,$C_iO_i(+/0)$ 缺陷浓度重新回到退火温度 400 K 时的水平,而当退火温度升高至 650 K 时,该缺陷的浓度大幅度升高,达到初始值的 3 倍左右;当退火温度升高至 700 K 时,$C_iO_i(+/0)$ 缺陷消失。表 5.7～5.10 分别为 3 MeV 质子辐照 3CG110 型 PNP 晶体管在不同等时退火温度下各种深能级缺陷的特征值。

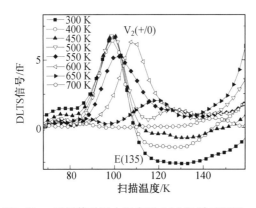 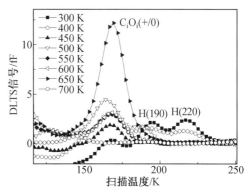

图5.29 不同等时退火温度下 3 MeV 质子辐照 3CG110 型晶体管内 $V_2(+/0)$ 和 E(135) 缺陷信号峰的比较（辐照注量为 2.4×10^{12} cm^{-2}；各退火温度下保温时间均为 30 min）

图5.30 不同等时退火温度下 3 MeV 质子辐照 3CG110 型 PNP 晶体管内 $C_iO_i(+/0)$、H(190) 和 H(220) 缺陷的信号峰比较（辐照注量为 2.4×10^{12} cm^{-2}；各退火温度下保温时间均为 30 min）

表 5.7 3 MeV 质子辐照 3CG110 型 PNP 晶体管在不同等时退火温度下 $V_2(+/0)$ 缺陷的特征值

退火温度 /K	$E_t - E_V$/eV	σ/cm^2	N_t/cm^{-3}
300	0.182	2.12×10^{-16}	1.96×10^{14}
400	0.186	3.18×10^{-16}	2.41×10^{14}
450	0.183	2.48×10^{-16}	2.35×10^{14}
500	0.180	1.62×10^{-16}	1.93×10^{14}
550	0.178	9.37×10^{-17}	1.52×10^{14}
600	0.224	2.51×10^{-15}	1.42×10^{14}
650	0.250	3.57×10^{-15}	6.62×10^{13}

注：各退火温度下保温时间均为 30 min

表 5.8 3 MeV 质子辐照 3CG110 型 PNP 晶体管在不同等时退火温度下 $C_iO_i(+/0)$ 缺陷的特征值

退火温度 /K	$E_t - E_V$/eV	σ/cm^2	N_t/cm^{-3}
400	0.349	1.58×10^{-15}	1.14×10^{14}
450	0.347	1.39×10^{-15}	6.19×10^{13}
500	0.348	2.24×10^{-15}	1.21×10^{14}
550	0.339	7.08×10^{-16}	7.92×10^{13}
600	0.354	1.74×10^{-15}	8.54×10^{13}
650	0.349	1.19×10^{-15}	3.78×10^{14}

注：各退火温度下保温时间均为 30 min

表 5.9 3 MeV 质子辐照 3CG110 型 PNP 晶体管在不同等时退火温度下 H(190) 缺陷的特征值

退火温度 /K	$E_t - E_V$/eV	σ/cm²	N_t/cm⁻³
300	0.426	3.73×10^{-15}	6.19×10^{13}
400	0.409	1.73×10^{-15}	5.70×10^{13}

注:各退火温度下保温时间均为 30 min

表 5.10 3 MeV 质子辐照 3CG110 型 PNP 晶体管在不同等时退火温度下 H(220) 缺陷的特征值

退火温度 /K	$E_t - E_V$/eV	σ/cm²	N_t/cm⁻³
300	0.533	5.95×10^{-14}	7.29×10^{13}
400	0.517	2.74×10^{-14}	4.78×10^{13}

注:各退火温度下保温时间均为 30 min

图 5.31 为 1 MeV 电子辐照前后 3DG110 型 NPN 双极晶体管的深能级瞬态谱比较。对于辐照前的 3DG110 型双极晶体管,其 DLTS 谱无明显的缺陷信号峰产生,表明辐照前该晶体管内缺陷浓度较小,尚无法达到 DLTS 的测试分辨率。经注量为 3.0×10^{14} e/cm² 的 1 MeV 电子辐照后,DLTS 谱出现了 3 个明显的特征信号峰,峰位置分别为 70 K、110 K 和 270 K(扫描温度)。通过计算各信号峰对应缺陷的能级和俘获截面,可以判定在 70 K 附近的信号峰源于 VO 心,与位移缺陷相关;110 K 附近的信号峰涉及 E_1 缺陷,该缺陷与氧化物俘获电荷相关;270 K

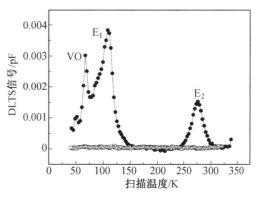

图5.31 1 MeV 电子辐照前后 3DG110 型 NPN 双极晶体管的深能级瞬态谱比较(辐照注量为 2.4×10^{12} cm⁻²)

附近的信号峰源于 E_2 缺陷,与界面态陷阱电荷相关。由上述深能级瞬态谱分析表明,1 MeV 电子辐照可在 3DG110 型 NPN 晶体管内同时产生电离缺陷和位移缺陷。

图 5.32 为 110 ℃ 等温退火过程中,1 MeV 电子辐照 3DG110 型 NPN 晶体管的 DLTS 谱随退火时间的变化。如图所示,在 110 ℃ 等温退火过程中,随着退火时间的增加,DLTS 谱中与氧化物电荷相关的 E_1 缺陷特征峰高度逐渐下降,且峰位所对应的扫描测试温度坐标逐渐向低温方向移动。对于界面态相关的 E_2 缺陷,特征峰值略有增加,且峰位所对应的横坐标温度逐渐向高温方向移动。然而,与位移损伤相关的 VO 缺陷信号峰在 110 ℃ 等温退火过程中变化较小。

在 150 ℃ 等温退火过程中,1 MeV 电子辐照 3DG110 型 NPN 晶体管的 DLTS 谱随退火时间的变化如图 5.33 所示。与 110 ℃ 退火时相似,随着 150 ℃ 退火时间的增加,DLTS

谱中与氧化物电荷相关的 E_1 缺陷信号峰高度逐渐下降,峰位所对应的扫描温度(横坐标)逐渐向低温方向移动,并且变化的幅度较大。对于界面态相关的 E_2 缺陷,信号峰的高度随退火时间的增加而逐渐增加,并且峰位对应的横坐标温度向右移动的幅度也较大。对于与位移损伤相关的 VO 缺陷信号峰,在去除掉 E_1 信号的叠加影响后,在150 ℃ 等温退火过程中变化较小。

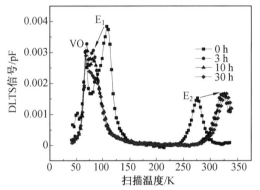

图5.32　110 ℃ 等温退火过程中 1 MeV 电子辐照 3DG110 型 NPN 晶体管的 DLTS 谱随退火时间的变化(辐照注量为 3.0×10^{14} cm^{-2})

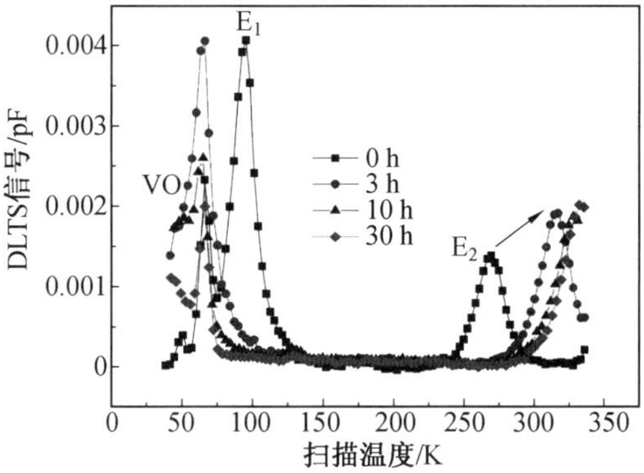

图5.33　150 ℃ 等温退火过程中 1 MeV 电子辐照 3DG110 型 NPN 晶体管的 DLTS 谱随退火时间的变化(辐照注量为 3.0×10^{14} cm^{-2})

5.4　辐射损伤机理

5.4.1　低能质子和电子综合辐照

1. 同时辐照协同效应

图 5.34 为 170 keV 质子和 110 keV 电子同时辐照时,3DG112 型晶体管辐照前后的电流增益倒数变化量随辐照注量的变化。其中,110 keV 电子的单独辐照通量为 5.64×10^{10} e/(cm^2 · s),170 keV 质子的单独辐照通量为 1.73×10^{10} p/(cm^2 · s);同时辐照时,将质子和电子的通量分别为 1.16×10^{10} p/(cm^2 · s) 和 1.11×10^{10} e/(cm^2 · s) 作为第一种情况,而将质子和电子的通量分别为 3.9×10^9 p/(cm^2 · s) 和 6.5×10^{10} e/(cm^2 · s) 作为第二种情况。由图可见,在 170 keV 质子单独辐照条件下,3DG112 型晶体管电流增益的退化程度明显高于 110 keV 电子单独辐照时的程度。这种现象表明,同 110 keV 电子辐照产生的电离损伤相比,双极晶体管更易于受到 170 keV 质子产生的位移辐射损伤;在 170 keV 质子 / 110 keV 电子同时辐照条件下,3DG112 型晶体管的电流增益退化将以位

移损伤机制占主导。170 keV 质子 /110 keV 电子同时辐照时,无论情况 1 还是情况 2,3DG112 型晶体管的电流增益退化程度均高于 170 keV 质子和 110 keV 电子单独辐照的结果,而且 110 keV 电子的辐照注量高时电流增益的退化程度较大(情况 2)。因此,可以认为,低能质子与电子同时辐照时,3DG112 型 NPN 晶体管的电流增益退化将以质子辐射位移损伤效应占主导,且电子辐射会加剧质子辐射所产生的位移损伤程度。

图 5.35 给出了 170 keV 质子和 110 keV 电子同时辐照时,3CG130 型 PNP 晶体管电流增益倒数变化量随辐照注量的变化。其中,170 keV 质子单独辐照通量为 5.58×10^{10} p/(cm² · s);110 keV 电子单独辐照通量为 1.51×10^{10} e/(cm² · s)。在低能质子与电子同时辐照时,第一种情况的质子和电子的通量分别为 1.12×10^{10} p/(cm² · s) 和 1.13×10^{10} e/(cm² · s);第二种情况下,分别为 4.54×10^{9} p/(cm² · s) 和 6.43×10^{10} e/(cm² · s)。由图 5.35 可见,与上述 3DG112 型 NPN 晶体管的损伤效应类似,3CG130 型 PNP 晶体管电流增益退化曲线的位置从高至低的次序依次为:同时辐照情况 2 > 同时辐照情况 1 > 170 keV 质子单独辐照 > 110 keV 电子单独辐照。因此,所得试验结果同样表明,低能质子 / 电子同时协同辐照条件下,双极晶体管的损伤机制以质子辐射位移损伤为主,且电子辐射将加剧质子所产生的位移损伤。

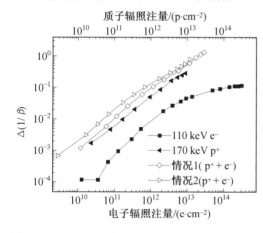 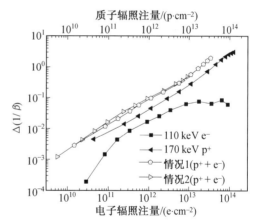

图 5.34 170 keV 质子和 110 keV 电子同时辐照时 3DG112 型 NPN 晶体管电流增益倒数变化量随辐照注量的变化

图 5.35 170 keV 质子和 110 keV 电子同时辐照时 3CG130 型 PNP 晶体管电流增益倒数变化量随辐照注量的变化

2. 顺序辐照协同效应

图 5.36 为 170 keV 质子与 110 keV 电子顺序交替辐照时,3DG112 型 NPN 双极晶体管辐照前后的电流增益倒数变化量 $\Delta(1/\beta)$ 随辐照注量的变化。其中,170 keV 质子单独辐照通量为 1.73×10^{10} p/(cm² · s) 及 110 keV 电子单独辐照通量为 5.64×10^{10} e/(cm² · s);先电子后质子顺序交替辐照时,电子和质子的通量分别为 2.06×10^{10} e/(cm² · s) 和

9.24×10^9 p/$(\text{cm}^2 \cdot \text{s})$；先质子后电子顺序交替辐照时，质子和电子的通量分别为 1.31×10^{10} p/$(\text{cm}^2 \cdot \text{s})$ 和 3.44×10^{10} e/$(\text{cm}^2 \cdot \text{s})$。在进行顺序交替辐照时，每次电子与质子辐照的时间相同。图 5.36 还给出了 170 keV 质子单独辐照时交替停顿一定时间的结果，其过程为质子 → 停顿 → 质子 → 停顿依次交替进行，停顿时间等于质子／电子顺序交替辐照时电子的辐照时间。可见：① 先电子后质子或先质子后电子顺序交替辐照对电流增益退化结果的影响相同；② 单独质子辐照时，交替停顿一定的时间与没有停顿时的结果相同；③ 质子和电子顺序交替辐照时，电子的参与将加剧质子辐照造成的位移损伤，导致电流增益的退化程度明显高于质子单独辐照或交替停顿辐照时所造成的单纯位移损伤效果。而且，在低能质子／电子顺序交替辐照条件下，电子的参与总体上加剧质子辐射产生的位移损伤；同时，电子辐射会使质子产生的位移损伤呈现一定的退火效应。

　　图 5.37 为 170 keV 质子与 110 keV 电子顺序交替辐照时，3CG130 型 PNP 晶体管辐照前后的电流增益倒数变化量 $\Delta(1/\beta)$ 随辐照注量的变化。图中，170 keV 质子单独辐照通量为 5.58×10^{10} p/$(\text{cm}^2 \cdot \text{s})$；110 keV 电子单独辐照通量为 2.96×10^{10} e/$(\text{cm}^2 \cdot \text{s})$。先电子后质子顺序交替辐照时，电子和质子辐照通量分别为 1.67×10^{10} e/$(\text{cm}^2 \cdot \text{s})$ 和 1.10×10^{10} p/$(\text{cm}^2 \cdot \text{s})$；先质子后电子顺序交替辐照时，质子和电子的辐照通量分别为 1.27×10^{10} p/$(\text{cm}^2 \cdot \text{s})$ 和 2.10×10^{10} e/$(\text{cm}^2 \cdot \text{s})$。顺序辐照时，每次电子与质子交替辐照的时间相同。可见，在低能质子／电子顺序交替辐照条件下，电子辐射对质子辐射在 3CG130 型 PNP 晶体管中所产生的位移损伤的影响与上述 3DG112 型 NPN 晶体管一致，即电子的参与总体上加剧质子辐射所造成的位移损伤。同时，电子辐射也会使质子产生的位移损伤呈现一定的退火效应。

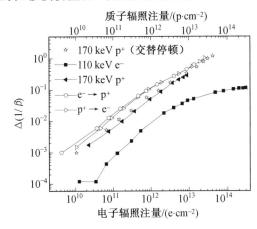

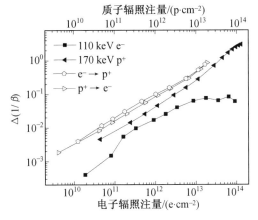

图5.36　170 keV 质子和 110 keV 电子顺序交替辐照时 3DG112 型 NPN 双极晶体管的 $\Delta(1/\beta)$ 随辐照注量的变化

图5.37　170 keV 质子和 110 keV 电子顺序交替辐照时 3CG130 型 PNP 晶体管的 $\Delta(1/\beta)$ 随辐照注量的变化

为进一步说明低能质子／电子顺序辐照的协同效应,图 5.38 给出了 170 keV 质子与 70 keV 电子顺序交替辐照时,3CG130 型 PNP 晶体管辐照前后的电流增益倒数变化量 $\Delta(1/\beta)$ 随辐照注量的变化关系。 在图 5.38 中,先质子后电子交替辐照时,电子的辐照通量比质子的大约 3.6 倍。电子单独辐照通量为 5.60×10^{10} e/(cm² · s),质子单独辐照通量为 5.58×10^{10} p/(cm² · s)。 先电子后质子顺序交替辐照时,电子和质子的辐照通量分别为 2.27×10^{10} e/(cm² · s) 和 1.71×10^{10} p/(cm² · s);先质子后电子顺序交替辐照时,质子和电子的辐照通量分别为 1.49×10^{10} p/(cm² · s) 和 5.38×10^{10}

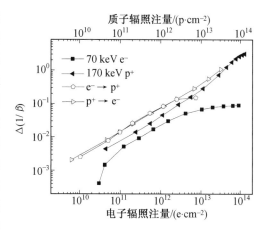

图5.38　170 keV 质子和 70 keV 电子顺序交替辐照时 3CG130 型 PNP 晶体管的 $\Delta(1/\beta)$ 随辐照注量的变化

e/(cm² · s)。在顺序交替辐照过程中,每次电子与质子的辐照时间相同。可见,低能质子／电子顺序辐照时,电子通量的增加,对最后结果的影响不大,并且电子的辐射作用也以加剧质子辐射损伤效应为主。

5.4.2　偏置条件对低能电子／质子综合辐照的影响

图 5.39 为 110 keV 电子和 170 keV 质子顺序交替辐照条件下,不同偏置条件的 3DG130 型 NPN 晶体管电流增益倒数变化量随辐照注量的变化。其中,110 keV 电子辐照注量为 5×10^{11} e/cm²,170 keV 质子辐照注量为 5×10^{10} p/cm²。图 5.39 中曲线坡度较缓的各区段对应于 110 keV 电子辐照过程,而坡度较陡的各区段为 170 keV 质子辐照过程。如图 5.39 所示,在 110 keV 电子和 170 keV 质子顺序交替辐照条件下,两种粒子辐照过程对 3DG130 型 NPN 晶体管产生的辐射损伤程度不同,其中 170 keV 质子辐照产生的损伤程度较大,而 110 keV 电子辐照所造成的损伤程度较小(相应的电流增益退化曲线区段较平坦)。在顺序交替辐照过程中,随着辐照注量的增加,110 keV 电子辐照对电流增益退化程度的影响也有所不同,辐照注量较小时主要表现为促进电流增益退化(对应的曲线区段向上倾斜)。当辐照注量达到一定程度后时,电子辐照表现为促使电流增益退化减缓(对应的曲线区段向下倾斜)。

在 110 keV 电子与 170 keV 质子顺序交替辐照过程中,发射结不同的偏置条件对 3DG130 型晶体管所受辐射损伤的贡献不同。在正偏条件下,110 keV 电子辐照可在很小的辐照注量(约 1×10^{12} e/cm²)下呈现辐射损伤减缓作用;在反偏条件下,110 keV 电子的累积注量达到 1×10^{14} e/cm² 后才呈现减缓作用。零偏条件下,110 keV 电子开始呈现辐射损伤减缓作用的注量约为 1×10^{13} e/cm²。由图 5.39 中的插图明显可见,在 110 keV 电子和 170 keV 质子顺序交替辐照条件下,电流增益倒数变化量随粒子辐照注量的退化趋势表现为:反偏条件下电流增益退化程度偏大,零偏条件下退化程度居中,而正偏条件下退化程度最小。这种变化趋势表明,发射结反偏时,易于促使 110 keV 电子与 170 keV 质子产生协同辐射损伤效应,而正偏时呈现对协同辐射损伤的减缓作用。

为了深入分析低能电子对质子位移辐射损伤效应的影响,可将 110 keV 电子作为附加的前提条件,直接建立 110 keV 电子和 170 keV 质子顺序辐照条件下双极晶体管辐照前后的电流增益倒数变化量与 170 keV 质子辐照注量的关系,以使协同辐射效应直接与 170 keV 质子单独辐照时的变化规律相比较。图 5.40 为以 110 keV 电子辐射作为附加条件时,所建立的不同偏置 3DG130 型 NPN 晶体管的电流增益倒数变化量随 170 keV 质子辐照注量的变化结果。如图所示,该晶体管的电流增益倒数变化量随质子辐照注量逐渐升高。当辐照注量较小时,170 keV 质子对 3 种偏置条件的晶体管所产生电流增益退化程度基本相近;质子辐照注量高于 5×10^{11} p/cm² 时,反偏条件下晶体管电流增益退化较严重。当质子注量达到 5×10^{12} p/cm² 以上时,零偏条件的晶体管电流增益退化开始加剧。对于正偏条件的晶体管,170 keV 质子所产生的电流增益退化程度低于其他两种偏置条件的晶体管。

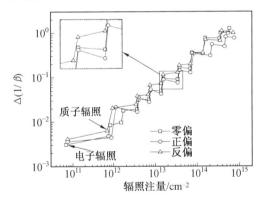

图5.39　110 keV 电子和 170 keV 质子顺序交替条件下,不同偏置条件的 3DG130 型 NPN 晶体管电流增益倒数变化量随辐照注量的变化

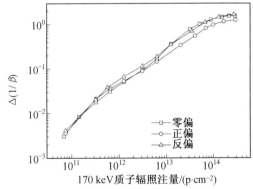

图5.40　在 110 keV 电子作为附加前提条件时,不同偏置 3DG130 型 NPN 晶体管的电流增益倒数变化量随 170 keV 质子辐照注量的变化

图 5.41 为 170 keV 质子和 110 keV 电子顺序交替辐照条件下,以 110 keV 电子辐射为附加前提条件,针对不同偏置 3DG130 型 NPN 晶体管所建立的电流增益倒数变化量随质子注量变化曲线。图中还给出了 170 keV 质子单独辐照条件下的相关试验结果。如图所示,低能质子／电子顺序交替辐照条件下,以 110 keV 电子作为附加前提条件时,3 种偏置的晶体管辐照前后的

电流增益退化曲线的趋势与 170 keV 质子单独辐照时基本类似。但是,在 3 种偏置条件下,质子／电子顺序交替辐照时电流增益的退化程度均高于质子单独辐照时的退化程度。这说明 110 keV 电子辐射所产生的电离效应对于双极晶体管的位移辐射损伤有加剧的效果。

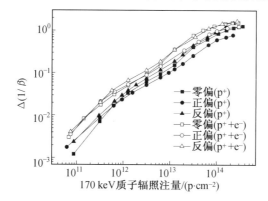

图5.41　110 keV 电子作为附加前提条件,在 170 keV 质子单独辐照及其与 110 keV 电子顺序交替辐照下,不同偏置 3DG130 型 NPN 晶体管 的电流增益倒数变化量随 170 keV 质子辐照注量的变化

基于上述试验结果,在顺序交替辐照条件下,110 keV 电子辐射对于 170 keV 质子产生的位移损伤效应产生两方面的影响,分别为减缓作用与加剧作用。双极晶体管经受位移辐射损伤条件下,低能电子辐射一方面可在晶体管的硅体材料中产生电离效应,形成大量的电子－空穴对,导致少子数量增加,造成位移损伤缺陷的数量有所减少(减缓作用);另一方面又会在氧化物层产生电离辐射损伤,造成界面态数量增多,导致表面电流复合率的峰值进一步向硅体内移动,致使电流增益的退化加剧(加剧作用)。通常情况下,以加剧作用为主,减缓作用为辅。

5.4.3　重离子和电子综合辐照

为了深入研究电离辐射效应对位移损伤效应的影响,本节设计了如下试验,选用重离子辐照源和 110 keV 电子辐照源对双极晶体管进行先后顺序辐照,以研究后续的电离辐射对先期的位移损伤效应的影响。图 5.42 和图 5.43 分别为 3DG112 型 NPN 双极晶体管的电流增益和电流增益倒数变化量随 20 MeV Br 离子辐照注量的变化结果。如图 5.42 所示,随着 20 MeV Br 离子辐照注量增加,3DG112 型晶体管的电流增益逐渐降低。当 Br 离子的辐照注量增至 $2 \times 10^{9} \text{ ions/cm}^{2}$ 时,电流增益由辐照前的初始值 91 下降至 2.43。该晶体管辐照前后的电流增益倒数变化量,随 Br 离子辐照注量的增加呈现明显的线性变化趋势,如图 5.43 所示。按照 Messenger－Spratt 方程,这可以证明 20 MeV Br 离子辐照对 3DG112 型 NPN 晶体管所产生的损伤效应以位移损伤为主。

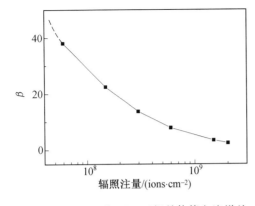
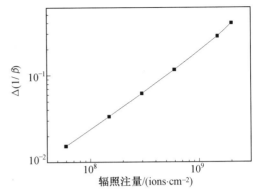

图5.42　3DG112 型 NPN 双极晶体管电流增益
随 20 MeV Br 离子辐照注量的变化

图5.43　3DG112 型 NPN 双极晶体管电流增益
倒数变化量随 20 MeV Br 离子辐照注
量的变化

图 5.44 为 20 MeV Br 离子和 110 keV 电子顺序辐照条件下，3DG112 型 NPN 晶体管电流增益随 110 keV 电子辐照注量变化结果。Br 离子和电子的总辐照注量分别为 2×10^9 ions/cm^2 和 2.5×10^{14} e/cm^2。当 110 keV 电子注量较小时，随着辐照注量的增加，电流增益 β 较先前重离子辐照时的数值略有上升，随后基本上保持不变。当 110 keV 电子辐照注量大于 3×10^{12} e/cm^2 时，3DG112 型晶体管的电流增益 β 开始逐渐明显下降。图5.45 为 20 MeV Br 离子与 110 keV 电子顺序辐照条件下，3DG112 型 NPN 晶体管辐照前后的电流增益倒数变化量 $\Delta(1/\beta)$ 随 110 keV 电子辐照注量变化。如图所示，随着电子辐照注量的增加，3DG112 型 NPN 晶体管电流增益倒数变化量先略微下降后大幅度上升。

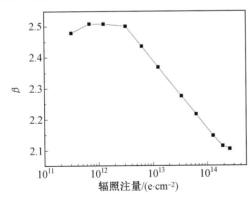
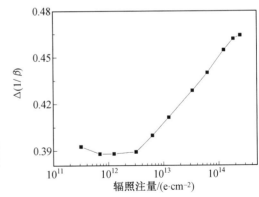

图5.44　20 MeV Br 离子和 110 keV 电子先后
顺序辐照条件下 3DG112 型 NPN 晶体
管电流增益随 110 keV 电子辐照注量
的变化

图5.45　20 MeV Br 离子和 110 keV 电子先后
顺序辐照条件下 3DG112 型 NPN 晶体
管电流增益倒数变化量随 110 keV 电
子辐照注量变化

对于 3DG112 型 NPN 双极晶体管,分别在 20 MeV Br 离子辐照及其随后 110 keV 电子辐照后进行了深能级瞬态谱测试,所得结果如图 5.46 所示。该双极晶体管首先受到辐照注量为 2×10^9 ions/cm² 的 20 MeV Br 离子辐照。经 20 MeV Br 离子辐照后,3DG112 型晶体管的 DLTS 谱呈现 3 个深能级缺陷信号峰,所处的扫描温度(横坐标)分别为 90 K、130 K 和 225 K。根据前面位移辐射损伤深能级信号峰所涉及缺陷的研究结果,相应的 3 种深能级缺陷分别为 VO 缺陷、$V_2 (= / -)$ 缺陷和 VP + $V_2 (- / 0)$ 缺陷。经 20 MeV Br 离子辐照所产生的 3 种深能级缺陷的具体特征参数见表 5.11。

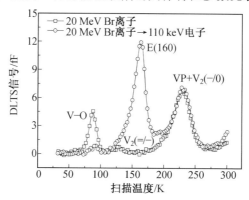

图5.46　20 MeV Br 离子和 110 keV 电子顺序辐照后 3DG112 型 NPN 双极晶体管深能级瞬态谱测试结果(Br 离子和电子辐照注量分别为 2×10^9 cm⁻² 和 2.5×10^{14} cm⁻²)

表 5.11　20 MeV Br 离子辐照时 3DG112 型 NPN 晶体管的深能级缺陷特征值

缺陷类型	$E_c - E_t$/eV	σ/cm²	N_t/cm⁻³
VO	0.176	1.81×10^{-16}	1.39×10^{13}
$V_2 (= / -)$	0.224	2.00×10^{-18}	2.36×10^{12}
VP + $V_2 (- / 0)$	0.425	2.20×10^{-15}	2.23×10^{13}

注:Br 离子辐照注量为 2×10^9 cm⁻²

在 20 MeV Br 离子辐照后,继续对该晶体管进行 110 keV 电子辐照,辐照注量为 2.5×10^{14} e/cm²,所得深能级瞬态谱的测试结果如图 5.46 所示。对比 20 MeV Br 离子辐照时的深能级瞬态谱可见,在后续的 110 keV 电子辐照条件下,VO 缺陷的 DLTS 信号峰几乎消失,并在横坐标温度约 160 K 的位置出现新的正向信号峰 E(160),其形状与 110 keV 电子单独辐照时所形成的"类深能级"缺陷的信号峰类似。经 20 MeV Br 离子辐照及后续的 110 keV 电子辐照后,VP + $V_2 (- / 0)$ 缺陷的 DLTS 信号峰未发生明显变化。经 20 MeV Br 离子和 110 keV 电子顺序辐照后,3 种深能级缺陷的具体特征参数见表 5.12。

根据上述试验结果可见,对于先经 20 MeV Br 离子辐照受到位移损伤的 NPN 型晶体管,随后进行 110 keV 电子辐照时,所产生的电离效应可在辐照初期消除部分位移缺陷(如 VO 缺陷),从而使得电流增益有所恢复。然而,随着电离辐射效应的逐渐增强,所产生的"类深能级"缺陷浓度逐渐增加,致使 NPN 型晶体管的电流增益退化加剧。

表 5.12　经 20 MeV Br 离子和 110 keV 电子顺序辐照后 3DG112 晶体管的深能级缺陷特征值

缺陷类型	$E_c - E_t$/eV	σ/cm^2	N_t/cm^{-3}
VO	0.183	3.68×10^{-17}	1.63×10^{12}
E(160)	0.292	2.32×10^{-15}	1.70×10^{14}
VP + V$_2$(− /0)	0.419	1.71×10^{-15}	2.40×10^{13}

注:Br 离子辐照注量为 2×10^9 cm^{-2};电子注量为 2.5×10^{14} cm^{-2}

图 5.47 和图 5.48 分别为 3CG110 型 PNP 双极晶体管的电流增益和电流增益倒数变化量随 20 MeV Br 离子辐照注量的变化。由图 5.47 可见,随着 20 MeV Br 离子辐照注量增加,该晶体管的电流增益逐渐降低。与上述的 NPN 型双极晶体管相比,PNP 型双极晶体管对位移辐射损伤的敏感程度较大。当 Br 离子的辐照注量为 2×10^9 ions/cm^2 时,该 PNP 型晶体管的电流增益由辐照前的初始值 91 下降至 0.022。在 Br 离子辐照注量高于 1×10^9 ions/cm^2 时,3CG110 型晶体管的电流增益趋于达到退化的稳定状态。图 5.48 表明,随 Br 离子辐照注量的增加,电流增益倒数变化量 $\Delta(1/\beta)$ 总体上呈明显的线性变化趋势。依据 Messenger—Spratt 方程,所得结果表明 20 MeV Br 离子在 3CG110 型晶体管中所产生的辐射效应以位移损伤为主。当辐照注量大于 1×10^{10} ions/cm^2 时,3CG110 型晶体管的电流增益倒数变化量随辐照注量的变化趋于达到稳态。

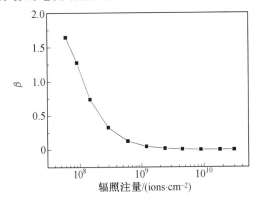

图 5.47　3CG110 型 PNP 双极晶体管电流增益随 20 MeV Br 离子辐照注量的变化

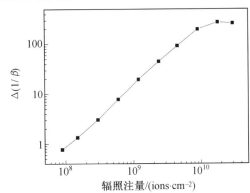

图 5.48　3CG110 型 PNP 双极晶体管电流增益倒数变化量随 20 MeV Br 离子辐照注量的变化

图 5.49 为 20 MeV Br 离子和 110 keV 电子先后顺序辐照时,3CG110 型 PNP 晶体管

的电流增益随电子辐照注量变化。Br 离子辐照注量为 2.97×10^{10} cm^{-2}。当 110 keV 电子注量较小时,随着辐照注量的增加,电流增益较重离子辐照后的数值略有上升。与上述 NPN 型晶体管类似,当 110 keV 电子辐照注量大于 3×10^{12} e/cm^2 时,PNP 型双极晶体管的电流增益开始逐渐下降,且电流增益与电子辐照注量的对数($\log \Phi$)呈线性变化。

图 5.50 为 20 MeV Br 离子和 110 keV 电子先后顺序辐照时,3CG110 型 PNP 晶体管电流增益倒数变化量随电子注量的变化。Br 离子辐照注量为 2.97×10^{10} cm^{-2}。如图所示,3CG110 型 PNP 晶体管辐照前后的电流增益倒数变化量随后续电子辐照注量呈先下降而后上升的趋势。当电子辐照注量大于 3×10^{12} e/cm^2 时,电流增益倒数变化量与辐照注量的对数($\log \Phi$)呈线性变化。

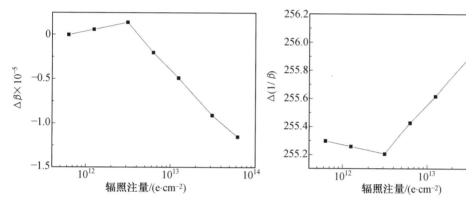

图5.49　20 MeV Br 离子和 110 keV 电子先后顺序辐照时,3CG110 型 PNP 晶体管电流增益随电子辐照注量的变化(Br 离子辐照注量为 2.97×10^{10} cm^{-2})

图5.50　20 MeV Br 离子和 110 keV 电子先后顺序辐照时,3CG110 型 PNP 晶体管电流增益倒数变化量随电子注量的变化(Br 离子辐照注量为 2.97×10^{10} cm^{-2})

对于 3CG110 型 PNP 双极晶体管,分别在 20 MeV Br 离子辐照后及其与 110 keV 电子顺序辐照条件下进行了深能级瞬态谱测试。Br 离子辐照注量为 2.97×10^{10} cm^{-2},电子辐照注量 6.25×10^{13} cm^{-2},所得测试结果如图 5.51 所示。在先期的 20 MeV Br 离子辐照过程中,该 PNP 型双极晶体管产生了 5 个深能级缺陷信号峰,所处的扫描温度分别为 85 K、120 K、190 K、220 K 和 260 K(横坐标)。根据前面的位移损伤深能级缺陷研究的结果,125 K 附近的 DLTS 信号峰对应 $V_2(+/0)$ 缺陷,190 K 附近的信号峰对应 $C_iO_i(+/0)$ 缺陷。其余 3 种缺陷尚无法从文献和公开的数据库中找到相对应的缺陷类型,故分别以所对应的横坐标温度命名为 H(85)、H(220) 及 H(260)。上述 5 种深能级缺陷的具体特征参数见表 5.13。

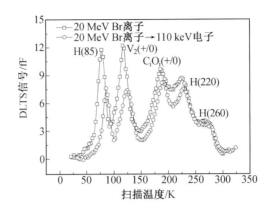

图5.51　20 MeV Br 离子单独辐照及其与110 keV电子顺序辐照时,3CG110型 PNP 晶体管深能级瞬态谱测试结果(Br 离子辐照注量为 2.97×10^{10} cm^{-2};电子注量为 6.25×10^{13} cm^{-2})

表 5.13　20 MeV Br 离子辐照 3CG110 型 PNP 晶体管的深能级缺陷特征值

缺陷类型	$E_t - E_v$/eV	σ/cm^2	N_t/cm^{-3}
H(85)	0.115	3.89×10^{-16}	8.59×10^{13}
$V_2(+/0)$	0.215	2.71×10^{-17}	9.37×10^{13}
$C_iO_i(+/0)$	0.362	1.06×10^{-14}	8.33×10^{13}
H(220)	0.384	1.07×10^{-15}	6.37×10^{13}
H(260)	0.449	2.93×10^{-16}	2.98×10^{13}

注:Br 离子辐照注量为 2.97×10^{10} cm^{-2}

经 20 MeV Br 离子辐照后,继续进行 110 keV 电子(注量为 6.25×10^{13} e/cm^2)辐照条件下,上述 5 种深能级缺陷的浓度同 20 MeV Br 离子单独辐照时相比均有所降低。其中,处于较低扫描温度的 H(85) 缺陷和 $V_2(+/0)$ 缺陷的浓度下降幅度较大,而其他 3 种处于较高扫描温度的深能级缺陷的浓度变化较小。经 20 MeV Br 离子和 110 keV 电子顺序辐照后,上述 5 种深能级缺陷的具体特征参数见表 5.14。

根据上述试验结果可知,对于 PNP 型双极晶体管,110 keV 电子辐射可对先期的位移损伤所产生的深能级缺陷有着一定程度的恢复作用,从而导致深能级缺陷浓度有所降低,减缓了电流增益的退化过程。然而,需要指出的是,随着后续 110 keV 电子辐照注量的增加,在 NPN 型晶体管内由电离辐射产生的"类深能级"缺陷将随之增多,又会导致晶体管电流增益的降低。根据前面获得的数据可知,对于 PNP 型双极晶体管,电离辐射效应主要产生施主型陷阱,并在 DLTS 谱上表现为负向的较为宽化的信号峰。在位移辐射缺陷浓度较大时,该信号峰不易被探测到。因此,图 5.51 所示的 DLTS 谱上只能看到 Br 离子位移辐射效应所产生的信号峰。

表 5.14　20 MeV Br 离子和 110 keV 电子顺序辐照时 3CG110 型 PNP 晶体管深能级缺陷特征值

缺陷类型	$E_t - E_V$/eV	σ/cm^2	N_t/cm^{-3}
H(85)	0.121	1.33×10^{-16}	4.39×10^{13}
$V_2(+/0)$	0.230	9.25×10^{-15}	5.32×10^{13}
$C_iO_i(+/0)$	0.368	5.05×10^{-14}	5.81×10^{13}
H(220)	0.393	2.16×10^{-16}	3.70×10^{13}
H(260)	0.462	3.88×10^{-15}	1.89×10^{13}

注：Br 离子辐照注量为 2.97×10^{10} cm^{-2}；电子辐照注量为 6.25×10^{13} cm^{-2}。

5.4.4　高能质子单独辐照

图 5.52 给出了不同能量质子辐照时，NPN 型晶体管中单位注量的电离和位移吸收剂量分布。由图可见，3 MeV、5 MeV 和 10 MeV 质子均可以穿透氧化物层和中性基区。在这两个区域内，电离和位移缺陷浓度将均匀分布。如第 3 章和第 4 章所述，通常情况下，单位注量质子的电离吸收剂量或位移吸收剂量越大，所产生的辐射损伤缺陷数量应该越多。如图 5.52 所示，相同注量条件下，与 5 MeV 和 10 MeV 质子相比，3 MeV 质子辐射产生的电子－空穴对数量较多。然而辐照过程中，产生的初始电子－空穴对数量越多，却会使载流子复合率越高，而导致实际的电离辐射损伤程度越低。因此，与 5 MeV 和 10 MeV 质子相比，3 MeV 质子的电离辐射损伤能力较小。

双极晶体管的位移损伤效应可基于 NIEL 方法进行归一化[13-16]。当双极晶体管中存在位移缺陷时，Messenger－Spratt 方程能够很好地表征电流增益与辐照注量的关系。Summers 等人[13]指出，位移辐射损伤系数 K_d 与入射离子的 NIEL 值（非电离能损失）能够很好地对应。此时，基于 NIEL 方法，可以将不同种粒子造成的位移损伤进行归一化[17]。通常，在高能质子单独辐照情况下，会同时产生位移损伤与电离损伤两种效应，且两种效应所占能量的相对比例随质子能量而不同。为了说明不同能量质子产生电离损伤程度的差异，可在相同位移吸收剂量条件下比较电离吸收剂量的大小。图 5.53 给出了位移吸收剂量为 1 rad(Si) 时，不同能量质子的电离辐射吸收剂量沿 NPN 型晶体管芯片深度的分布。由图可见，位移辐射吸收剂量相同条件下，随着质子能量的增加，电离辐射吸收剂量逐渐增大。图中 3 种能量质子产生的电离辐射吸收剂量以 10 MeV 质子最大，5 MeV 质子次之，而 3 MeV 质子辐射的电离吸收剂量最小。

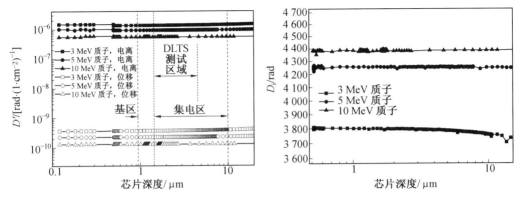

图5.52　单位注量的不同能量质子在 NPN 型晶
　　　　体管中的电离和位移吸收剂量沿芯片
　　　　深度的分布

图5.53　位移吸收剂量为 1 rad(Si) 时不同能量
　　　　质子的电离辐射吸收剂量沿 NPN 型晶
　　　　体管深度的分布

　　为了对比分析纯电离辐射损伤与高能质子辐射损伤的差异,图 5.54 给出了 70 keV 电子和 10 MeV 质子辐照时,3DK2222 型 NPN 晶体管辐照前后的电流增益倒数的变化量随电离辐射吸收剂量的变化。由图可见,在相同电离辐射吸收剂量下,70 keV 电子辐照时电流增益退化的程度明显低于 10 MeV 质子辐照的结果。如果单纯从电离损伤效应角度分析,10 MeV 质子的单位注量电离辐射吸收剂量($> 2.5 \times 10^{-7}$ rad/($1 \cdot$ cm^{-2})) 要远大于 70 keV 电子(近似为 1.12×10^{-7} rad/($1 \cdot$ cm^{-2}))。因此,若按相同的电离吸收剂量条件比较,70 keV 电子辐照应使电流增益退化的程度大于 10 MeV 质子辐照的损伤效应,源于前者可能产生的实际电离缺陷数量要比后者多。然而,这种推断与图 5.54 中的结果不符。

　　此外,10 MeV 质子是否仅产生位移缺陷而不产生电离缺陷? 这也可能成为影响 10 MeV 质子辐照时电流增益退化能否加剧的重要因素。然而,如果高能质子仅对双极晶体管产生位移损伤,则电流增益倒数的变化量 $\Delta(1/\beta)$ 将随位移吸收剂量呈线性关系[17]。图 5.55 给出了发射结电压为 0.65 V 条件下,3DK2222 型晶体管辐照前后的电流增益倒数变化量($\Delta(1/\beta)$) 随质子位移吸收剂量的变化。图中,质子的辐照通量均为 2.0×10^{8} p/(cm$^{2} \cdot$ s)。由图可见,通过 NIEL 方法未能将不同能量质子产生的损伤效应进行线性归一化(图中各试验曲线均略呈弯曲状)。这种结果说明高能质子不仅会对双极晶体管产生位移损伤效应,还会造成电离损伤效应。

　　由图 5.55 可见,在给定位移吸收剂量条件下,3 种能量质子中以 10 MeV 质子辐照所产生的电流增益退化程度最大,而 3 MeV 质子辐照的损伤效应最小。该现象被认为是由于电离效应对位移损伤效应的加剧作用造成的[18-19]。通过对比图 5.52 和图 5.53 的结果可知,相同位移吸收剂量条件下,10 MeV 质子要比 5 MeV 和 3 MeV 质子对双极晶体管产生更大的电离损伤。如文献[19]所述,无论氧化物电荷还是界面态电荷均会加剧NPN型晶体管位移损伤。然而,在PNP型晶体管中,氧化物电荷和界面态电荷对位移损伤效应的影响相反[20],表现为氧化物电荷减弱位移损伤的影响,而界面态电荷加剧位移损伤效应。因此,电离辐射损伤效应对PNP型晶体管位移损伤的加剧作用不如在NPN型晶体管中表现明显。

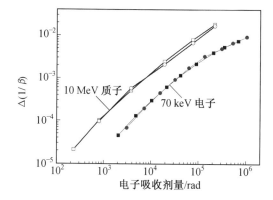

图5.54 70 keV电子和10 MeV质子辐照时3DK2222型NPN晶体管电流增益倒数变化量随电离辐射吸收剂量的变化(发射结电压为0.65 V;辐照通量为2.0×10^8 p$^+$(e$^-$)/(cm$^2 \cdot$ s))

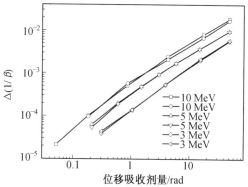

图5.55 3种能量质子辐照条件下3DK2222型NPN晶体管电流增益倒数变化量随位移吸收剂量的变化(发射结电压为0.65 V;辐照通量为2.0×10^8 p$^+$/(cm$^2 \cdot$ s))

基于深能级瞬态谱分析,可进一步说明电离效应和位移效应的交互作用机制。图5.56给出了10 MeV质子辐照条件下位移辐射吸收剂量为50 rad时,3DK2222型晶体管的DLTS谱。DLTS测试的率窗为500 s^{-1},填充脉冲宽度为200 μs,测试的偏置条件从-10 V→0 V变为-2 V→0 V。在图5.56中,对应于96 K、139 K、202 K和237 K信号峰的缺陷分别为VO心、V$_2$(=/−)心、E4心和V$_2$(−/0)+E5心[21-22]。由图可见,随着偏置电压的增加,上述4种类型缺陷的$\Delta C/C$值(信号峰高度)均逐渐增加,说明所检测到的缺陷浓度相应增加。

为了揭示该现象产生的内在原因,需要

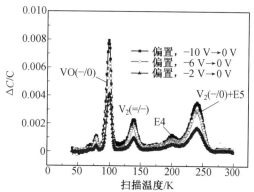

图5.56 10 MeV质子辐照条件下位移辐射吸收剂量为50 rad时不同偏置条件的3DK2222型晶体管的DLTS谱测试结果

首先分析电离缺陷和位移缺陷的状态随偏置电压的变化。在不同的电场条件下，氧化物电荷和位移缺陷的状态不变，而界面态状态会改变。如文献[23]所述，在正偏条件下，N 型半导体材料的界面态电荷向正电荷方向变化，P 型半导体材料界面态电荷向负电荷方向变化。在图 5.56 中，针对的是 NPN 型晶体管的 BC 结进行 DLTS 测试。因此，DLTS测试过程中，界面态向负电荷方向变化。

　　图 5.57(a) 和(b) 分别给出了辐照前后氧化物电荷和界面态电荷分布的示意图。如图 5.57(a) 所示，辐照前无氧化物正电荷与界面态电荷生成。在辐照过程中，氧化物正电荷在 N 型集电区表面累积，进而降低了空间电荷区的表面宽度。基于电中性原理，辐照

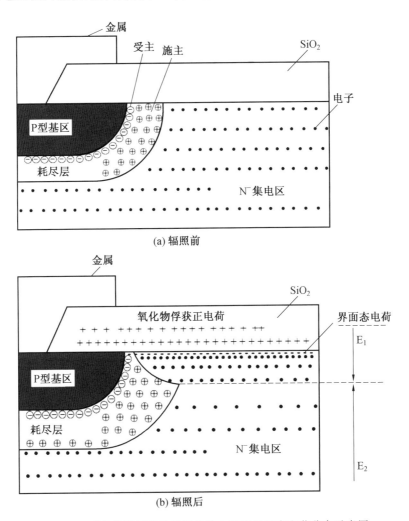

图5.57　NPN 型晶体管辐照前后氧化物电荷和界面态电荷分布示意图

感生的氧化物正电荷会被界面态负电荷及集电区多子(电子)所中和。因此,氧化物电荷的影响范围被限制在图 5.57(b)所示的 E_1 电场区域。由于集电区表面电子浓度的累积,导致 E_1 区域电子浓度的增加和 E_2 区域电子浓度的减小。随着 E_2 区域电子浓度的减小,将使与 E_2 区域对应的空间电荷区增宽。该耗尽层区域的扩展导致 DLTS 测试过程中 $\Delta C/C$ 值(信号峰高度)的增大。

5.4.5 协同效应模拟仿真分析

基于低能质子／电子综合辐照试验结果及分析表明,170 keV 质子和 110 keV(或 70 keV)电子同时及顺序交替辐照时,双极晶体管的电流增益呈现明显的位移损伤效应特征。由此说明,电离效应与位移效应协同作用的基本特征是位移损伤效应起主导作用,而电离效应会影响位移损伤程度。110 keV(或 70 keV)电子辐照所诱导的电离效应,可对 170 keV 质子引起的位移损伤产生退火和加剧两种作用。这两种相互矛盾的作用,均为电离效应和位移效应相互作用的结果。在这两种效应之间,通常后者占主导地位。电离和位移协同效应常表现为使双极晶体管的电流增益退化程度高于单独质子辐照时的结果。按理,对于 NPN 型及 PNP 型晶体管而言,电离和位移协同效应的影响趋势是一致的。然而,文献(如文献[9])通常认为,这两类双极晶体管产生电离和位移协同效应时电流增益退化趋势相反,即 PNP 型晶体管出现电流增益退化减弱趋势,而 NPN 型晶体管出现电流增益退化增强趋势。因此,深入分析双极晶体管电离和位移协同效应的基本特征和机制,具有重要的理论和实际意义。

可以认为,低能电子对双极晶体管产生电离效应时,会导致质子辐射的位移损伤产生退火效应,其机制与 NPN 型及 PNP 型晶体管发射结正偏时少子注入导致的退火效应的机制类似。如图 2.45 所示,与 170 keV 质子辐射相比,单位注量的 110 keV 和 70 keV 电子在晶体管内产生的电离吸收剂量较低。因此,低能电子／质子同时辐照时所产生的电子－空穴对的复合率较低,导致在基区内额外增加的少子数量多于质子单独辐照时额外增加的少子数量。这部分额外的少子会钝化一部分复合中心(由质子位移辐射产生)。这样就会使位移损伤发生退火效应,导致少子在基区内复合损失的减弱,从而使低能质子／电子同时辐照时电流增益的退化有所减缓。在低能质子／电子顺序交替辐照时,可更加明显地看到电子辐射所导致的位移损伤(源于质子辐射)发生的退火效应。

至于低能电子对双极晶体管产生电离效应会加剧 170 keV 质子辐射所产生的位移损伤,所涉及的机制较为复杂,尚难于从现有文献上直接找到确切的回答。Barnaby 等人[9]曾基于 200 MeV 质子辐照 LM124 运算放大器的试验结果,给出了高能质子辐照时,电离和位移效应相互作用的一种分析模型。该模型认为,电离效应对 PNP 型和 NPN 型晶体管的位移损伤影响结果不同。当受试器件为 PNP 型晶体管时,电离效应产生的氧化物层内的正电荷,会增加基区表面多数载流子(电子)的密度,加大硅体表面与亚表面载流子密度的差异,从而导致 Si 体内复合电流的减小,造成位移辐射损伤程度的降低。当受试器件为 NPN 型晶体管时,电离效应在氧化物层内产生的正电荷可降低基区表面多数载流子(空穴)的密度,减小硅体表面与亚表面载流子密度的差异,导致硅体内复合电流的增加,以致造成位移损伤程度的加剧。

Barnaby 等人的上述分析模型主要是从电离效应导致的氧化物层内的正电荷角度,基于硅体表面与亚表面载流子的密度差异,说明电离与位移协同效应发生的原因。尽管该模型在国外文献上被广泛加以引用,但尚无法解释作者课题组通过低能质子和电子综合辐照试验所揭示的结果,即为何电离和位移协同效应对 NPN 型和 PNP 型晶体管的影响趋势相同。显然,该模型的不足是没有考虑界面态电荷的影响。界面态也是电离效应在双极晶体管内产生的一类重要缺陷,不可能不对电离／位移协同效应产生作用。我们认为,低能质子和电子综合辐照时,双极晶体管产生电离／位移协同效应,除与氧化物层内的正电荷有关外,还与 Si/SiO₂ 界面上形成的界面态陷阱有关,且界面态电荷的影响更大。对于 NPN 型晶体管而言,其界面态带正电荷,而 PNP 型晶体管的界面态带负电荷。在 NPN 型晶体管内,随着电离效应产生的界面态(正电荷)数量的增加,会减少硅体表面与亚表面载流子密度的差别;同样,PNP 型晶体管内,随着电离效应造成的界面态(负电荷)数量的增加,也会减少硅体表面与亚表面载流子密度的差异。因此,电离效应对 NPN 型和 PNP 型晶体管产生的界面态均会导致位移损伤的加剧。除以上的机制外,NPN 型和 PNP 型晶体管界面态数量的增加,还会使表面电流复合率的峰位向硅体内移动,导致体复合电流的影响越来越大,从而加剧了位移损伤效应。图 5.58(a) 和(b) 分别为应用 TCAD 软件,针对 NPN 型和 PNP 型晶体管模拟表面电流复合峰随界面态电荷密度 Q_{it} 变化的结果。其中,对 NPN 型晶体管而言,$Q_{it} > 0$;对 PNP 晶体管来说,$Q_{it} < 0$。

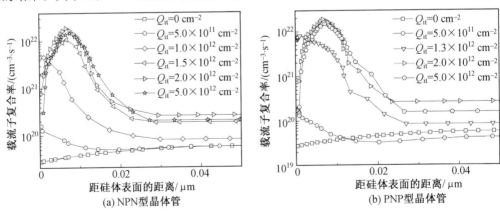

图5.58　NPN 型和 PNP 型晶体管表面电流复合峰随界面态电荷数量的变化(TCAD 模拟)

由图 5.58 可见,随着界面态电荷数量的增加,载流子复合率峰位逐渐向硅体内移动。当界面态电荷数量达到一定值时,界面态电荷的增加会导致载流子复合率峰值的高度略有下降。这种现象正好与试验结果吻合。基于上述低能质子与电子同时及顺序辐照试验结果可知,当辐照注量达到一定程度时,电离损伤对位移损伤的加剧作用有所减缓。为进一步说明该现象,应用 TCAD 软件模拟计算了 NPN 型和 PNP 型晶体管中不同的界面态电荷密度及其对电流增益随体缺陷密度变化的影响规律,如图 5.59 所示。可见,界面态电荷密度的增加,会导致体损伤加剧,从而使 $\Delta(1/\beta)$ 随体缺陷密度变化的曲线上移。这与低能质子和电子综合辐照时电离效应对位移损伤的影响一致。

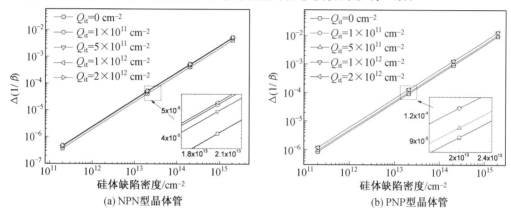

图5.59   不同界面态电荷密度条件下 NPN 型和 PNP 型晶体管的 $\Delta(1/\beta)$ 随硅体缺陷密度的变化

综上所述,低能质子和电子综合辐照时,双极晶体管将呈现电离／位移协同损伤效应,表现为电离效应会对位移损伤产生退火和加剧两种作用。基于 NPN 型和 PNP 型晶体管所进行的低能质子／电子顺序辐照试验结果,可更清晰地说明这两种作用的效果。在低能质子辐射作用下,双极晶体管受到位移损伤,成为导致电流增益退化的主导过程。同时,低能电子辐射一方面可在硅体内产生电离效应,导致少子数量增加,造成部分位移损伤的钝化(退火效应);另一方面又会在氧化物层内产生电离效应,造成界面态数量增加,致使表面电流复合率的峰位进一步向硅体内移动,导致电流增益退化加剧。通常情况下,双极晶体管产生电离／位移协同效应时,电离效应对位移损伤的影响以加剧作用占主导。这种效应总体上表现为质子和电子同时辐照时,促使双极晶体管的电流增益退化增强。在低能质子和电子顺序交替辐照条件下,可清楚地看到电子辐射对双极晶体管位移损伤所产生的钝化(或称退火)效应。

5.4.6   电离／位移协同效应物理模型

图 5.60 为正偏 PNP 型晶体管一维少数载流子浓度分布示意图。图中,横坐标 x 代表所在位置距离。$x=0$ 代表发射结基区边缘,从 0 到 x_B 之间为准中性基区(中性基区宽度为 x_B),从 $-x_E$ 到 $-x_d$ 之间为准发射区,相邻的阴影区域代表发射结(耗尽层)。发射结

正偏,使得发射区多子能够穿越结区,导致耗尽层边缘的少子浓度增加。这部分少子为过剩载流子。过剩载流子(少子)的浓度是发射结电压的函数。在 $x=0$ 处,N 型基区边界少子(空穴)的浓度由下式给出:

$$\Delta p_{\mathrm{n}}(x=0) = p_{\mathrm{n}0}\Big[\exp\Big(\frac{qV_{\mathrm{EB}}}{kT}\Big) - 1\Big] \tag{5.1}$$

式中,$p_{\mathrm{n}0}$ 是 N 型基区平衡状态下少子(空穴)的浓度;k 是玻耳兹曼常数;T 是晶格温度;V_{EB} 为发射结电压;q 为电子电荷量。在 $x=-x_{\mathrm{d}}$ 处,P 型发射区过剩少子(电子)的浓度为

$$\Delta n_{\mathrm{p}}(x=-x_{\mathrm{d}}) = n_{\mathrm{p}0}\Big[\exp\Big(\frac{qV_{\mathrm{EB}}}{kT}\Big) - 1\Big] \tag{5.2}$$

式中,$n_{\mathrm{p}0}$ 为 P 型发射区平衡状态下少子(电子)的浓度。

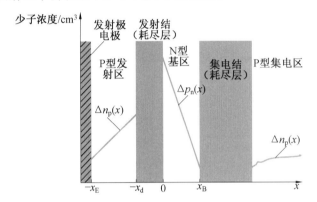

图5.60 正偏条件下 PNP 型晶体管一维过剩少子浓度分布示意图

针对双极晶体管,过剩载流子输运模型的边界条件如图 5.60 所示,涉及少子在耗尽层边界的浓度,以及其在发射区和中性基区的浓度梯度。P 型发射区中的多子(空穴),进入 N 型基区后变为少子。若基区宽度足够小,则这部分少子大部分会扩散至集电结。一旦空穴扩散到 $x=x_{\mathrm{B}}$ 的集电结耗尽层边界处,在反偏集电结的作用下,会全部被收集到 P 型集电区。在 $x=-x_{\mathrm{d}}$ 处,发射结正偏产生的过剩少子(电子),可在 P 型发射区内扩散,直至到达发射极。通常情况下,分析电离效应和位移效应时,主要是针对发射结及中性基区,而无需对集电结、集电区以及发射区中的载流子输运状态进行分析。

由第 1 章的分析可知,中性基区的少子空穴电流密度(J_{p})正比于过剩少子浓度梯度:

$$J_{\mathrm{p}}(x) = -qD_{\mathrm{p}}\frac{\mathrm{d}\Delta p_{\mathrm{n}}(x)}{\mathrm{d}x} \tag{5.3}$$

式中,$\Delta p_{\mathrm{n}}(x)$ 是过剩少子(空穴)浓度随基区宽度的变化;D_{p} 是少子空穴在基区的扩散系数。通过求解如下连续性方程,可得到中性基区的过剩少子(空穴)的浓度梯度:

$$-\frac{1}{q}\frac{J_{\mathrm{p}}(x)}{\mathrm{d}x} - R_{\mathrm{B}}(x) = 0 \tag{5.4}$$

式中,J_p 是空穴电流密度;R_B 是 SRH 复合率。在中性区域内,R_B 表示为 $R_{B,n.b.}$;在发射结耗尽区内,R_B 表示为 $R_{B,depl}$。其中,中性区 $R_{B,n.b.}$ 的表达式如下[24]:

$$R_{B,n.b.}(x) = \frac{\Delta p_n(x)}{\tau} \tag{5.5}$$

式中,τ 为少子空穴的寿命。联合式(5.3)、式(5.4)及式(5.5),可得如下表达式:

$$\frac{\mathrm{d}^2(\Delta p_n(x))}{\mathrm{d}x^2} - \frac{\Delta p_n(x)}{L_p^2} = 0 \tag{5.6}$$

式中,L_p 是少子空穴在基区的扩散长度,可由下式计算:

$$L_p = \sqrt{D_p \tau} \tag{5.7}$$

基于图 5.60 的边界条件,过剩少子(空穴)的浓度在准中性基区可表达为[25]

$$\Delta p_n(x) = \frac{p_{n0}\left\{\left[\exp\left(\frac{qV_{EB}}{kT}\right) - 1\right]\sinh\left(\frac{x_B - x}{L_p}\right) - \sinh\left(\frac{x}{L_p}\right)\right\}}{\sinh\left(\frac{x_B}{L_p}\right)} \tag{5.8}$$

并且,中性基区的空穴电流密度如下[25]:

$$J_p(x) = \frac{q \cdot D_p \cdot p_{n0}}{L_p}\left\{\frac{\left[\exp\left(\frac{qV_{EB}}{kT}\right) - 1\right]\cosh\left(\frac{x_B - x}{L_p}\right)}{\sinh\left(\frac{x_B}{L_p}\right)} + \frac{1}{\tanh\left(\frac{x}{L_p}\right)}\right\} \tag{5.9}$$

双极晶体管正偏条件下,集电极的电流 I_C 正比于 $x = x_B$ 处空穴的浓度,故得

$$I_C = \frac{q \cdot A_E \cdot D_p \cdot p_{n0}}{L_p}\left\{\frac{\left[\exp\left(\frac{qV_{EB}}{kT}\right) - 1\right]}{\sinh\left(\frac{x_B}{L_p}\right)} + \frac{1}{\tanh\left(\frac{x_B}{L_p}\right)}\right\} \tag{5.10}$$

式中,A_E 为发射结面积。

由第 3 章的讨论可知,基极电流由 3 部分组成,且辐射损伤主要导致发射结和中性基区复合电流的增加。因此,基极电流可描述如下:

$$I_B = q\int_{V,depl} R_{B,depl}\,\mathrm{d}V + q\int_{V,n.b.} R_{B,n.b.}\,\mathrm{d}V \tag{5.11}$$

其中,第一个积分项代表发射结耗尽层复合电流($I_{B,depl}$);第二个积分项代表中性基区的复合电流($I_{B,n.b.}$)。

双极晶体管的中性基区复合电流 $I_{B,n.b.}$ 可写为

$$\begin{aligned}
I_{B,n.b.} = \frac{q \cdot A_E \cdot D_p \cdot P_{n0}}{L_p}&\left\{\left[\exp\left(\frac{qV_{EB}}{kT}\right) - 1\right]\left[-\frac{1}{\sinh\left(\frac{x_B}{L_p}\right)} + \frac{1}{\tanh\left(\frac{x_B}{L_p}\right)}\right] + \right. \\
&\left. \frac{1}{\sinh\left(\frac{x_B}{L_p}\right)} - \frac{1}{\tanh\left(\frac{x_B}{L_p}\right)}\right\}
\end{aligned} \tag{5.12}$$

同样，发射结（耗尽层）的复合电流可写为

$$I_{B,depl} = q \cdot A_E \cdot \int_{-x_d}^{0} R_{B,depl}(x) \mathrm{d}x \qquad (5.13)$$

其中，A_E 是发射区面积；耗尽层宽度 x_d，可由下式给出：

$$x_d = \left[\frac{2\varepsilon_s \cdot kT}{q^2} \left(\frac{1}{n_{n0}} + \frac{1}{p_{p0}} \right) \left(\ln\left(\frac{n_{n0} \cdot p_{p0}}{n_i^2} \right) - \frac{qV_{EB}}{kT} \right) \right]^{1/2} \qquad (5.14)$$

式中，n_{n0} 和 p_{p0} 分别代表平衡状态下，基区和发射区的多子浓度；ε_s 为 Si 材料的介电常数。通常，可将发射结耗尽层复合电流表示为

$$\int_{-x_d}^{0} R_{B,depl}(x) \mathrm{d}x \approx R_{peak} \cdot \Delta w \qquad (5.15)$$

式中，R_{peak} 为发射结耗尽区最大复合率；w 为发射结宽度；Δw 为发射结宽度的一部分（起关键复合作用的宽度）。

根据前面章节的讨论可知，发射结正偏情况下，耗尽层中的电子浓度和空穴浓度相等时，耗尽层表面的复合率最大。此时，满足 $n = p = n_i \cdot \exp(q \cdot V_{EB}/2kT)$ 条件，则最大复合率为

$$R_{peak} = \frac{n_i \exp\left(\dfrac{q \cdot V_{EB}}{2kT} \right)}{2\tau} \qquad (5.16)$$

并且，若发射结耗尽层宽度表示为 Δw，则 $I_{B,depl}$ 可近似为

$$I_{B,depl} = q \cdot A_E \cdot \Delta w \frac{n_i \exp\left(\dfrac{qV_{EB}}{2kT} \right)}{2\tau} \qquad (5.17)$$

在实际情况下，无论是在发射结耗尽区还是中性基区内，电离辐射可导致表面复合率增大，而位移损伤会导致体复合的增强。与上述体复合电流类似，表面复合电流同样包含两部分[24]：

$$(I_{Bs}) = q \int_{A_{depl}} R_{S_{depl}} \mathrm{d}A + q \int_{A_{n.b.}} R_{s,n.b.} \mathrm{d}A \qquad (5.18)$$

其中，右端第一项为耗尽区表面复合电流（$I_{B_{s,depl}}$）；第二项为中性基区表面复合电流（$I_{B_{s,n.b.}}$）。中性基区表面复合电流可以表示为

$$I_{B_{s,n.b.}} = q \cdot v_{srv} \cdot L_{p.s} \cdot p_{n0.s} \left\{ \left[\exp\left(\frac{qV_{EB}}{kT} \right) - 1 \right] \left[-\frac{1}{\sinh\left(\dfrac{x_{B.s}}{L_{p.s}} \right)} + \frac{1}{\tanh\left(\dfrac{x_{B.s}}{L_{p.s}} \right)} \right] + \right.$$
$$\left. \frac{1}{\sinh\left(\dfrac{x_{B.s}}{L_{p.s}} \right)} - \frac{1}{\tanh\left(\dfrac{x_{B.s}}{L_{p.s}} \right)} \right\} \qquad (5.19)$$

式中，v_{srv} 是表面复合速率；$x_{B.s}$ 是中性基区宽度；$L_{p.s}$ 是表面载流子的扩散长度；$p_{n0.s}$ 是表面少子浓度[25]。表面载流子扩散长度由下式给出：

$$L_{p.s} = \sqrt{D_p \tau_s} \tag{5.20}$$

式中，D_p 是少子空穴在 N 型基区的扩散系数；τ_s 是由表面复合速率估算的等价寿命，即

$$\tau_s = \frac{y_c}{v_{srv}} \tag{5.21}$$

式中，y_c 是与双极晶体管特征深度有关的物理量。

发射结耗尽区表面复合电流可以近似由下式给出：

$$I_{B_{s,depl}} \cong q \cdot v_{srv} \cdot P_E \cdot \Delta w_s \frac{n_i \exp\left(\frac{qV_{EB}}{2kT}\right)}{2} \tag{5.22}$$

式中，P_E 是发射区周长；Δw_s 是表面耗尽区宽度 $x_{d,s}$ 的几分之一。$x_{d,s}$ 可近似由下式计算：

$$x_{d,s} = \left[\frac{2\varepsilon_s kT}{q^2} \left(\frac{1}{n_{0,s}} + \frac{1}{p_{0,s}}\right) \left(\ln\left(\frac{n_{n0,s} \cdot p_{p0,s}}{n_i^2}\right) - \frac{qV_{EB}}{kT}\right) \right] \tag{5.23}$$

通常，Δw_s 被设定为 $x_{d,s}$ 的 1/10。式中的 $p_{p0,s}$ 和 $n_{n0,s}$ 分别表示发射区和基区表面的多数载流子密度。

由式(5.19)和式(5.22)可知，中性基区表面复合电流 $I_{B_{s,n.b.}}$ 和发射结表面复合电流 $I_{B_{s,depl}}$ 均正比于表面复合速率 v_{srv}。电离效应感生的氧化物正电荷也会影响表面复合电流。然而，与复合速率 v_{srv} 不同，氧化物正电荷密度 N_{ox} 的影响机制与器件的极性有关。

对于 PNP 型晶体管，N 型基区上方的氧化物正电荷密度 N_{ox} 增大，可使基区表面的多数载流子密度增加。N 型基区累积层的电子浓度可以描述为

$$n_{n0}(y) = \begin{cases} n_{n0,s} \dfrac{1}{\left(1 + \dfrac{y}{\sqrt{2}L_D}\right)^2} & (y < y_d) \\ N_D & (其他情况) \end{cases} \tag{5.24}$$

式中，N_D 是 N 型基区掺杂浓度；y_d 是累积层深度；L_D 是德拜长度[24]。德拜长度可由下式给出：

$$L_D = \sqrt{\frac{\varepsilon_s kT}{q^2 n_{n0,s}}} \tag{5.25}$$

按照电荷守恒定律，积累层中的净负电荷应该等于氧化物层中的正电荷。由此，便可求得氧化物正电荷密度的近似值如下：

$$N_{ox} = \sqrt{2}\, n_{n0,s} \cdot L_D \left(1 - \frac{1}{1 + \dfrac{y_d}{\sqrt{2}L_D}}\right) \cong \sqrt{2}\, n_{n0,s} \cdot L_D \tag{5.26}$$

在 N 型中性基区表面，多数载流子(电子)的密度为

$$n_{n0,s} \cong \frac{q^2 N_{ox}^2}{2kT} \tag{5.27}$$

并且，基区表面的少数载流子（空穴）密度为

$$p_{n0,s} = \frac{n_i^2}{n_{n0,s}} \qquad (5.28)$$

中性基区表面复合电流 $I_{B,n,b.}$ 正比于少子密度 $p_{n0,s}$。由于氧化物俘获正电荷的 N_{ox} 增加可导致少子（空穴）密度的降低，氧化物正电荷密度增加将会减小 N 型基区表面的耗尽区宽度。这也会导致发射结表面复合电流 $I_{B,s,depl}$ 的减小。发射结耗尽区宽度 $x_{d,s}$ 的减小可增加中性基区宽度 $x_{B,s}$，会对 $I_{B,s,n,b.}$ 造成轻微的影响。

在 NPN 型晶体管中，氧化物正电荷 N_{ox} 的形成会使 P 型基区产生耗尽效应。耗尽的 P 型基区表面的多子空穴浓度可描述为

$$p_{p0}(y) = n_i \exp\left(\frac{q(\Phi_B + \Phi_{s,p}(y))}{kT}\right) \qquad (5.29)$$

而基区表面的空穴浓度 $p_{n0,s}$ 等于 $p_{p0}(0)$。式（5.29）中的比例系数 Φ_B 由下式给出：

$$\Phi_B = \frac{kT}{q} \ln\left(\frac{N_A}{n_i}\right) \qquad (5.30)$$

式中，N_A 是 P 型基区掺杂浓度；Φ_B 在数值上近似于基区内本征费米能级和空穴的准费米能级的差值[24]。势能 $\Phi_{s,p}(y)$ 特指从表面向半导体内部以深度 y 为函数的能带势能。通过耗尽区近似，$\Phi_{s,p}(y)$ 可描述为

$$\Phi_{s,p}(y) \cong \begin{cases} \dfrac{-qn_A}{2\varepsilon_s}(y^2 - 2yy_d + y_d^2) & (y < y_d) \\ 0 & （其他情况） \end{cases} \qquad (5.31)$$

这里，y_d 是耗尽区从表面起算的深度，可近似由下式计算：

$$y_d = \frac{N_{ox}}{N_A} \qquad (5.32)$$

需要注意的是，式（5.31）忽略了接触区与基区的功函数差别，也忽略了最终偏压条件的影响。

采用类似于上述的分析表达式，可以估算双极晶体管运行参数对辐射损伤效应的敏感性。图 5.61 给出应用该方法分析的标准器件结构模型。该结构模型可以通过如下两个重要的运行参数改变分析结果：基区深度（h）和基区掺杂浓度。NPN 型和 PNP 型晶体管的基区掺杂浓度分别为 N_A 和 N_D。

如前面讨论所指出，如果器件中基区掺杂浓度高，表面下部的硅体复合会受到影响。对于经受质子辐射的晶体管而言，需要同时考虑体陷阱缺陷和氧化物正电荷的影响，且应基于计算表面附近（亚表面）载流子密度的解析式进行分析。为了包含氧化物正电荷所产生的静电效应的影响，需要修改上述复合电流模型，如式（5.19）可改成如下形式[26]：

$$I_{B,s,n,b.}\left(\frac{w}{N_{ox}}\right) = \frac{qp_E D_p}{L_p}\int_0^h p_{n0}(y)\left\{\left[\exp\left(\frac{qV_{BE}}{kT}\right) - 1\right]\left[-\frac{1}{\sinh\left(\frac{x_B(y)}{L_p}\right)} + \frac{1}{\tanh\left(\frac{x_B(y)}{L_p}\right)}\right] + \right.$$

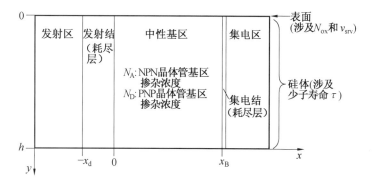

图5.61 电离和位移损伤分析所用器件结构模型

$$\left.\frac{1}{\sinh\left(\dfrac{x_{\mathrm{B}}(y)}{L_{\mathrm{p}}}\right)} - \frac{1}{\tanh\left(\dfrac{x_{\mathrm{B}}(y)}{L_{\mathrm{p}}}\right)}\right\}\mathrm{d}y \tag{5.33}$$

$$I_{\mathrm{B,depl}}\left(\frac{w}{N_{\mathrm{ox}}}\right) = q \cdot P_{\mathrm{E}}\int_0^h \Delta w(y)\,\frac{n_{\mathrm{i}}\exp\left(\dfrac{qV_{\mathrm{EB}}}{kT}\right)}{2\tau_0}\,\mathrm{d}y \tag{5.34}$$

式中,p_{E} 为器件的发射区周长;其他符号含义同前。为了说明电离和位移协同辐射效应的机理,可按如下的比值关系进行分析计算:

$$\frac{I_{\mathrm{B_{n.b.}}} + I_{\mathrm{B,depl}}}{I_{\mathrm{B_{s,n.b.}}} + I_{\mathrm{B_{s,depl}}} + I_{\mathrm{B_{n.b.}}}(w/N_{\mathrm{ox}}) + I_{\mathrm{B,depl}}(w/N_{\mathrm{ox}})} \tag{5.35}$$

该式中,分子不包含电离损伤效应的影响,仅涉及位移损伤诱导的过剩基极电流;分母体现电离和位移综合辐射损伤效应,包含了氧化物俘获电荷对位移缺陷的影响。图 5.62 给出了由式(5.35)所计算的比值随基区深度和掺杂浓度变化关系的模拟结果。图中给出了体复合诱导的过剩基极电流与电离/位移综合作用诱导的过剩基极电流的比值。由图可见,在不同的掺杂浓度和器件结构条件下,电离/位移辐射协同效应对双极器件过剩基极电流的影响不尽相同。上述模拟仿真计算结果,可为优化双极晶体管结构与工艺提供一定的参考依据。

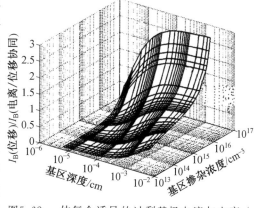

图5.62 体复合诱导的过剩基极电流与电离/位移协同效应诱导的过剩基极电流的比值模拟计算结果

本章参考文献

[1] LIU C M,LI X J,YANG J Q,et al. Radiation defects and annealing stady on PNP bipolar junction transistors irradiated by 3-MeV Protons[J]. IEEE Trans. Nucl. Sci. ,2015,62:3381-3386.

[2] RAX B G,JOHNSTON A H,MIYAHIRA T. Displacement damage in bipolar linear integrated circuits[J]. IEEE Trans. Nucl. Sci. ,1999,46:1660-1665.

[3] ZOUTENDYK J A,GOBEN C A,BERNDT D F. Comparison of the degradation effects of heavy ion,electron,and cobalt-60 irradiation in an advanced bipolar process[J]. IEEE Trans. Nucl. Sci. ,1988,35:1428-1431.

[4] BRUCKER G J, DENNEHY W J, HOLMES-SIEDLE A G. Ionization and Displacement Damage in Silicon Transistors[J]. Nuclear Science IEEE Transactions on, 1966, 13(6):188-196.

[5] NICHOLS D K,PRICE W E,GAUTHIER M K. A comparison of radiation damage in transistors from Co — 60 gammas and 2. 2 MeV electrons[J]. IEEE Trans. on Nuclear Science,1982,29:1970-1974.

[6] GAUTHIER M K,NICHOLS D K. A comparison of radiation damage in linear IC's from Co-60 gamma rays and 2. 2 MeV electrons[J]. IEEE Trans. on Nuclear Science,1983,30:4192-4196.

[7] RAX B G,JOHNSTON A H,LEE C I. Proton damage effects in linear integrated circuits[J]. IEEE Trans. on Nuclear Science,1998,45:2632-2637.

[8] BARNABY H J,SCHRIMPF R D,STERNBERG A L,et al. Proton radiation response mechanisms in bipolar analog circuits[J]. IEEE Trans. on Nuclear Science,2001,48:2074-2080.

[9] BARNABY H J,SMITH S K,SCHRIMPF R D,et al. Analytical model for proton radiation effects in bipolar devices[J]. IEEE Trans. on Nuclear Science,2002, 49:2643-2649.

[10] SCHWANK J R,SHANEYFELT M R,PAILLET P,et al. Optimum laboratory radiation source for hardness assurance testing[J]. IEEE Trans. on Nuclear Science,2001,48:2152-2157.

[11] DÍEZ S,LOZANO M,PELLEGRINI G,et al. IHP SiGe:C BiCMOS technologies as a suitable backup solution for the ATLAS upgrade front-end electronics[J]. IEEE Trans. on Nuclear Science,2009,56(4):2449.

[12] DÍEZ S,ULLÁN M,CAMPABADAL F,et al. Proton radiation damage on SiGe:C HBTs and additivity of ionization and displacement effects[J]. IEEE Trans. on Nuclear Science,2009,56(4):1931-1936.

[13] SUMMERS G P,BURKE E A,DALE C J,et al. Correlation of particle-induced displacement damage in silicon[J]. IEEE Trans. Nucl. Sci. ,1987,NS-34:1134-1139.

[14] SROUR J R,PALKO J W. A Framework for understanding displacement damage mechanisms in irradiated silicon devices[J]. IEEE Trans. Nucl. Sci. ,2006, 53:3610-3620.

[15] PALKO J W,SROUR J R. Amorphous inclusions in irradiated silicon and their effects on material and device properties[J]. IEEE Trans. Nucl. Sci. ,2008, 55:2992-2999.

[16] SROUR J R,PALKO J W. Displacement damage effects in irradiated semiconductor devices[J]. IEEE Trans. Nucl. Sci. ,2013,60:1740-1766.

[17] LIU C M,LI X J,GENG H B,et al. The equivalence of displacement damage in silicon bipolar junction transistors[J]. Nucl. Instr. and Meth. A,2012,677:61-67.

[18] BARNABY H J,SMITH S K,SCHRIMPF R D,et al. Analytical model for proton radiation effects in bipolar devices[J]. IEEE Trans. Nucl. Sci. ,2002, 49:2643-2649.

[19] LI X J,LIU C M,RUI E M,et al. Simultaneous and sequential radiation effects on NPN transistors induced by protons and electrons[J]. IEEE Trans. Nucl. Sci. , 2012,59:625-633.

[20] LI X J,LIU C M,GENG H B,et al. Synergistic radiation effects on PNP transistors caused by protons and electrons[J]. IEEE Trans. Nucl. Sci. ,2012, 59:439-446.

[21] LI X J,LIU C M,YANG J Q. Evolution of deep level centers in NPN transistors following 35 MeV Si ion irradiations with high fluence[J]. IEEE Trans. Nucl. Sci. ,2014,61(1):630-635.

[22] FLEMING R M,SEAGER C H,LANG D V,et al. Annealing neutron damaged silicon bipolar transistors:Relating gain degradation to specific lattice defects[J]. J. Appl. Phys. ,2010,108:063716.

[23] PAILLET P,SCHWANK J R,SHANEYFELT M R,et al. Comparison of charge yield in MOS devices for different radiation sources[J]. IEEE Trans. Nucl. Sci. , 2002,49:2656-2661.

[24] MULLER R S,KAMINS T L. Device electronics for integrated circuits[M]. 2nd

ed. New York: Wiley, 1986.

[25] NEAMAN D A. Semiconductor physics and devices-basic principles[M]. Boston: Irwin, 1992.

[26] BARNABY H J, CIRBA C, SCHRIMPF R D, et al. Minimizing gain degradation in lateral PNP bipolar junction transistors using gate control[J]. IEEE Trans. Nucl. Sci., 1999, 46: 1652-1659.

第6章 双极器件抗辐射加固相关问题

6.1 引 言

双极器件是航天器上广泛应用的一类电子器件。在空间带电粒子辐射作用下,双极器件受到损伤,将直接影响航天器在轨服役寿命和可靠性。航天器是结构十分复杂的系统,在轨服役出现故障乃至事故,实际上总是源于"短板效应",与关键敏感器件或材料受到损伤密切相关。双极器件是航天器上电子系统的重要组成单元,其功能或性能受到破坏,将直接影响电子设备乃至航天器的在轨服役行为。特别是,双极器件所涉及的材料种类多,结构比较复杂,在空间带电粒子作用下,会产生多种复杂的辐射损伤效应,如电离效应、位移效应、电离/位移协同效应等,导致双极器件成为航天器上电子系统的损伤敏感部位。

多年以来,如何有效地提高航天器用双极器件抗空间带电粒子辐射损伤能力,一直是备受关注的课题,具有重要的需求背景和工程实际意义。抗辐射双极器件的技术要求高、结构与工艺优化的难度大,成为长期难以攻克的技术难题。国外基于先进的工艺和设备条件,发展双极器件抗辐射加固技术取得成效,却难于直接效仿。作者课题组从我国实际条件出发,致力于从加强空间带电粒子辐射损伤效应和机理研究入手,深入剖析制约提高双极器件抗辐射能力的关键因素和症结所在,探求自主发展抗辐射双极器件的技术途径,收到了明显的效果。本章将针对双极器件抗辐射加固的几个重要问题进行分析和讨论,涉及器件失效敏感部位界定、工艺优化、结构设计准则、器件损伤与电路关联性,以及抗辐射半导体材料研究进展等问题。

6.2 双极器件辐射损伤敏感部位界定

按照木桶的"短板效应",任何复杂系统或结构的失效总是源于敏感部位的材料或器件受到损伤破坏所致。双极器件由多种材料和结构单元组成,有必要在失效分析的基础上,通过界定辐射损伤敏感部位,采取有针对性的抗辐射加固对策。这是进行双极器件结构和工艺优化的基础。

6.2.1　电离辐射损伤敏感部位

双极器件电离辐射敏感部位为氧化物层及 Si/SiO$_2$ 界面,辐射诱导氧化物陷阱电荷与界面态电荷将影响器件的电学性能参数,如基极电流、电流增益等。如图 6.1 所示,硅基双极器件的电离辐射损伤可分为 4 个主要过程,包括:SiO$_2$ 层中形成电子－空穴对、空穴跃迁输运、Si/SiO$_2$ 界面附近形成俘获正电荷以及诱生界面态。

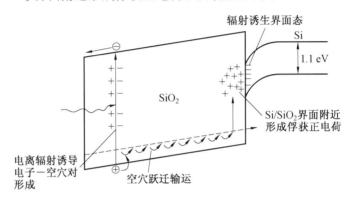

图6.1　硅基双极器件电离辐射损伤过程

电离辐射时,氧化物(SiO$_2$)层将吸收入射粒子的能量并产生电子－空穴对,所需要的形成能为(17±1) eV。在带电粒子辐射过程中,部分电子－空穴对将能够短时间内复合;由于电子在氧化物层中迁移率高,未复合的电子可在皮秒(ps)或更短时间内漂移出氧化物层。空穴的迁移率极低,相对电子而言较为稳定。受外部电场和内建电场的影响,辐射诱生空穴将逐渐向 Si/SiO$_2$ 界面输运。研究结果表明:空穴在外加电场作用下通常呈跃迁式输运,可通过极子化方式或 CTRW(Continuous-Time Random Walk)跃迁输运模型进行表征[1]。空穴在氧化物层内浅陷阱能级间的跃迁随机空间分布过程,与外加电场、温度、氧化物层厚度等因素有关,室温下空穴将在 1 s 内完成整个跃迁输运过程。

在空穴向 Si/SiO$_2$ 界面输运过程中,部分空穴可能被深能级中性陷阱捕获,形成氧化物陷阱俘获电荷。氧化物层内陷阱俘获的电荷相对比较稳定,但随着时间变化可通过电子隧穿和空穴热激发两种方式引起退火效应,具体物理过程如图 6.2 所示。氧化物俘获电荷会引起器件表面反型、电流增益降低和漏电流增加等后果。电离辐射诱生的空穴在漂移过程中可产生部分 H$^+$,H$^+$ 也可向 SiO$_2$/Si 界面处跃迁。当 H$^+$ 到达 SiO$_2$/Si 界面时,将使部分 Si—H 键断裂,形成 H$_2$ 分子和 3 价硅陷阱,反应式如下:

$$SiH + H^+ \longrightarrow Si^+ + H_2$$

辐射诱生的界面态将影响器件的表面复合速率,并导致器件的电流增益减小。辐射诱生的氧化物俘获电荷与界面态都将对双极晶体管的电学参数产生影响。氧化物俘获电

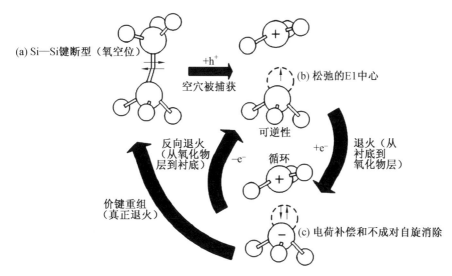

图6.2　氧化物俘获电荷的产生与退火过程

荷的形成将改变 $Si-SiO_2$ 界面的电势,使 P 型掺杂区域表面载流子耗尽乃至反型,而 N 型掺杂区域表面载流子累积。P 型表面反型将导致器件漏电电流增加,击穿电压下降;P 型区域(NPN 晶体管的基区和 PNP 晶体管的发射区)耗尽,将使器件表面复合电流增加,基极电流上升,从而导致器件静态电流增益 β 随之下降。双极晶体管的基极电流 I_B 与表面复合速率 S_v 有关,如下式所示:

$$I_B = \frac{1}{2}q \cdot x_{dB} \cdot S_v \cdot n_i \cdot P_E \cdot \exp\left(\frac{qV_{eff}}{2kT}\right) \tag{6.1}$$

式中,x_{dB} 为耗尽区宽度;V_{eff} 为发射结有效电压;n_i 为本征载流子浓度;P_E 为发射结周长;q 为电子电荷量;T 为温度。

由式(6.1)可知,若界面态密度增大使得表面复合率增加时,会引起基极复合电流增加,导致双极晶体管电流增益下降。几种 PNP 型晶体管的归一化电流增益(辐照后与辐照前电流增益比值)随电离吸收剂量变化如图 6.3 所示[2]。与辐射前相比,3 种类型晶体管的电流增益均出现不同程度的退化,其中 VPNP 型晶体管退化程度最小,LPNP 型晶体管退化程度最大。

LPNP 型双极晶体管的有效基区位于发射区和集电区之间,电流沿表面横向流动,基区表面复合及发射结耗尽区复合都会对其产生影响。空穴由 LPNP 型晶体管发射区向集电区输运过程中,随着输运距离的增加,复合电流将逐渐增大,会导致器件电参数退化明显加剧。在 VPNP 型晶体管中,有效基区位于发射区下方,电流呈垂直输运,受表面效应的影响较小。而且,VPNP 型晶体管发射区为重掺杂,不易于受发射区耗尽与电子注入的影响,致使该种类型晶体管的电学参数在电离辐射环境下退化较不明显。

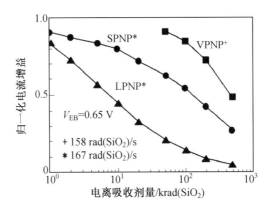

图 6.3　SPNP、LPNP 和 VPNP 晶体管的归一化
电流增益随电离吸收剂量的变化

上述分析表明,双极晶体管的电离辐射损伤与氧化物俘获电荷和界面态的形成密切相关。双极晶体管电离辐射损伤的敏感部位为氧化物层和 Si/SiO₂ 界面。因此,双极晶体管为了防止电离辐射损伤,应主要从抑制氧化物层中形成俘获电荷与 Si/SiO₂ 界面降低界面态陷阱数量入手,采取有效的优化器件结构与工艺的措施。

6.2.2　位移辐射损伤敏感部位

位移辐射效应会造成双极晶体管的硅体材料损伤,进而导致晶体管电性能下降。带电粒子对双极晶体管造成的位移损伤,主要是在硅体内产生间隙原子 — 空位对。位移损伤所形成的间隙原子和空位的状态是动态变化的,两种载流子均可在硅体内移动、复合及产生稳定的缺陷。虽然所涉及的物理过程比较复杂,最终的结果是形成有效的载流子复合中心或俘获中心,导致半导体中少数载流子寿命减少,从而造成晶体管电流增益的退化。带电粒子辐照的注量越大,在硅体内形成的复合中心数量越多。因此,双极器件的位移辐射损伤敏感部位主要为硅体材料区域。

图 6.4 为针对 PNP 型和 NPN 型晶体管,应用 TCAD 软件模拟硅体内的缺陷浓度对电流增益的影响。图 6.4(a) 和 (c) 分别为不同的缺陷浓度时,PNP 型和 NPN 型晶体管的集电极电流 I_C 和基极电流 I_B 随发射结电压的变化关系。如图所示,随着硅体内缺陷浓度的增加,两种晶体管的基极电流 I_B 均逐渐增加;集电极电流 I_C 在发射结电压小于 0.4 V 时逐渐升高,在发射结电压大于 0.8 V 时逐渐降低,而在发射结电压大于 0.4 V 且小于 0.8 V 时基本不变。当发射结电压较大时,属于大注入状态,此时由于位移损伤导致基区的载流子复合率增加,致使集电极电流 I_C 随辐照注量(或缺陷浓度)的增加而减小。试验时集电极电流测试范围为 10^{-12} A < I_C < 10^{-1} A,所以发射结电压小于 0.4 V,辐照试验的结果是 I_C 变化不大。图 6.4(b) 和 (d) 分别为 PNP 型和 NPN 型晶体管辐照前后的电流

增益变化量 $\Delta(1/\beta)$ 随硅体内缺陷浓度的变化关系。可见,电流增益倒数的变化量均随体缺陷浓度呈单调线性的变化。

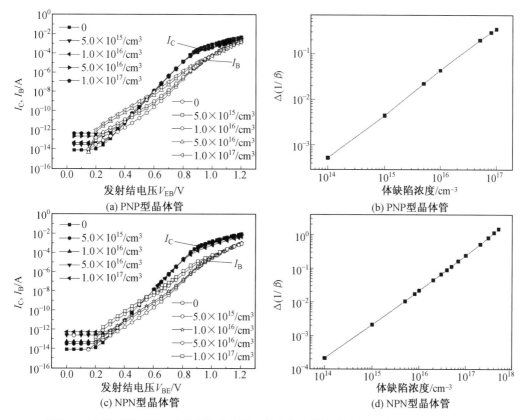

图6.4 PNP 型及 NPN 型晶体管的电学参数变化与体缺陷浓度的关系(TCAD 模拟)

然而,硅体内的缺陷浓度不易被直接测量出来。为了更好地从试验上表征位移损伤效应,有必要建立双极晶体管的电流增益与位移损伤系数及辐照注量的关系。已有理论分析表明,在位移损伤条件下,少子寿命与辐照注量的变化关系如下:

$$\frac{1}{\tau} - \frac{1}{\tau_0} = K \cdot \Phi \tag{6.2}$$

式中,K 为少子寿命损伤系数($cm^2 \cdot s^{-1}$),与辐照粒子种类、能量及体材料特性有关;Φ 为辐照注量;τ_0 和 τ 分别是初始和辐照后的少子寿命。基于式(6.2),Messenger 和 Spratt 推导出用于表述位移损伤条件下,双极晶体管电流增益随辐照注量变化的关系,称为 Messenger — Spratt 方程[3]:

$$1/\beta = 1/\beta_0 + K_d \cdot \Phi \tag{6.3}$$

式中,β_0 和 β 分别为辐照前后的电流增益;K_d 为位移损伤系数;Φ 为辐照注量。可见,

Messenger－Spratt 方程为从试验上表征位移损伤效应提供了方便,即电流增益倒数变化量与辐照注量 Φ 也同样呈线性关系。只要晶体管的电流增益倒数变化量与辐照注量的试验曲线上出现线性关系,便可判定为位移损伤效应。例如,前面第 4 章的试验表明,在 170 keV 质子和不同能量的 Br 离子辐照试验条件下,NPN 型和 PNP 型晶体管的电流增益倒数变化量均与辐照注量 Φ 呈线性变化关系。

　　上述分析表明,双极晶体管的位移辐射损伤与硅体内形成的复合中心数量(体缺陷浓度)密切相关。双极晶体管位移辐射损伤的敏感部位为器件内硅体材料区域,应主要从抑制硅体内的复合中心的数量入手,采取双极器件抗位移辐射损伤加固措施。

6.3　抗辐射双极器件工艺优化

6.3.1　氧化物层工艺

　　双极工艺器件的氧化物层,包括层间介质层、中间氧化物层及钝化层。氧化物层或层间介质层的制备工艺,对低剂量率增强效应(ELDRS)有显著的影响。至少会有两种影响,一种是集成电路的介质层制造工艺可引入额外的氢,并使氢漂移或扩散到界面,从而引起 ELDRS 效应;另一种是氧化物层或钝化层可诱导产生内应力(包括温度应力和电应力),易于促使双极线性集成电路产生 ELDRS 效应。Shaneyfelt 等人[4] 通过相关的低剂量率辐照试验研究发现,介质层和钝化层的材料、结构及其工艺方法都会对低剂量率增强效应产生显著影响。不同沉积工艺条件下,SiO_2 钝化层的特性见表 6.1。LPCVD 和等离子体沉积的 Si_3N_4 层特性见表 6.2[5]。

表 6.1　不同沉积工艺条件下的 SiO_2 钝化层特性

沉积工艺	等离子体	硅烷＋氧	TEOS	$SiCl_2H_2 + N_2O$
温度 /℃	200	450	700	900
化学式	$SiO_{1.9}$	$SiO_2(H)$	SiO_2	$SiO_2(Cl)$
密度 /(g·cm^{-3})	2.3	2.1	2.2	2.2
折射率	1.47	1.44	1.46	1.46
介电强度 /(10^6 V·cm^{-1})	3～6	8	10	10
腐蚀速率 /(nm·min^{-1})（$H_2O:HF = 100:1$）	40	6	3	3

表 6.2 LPCVD 和等离子体沉积的 Si_3N_4 层特性

沉积工艺	LPCVD 沉积	等离子体沉积
温度 /℃	$700 \sim 800$	$250 \sim 350$
化学式	$Si_3N_4(H)$	SiN_xH_y
含氮量 /%（原子数分数）	$4 \sim 8$	$20 \sim 25$
折射率	2.01	$1.8 \sim 2.5$
密度 /(g·cm^{-3})	$2.9 \sim 3.1$	$2.4 \sim 2.8$
介电常数	$6 \sim 7$	$6 \sim 9$
介电强度 /(10^6 V·cm^{-1})	10	5
电阻率 /(Ω·cm)	10^{16}	$10^6 \sim 10^{15}$
禁带宽度 /eV	5	$4 \sim 5$

从抗辐射加固角度考虑,需制备出具有低空穴陷阱前驱体密度的氧化物层,或者引入具有电子陷阱前驱体特性的介质层。这两种工艺方法能够在电离辐射环境下,产生较少的氧化物俘获正电荷,或者可使氧化物层内俘获正电荷得到补偿作用。通常情况下,可通过适当的氧化方式、氧化温度以及氧化气氛等方法,减少氧化物层中的空穴陷阱前驱体的数量。已有研究发现,干氧氧化方式形成的氧化物层内的空穴陷阱前驱体的数量较少。并且,在 $900 \sim 1\,200$ ℃ 温度环境下,随着氧化温度的升高,氧化物层内空穴陷阱前驱体的数量逐渐减少。在热氧化过程中,通过合理调控氧化气氛,可降低空穴陷阱的数量;或者,在含氧的气氛下进行快速退火,也能降低空穴陷阱的密度。

此外,通过改变氧化物层中的杂质含量或氧化后的退火温度等方式,可以向氧化物内引入电子陷阱前驱体。研究发现,在 SiO_2 层中进行 P 掺杂,向 SiO_2 层注入 Si 离子或 O 离子,针对 TEOS（正硅酸己酯）进行增加 C 元素处理,以及使用 Si_3N_4 材料作为介质层等方法,均会引入大量的深能级电子陷阱前驱体。已有研究也表明,当环境温度不低于热氧化生长温度时,在氮气气氛下对氧化物层进行氧化后退火处理,可使氧化物层中的深能级电子陷阱前驱体数量降低至 1/10 以下。因此,在进行氧化后退火处理时,环境温度应低于热氧化生长温度,以便对深能级电子陷阱进行有效的保护[6]。

Shaneyfelt 等人针对 LM124、LM139、LM111、LM158 及 OP15 等双极电路的钝化层工艺进行了研究。试验结果表明,钝化层工艺对器件的抗辐射能力有明显影响,无钝化层的双极器件对 ELDRS 效应不敏感[7]。不同钝化层的 LM139 型双极电路的输入偏置电流与电离吸收剂量的关系,如图 6.5 所示[8]。实际上,ELDRS 效应强烈地依赖于双极电路介质层（氧化物层与钝化层）的结构和工艺,包括:工艺方法、工艺步骤、工艺材料以及介质层结构。不同的制备工艺和介质层结构会在 $SiO_2 - Si$ 界面处和钝化层中产生状态各异的缺陷前驱体,导致双极电路对 ELDRS 效应的响应不同。模拟电路对 ELDRS 效应比较敏感,主要是与氧化物层中亚稳态陷阱、机械应力以及杂质含量等因素有关。

已有研究和试验结果表明,对于许多双极电路,利用非掺杂 SiO_2 USG 或 TEOS 等介质层,可以引入深能级电子陷阱,起到补偿氧化物层俘获正电荷的作用。同时,这些介质层能够有效地改变氧化物层中的杂质含量和改善介质层的结构应力,有利于降低 ELDRS 效应的敏感性。不同生产厂家的工艺差别,会使双极电路对 ELDRS 效应的响应不同,需要采取不同的对策加以解决。

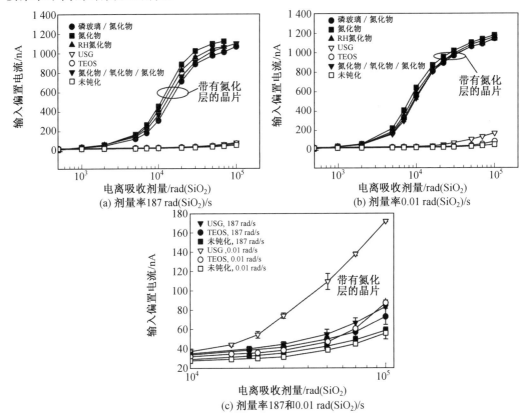

图6.5 不同钝化层的 LM139 型双极电路的输入偏置电流与 ^{60}Co 源辐射电离吸收剂量的关系(比较器:$V_{CC} = 5$ V;$V_{CM} = 0$ V)

6.3.2 基区表面浓度控制

由于过剩基极电流主要是由发射区周围受到损伤引起的,辐射损伤导致的电流增益下降程度与基区的表面状态密切相关。基区表面状态涉及的影响因素较多,如基区表面掺杂浓度、基极间隔离氧化物层中注入的掺杂类型和浓度、氧化物层制备工艺以及基区材料晶体取向等。下面重点讨论基区掺杂浓度对双极器件抗辐射性能的影响。

如果基区的表面掺杂浓度增加,则双极晶体管的抗电离辐射损伤能力会有所提高。当基区表面掺杂浓度较高时,辐射损伤诱导的氧化物俘获电荷数量足够多时才会对表面复合电流有显著影响。在不改变中性基区掺杂浓度的情况下,发射区周围形成高掺杂的基区环可有效增加基区表面掺杂浓度。在 NPN 型晶体管中,这种高掺杂浓度的 P^+ 基区环表面可有效地降低基区的表面电位。在此种条件下,若基区表面发生耗尽则需要更多的氧化物电荷来补偿。然而,对于 PNP 型晶体管,氧化物俘获正电荷趋于耗尽发射结的高掺杂发射区。因此,高掺杂的基区环对 PNP 型晶体管的抗电离辐射性能不会有太大的影响。

图 6.6 为有、无高掺杂的基区环时,NPN 型晶体管电离辐射损伤效应的对比结果。图中给出了过剩基极电流 ΔI_B 与电流增益 β 随电离辐射吸收剂量的变化关系[8],可见高掺杂基区环的存在使得双极晶体管的抗电离辐射能力有所增强。但总体上而言,高掺杂基区环对 NPN 型晶体管抗辐射能力的影响尚有限。这是因为 P^+ 基区环距发射结较远(约 $1\ \mu m$),对表面复合电流几乎没有影响。只有当高掺杂的基区环距发射结的距离较近(如几十纳米)时,才会起较明显的作用。

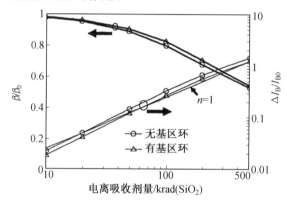

图6.6 ^{60}Co 源辐照条件下有、无高掺杂的基区环时
NPN 型晶体管的电离辐射损伤效应对比

6.3.3　发射极工艺因素

图 6.7 为 ^{60}Co 源辐照条件下,发射极电极为多晶硅电极和标准电极(Al)时 NPN 型晶体管电性能退化的比较。在相同电离辐射吸收剂量条件下,与多晶硅发射极晶体管相比,标准发射极晶体管的过剩基极电流较高。此外,多晶硅发射极晶体管的过剩基极电流随电离吸收剂量变化的斜率,要比标准发射极晶体管的稍大一些。标准发射极晶体管的过剩基极电流随电离吸收剂量的增加呈现明显的"亚线性"退化特征(斜率小于1),而多晶

硅发射极晶体管的退化曲线呈现"超线性"行为。上述过剩基极电流变化斜率和幅度上的差异,是由两种类型晶体管不同的表面掺杂浓度所决定的。相比于标准电极工艺方式,多晶硅电极具有较高的表面掺杂浓度。在较高表面掺杂浓度情况下,双极晶体管的电流增益退化对氧化物俘获正电荷数量变化和界面态陷阱电荷的敏感性均较低。

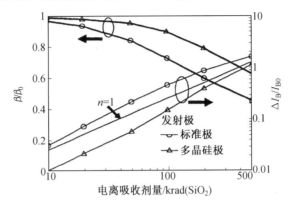

图6.7　^{60}Co 源辐照条件下不同发射极工艺的 NPN 型晶体管的电性能退化对比

6.3.4　基区极性

　　NPN 型和 PNP 型晶体管的工艺参数明显不同,导致辐射损伤机制有很大差异。图 6.8 给出了 ^{60}Co 源辐照条件下,NPN 型和 PNP 型晶体管的电性能退化曲线。由图可见,两种类型晶体管的电流增益均随电离辐射吸收剂量的增加而减小。在总辐射吸收剂量为 500 krad(SiO_2) 时,NPN 型晶体管的电流增益退化量下降至初始值的 50% 以下,而 PNP 型晶体管的电流增益退化量下降至高于初始值的 60%。当双极晶体管的电流增益退化至初始值的 50% 以下时,许多线性电路的功能将失效。

　　PNP 型晶体管的 N 型基区不会被氧化物俘获正电荷耗尽,导致 PNP 型晶体管具有较高的抗电离辐射损伤能力。不同的是,在氧化物俘获正电荷的影响下,PNP 型晶体管的 P 型发射区表面将会耗尽。相比于 NPN 型晶体管的基区而言,PNP 型晶体管的发射区需要较多的氧化物俘获正电荷才能耗尽。因此,辐射诱导的氧化物俘获正电荷对 PNP 型晶体管的影响要比 NPN 型晶体管小。此外,对于 PNP 型晶体管,由于边缘电场的作用,界面态浓度主要集中于靠近发射区一端的发射结,且发射区的表面浓度较高,表面电位会比较低,故复合率将很小。所以,在相同电离辐射吸收剂量条件下,PNP 型晶体管电性能的退化程度将明显低于 NPN 型晶体管。

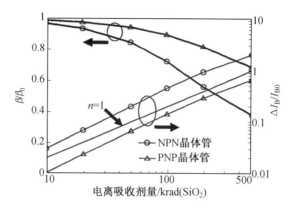

图6.8 ^{60}Co 源辐照条件下 NPN 型和 PNP 型晶体管的电性能退化曲线对比

6.4 抗辐射双极器件结构设计准则

6.4.1 抗电离辐射器件设计准则

在不同发射区参量（周长／面积）条件下，双极晶体管的基极电流变化量 ΔI_B 随电离辐射吸收剂量的变化如图 6.9 所示。图中将基极电流变化量除以辐照前基极电流初始值 I_{B0} 进行归一化，以减少晶体管工艺差异的影响。由图可见，过剩基极电流随电离辐射吸收剂量的增加而增大。这是双极晶体管的电流增益随电离辐射吸收剂量变化的一般趋势。而且，图中所示双对数坐标中过剩基极电流 ΔI_B 随电离辐射吸收剂量 D_i 变化的斜率大于 1。这种变化称为电离效应的"超线性"行为。通常情况下，电离辐射损伤时过剩基极电流与电离吸收剂量 D_i 的 n 次方成正比，n 为 ΔI_B 随 D_i 呈双对数变化关系的斜率。如

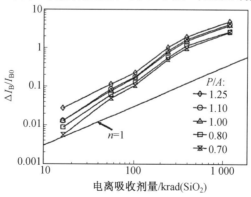

图6.9 不同发射区周长／面积比条件下归一化的过剩基极电流随电离辐射吸收剂量的变化对比（图中 P/A 表示周长／面积，单位为 μm^{-1}；^{60}Co 源辐照）

果 $n > 1$,器件的电离辐射响应便可视为具有超线性特征。

图 6.9 中另一个重要的现象是,辐照后双极器件的基极电流随发射区的周长 / 面积比呈现规律性变化。随着发射区的周长 / 面积比增大,双极晶体管基极电流变化量增加。双极晶体管发射区的周长 / 面积比和辐射损伤影响区域的关系如图 6.10 所示。过剩基极电流 ΔI_B 的产生是电离辐射损伤导致发射区四周(即电离辐射损伤影响区域)的载流子复合加剧所致。因此,辐照后基极电流变化量或过剩基极电流 ΔI_B 的大小,可与该辐射损伤影响区域的面积成正比。如果该区域较窄,可将该区域面积视为近似等于发射区面积,则电离辐射损伤诱导的性能退化将与发射区周长近似成正比。在通常情况下,过剩基极电流应与发射区的周长 / 面积比成正比。

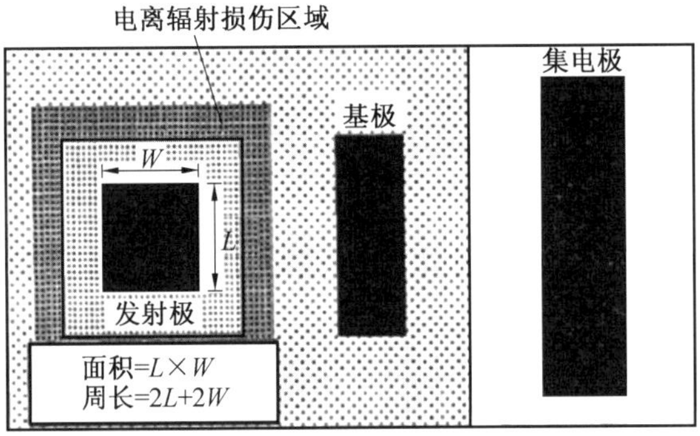

图6.10　双极晶体管的发射区、发射极周长以及电离辐射损伤影响区
示意图

如果将图 6.9 中每条曲线除以相应的周长 / 面积的比值,各曲线间的差异将会消失,彼此相互重合,如图 6.11 所示。不同电离辐射吸收剂量条件下,双极晶体管的过剩基极电流均与发射区周长 / 面积比呈线性关系,如图 6.12 所示。这表明双极晶体管电离辐射损伤效应与发射区系数(周长 / 面积比)密切相关,发射区周长 / 面积比(P_E/A_E)是综合表征发射区结构特点的尺寸参量,可作为调控双极晶体管抗电离辐射的重要结构参数加以合理选择。

为了获得双极晶体管发射区的周长 / 面积比和过剩基极电流关系的解析式,可将基极电流分为理想电流和非理想电流。理想电流主要涉及基极扩散电流;非理想电流包括体复合电流、空间电荷区复合电流和表面复合电流。在分析电离辐射损伤效应时,非理想电流组分主要涉及界面附近和界面上由于复合产生的过剩基极电流;位移辐射损伤效应分析时,非理想电流组分主要涉及空间电荷区和中性基区中体缺陷诱导的过剩基极电流。NPN 型双极晶体管经辐照后的基极电流可由下式计算:

$$I_B = \frac{J_S A_E}{\beta_F} \exp(V_{BE}/V_t) + J'_{SS} P_E \exp(V_{BE}/n_{SS}V_t) \tag{6.4}$$

其中，J_S 是饱和电流密度；β_F 是辐照前正向电流增益；J'_{SS} 是表面饱和电流密度（$A/\mu m^2$）；n_{SS} 是表面电流理想因子（$\geqslant 1$）；A_E 和 P_E 分别表示发射区面积和周长。

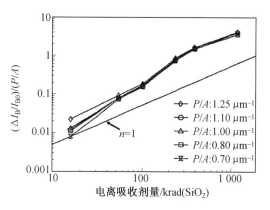 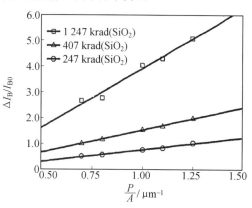

图6.11 基极电流变化量与发射区周长／面积比的比值随辐射总吸收剂量的变化（^{60}Co 源辐照）

图6.12 不同电离吸收剂量条件下双极晶体管过剩基极电流与发射区周长／面积比的关系（^{60}Co 源辐照）

式（6.4）中右端的第一部分用于表征与发射区面积相关的辐照前理想基极扩散电流，其值在辐照前后保持不变；第二部分代表电离辐射损伤导致的过剩基极电流。经电离辐射作用后，基极电流变化量或过剩基极电流 ΔI_B 的表达式如下：

$$
\begin{aligned}
\frac{\Delta I_B}{I_{B0}} &= \frac{I_{B,post-rad} - I_{B0}}{I_{B0}} \\
&= \frac{\left[\dfrac{J_S A_E}{\beta_F}\exp(V_{BE}/V_t) + J'_{SS} P_E \exp(V_{BE}/n_{SS}V_t)\right] - \dfrac{J_S A_E}{\beta_F}\exp(V_{BE}/V_t)}{\dfrac{J_S A_E}{\beta_F}\exp(V_{BE}/V_t)} \\
&= \frac{P_E}{A_E}\left(\frac{\beta_F J'_{SS}}{J_S}\right)\exp\left[\frac{V_{BE}}{V_t}\left(\frac{1}{n_{SS}}-1\right)\right]
\end{aligned}
$$

$$\tag{6.5}$$

式中，各符号的含义同前。上式中给出了发射区周长／面积比与归一化的过剩基极电流的关系。由于 $n_{SS} > 1$，过剩基极电流的幅值随偏置电压的增加而降低。偏置电压越低，过剩基极电流的幅值越大。但是，在高偏置电压下，理想电流占总基极电流的主要部分。由此可见，随电离辐射吸收剂量增加，双极晶体管的基极电流逐渐从与发射区面积相关的理想扩散电流，转变为与发射区周长有关的非理想复合电流。

图 6.13 为两种发射区尺寸双极晶体管的基极电流比值随电离吸收剂量的变化关

系。图中,晶体管 1 的 $P_1/A_1 = (20\ \mu m)/(16\ \mu m^2) = 1.25\ \mu m^{-1}$;晶体管 2 的 $P_2/A_2 = (28\ \mu m)/(40\ \mu m^2) = 0.70\ \mu m^{-1}$。两种晶体管的发射区相应的面积比和周长比分别为:$A_2/A_1 = (40\ \mu m^2)/(16\ \mu m^2) = 2.5$;$P_2/P_1 = (28\ \mu m)/(20\ \mu m) = 1.4$。辐照前两种晶体管基极电流的比值近似等于发射区面积的比值,说明基极电流主要是理想的扩散电流。随着电离吸收剂量的增加,两种晶体管基极电流的比值逐渐接近于发射区周长比值,说明基极电流将以表面复合电流占主导。这种结果与低能(< 30 keV)电子辐照时所得的结果类似,说明主要产生了表面复合损伤。因此,可以认为,双极晶体管受电离辐射损伤时电流增益退化主要受发射区周围表面复合的影响。

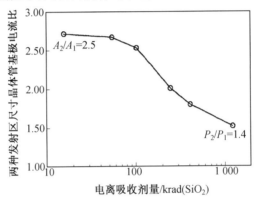

图6.13　^{60}Co 源辐照条件下两种不同发射区尺寸的 NPN 型晶体管基极电流比值随电离吸收剂量的变化(图中 A 和 P 分别表示发射区面积和周长)

6.4.2　抗位移辐射器件设计准则

在双极器件中,基区宽度是一个关键的参数,对位移辐射损伤时电流增益退化具有重要的影响。双极晶体管可按如下的韦伯斯特方程,将电流增益 β 与基区宽度相联系:

$$1/\beta = W_b^2/2D_\tau + (\text{etc.}) \tag{6.6}$$

式中,W_b 是基区宽度;D_τ 是少数载流子扩散常数;(etc.) 表示方程式中的其他项,涉及表面复合效应及发射效率等参数的影响。

假设表面复合项与发射极效率项均为常数,可以基于以下几个表达式求得位移损伤引起的双极晶体管电流增益倒数的变化量:

$$\Delta(1/\beta) = 1/\beta - 1/\beta_0 \tag{6.7}$$

$$1/\tau - 1/\tau_0 = K_\tau \cdot \Phi(E) \tag{6.8}$$

$$\Delta(1/\beta) = (W_b^2/2D_\tau) \cdot K_\tau \cdot \Phi(E) \tag{6.9}$$

式中,τ_0 和 τ 分别为辐照前后少子的寿命;K_τ 表示位移辐射损伤系数;$\Phi(E)$ 表示辐照注量;E 为辐照粒子能量;其他符号含义同前。上述公式表明,双极晶体管的电流增益退化与基区宽度有很大的相关性。因此,有必要计算双极晶体管的基区宽度。W_b 本身尚无法通过简单的计算得出。然而,W_b 与截止频率 f_a(指共基极电流增益 α 降为其低频率值一半时的频率,且设低频率值为 1 Hz)有密切关系,可基于 f_a 与 $\Delta(1/\beta)$ 的关系间接地推测 W_b 的影响。

Messenger 和 Spratt[3] 针对位移损伤对双极晶体管电流增益的影响,提出以下推测:

$$\Delta(1/\beta) = [K_\tau \cdot \Phi(E)/2\pi f_a] \tag{6.10}$$

式中,右端的各参数均较易于测量。对于给定的双极晶体管,至少应选择一种辐照粒子进行试验确定 K_τ 值。在 1 MeV 电子辐照条件下,可针对分立的 NPN 型与 PNP 型晶体管测得典型的 K_τ 数值分别为 1×10^{-8} cm$^{-2} \cdot$ s^{-1} 与 3×10^{-8} cm$^{-2} \cdot$ s^{-1}。反应堆中子辐照条件下,NPN 型和 PNP 型晶体管的 K_τ 值分别为 1×10^{-6} cm$^{-2} \cdot$ s^{-1} 与 3×10^{-6} cm$^{-2} \cdot$ s^{-1}。由此可见,基于式(6.10)可通过截止频率 f_a 推测基区宽度 W_b 对双极晶体管电流增益退化的影响规律。因此,优化基区宽度可作为提高双极晶体管抗位移辐射损伤能力的重要设计准则。

6.5 双极电路与晶体管损伤的关联

6.5.1 概述

由双极晶体管组成的双极电路的辐射损伤效应较为复杂。除了晶体管本身的损伤效应外,晶体管之间存在着复杂的相互作用,会导致双极电路损伤效应呈现减弱或加剧等多种复杂的情况。尽管双极电路的辐射损伤效应可通过分立器件的电性能退化规律进行预测,通常情况下却很难获取单个晶体管在电路中的原位损伤效应特性数据及其在电路中的偏置情况。双极晶体管在带电状态下经受辐照过程中,偏置条件会影响氧化物俘获电荷和界面态的密度,成为影响电流增益退化的重要因素。在带电粒子辐照作用下,双极电路中每个晶体管性能的变化都会改变其他晶体管的偏置状态。这将使得由各种 NPN 型、PNP 型、SPNP 型、LPNP 型及 MOSFET 型单管组成的集成电路产生较为复杂的损伤效应。而且,双极晶体管的电流增益退化还与器件的结构及尺寸有关[9],很难基于一种规格的晶体管对电路中其他晶体管的损伤效应进行表征。

然而,针对电路中某个晶体管进行辐射损伤效应试验研究仍十分必要。这将是分析某个晶体管对电路性能退化可能产生的影响,以及不同晶体管间相互作用机制的有效方法。Benedetto 等人分析了多个厂家生产的 LM137 稳压电路的电离效应[10]。稳压区间的改变或漂移是这类双极电路失效的判据。基于单个晶体管的辐照试验及电路分析,揭示出 LM137 电路的失效源是该电路中 LPNP 型晶体管性能的退化。Johnston 等人对一系列的线性电路进行了辐照试验,发现电离吸收剂量处于中等及以上水平时,输入端晶体管的电流增益退化是电路输入偏置电流退化的关键影响因素。Johnston 等人还发现,晶体管的 CB 结电压越高,电流增益退化越严重,如图 6.14 所示。该研究结果表明,使用 LPNP 型晶体管的集成电路受到辐射损伤时,电流增益更容易发生退化,且会产生较严重的 ELDRS 效应。此外,通过运用电路分析、晶体管参数提取及单个晶体管辐照试验分析等手段,针对 LM117 稳压电路的辐射损伤效应进行了综合对比分析[11]。图 6.15 给出了不同剂量率条件下,LM117 稳压电路输出电压变化量随电离吸收剂量的变化关系。由图可见,该电路的辐射损伤效应较为复杂,两种剂量率下电路的辐射损伤存在明显的不同。

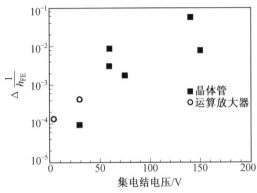

图6.14 双极晶体管和运算放大电路中电流增益倒数变化量随 CB 结电压的变化(^{60}Co 源,10 krad;$\Delta \frac{1}{h_{FE}}$ 是晶体管最小归一化集电极电流)

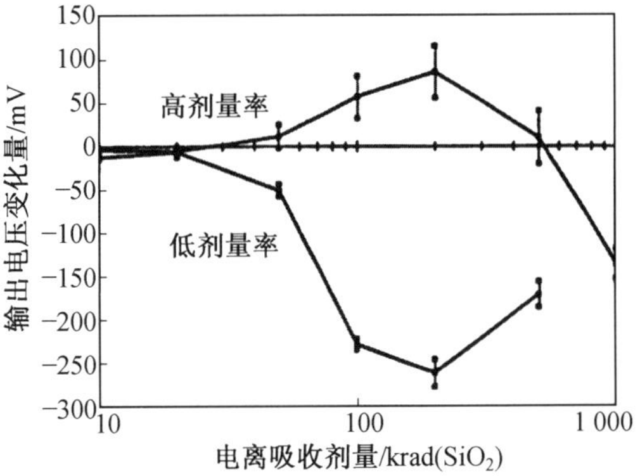

图6.15 两种剂量率下 LM117 稳压电路输出电压变化量随电离吸收剂量的变化(^{60}Co 源辐照)

在有些情况下,由于电路设计中运用了补偿机制,电路的性能参数不会随单个晶体管的性能退化而改变。这种现象的一个例子是 LM111 型电压比较器[12]。在低剂量率辐照条件下,由于电路输入端晶体管的电流增益退化而导致 LM111 型电压比较器输入偏置电流增加。然而,在高剂量率辐照条件下,电路输入端晶体管工作电压的改变导致输入偏置电流减小。输入端晶体管工作电压的改变是由于电路其他位置上晶体管的性能退化而引起的。图 6.16 绘出了 LM111 型电压比

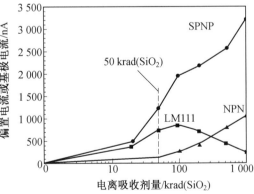

图6.16 两种剂量率下 LM111 型电路输入偏置电流及 NPN 和 SPNP 晶体管基极电流随电离吸收剂量的变化(^{60}Co 源辐照)

较器输入偏置电流及 NPN 和 SPNP 晶体管基极电流随电离吸收剂量的变化关系。低电离吸收剂量下，LM111 型电压比较器输入偏置电流与输入端 SPNP 型晶体管的基极电流变化密切相关；在较高的电离吸收剂量下，电路中 NPN 型晶体管改变了输入端 SPNP 型晶体管的偏置条件，引起了电路的输入偏置电流降低。

6.5.2 数字双极电路

图 6.17 给出了不同能量 Br 离子辐照条件下，3DG112 型晶体管电流增益和 54LS86 集成电路低电平输入电流（I_{IL}）随电离吸收剂量的变化关系。可见，随着电离吸收剂量的增加，3DG112 型晶体管的电流增益变化量和 54LS86 电路的低电平输入电流变化量，均呈现开始较小而后急剧升高的变化趋势。在给定的 Br 离子电离辐射吸收剂量条件下，晶体管的 $\Delta\beta$ 和双极数字电路的 ΔI_{IL} 的退化程度均随 Br 离子辐照能量的降低而增加。这说明不同能量 Br 离子对双极晶体管及集成电路的影响规律相一致。

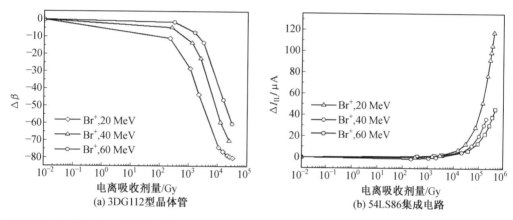

图6.17   不同能量 Br 离子辐照时 3DG112 型晶体管的 $\Delta\beta$ 及 54LS86 电路的 ΔI_{IL} 随电离吸收剂量的变化

除上述电流增益外，3DG112 型晶体管其他的电性能参数也与 54LS86 电路性能的退化趋势类似。实际上，双极数字电路的低电平输出电压 V_{OL} 即为其内部晶体管的集电结饱和电压 V_{CEsat}。在辐照条件下，3DG112 型晶体管的 V_{CEsat} 和 54LS86 电路的 V_{OL} 均随辐照注量的增加而不断增加。为进一步说明双极集成电路和组成晶体管之间的联系，基于 54LS86 电路的结构图（图 6.18），应用 PSpice 软件模拟了其内部晶体管的电性能退化对整个电路的影响，并主要通过改变集成电路内部晶体管的 V_{CEsat} 来实现对整个异或门单元的调控。图 6.19 为 54LS86 电路的高电平电源电流的变化量 ΔI_{CCH} 和低电平输出电压的变化量 ΔV_{OL}，随其内部晶体管集电结饱和电压的变化量 ΔV_{CEsat} 的变化关系。可见，随着 3DGL112 型晶体管的 ΔV_{CEsat} 的增加，集成电路的 ΔI_{CCH} 逐渐降低而 ΔV_{OL} 逐渐升高。在辐照条件下，随着辐照注量的增加，3DGL112 型晶体管的 V_{CEsat} 逐渐增加，而 54LS86 电路

的 I_{CCH} 逐渐降低、V_{OL} 逐渐升高。因此,可以说明,双极集成电路的电性能退化与组成该电路的晶体管性能退化有着直接的关系。

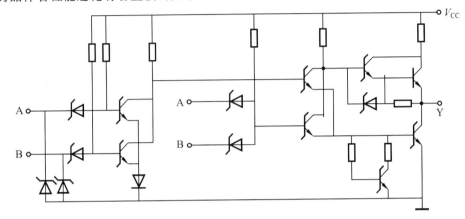

图6.18　54LS86 集成电路的结构图

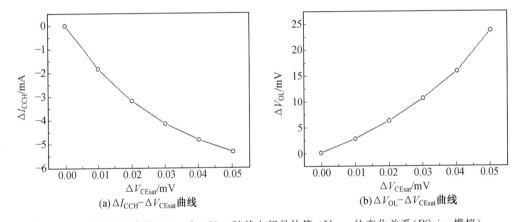

图6.19　54LS86 电路的 ΔI_{CCH} 和 ΔV_{OL} 随其内部晶体管 ΔV_{CEsat} 的变化关系(PSpice 模拟)

6.5.3　模拟双极电路

1. PSpice 模拟分析

为了进一步说明双极电路与其内部晶体管的内在联系,深入分析双极电路在辐照条件下的损伤机制,基于 PSpice 模拟软件对双极晶体管性能退化与 OP27 运算放大器性能退化的关系进行了研究。图 6.20 为 OP27 运算放大器电路原理图。如图所示,OP27 运算放大器的电路主要由 13 个 NPN 型晶体管和 5 个 PNP 型晶体管组成,其中包括一个多集电极的 PNP 型晶体管(Q_6,LPNP型管)。图 6.21 为 OP27 运算放大器电路的输入偏置电压(V_{OS})测试原理图。测试 V_{OS} 参数时,开关 S_1 和 S_2 均闭合。输入偏置电压 V_{OS} 的计算公式为：$V_{OS} = (R_1/R_2)(E_O - V_{QI})$，式中各符号的含义如图 6.21 所示。

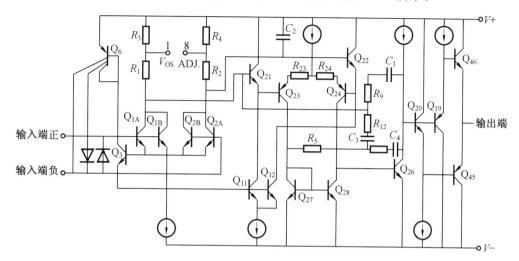

图6.20　OP27 运算放大器电路原理图

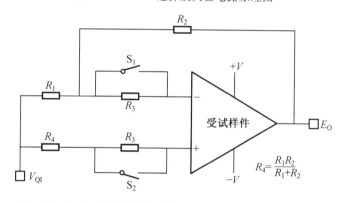

$$R_4 = \frac{R_1 R_2}{R_1 + R_2}$$

图6.21　OP27 运算放大器的输入偏置电压(V_{OS}) 测试原理图

　　基于以上信息，对 OP27 运算放大器的 V_{OS} 参数随电路内双极晶体管性能变化的规律进行了分析，以界定 OP27 电路中辐射损伤敏感的双极晶体管（敏感部位）。图6.22 为采用 PSpice 软件对 OP27 运算放大器的 V_{OS} 参数进行模拟分析的原理图。在模拟分析中，设定 V_{QI} 为 +1 V，负载电阻 $R_1 = R_2 = 1$ kΩ，$R_4 = R_1 R_2/(R_1 + R_2) = 500$ Ω。测定输出端的电压 E_O，以计算 OP27 电路的 V_{OS}。

　　通过 PSpice 软件，分别针对 OP27 电路中不同部位的晶体管进行了分析，重点揭示易于受电离辐射效应影响的电流增益及漏电流等参数的变化规律。图6.23 给出了电离辐射过程中 OP27 电路的输入偏置电压 V_{OS} 与电路内 PNP 型和 NPN 型晶体管漏电流之间的关系。在辐照过程中，电离辐射损伤的加重会造成双极晶体管漏电流的增加。由模拟

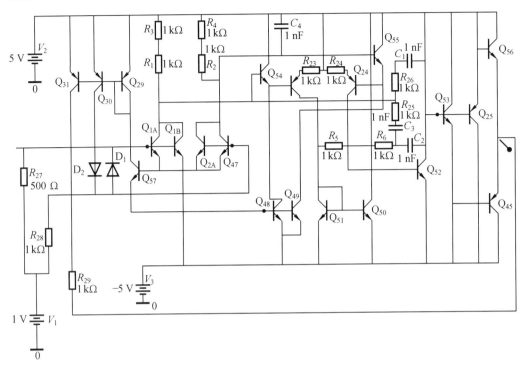

图6.22 OP27 运算放大电路的 V_{OS} 参数模拟分析原理图(PSpice 软件)

分析结果可以看出,在辐照过程中,NPN 型和 PNP 型晶体管的漏电流增加对 OP27 电路 V_{OS} 参数的影响并不相同。随着 NPN 型晶体管漏电流的增加,OP27 电路的 V_{OS} 参数逐渐升高。然而,对于 PNP 型晶体管,随着漏电流的增加,却使 OP27 电路的 V_{OS} 参数逐渐降低,且下降的幅度低于 NPN 型晶体管时的升高幅度。

图 6.24 为辐照过程中 OP27 电路的输入偏置电压 V_{OS} 随电路内 PNP 型和 NPN 型晶体管电流增益变化的关系曲线。在辐照过程中,随着电离辐射吸收剂量增加,将导致双极晶体管电流增益退化的加剧。由模拟分析结果可以看出,NPN 型和 PNP 型晶体管的电流增益退化对 OP27 电路 V_{OS} 参数的影响不同。随着 NPN 型晶体管电流增益的退化,OP27 电路的 V_{OS} 参数逐渐降低。对于 PNP 型晶体管而言,随着电流增益的退化,OP27 电路 V_{OS} 参数逐渐升高,且变化幅度高于 NPN 型晶体管时的降低幅度。与上述晶体管漏电流增加对 OP27 电路 V_{OS} 参数的影响相比,电流增益退化的影响较大。基于模拟分析结果可知,电离辐射对 OP27 电路 V_{OS} 参数的影响应由电路中 NPN 型和 PNP 型晶体管共同决定。通过与试验数据比较可知,随着电离辐射吸收剂量的增加,OP27 运算放大电路的 V_{OS} 参数总体上呈现升高趋势。因此,对于电离辐射损伤而言,OP27 电路的敏感区应为电路内的 PNP 型晶体管,且以 OP27 电路输入端处多集电极 PNP 型晶体管 Q_6 为关键器件(图 6.20)。

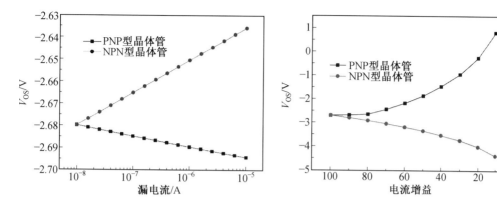

图6.23 辐照过程中 OP27 电路的 V_{OS} 参数与电路内 PNP 型和 NPN 型晶体管漏电流之间的关系（PSpice 模拟）

图6.24 OP27 电路的 V_{OS} 参数与电路内 PNP 型和 NPN 型晶体管电流增益之间的关系（PSpice 模拟）

2. 偏置条件影响分析

通过上述模拟分析可知,电离辐射损伤条件下,双极电路的性能退化主要由其内部晶体管的电性能衰退所决定。双极晶体管的电性能退化及低剂量率增强效应将影响双极电路相应的宏观损伤效应特征。在辐照过程中偏置条件对双极电路性能退化的影响也与其内部晶体管的性能退化密切相关。

图 6.25(a) 和(b) 分别为 NPN 型和 PNP 型晶体管发射结施加不同的偏置条件时,晶体管电流增益倒数的变化量随 110 keV 电子辐照注量的变化。可见,在相同的辐照注量下,发射结正偏(0.7V) 时,两种类型晶体管的损伤程度均减弱;发射结反偏(−4V) 时,其损伤程度均加大。NPN 型和 PNP 型晶体管在发射结正偏和反偏时,所受到的辐射效应

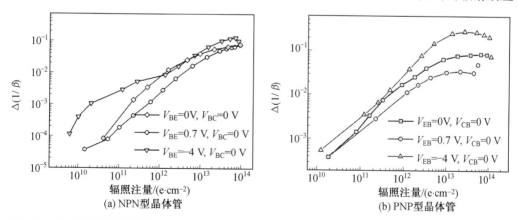

图6.25 发射结不同偏置条件时 NPN 型和 PNP 型晶体管电流增益倒数变化量随 110 keV 电子辐照注量的变化

影响一致。为进一步说明偏置条件的影响,图 6.25(a) 和(b) 中,分别针对 $V_{BE}=-4$ V 和 $V_{EB}=0.7$ V、-4 V 3 种情况下曲线的最后数据点,在辐照过程中移去其偏置条件,即 V_{BE}(或 V_{EB})$=0$ V。可见,此时电流增益变化量与正常发射结电压为 0 V($V_{BE}=0$ V 或 $V_{EB}=0$ V) 时相接近,从而更清晰地说明了偏置条件对电离效应起着明显的作用。

　　偏置条件对电离辐射效应的影响,主要是发射结的偏置会改变氧化物层的内电场状态,而导致晶体管受到电离辐射损伤程度不同。NPN 型晶体管在不同偏置条件下,发射结(发射结耗尽层)区域的变化如图 6.26 所示。若以发射结零偏($V_{BE}=0$ V) 时的内电场为参考点,发射结正偏时,耗尽层区域变窄,内电场强度变弱;发射结反偏时,耗尽层区域变宽,内电场强度变强。PNP 型晶体管的发射结区域随偏置条件变化的情况与 NPN 型晶体管相同,只是电场方向相反。双极晶体管受到电离辐射损伤作用时,内电场的存在能够分离电子和空穴,减小其复合率。因此,内电场的强弱直接影响电子 — 空穴对的复合率及氧化物层内正电荷的俘获数量。当发射结正偏时,内电场减弱,电子 — 空穴对复合率增加,氧化物层内俘获的正电荷数量减少,导致相同辐照注量时电流增益的退化程度降低;当发射结反偏时,情况正好相反,致使电流增益退化程度加重。

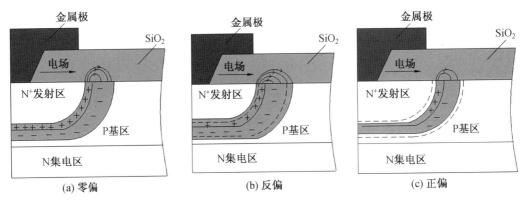

图6.26　不同偏置条件下 NPN 型晶体管内电场的变化

　　在偏置(尤其是反偏)条件下,电流增益随辐照注量的变化关系出现变动,主要是由于内、外电场相互影响的结果。除内电场外,加在金属电极上的外电场也会对氧化物层中的俘获电荷起作用(金属电极有一部分覆盖在氧化物层上)。内、外电场的相互作用较为复杂,且对 NPN 型和 PNP 型晶体管的影响不同。例如,发射结正偏时,NPN 型晶体管的内、外电场均减弱;而 PNP 型晶体管的外电场增强,内电场减弱。

　　在低剂量率辐照条件下,根据空间电荷模型,空间电场比较微弱,对辐射感生正电荷的阻碍作用可忽略。从上述对双极晶体管内电场的讨论中可知,零偏置时的内电场比正偏置时大。所以,相对于正偏置条件,零偏置时双极晶体管的电性能退化较快。但是,当双极电路设置为工作偏置状态时,其内部的各晶体管所处的偏置状态不同,导致偏置条件对双极电路性能退化的影响不同。

3. DLTS 对比分析

为了确定电离辐射试验条件下,双极电路中的辐射损伤缺陷参数(种类、能级及俘获截面等)的演化规律,选择 OP27 运算放大器进行了 DLTS 分析,所得测试结果如图 6.27 所示。图中 OP27-0 为未经过辐照的样件,OP27-1 为辐照过程中接地状态的样件,OP27-2 为辐照过程中处于工作偏置状态的样件。在上述 3 种状态样件条件下,针对 OP27 电路的 8 号和 2 号管脚进行 DLTS 测试。OP27-2-1(工作偏置状态)样件是针对 1 号和 3 号管脚进行 DLTS 测试。由图可见,在 70 keV 电子辐照条件下,DLTS 信号的峰值明显增加。并且,辐照条件下 OP27 电路处于接地时,DLTS 信号峰的绝对高度较工作偏置状态时小。通过对比不同管脚测试的 DLTS 曲线可知,OP27 电路的 DLTS 谱测试结果是电路中晶体管内部缺陷的整体反映。因此,无论连接哪两只管脚进行 OP27 电路样件的 DLTS 测试,其结果均类似。为了深入分析双极电路中辐射损伤缺陷参数与双极晶体管损伤缺陷参数的异同,图 6.28 给出了 70 keV 电子辐照条件下 NPN 型 2N2222 晶体管电离辐射损伤缺陷的 DLTS 测试结果。由图可见,针对 NPN 型晶体管不同的 PN 结进行测试时,DLTS 信号峰的高度和位置均有较明显差别,故可便于有效地反映辐射损伤缺陷的演化规律。OP27 电路由不同类型的晶体管组成,对该电路进行 DLTS 测试时所反映的是电路内部各晶体管损伤缺陷的综合结果。因此,针对双极电路进行 DLTS 分析只能定性地给出辐照过程中缺陷的演化规律,而晶体管的 DLTS 分析可以更为确切地揭示辐射损伤缺陷的特征。

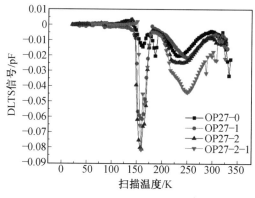

图6.27　70 keV 电子辐照条件下 OP27 运算放大器电离辐射损伤缺陷的 DLTS 测试结果(总剂量为 100 krad)

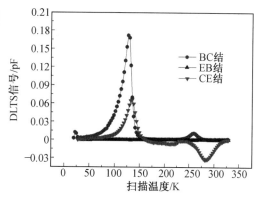

图6.28　70 keV 电子辐照条件下 NPN 型 2N2222 晶体管电离辐射损伤缺陷的 DLTS 测试结果(总剂量为 100 krad)

6.6　新型抗辐射半导体材料应用前景

6.6.1　SiGe 半导体材料

SiGe 材料可以通过制备合金形成完全连续的固溶体,其带隙处于 1.12 eV(Si) 与 0.74 eV(Ge) 之间。同 Si 半导体相比,SiGe 材料较窄的带隙较易于辐射诱生的载流子复合,有利于提高抗辐射损伤能力。这一优良的特性,外加可兼容硅工艺技术,为 $Si_{1-x}Ge_x$ 成为新一代抗辐射半导体材料提供了良好的应用基础。

$Si_{1-x}Ge_x$ 材料可以连续地在 $x=0$ 至 $x=1$ 之间形成(x 为 Ge 所占的原子比)。由于 Ge 的原子半径较大(Ge 为 0.123 nm,而 Si 是 0.117 nm),随着结合的 Ge 原子增多,会使晶格中产生残余应力,导致晶格的错配可能达到 4.2%。这时 SiGe 合金的带隙将减小,如图 6.29 所示[13]。带隙的减小主要由价带顶能级的变化所引起,而导带底能级的变化较小(图 6.30)[14]。加入 y 份额的 C 元素可形成三元合金 $Si_{1-x-y}Ge_xC_y$,得到带隙的另一个自由度,使带隙的变化在价带和导带之间进行分配[15]。这对于制备 N 沟道异质结场效应晶体管或 NPN 型异质结双极晶体管(HBT)具有十分重要的意义。

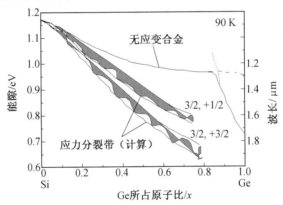

图6.29　在 90 K 时 SiGe 合金的能隙值与 Ge 所占原子比的关系(阴影带代表应力分裂带的计算值)

通常,可以采用分子束外延(MBE)、超高真空(UHV)的化学气相沉积(CVD),以及低压化学气相沉积(LPCVD)等方法制备外延层。对于大部分超大规模集成电路(ULSI)应用,需要在硅衬底上生长薄($\leqslant 100$ nm 范围)的外延层(应变层)。应变来自于 $Si_{1-x}Ge_x$ 合金同硅衬底之间的晶格错配。当 Ge 份额 x 增加时,应变增加。当应变层厚度低于临界值 h_c 时,薄层为赝晶生长;超过 h_c 时,则发生应变弛豫并产生穿过薄层的位错(线位错)。图 6.31 所示为应变层的临界厚度与错配参数之间的关系[16]。错配位错的存在,不仅会

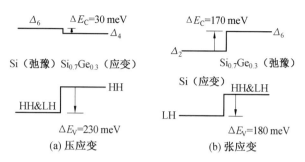

图6.30　压应变和张应变两种条件下 Si 和 Si_{0.70}Ge_{0.30} 的能带
状态比较

破坏外延层结构的完整性,也能使其电学及光学参数变差。从图 6.31 可以看到,h_c 随温度升高而减小。这意味着在某一温度下沉积的应变层,较高温度下加热足够长时间会发生弛豫。这是 SiGe 在 ULSI 中应用的主要限制之一,故需要在外延层形成后减少受热。应变层也可以沉积在弛豫的 SiGe 缓冲层上。这样有利于限制线位错从应变层外延到缓冲层及硅衬底中。使用 SiGe 材料的另一个限制是其在表面形成稳定的氧化物。大部分情况下,解决该问题的方法是先沉积薄的硅层,然后再进行热氧化。

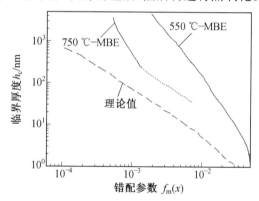

图6.31　应变层的临界层厚度 h_c 与错配参数
$f_m(x)$ 的关系

目前,实现商业化产品突破的是 SiGe 异质结结构,成功地应用于异质结双极晶体管(HBT)领域。采用 SiGe 异质结代替外延硅,能够取得良好的效果。首先是基于 SiGe 异质结特殊的能带结构,能够得到更高的电流增益。其次是在 SiGe 层中空穴的迁移率显著高于 P 型硅中的空穴迁移率。如果应用 SiGe 材料作为双极晶体管的基区,可以减少空穴在基区的输运时间,增加器件的最高振荡频率及截止频率。这使得 HBT 晶体管在高频微波技术中的应用很有吸引力,成为 Ⅲ－Ⅴ 族半导体工艺的重要竞争者。SiGe 材料同 BiCOMS 工艺技术的结合,开辟了混合型数模技术应用的市场。最后,HBT 晶体管可在

77 K 甚至 4 K 的低温下工作,前景也相当乐观。在 4 K 温度下,典型的硅双极器件已经无法工作。

至今,大部分针对 SiGe 材料辐射损伤效应的研究集中在 SiGe 异质结器件(二极管或双极晶体管)。主要基于正向和反向的电流－电压($I-V$)特性曲线的演化规律,开展 SiGe 异质结二极管的辐射损伤效应研究。图 6.32(a)给出了 1 MeV 电子辐照条件下,SiGe 异质结二极管辐照前后的 $I-V$ 特性曲线[17]。如图所示,1 MeV 电子辐照引起 SiGe 异质结二极管的 $I-V$ 特性曲线发生显著退化。随着辐照注量的增加,正向及反向电流均增加。正向及反向电流的增加,表明 1 MeV 电子辐照在 SiGe 层中性区诱导了大量的复合中心,在耗尽区形成了大量的载流子产生中心,并导致串联电阻的改变。上述 3 种因素的综合结果导致了 SiGe 异质结二极管正向电流和反向电流随辐照注量的特殊变化规律。图 6.32(b)给出了在 SiGe 异质结中 1 MeV 电子辐照注量对其诱生的漏电流的影响。由图可见,随着 SiGe 材料中 Ge 原子含量 x 的增加,在相同辐照注量条件下,漏电流逐渐降低。

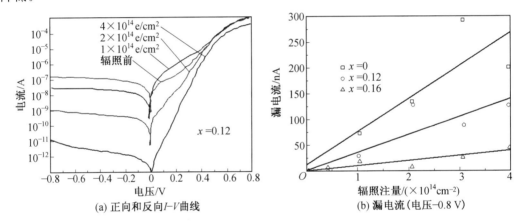

(a) 正向和反向 $I-V$ 曲线　　　　　(b) 漏电流(电压-0.8 V)

图6.32　1 MeV 电子辐照条件下 SiGe 异质结二极管的 $I-V$ 特性曲线和漏电流随辐照注量的变化
　　　　(图中 x 为 SiGe 中 Ge 的原子占比)

图 6.33 示出 1 MeV 电子辐照($4×10^{14}$ e/cm²)后,SiGe 异质结二极管的 $I-V$ 曲线退火行为[18]。图 6.33(a)给出了 x 为 0.16 时 SiGe 异质结二极管的正向和反向电流－电压($I-V$)特性曲线随退火温度的变化;图 6.33(b)示出给定正向电压($V_F=0.4$ V)和反向电压($V_R=-0.8$ V)条件下,未恢复电流比例(未恢复电流／初始电流的比值)随退火温度的变化。由图可见,随退火温度的升高,SiGe 异质结二极管的电流逐渐恢复。并且,当 x 值比较小时,正向电流和反向电流的退火状态不同;当 x 值比较大时,正向电流和反向电流的退火状态基本相同。

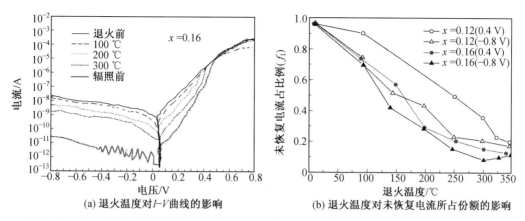

(a) 退火温度对 $I-V$ 曲线的影响　　　　(b) 退火温度对未恢复电流所占份额的影响

图6.33　经 1 MeV 电子辐照(4×10^{14} e/cm²) 后 SiGe 异质结二极管的 $I-V$ 曲线退火行为

　　上述 SiGe 异质结二极管电性能的演化主要是由其内部的缺陷状态所引起。迄今为止,针对 SiGe 材料及其器件内部的辐射损伤缺陷演化研究大多基于 DLTS 技术。图 6.34 给出了 N 型 SiGe 材料(2.5% Ge) 在 30 K 温度条件下经 2 MeV 质子辐照后,195 K 退火前后 DLTS 谱对比[19]。如图所示,辐照后经195 K、15 min 退火过程中,深能级缺陷 E4 心趋于消失,而深能级缺陷 E2 心逐渐形成。这说明 E4 心在退火过程中逐渐向 E2 心转化。E4 心的能级相对于导带底为 -0.290 eV,电子的俘获截面为 5×10^{-16} cm²。研究发现,E4 心为 Ge 俘获空位形成的 VGe 心,对应于 VGe 心的双负电荷态。SiGe 材料的辐射损伤缺陷与 Ge 元素的含量及 SiGe 外延层的应变状态(应变或弛豫)等因素有关。这些因素决定了 SiGe 材料的带隙以及能带的属性。

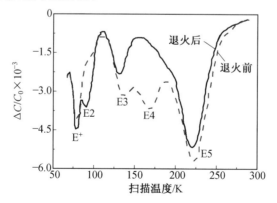

图6.34　在 30 K 温度下经 2 MeV 质子辐照后,
　　　　N 型 SiGe 材 料（2.5% Ge）退 火
　　　　（195 K、15 min）前后的 DLTS 谱

6.6.2　GaAs 半导体材料

同硅半导体材料相比,GaAs 材料是一种较适于空间辐射环境下应用的具有优良抗辐射性能的半导体材料。GaAs 材料具有高的电子迁移率(约 7 000 cm^2/(V·s)[20]),可用于作为发展高速微波电路的材料。GaAs 材料属于 Ⅲ－Ⅴ 族化合物半导体。Ⅲ－Ⅴ 族化合物半导体的一个重要优点是具有直接带隙,成为在光电子学技术领域具有应用前景的材料。

GaAs 材料中存在着一定浓度的初始点缺陷,其浓度与 Ga/As 的比例以及 GaAs 晶体的生长条件有关。初始点缺陷的浓度首先取决于 Ga 和 As 的相对比例,如图 6.35 所示[21]。可见,富 Ga 的 GaAs 将形成 P 型半导体材料。GaAs 材料的生长工艺会影响本征缺陷的状态。采用切克劳斯基(LEC)法或水平布里奇曼(HB)技术生长的 GaAs 材料中含有的本征缺陷数量较多,而外延方式生长 GaAs 晶体时本征缺陷数量较少。在应用 LEC 或 HB 技术生长的 N 型 GaAs 材料中,EL2 心及 EL6 心的浓度能够达到 10^{15} cm^{-3} ~ 10^{16} cm^{-3} 范围。相比之下,在外延的 GaAs 材料中,相应缺陷的浓度低得多,在 10^{13} cm^{-3} ~ 10^{14} cm^{-3} 范围内。GaAs 材料在不同的生长方式下本征缺陷会发生变化。应用气相外延(VPE)方法时,若 GaAs 材料的生长速率足够大,会形成 EL2 心的同时伴有

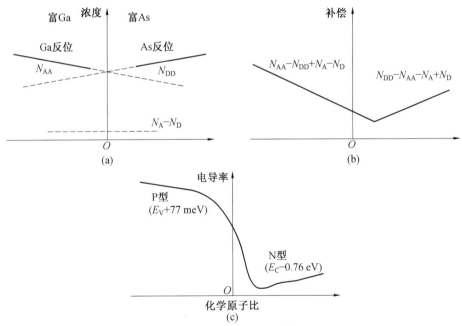

图6.35　反位型缺陷浓度、残留自由载流子浓度(补偿)及电导率与 GaAs 熔体化学配比的关系(N_A 和 N_D 分别表示受主和施主浓度;N_{AA} 和 N_{DD} 分别表示深受主及深施主浓度)

EL5 心的生成。在分子束外延（MBE）条件下，可形成富 As 的 GaAs 材料，且伴随有几种缺陷的形成[21]。若采用液相外延（LPE）生长方式时，可以得到无陷阱的纯 N 型 GaAs 材料。但是，应用 LPE 和 VPE 两种生长方式时，由于形成的 GaAs 中会有一些空位生成，导致材料的密度受到较大的影响。大部分的初始点缺陷在 GaAs 材料的带隙中占据着相应的能级。GaAs 中的本征缺陷（EL 心）与辐射诱生缺陷（E 陷阱及 H 心）的参数常用符号及主要特性见表 6.3。表中缺陷标识是指缺陷实际含义，如 As_{Ga} 表示砷反位（As 原子占据 Ga 原子位置），V_{As} 表示砷空位，As_i 表示砷间隙（As 原子成为间隙原子），V_{Ga} 表示镓空位及 Ga_{As} 表示镓反位（Ga 原子占据 As 原子位置）等。

表 6.3　GaAs 中本征缺陷（EL 心）与辐射诱生缺陷（E 心及 H 心）的主要特性参数

符号	E_t/eV	$\sigma_{n,p}/10^{-14}\,cm^2$	热稳定温度 T_A/K（或 ℃）	缺陷标识	参考文献
EL2	0.82	10(n),2×10^{-4}(p)	>850 ℃	$As_{Ga}+As_i$	[21]
EL3	0.57	10			[21]
EL4	0.51	100			[21]
EL5	0.42	20			[21]
EL6	0.35	150			[21]
EL12	0.78	500			[21]
EL14	0.21	0.05			[21]
E1	0.045		220 ℃	$V_{As}^{-/--}$	[21]
E2	0.14	12	220 ℃	$V_{As}^{0/-}$	[21]
E3	0.30	2×10^{-4}	220 ℃	$V_{As-}As_i$	[21]
E5	0.96		220 ℃	$V_{As-}As_i$	[21]
H1	0.25		220 ℃	$V_{As-}As_i$	[21]
H0	0.06		220 ℃	$V_{As-}As_i$	[21]
			>950 ℃	As_{Ga}	[21]
	$E_V+0.077$			$Ga_{As}^{0/-}$	[21]
	$E_V+0.230$			$Ga_{As}^{-/--}$	[21]
E4	0.76			$As_{Ga}+V_{As}^{+/++}$	[21]
			约 220 ℃	Asi	[21]
E(0.23)	0.23　3		约 235K（阶段 Ⅰ）	$V_{Ga}-V_{As}$	[22]
HNI(0.42)	0.42　0.54		约 280K（阶段 Ⅱ）	V_{Ga} 相关	[23]
HNI(0.25)	0.25　0.25		约 280K（阶段 Ⅲ）	V_{Ga} 相关	[24]
	$E_V+0.042$			V_{Ga}	[25]

注：E_t 表示深能级缺陷能级；n 和 p 分别表示电子或空穴；σ 表示缺陷俘获截面

GaAs 与 Si 材料相类似，会在低温辐照条件下产生稳定的点缺陷。并且，电子辐照或

γ 射线辐照时,仅能在 GaAs 中产生点缺陷。图 6.36 为不同能量电子辐照和掺杂浓度条件下 N 型 GaAs 的 DLTS 谱[25]。图 6.36(a) 中 1 MeV 电子辐照注量为 8×10^{15} cm^{-2},掺杂浓度为 2×10^{16} cm^{-3};高率窗测试。图 6.36(b) 中 1 MeV 电子辐照注量为 8×10^{15} cm^{-2};掺杂浓度为 2×10^{16} cm^{-3};低率窗测试。图 6.36(c) 中 400 keV 电子辐照注量为 1.4×10^{16} cm^{-2};掺杂浓度为 5×10^{16} cm^{-3}。图 6.37 示出了 P 型 GaAs 经 1 MeV 电子辐照后典型的 DLTS 谱[21]。上述 DLTS 谱测试结果表明,经电子辐照后,N 型 GaAs 中所形成的深能级缺陷均为 E 心,而 P 型 GaAs 中却主要形成多子(空穴)陷阱。由表 6.3 可以看出,深能级缺陷 E1 到 E5 心,以及 H0 和 H1 心均与 As 元素有关。室温辐照条件下,迄今尚未见辐射诱生的深能级缺陷与 Ga 元素相关的直接证据。

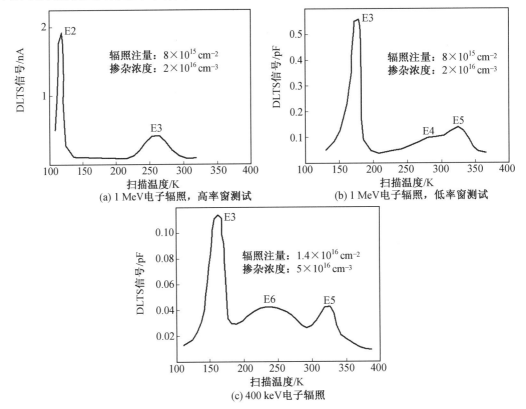

图6.36　不同能量电子辐照和掺杂浓度的 N 型 GaAs 的 DLTS 谱

在 $4 \sim 300$ K 温度范围内,GaAs 中的深能级缺陷 E1 心 $\sim$ E5 心的引入率与辐照温度无关,也不受掺杂浓度或掺杂元素种类的影响。在电子辐照条件下,N 型 GaAs 中形成的 H0 心和 H1 心是少子陷阱,而 P 型 GaAs 中的 E1 心 $\sim$ E5 心同样是少子陷阱[26]。研究结果表明,GaAs 材料中与 As 元素相关的缺陷较容易产生。E1 心和 E2 心来源于孤立的 As

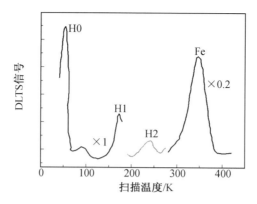

图 6.37　P 型 GaAs 经 1 MeV 电子辐照后的典型
DLTS 谱(图中与 Fe 相关的信号峰属
初始陷阱)

空位;E3 心及 E5 心对应于 As 空位与 As 间隙原子对;H0 和 H1 心与 As 元素有关;E4 心与 $As_{Ga} - V_{As}$ 络合物相关。

6.6.3　SiC 半导体材料

SiC 材料是目前国内外研究较多的新一代半导体,具有较大的禁带宽度和高的临界位移能,理论上具有很好的抗辐射性能。SiC 晶体有 200 种以上的多型体,成为制约生长高质量衬底的原因之一。在这些不同的多型体中,目前尚仅有少数的几种应用于器件中,分别是立方型 3C—SiC,4H—SiC 及 6H—SiC 等。6H—SiC 制备最为容易,而且也是研究最为广泛的 SiC 晶体材料。此外,3C—SiC 是在大直径硅衬底上利用低压 CVD 方法进行外延沉积的主要材料[27]。

在 300 K 温度时,3C—SiC 的禁带宽度 E_g 约为 2.3 eV,6H—SiC 的 E_g 约为 2.9 eV,且 4H—SiC 的 E_g 约为 3.2 eV。在室温条件下,SiC 材料的本征载流子浓度和器件的漏电流极低(300 K 时,4H—SiC 和 6H—SiC 材料的本征载流子浓度小于 10^{-6} cm^{-3})。此外,SiC 材料具有优良的热导率及高的击穿电压,适合于大功率场合下应用。除了较大的带隙宽度以外,SiC 多型体有良好的对称性,有利于减弱载流子输运过程中的声子散射,从而提高载流子迁移率。在 300 K 温度条件下,3C—SiC 材料的电子迁移率可达 1 000 $cm^2/(s \cdot V)$。

SiC 材料的优良抗辐射性能,主要来源于较高的 Si—C 键合能,导致较高的位移能量阈值 E_d。SiC 材料中碳原子的 E_d 值为 (21.8 ± 1.5) eV。SiC 中的 C 原子位移所需要的入射电子最低能量为 (108 ± 7) keV。该结论已得到不同试验的验证。例如,通过不同能量电子辐照的 SiC LED 器件,揭示了少子复合寿命损伤系数 K_τ 与入射电子能量的关系,如图 6.38 所示[28]。可以看出,入射电子使 SiC 产生位移损伤的阈值能量约 106 keV。由此得到 SiC 材料中 C 原子的 $E_d = 21.8$ eV。位移能量阈值 E_d 与晶体材料的倒易点阵常数 $1/a_0$ 有关。图 6.39 给出了常见的半导体材料的位移能量阈值 E_d 与倒易点阵常数的关系。从图可知，SiC 材料的 E_d 值明显比 Si、Ge 或 GaAs 材料的 E_d 高，这表明 SiC 具有更好的抗位移辐射损伤性能。同 GaAs 材料相比，SiC 材料在能量高于 0.5 MeV 电子辐照条件下的 K_τ 值要小 3 个数量级。

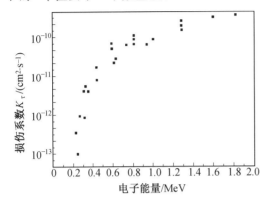
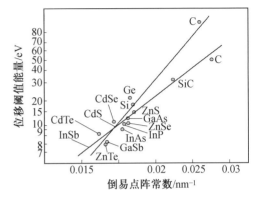

图6.38　基于 SiC LED 器件获得的少子复合寿命损伤系数 K_τ 与入射电子能量的关系

图6.39　常见半导体材料的平均位移阈值能量 E_d 与倒易点阵常数 $1/a_0$ 的关系

　　SiC 材料是一种化合物半导体。它的本征缺陷不仅是空位和间隙原子，而且也涉及反位型缺陷和 Frenkel 等，诸如，$I_{Si} - V_{Si}$、$V_C - V_{Si}$ 及 $I_C - V_C$ 等（I 和 V 分别代表间隙原子和空位）。由理论计算可知，反位缺陷（Si_C 或 C_{Si}）在 3C－SiC 材料中为非电活性缺陷。表 6.4 及表 6.5 中分别给出了 6H－SiC 和 4H－SiC 中一些辐射诱导缺陷的特征参数[29]。由表 6.4 可知，双空位缺陷 $V_{Si} - V_C$ 在 6H－SiC 材料中为双受主型缺陷。该缺陷具有两个能级，分别为（$E_C - 0.7$）eV 和（$E_C - 1.1$）eV。并且，它们具有较高的热稳定性，且与 Z_1/Z_2 中心相关。Z_1/Z_2 中心的可能结构为 $V_C + V_{Si}$。该类双空位缺陷在 6H－SiC 材料中至少可以稳定地存在至 1 700 ℃，甚至在 4H－SiC 中可稳定存在至 2 015 ℃。

　　通过对比分析表 6.4 和表 6.5 的数据可以看出，如果认为 4H－SiC 和 6H－SiC 材料中辐射诱导缺陷的结构相同，则不同的能级位置可能是由原子之间的不同距离所引起的[29]。研究发现，经 8 MeV 质子辐照的 6H－SiC 材料中可引入能级为（$E_C - 1.22$）eV 的缺陷，而在 4H－SiC 材料中会引入能级（$E_C - 1.25$）eV 的缺陷。当辐照注量足够大时，6H－SiC 材料的电阻率将受到该类能级缺陷的制约，同样的现象也发生于 4H－SiC 材料。

表 6.4　N 型 6H－SiC 中的电子辐射缺陷参数及性质

$E_C - E_t$/eV	σ_n/cm^2	T_A/K	缺陷标识	可能的结构
$0.16 \sim 0.2$	6×10^{-17}	$800 \sim 950$		一次缺陷
0.36/0.4	2×10^{-15}	$1\,100 < \cdots < 1\,800$	E_1/E_2,S	
0.5	5×10^{-15}	$800 \sim 950$		V_C
0.7	4×10^{-15}	$1\,100 < \cdots < 1\,800$	Z_1/Z_2	$V_C + V_{Si}$
0.8	4×10^{-15}	$1\,100 < \cdots < 1\,800$		
$1.1 \sim 1.22$	2×10^{-15}	$1\,100 < \cdots < 1\,800$	R	$V_C + V_{Si}$

注:$E_C - E_t$ 表示缺陷的能级;σ_n 表示电子俘获截面;T_A 表示热稳定温度

表 6.5　N 型 4H－SiC 中的辐射缺陷参数及性质

$E_C - E_t$/eV	σ_n/cm^2	T_A/K	缺陷特征	可能的结构
0.18	6×10^{-15}	$800 \sim 950$		一次缺陷
$0.63 \sim 0.7$	5×10^{-15}	$1\,100 < \cdots < 1\,800$	Z_1	V_C
0.96	5×10^{-15}	$1\,100 < \cdots < 1\,800$		$V_C + V_{Si}$
1.0	1×10^{-16}	$1\,100 < \cdots < 1\,800$	$(E_C - 1.1)$ eV	
1.5	2×10^{-13}	$1\,100 < \cdots < 1\,800$		

　　由于受到 SiC 材料本身属性及生长方式的限制,使其在空间辐射环境中应用的潜力尚没有被充分开发出来。近年来,随着 SiC 晶体材料生长方式及外延技术等方面研究的进展,使得其能够成为适合于制备高性能双极器件的衬底材料。由于 SiC 具有高的位移能量阈值,预期将会使双极器件具有极好的抗辐射性能。但是,由于 SiC 有多种不同的多型体结构,也会给辐射诱导缺陷结构状态的识别带来极大的困难,尚需要开展大量的研究工作。

本章参考文献

[1] MA T P. Ionizing radiation effects in MOS devices and circuits [M]. New York: John Wiley & Sons,1989.

[2] SCHMIDT D M,FLEETWOOD D M,SCHRIMPF R D. Comparison of ionizing radiation-induced gain degradation in lateral,substrate,and vertical PNP BJTs [J]. IEEE Trans. Nucl. Sci. ,1995,42(6):1541-1549.

[3] MESSENGER G,SPRATT J. Displacement damage in silicon and germanium transistors [J]. IEEE Trans. on Nucl. Sci. ,1965,12(2):53-74.

[4] SHANEYFELT M R,PEASE R L,MAHER M C,et al. Passivation layers for reduced total dose effects and ELDRS in linear bipolar devices [J]. IEEE Trans. on Nucl. Sci. ,2003,50(6):1784-1790.

[5] 施敏. 超大规模集成电路技术[M]. 章定康,译. 北京:科学出版社,1987.

[6] 刘文平. 硅半导体器件辐射效应及加固技术[M]. 北京:科学出版社,2013.

[7] SEILER J E,PLATTETER D G,DUNHAM G W,et al. Effect of passivation on the enhanced low dose rate sensitivity of national LM124 operational amplifiers [M]. IEEE Radiation Effects Data Workshop,2004.

[8] NOWLIN R N. Total-dose gain degradation in modern bipolar transistors[D]. University of Arizona,1993.

[9] OLDHAM T R,MCLEAN F B. Total ionizing dose effects in MOS oxides and devices [J]. IEEE Trans. Nucl. Sci. ,2003,50(3):483-499.

[10] BENEDETTO J M,BOESCH H E. The relationship between Co60 and 10 keV X-ray damage in MOS devices[J]. IEEE Trans. Nucl. Sci. ,1986, 33(6):1317-1323.

[11] JOHNSTON A H,SWIFT G M,RAX B G. Total dose effects in conventional bipolar transistors and linear integrated circuits [J]. IEEE Trans. Nucl. Sci. , 1994,41(6):2427-2436.

[12] SCHMIDT D M,FLEETWOOD D M,SCHRIMPF R D. Comparison of ionizing radiation-induced gain degradation in lateral,substrate,and vertical PNP BJTs [J]. IEEE Trans. Nucl. Sci. ,1995,42(6):1541-1549.

[13] LANG D V,PEOPLE R,BEAN J C,et al. Measurement of the band gap of $Ge_{1-x}Si_x/Si$ strained-layer heterostructures [J]. Appl. Phys. Lett. ,1985, 47:1333-1335.

[14] MAUI C K,BERA L K,CHATTOPADHYAY S. Strained-Si heterostructure field effect transistors [J]. Semicond Sci. Technol. ,1998,13:1225-1246.

[15] OSTEN H J. Band-gap changes and band offsets for ternary $Si_{1-x-y}Ge_xC_y$ alloys on Si(001)[J]. J. Appl. Phys. ,1998,84:2716-2721.

[16] JAIN S C,HAYES W. Structure,properties and applications of $Ge_{1-x}Si_x$ layers and suverlattices[J]. Semicond Sci. Technol. ,1991,6:547-576.

[17] VELLEMONT J,TRAUWAERT M−A,POORTMANS J,et al. Fast degradation of boron-doped strained $Si_{1-x}Ge_x$ layers by 1 MeV electron irradiation[J]. Appl. Phys. Lett. ,1993,62:309-311.

[18] OHYAMA H,VANHELLEMONT J,SUNAGA H,et al. On the dagradation of 1

MeV electron irradiated Si_{1-x} Ge_x diodes [J]. IEEE Trans. Nucl. Sci. ,1994, 41:487-494.

[19] BUDTZ-JORGENSEN C V,KRINGHOJ P,NYLANSTED L A,et al. Deep-level transient spectroscopy of the Ge-vacancy pair in Ge-doped n-type silicon[J]. Phys. Rev. B,1998,58:1110-1113.

[20] FARMER J W,LOOK D C. Type conversion in electron-irradiated GaAs [J]. J. Appl. Phys. ,1979,50:2970-2972

[21] BOURGOIN J C,VON BARDELEBEN H J,STIEVENARD D. Native defects in gallium arsenide [J]. J. Appl. Phys. ,1988,64:R65-R91.

[22] REZAZADEH A A,PALMER D W. An electron-trapping defect level associated with the 235 K annealing stage in electron-irradiated n-GaAs[J]. J. Phys. C:Solid State Phys. ,1985,18:43-54.

[23] SIYANBOLA W O,PALMER D W. Electronic energy levels of defects that anneal in the 280-K stage in irradiated n-type gallium arsenide[J]. Phys. Rev. Lett. ,1991,66:56-59.

[24] JORIO A,WANG A,PARENTEAU M,et al. Identification of the gallium vacancy in neutron-irradiated gallium arsenide[J]. Phys. Rev. R SO,1994,1557-1566.

[25] PONS D,MOONEY P M,BOURGOIN J C. Energy dependence of deep level introduction in electron irradiated GaAs[J]. J. Appl. Phys. ,1980,51:2038-2042.

[26] STIEVENARD D,BODDAERT X,BOURGOIN J C. Irradiation-induced defects in p-GaAs[J]. Phys. Rev. B,1986,34:4048-4058.

[27] MORKO C H,STRITE S,GAO G B,et al. Large-band-gap SiC,Ⅲ-Ⅴ nitride,and Ⅱ-Ⅵ ZnSe-based semiconductor device technologies[J]. J. Appl. Phys. ,1994, 76:1363-1398,2627.

[28] BARRY A L,LEHMANN B,FRITSCH D,et al. Energy dependence of electron damage and displacement threshold energy in 6H silicon carbide[J]. IEEE Trans. Nucl. Sci. ,1991,38:1111-1115.

[29] LEBEDEV A A,VEINGER A I,DAVYDOV D V,et al. Doping of N-type 6H—SiC and 4H—SiC with defects created with a proton beam[J]. J. Appl. Phys. ,2000,88:6265-6271.

第7章 双极器件辐射损伤效应评价方法

7.1 引 言

　　航天器在轨服役过程中将遭遇空间带电粒子的辐射作用,成为影响其长期可靠运行的重要因素之一。在空间带电粒子辐射作用下,电子器件将产生电离损伤(总剂量效应)、位移损伤及单粒子事件等效应,导致器件的性能退化乃至功能失效。空间辐射损伤等效模拟是通过地面辐照源,采用模拟试验方法,实现与空间相同或相似损伤效应的表征。通过地面等效模拟试验能够对电子器件的辐射损伤效应进行量化分析,并可为电子器件在轨服役行为预测研究提供有效的技术支撑。

　　空间飞行试验是验证航天器用电子器件抗辐射设计有效性的重要手段,但空间带电粒子辐射环境复杂,且在轨飞行试验周期长、试验难度大、成本高,不可能大量地进行。绝大多数空间辐射效应只能进行地面模拟试验。地面模拟试验是揭示空间辐射效应的物理规律和机理,以及准确评价电子器件抗辐射性能的有效手段和关键技术。经过多年的发展,空间辐射效应地面模拟试验已经取得了大量的数据和成果,但实际应用中,依然存在着对电子器件抗辐射性能评价"过于保守"或"过于低估"的现实问题[1-3],其根本原因是地面模拟试验环境与空间辐射环境存在差异。在时间尺度上,航天器在空间运行少则几年,多则十几年乃至更长,而地面上只能采用短时间加速试验方法,不可能进行太长时间试验;在空间尺度上,空间粒子从各个方向入射,而在地面模拟试验中辐照粒子是单向入射的;在能量尺度上,空间辐射粒子能量从 keV 至 GeV,而通常地面辐照源粒子的能量只能达到几百 MeV;在辐照粒子种类上,空间中器件同时受到质子、电子及重离子等多种粒子的辐照,而地面主要采用单一种粒子辐照源。

　　由于上述空间与地面辐射环境条件的不同,导致器件产生的辐射损伤效应也存在差异。如在空间低剂量率辐射条件下,双极器件的损伤程度明显大于地面高剂量率辐照试验时的损伤效应,即存在低剂量率辐射增强效应。目前,国内外对双极器件在轨服役期间易产生低剂量率辐射增强效应的物理机制尚未形成统一的认识。特别是,复杂的空间带电粒子辐射环境难于在地面上再现,使地面等效模拟试验遇到挑战,存在着许多科学和技术上的问题需要加以解决。诸如,采用相同 LET 值、不同能量的重离子辐照时,器件表现出的单粒子效应敏感概率并不相同,而现行的单粒子效应模拟试验方法却认为相同 LET 值的重离子产生的单粒子效应相同;在地面上,如何利用具有能谱分布的中子及单能电子评价空间电子、质子等造成的器件位移损伤,尚需要建立相应的等效模拟试验方法。因此,本章将在总结作者课题组研究成果的基础上,针对双极器件辐射损伤评价及预测方法相关问题进行分析和讨论,主要涉及空间辐射损伤效应地面模拟试验方法、低剂量率辐射增强效应加速试验方法、在轨吸收剂量计算方法以及在轨性能退化预测方法。

7.2　双极器件辐射损伤模拟试验方法

7.2.1　空间辐射环境与地面模拟环境的差异

空间带电粒子辐射主要来源于银河宇宙射线、太阳宇宙射线以及围绕地球的地磁俘获带粒子环境。其中,太阳宇宙射线中绝大部分是质子流(占 90% 以上),能量主要集中在 1 MeV 至几百兆电子伏;银河宇宙射线主要由质子(84.3%)、氦离子(14.4%)和高能重离子(如 C、O、Mg、Si、Fe 等,约占 1.3%)组成,能量主要集中在 100 MeV/n ∼ 1 GeV/n(n 表示核子)。地球辐射带包含质子(100 keV 至几百 MeV)和电子(40 keV 至 7 MeV)两类粒子。

通常利用实验室的各种辐照源和模拟装置,开展空间带电粒子辐射效应地面模拟试验。空间辐射总剂量效应(电离效应)的地面模拟,主要用[60]Co 源、X 射线源、电子源及质子源等作为模拟源。位移损伤效应试验通常采用质子源、重离子源、中子源等作为模拟源。单粒子效应主要由空间辐射环境中的高能质子和重离子所产生,地面模拟源主要采用重离子源、质子源及激光源等[4-5]。

国内可用于开展电离辐射效应试验研究的辐照源较多,如中国科学院新疆理化技术研究所、中国航天科技集团公司五院 510 所、北京师范大学及哈尔滨工业大学等单位设有相应的[60]Co 源和低能电子源设备。单粒子效应研究的试验源较少,大部分的单粒子效应试验在中国原子能科学研究院的 HI−13 串列重离子加速器和中国科学院近代物理研究所的重离子加速器(Heavy Ion Research Facility in Lanzhou,HIRFL)上进行。其中,HI−13 串列重离子加速器的 LET 范围为 $0.017 \sim 86.1$ MeV·cm^2·mg^{-1};HIRFL 重离子加速器的 LET 值最高可达到 100 MeV·cm^2·mg^{-1} 左右,它由两台回旋加速器组成,能加速[12]C 到[209]Bi 等多种重离子。

国内现有质子源主要有北京大学的 EN 串列静电加速器,可产生 $1 \sim 10$ MeV 的质子;中国原子能科学研究院回旋加速器,可产生能量高达 100 MeV 的质子;中国航天科技集团公司五院 510 所和哈尔滨工业大学设有的静电加速器,可产生 $50 \sim 200$ keV 的质子。中子源主要有西北核技术研究所脉冲反应堆,中子注量率为 $1 \times 10^{10} \sim 1 \times 10^{12}$ cm^{-2}·s^{-1},n/γ 比大于 5×10^{10} cm^{-2}·rad^{-1},辐照面积为 30 cm^2,可满足位移效应试验的需求。重离子源用于位移效应研究时,一般能量选择范围为几十 keV 到几十 MeV,北京大学、中国原子能科学研究院及中国科学院近代物理研究所设有的加速器均可输出适当能量范围的重离子束流,能够满足重离子位移效应试验的需求。

空间辐射效应的地面模拟涉及复杂的物理过程,会受到辐照源条件的制约。空间辐射环境与地面模拟环境条件有较大差异,需要考虑以下几方面因素的影响。

(1) 粒子种类不同:空间粒子涉及重离子、质子及电子。地面模拟时除这 3 种带电粒子辐照源外,还常采用钴源、X 射线源、激光源和反应堆等作为辐照源,应考虑不同种类粒子所产生的辐射损伤效应的异同性问题。

(2) 时间尺度不同:航天器在空间辐射环境中长期工作,少则几年,多则十几年以上,而地面上只能采用短时间加速试验方法进行模拟。此方法需要通过特征时间等效来诠释空间辐射效应时间尺度的影响,以便能够为地面上建立经济、高效的模拟试验方法提供依据。

(3) 能谱不同:空间带电粒子能谱范围很宽,从几 eV 到 GeV,而地面上辐照源的能量范围窄,有的辐照源甚至是单一能量的,故存在不同能量粒子与器件相互作用时产生的损伤效应如何等效问题。

因此,在建立空间辐射效应地面等效模拟试验方法时,需要深入研究不同的辐照源、剂量率及粒子能量等因素的影响规律和机理,充分考虑空间与地面环境的差异,才能建立科学有效的空间辐射效应地面等效模拟试验方法。

7.2.2　总剂量效应试验评价方法

空间环境条件下,航天器所遭遇的辐射环境具有低剂量率($10^{-6} \sim 10^{-2}$ rad(Si)/s)特点,且在轨运行时间长(少则几年,多则十几年以上)。显然,地面上不可能进行如此长时间的低剂量率辐照模拟试验,只能通过加速试验来评估器件在空间辐射环境下的总剂量效应。我国经过几十年的研究,针对大部分的 MOS 集成电路建立了空间总剂量效应地面模拟试验方法。利用高剂量率辐照和辐照后的高温退火,可快速保守地估计空间低剂量率辐照条件下的总剂量效应。

但该方法只适用于无真正剂量率效应(剂量率差异影响不敏感)的电子器件。若用这一方法考核具有低剂量率辐射损伤增强效应(Enhanced Low Dose Rate Sensitivity, ELDRS)的器件,会严重高估器件的抗辐射性能。图 7.1 是典型双极器件辐射敏感参数(辐射损伤增强因子)随剂量率的变化曲线。可以看出,LM111 器件在 0.01 rad(Si)/s 剂量率下的损伤增强因子达到 12,即以现有的加速试验方法会高估该器件的抗辐射性能 12 倍。在这种情况下,预计可在轨工作 10 年的器件,实际只能工作不到 0.8 年。

自 1991 年以来,国内外已经针对各类双极器件、BiCMOS 工艺器件开展了大量的试验,获取了典型双极器件辐射损伤敏感参数随剂量率的变化曲线。试验结果表明,包含横向 PNP(LPNP)及衬底型 PNP(SPNP)晶体管的双极集成电路,具有明显的低剂量率辐

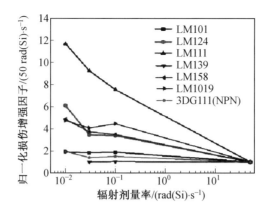

图7.1 典型双极器件辐射损伤增强因子随剂量率的变化(^{60}Co源总辐射剂量为 100 krad(Si))

射增强(ELDRS)效应。例如,LM111 器件剂量率降至 0.01 rad(Si)/s 时,其辐射损伤增强因子仍未呈现饱和趋势(图 7.1),这使得 LPNP 及 SPNP 晶体管,以及包含这两类晶体管的集成电路成为国内外研究 ELDRS 效应的主要对象[6-10]。为了深入研究 ELDRS 效应的机理,国外针对双极晶体管的辐射诱导缺陷特性(如平均浓度、空间分布及能级分布等)的测试与提取技术开展了大量研究。利用栅控横向型 PNP(GLPNP)晶体管,借助电荷泵[11]、栅扫描[12]、亚阈值扫描等方法,实现了对辐射感生氧化物俘获正电荷和界面态的平均浓度及界面态能级分布的测试。并且,针对栅扫描法使用中出现的辐照后信号峰展宽、复合截面及发射结偏压选择无依据等问题,建立了复合电流与沟道电流相结合的辐射诱导缺陷测试方法,使辐射感生产物的电荷分离结果更为准确。作者课题组已在电离辐射诱导缺陷栅扫描测试分析方面开展了一定的工作,如图 7.2 所示。

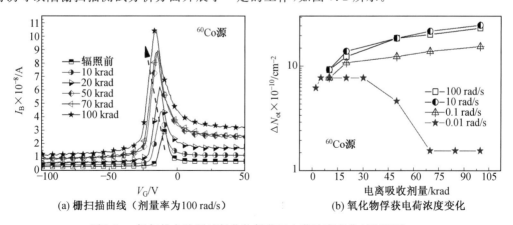

(a) 栅扫描曲线(剂量率为100 rad/s)   (b) 氧化物俘获电荷浓度变化

图7.2 栅扫描方法测试氧化物俘获正电荷浓度变化(GLPNP)

7.2.3　位移损伤效应试验评价方法

位移效应是在辐射粒子作用后,靶材料内的晶格原子离开结点位置,产生位移缺陷。位移损伤的程度与入射粒子和靶原子的碰撞过程密切相关,涉及碰撞类型、碰撞截面、次级粒子产物及其分布等因素。器件性能退化的程度取决于所受到位移损伤的程度,涉及晶格缺陷簇的类型、尺度、区域分布及缺陷能级等的状态。同一种粒子在不同能量下产生的位移损伤缺陷不同;不同种类、相同能量粒子产生的位移缺陷也不同。因此,在复杂的空间带电粒子辐射环境下,电子器件产生的位移损伤效应会呈现不同的变化。空间辐射环境中的质子与电子具有能谱范围宽(质子:1 keV ~ 10 GeV;电子:1 keV ~ 8 MeV)的特点,均可使电子器件产生位移损伤效应。然而,电子的质量和能量均相对较低,航天器内部的位移损伤效应主要是质子辐射的贡献。目前,国内能提供能量小于 100 MeV 的单能质子源、能量小于 2 MeV 的单能电子源以及单能中子源和反应堆裂变谱中子辐射环境,均可用于研究电子器件位移损伤效应的基本特征及微观缺陷演化规律。

目前,国内外尚未形成普适性的空间位移辐射效应地面等效评价试验方法。同电离辐射效应相比,空间位移辐射环境及电子器件中位移缺陷的种类和演化过程均复杂得多,难于建立普适性的宏观和微观相结合的物理模型,成为预测航天器舱内电子器件位移损伤效应的难点。美国针对空间位移辐射效应,提出了 3 种等效评价试验方法,包括:

(1) 喷气推进实验室(Jet Propulsion Laboratory,JPL)于 20 世纪 70 年代提出了采用 1 MeV 电子或 10 MeV 质子等效注量来评价电子器件的空间位移辐射损伤效应,简称注量等效方法。该方法是以大量的试验数据为基础的工程近似方法。随着器件材料的多样化与器件结构的复杂化,该方法的应用尚存在较大的局限,且等效系数的通用性存在不足。

(2) 美国海军研究实验室(Naval Research Laboratory,NRL)于 20 世纪 90 年代中期提出了采用等效位移吸收剂量(注量 × 非电离能量损失)作为界定地面与空间位移损伤效应等效性的判据,简称剂量等效方法。该方法依据非电离能量损失(Non-ionizing Energy Loss,NIEL)计算相对损伤系数,工程应用较为方便。已有研究表明,该方法可以较好地适用于硅基器件的位移损伤评价,但会高估 GaAs 器件的抗高能质子位移损伤能力,其原因在于未考虑瞬态缺陷与稳态缺陷的转化关系[14]。

(3)2003 年,美国在“新千年计划”中提出了采用 1 MeV 等效中子注量来评价电子器件的空间位移损伤效应[15],简称 1 MeV 等效中子方法。该方法由于中子具有良好的穿透能力,且试验时不需要真空环境和器件开盖处理等优点,更适合于在地面实验室进行试验评估,但未在理论上明确如何建立等效关系。

在地面上要实现空间位移损伤效应的等效,必须具备 3 个条件:① 选择合适的位移损伤等效参考点(判据),以评价位移损伤的程度;② 选择合适的方法,表征不同粒子在不同材料中造成的晶格损伤效应;③ 建立合适的函数表达式,用于表述半导体材料的晶格损伤程度与位移损伤之间的关系。上述美国所提出的 3 种等效方法在等效参考点的选择上可以相互转化[16]。即便如此,至今国际上尚未形成规范的位移损伤等效试验方法,难于充分考虑粒子在材料和器件中产生的初始缺陷与稳态缺陷的演化关系,也未能建立晶格微观损伤与位移效应宏观表征之间对应关系。因此,为了解决空间位移损伤效应评价试验方法的普适性问题,尚有许多工作待深入进行研究。

7.3　低剂量率增强效应地面加速试验方法

低剂量率增强效应(Enhanced Low Dose Rate Sensitivity,ELDRS) 的特点是双极工艺器件在剂量率低于 50 rad(Si)/s 条件下,易于呈现辐射损伤明显增强现象。这会导致地面模拟采用低剂量率时会使试验时间显著增加,造成试验周期长,试验成本高。因此,有必要通过加速试验缩短试验时间,降低试验成本。作者课题组为了解决这一问题,从不同角度对双极器件的低剂量增强效应进行了地面模拟加速试验方法研究,取得了明显的效果。

7.3.1　高温辐照加速方法

该方法的主要着眼点是通过提高辐照温度,达到缩短试验时间的效果。图 7.3 为不同辐照温度条件下,3DK2222 型 NPN 晶体管电流增益变化量随着[60]Co 源 γ 射线电离吸收剂量的变化。辐照温度分别为室温(20 ℃)、50 ℃、75 ℃、150 ℃ 及 200 ℃,辐照采用[60]Co源,剂量率为 100 rad/s。图中 Δβ 为辐照后与辐照前电流增益的差值(下同,不再重复说明)。如图 7.3 所示,随着电离吸收剂量的增加,各辐照温度下电流增益均逐渐降低。在给定电离辐射吸收剂量条件下,随着辐照温度的升高,3DK2222 晶体管的电流增益变化量逐渐增加,并于 150 ℃ 时达到变化量的最大值。当辐照温度升高至 200 ℃,电流增益变化量有所降低。在低剂量率 10 mrad/s 条件下,电流增益变化量随电离辐射吸收剂量的变化曲线界于高剂量率(100 rad/s)时 150 ℃ 和 200 ℃ 辐照曲线之间。

图 7.4 为不同辐照温度条件下 3DK2222 型 NPN 晶体管电流增益倒数变化量随电离吸收剂量的变化。随着电离吸收剂量的增加,各辐照温度下 3DK2222 型晶体管电流增益倒数的变化量均逐渐增大。与室温辐照相比,随着辐照温度的升高,电流增益变化量逐渐增加,并于 150 ℃ 时达到最高点,200 ℃ 辐照时不再继续提高。高剂量率(100 rad/s)辐照条件下,150 ℃ 和 200 ℃ 辐照的试验曲线位置大体上略微高于低剂量率(10 mrad/s)的辐照曲线。

图 7.5 为不同电离吸收剂量条件下 3DK2222 型 NPN 晶体管电流增益变化量随辐照温度的变化。如图所示,随着辐照温度的增加,3DK2222 型晶体管的电流增益变化量总

体上呈现逐渐增加趋势。不同电离吸收剂量下变化规律基本相同。

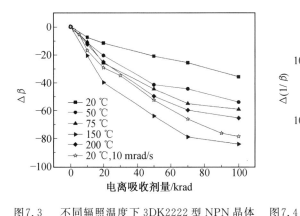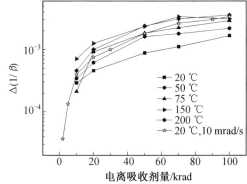

图 7.3　不同辐照温度下 3DK2222 型 NPN 晶体管电流增益变化量随电离吸收剂量的变化(^{60}Co 源,100 rad/s)

图 7.4　不同辐照温度下 3DK2222 型 NPN 晶体管电流增益倒数变化量随电离吸收剂量的变化(^{60}Co 源,100 rad/s)

图 7.6 和图 7.7 分别为不同辐照温度条件下,3DG110 型 NPN 晶体管电流增益变化量和电流增益倒数变化量随电离吸收剂量的变化。由图可知,在高剂量率(100 rad/s)条件下,随着电离吸收剂量的增加,不同辐照温度下 3DG110 型晶体管的辐射损伤程度均逐渐增加。从总体变化趋势而言,提高辐照温度可明显加剧 3DG110 型晶体管的辐射损伤程度。在相同电离吸收剂量条件下,随着辐照温度的增加,3DG110 型晶体管的电流增益变化量 $\Delta\beta$ 先增加后降低。其中,50 ℃ 和 75 ℃ 辐照时的损伤程度最大,接近低剂量率 10 mrad/s 时 20 ℃ 辐照的损伤程度。高剂量率(100 rad/s)、200 ℃ 辐照时的辐射损伤程度明显下降。

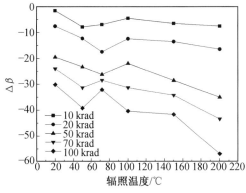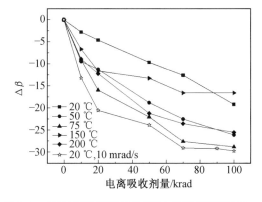

图 7.5　不同电离吸收剂量条件下 3DK2222 型 NPN 晶体管电流增益变化量随辐照温度的变化(^{60}Co 源,100 rad/s)

图 7.6　不同辐照温度条件下 3DG110 型 NPN 晶体管电流增益变化量随电离吸收剂量的变化(^{60}Co 源,100 rad/s)

图 7.8 和图 7.9 分别为不同辐照温度条件下,3CG110 型 PNP 晶体管的电流增益变化量和电流增益倒数变化量随电离吸收剂量的变化。如图所示,高剂量率(100 rad/s)辐照条件下,随着电离吸收剂量的增加,3CG110 型晶体管在各辐照温度下的辐射损伤程度均逐渐增强。相同电离吸收剂量条件下,辐照温度为 75 ℃ 和 150 ℃ 时损伤程度最高,而 200 ℃ 时辐射损伤程度明显降低。与低剂量率(10 mrad/s)辐照时相比,辐照温度对高剂量率辐射损伤程度的影响较小。

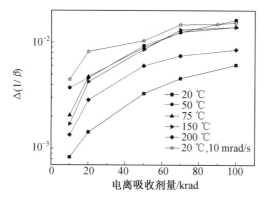

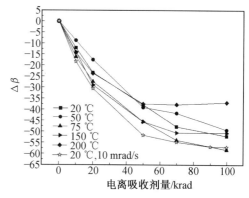

图7.7　不同辐照温度条件下 3DG110 型 NPN 晶体管电流增益倒数变化量随电离吸收剂量的变化(^{60}Co 源,100 rad/s)

图 7.8　不同辐照温度条件下 3CG110 型 PNP 晶体管电流增益变化量随电离吸收剂量的变化(^{60}Co 源,100 rad/s)

图 7.10 为 SW584 型双极电路在不同辐照温度条件下基准电压(7.5 V)漂移量随电离吸收剂量的变化。 剂量率取 100 rad/s、10 mrad/s 及 5 mrad/s;在高剂量率(100 rad/s)条件下,辐照温度分别取 20 ℃、50 ℃、100 ℃、150 ℃ 及 200 ℃;低剂量率(5 mrad/s 和 10 mrad/s)时,辐照温度均为 20 ℃。 如图所示,3 种剂量率辐照条件下,SW584 电路的基准电压漂移均随着电离吸收剂量的增大而逐渐增加。当总电离吸收剂量达到 100 krad 时,高剂量率下 20 ℃ 辐照时电压漂移达到 0.03 V。高剂量率辐照时,相同电离吸收剂量下 SW584 电路的基准电压漂移随辐照温度升高至 100 ℃ 时最大;温度继续升高时,电路基准电压漂移开始减小,且在 200 ℃ 时恢复接近初始状态。SW584 电路的基准电压漂移量(ΔU_2)在剂量率最低的 5 mrad/s 时最大,其次相应为 10 mrad/s 和 100 rad/s。SW584 电路其他 3 个电压基准的变化规律与 7.5 V 时变化的规律一致。

按照空间电荷模型,在高剂量率辐照条件下,基区氧化物层内会产生大量的氧化物俘获电荷。这些电荷可在氧化物层内形成空间电场,阻碍辐射感生的空穴和氢离子到达 Si—SiO$_2$ 界面。只有极少数辐射感生的空穴和氢离子在经历相当长的时间后,才可能到达 Si—SiO$_2$ 界面,而形成界面态。在电离吸收剂量较低的情况下,辐射感生的氧化物俘获电荷较少,难于形成较强的空间电场。此时辐射感生的空穴和氢离子易于输运到 Si—

SiO_2 界面,并与那里的悬挂键反应生成界面态电荷。这些界面态会成为新增加的复合中心,导致基极电流增大和双极晶体管电流增益减小。所以,室温条件下,高剂量率辐照时难于有足够的时间形成界面态。这就导致高剂量率辐照时过剩基极电流的变化量明显低于剂量率下降至 10 mrad/s 时的变化程度。

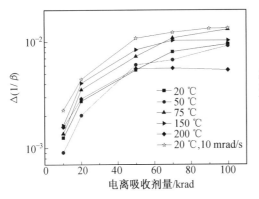
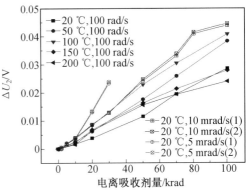

图7.9　不同辐照温度条件下 3CG110 型 PNP 晶体管电流增益倒数变化量随电离吸收剂量的变化(^{60}Co 源,100 rad/s)

图7.10　不同辐照温度条件下 SW584 型双极电路基准电压漂移量随电离吸收剂量的变化(^{60}Co 源,100 rad/s)

大量试验表明,氧化物俘获电荷的退火温度较低,而界面态电荷的退火温度较高。一般情况下,较高的辐照温度可造成大量的氧化物俘获电荷退火而不影响界面态电荷的状态,提高辐照温度将使空间电场对辐射感生的空穴和 H^+ 的阻碍作用比室温辐照时大大降低。在这种情况下,决定界面态形成的主要因素是辐照时间的长短,而不是空间电场的阻碍作用。在较高温度辐照条件下,有利于加速辐射感生的空穴和 H^+ 向界面输运,将使高、低剂量率影响的差别变小,从而提高辐照温度可对低剂量率效应呈现一定的加速试验效果。这就造成高温辐照条件下,即使剂量率较高,也会导致双极晶体管产生明显的辐射损伤效应。然而,对于不同类型及结构的器件,采用这种方法所需选用的温度点可能会相差较大。对于双极电路,由于涉及多种不同类型的晶体管,在同一辐照温度条件下的损伤程度各有不同,致使高温辐照的效果与低剂量率(5 mrad/s)辐照相比难于有确定的规律性。因此,可能会导致高温、高剂量率的加速方法,不能够对于所有的试验样件都适用,不宜作为通用的加速试验方法。

7.3.2　高剂量率加偏辐照加速方法

偏置条件是影响双极晶体管及电路辐射损伤的重要因素,基于改变偏置条件,有可能针对双极器件的低剂量率增强效应进行加速试验。该方法的关键是要找到器件的最苛刻的偏置条件,改变器件的内部电场,影响辐射损伤缺陷的形成及演化过程。本节将给出针对此种加速方法进行探索的试验结果。

图 7.11 和图 7.12 分别为不同偏置条件下 3DG110 型 NPN 晶体管的 $\Delta\beta$ 和 $\Delta(1/\beta)$ 随电离吸收剂量的变化。辐照源为 ^{60}Co 源,剂量率分别选为 100 rad/s 和 10 mrad/s。在 100 rad/s 辐照试验过程中,偏置条件取发射结零偏(0 V)、正偏(+ 0.7 V)、反偏(− 4 V)和管脚悬空 4 种状态。如图 7.11 所示,在相同的电离吸收剂量下,相比于剂量率为 100 rad/s 时,剂量率为 10 mrad/s 条件下电流增益值下降得更快。这表明同一电离吸收剂量下,较低剂量率辐照时,会在器件内产生更加严重的损伤,呈现出明显的低剂量率增强效应。在 100 rad/s 条件下,正偏(+ 0.7 V)时辐照器件的电流增益变化量最小,反偏(− 4 V)时电流增益变化量最大,零偏(0 V)时居于其中,管脚悬空时的电流增益变化量与正偏时相接近。图 7.12 表明,高剂量率(100 rad/s)辐照时,在相同电离吸收剂量下电流增益倒数的变化量反偏(− 4 V)时最大,正偏和零偏时相近,管脚悬空时最小。试验结果表明,对于 3DG110 型晶体管,在不同偏置条件下,高剂量率辐照时,反偏器件的损伤程度最大,但与低剂量率(10 mrad/s)时相比,其损伤程度依然较小。

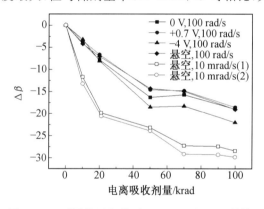

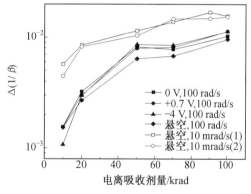

图7.11　不同偏置条件下 3DG110 型 NPN 晶体管的电流增益变化量随电离吸收剂量的变化(^{60}Co 源)

图7.12　不同偏置条件下 3DG110 型 NPN 晶体管的电流增益倒数变化量随电离吸收剂量的变化(^{60}Co 源)

图 7.13 为不同偏置条件下,3CG110 型 PNP 晶体管的电流增益变化量随电离吸收剂量的变化。如图所示,高剂量率(100 rad/s)辐照条件下,随着辐射吸收剂量的增加,电流增益变化量逐渐加大(电流增益逐渐减小),即电性能退化逐渐加重。同 100 rad/s 辐照时相比,低剂量率 10 mrad/s 辐照时晶体管的电流增益退化明显增强,呈现低剂量率增强效应。从图中正偏(+ 0.7 V)、反偏(− 4 V)、零偏接地和悬空偏置的对比可以看出,前 3 种偏置条件试样的辐射损伤均大于悬空偏置的试样。并且,反偏辐射损伤最严重,零偏其次,正偏最小。可以看出,该 3 种偏置条件均会加剧电离辐射损伤的程度。3CG110 型晶体管在高剂量率 100 rad/s 和反偏(− 4 V)条件下辐照时,其电流增益退化程度与低剂量

率（10 mrad/s）辐照（悬空偏置）时相接近。

图 7.14 是不同的剂量率和偏置条件下，3CG110 型 PNP 晶体管电流增益倒数变化量随电离吸收剂量的变化曲线。如图所示，随着电离吸收剂量的增大，电流增益倒数变化量逐渐增加，即电离辐射损伤逐渐加重。图中低剂量率 10 mrad/s 辐照晶体管（悬空偏置）的损伤程度明显大于 100 rad/s 辐照试样。在高剂量率 100 rad/s 辐照条件下，反偏试样的辐射损伤程度最大，零偏其次，正偏最小。并且，3 种偏置试样的辐射损伤均大于不加偏置的悬空试样。反偏是最苛刻的偏置条件，且 3 种偏置条件均会加剧 3CG110 型晶体管电流增益倒数的变化程度，其规律与电流增益变化量呈现的一致。

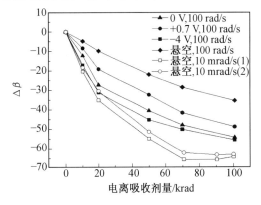

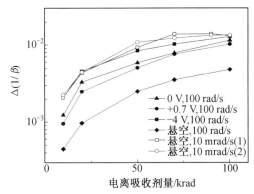

图7.13　不同偏置条件下 3CG110 型 PNP 晶体管的电流增益变化量随电离吸收剂量的变化（^{60}Co 源）

图7.14　不同剂量率和偏置条件对 3CG110 型 PNP 晶体管电流增益倒数变化量的影响（^{60}Co 源）

图 7.15 是不同剂量率及加偏压辐照条件下，SW584 型双极电路电压基准（7.5 V）随电离吸收剂量的变化曲线。如图所示，在未加偏置的情况下，低剂量率辐照条件时 SW584 电路的 ΔU_2 值明显高于高剂量率辐照时的 ΔU_2 值。且剂量率 5 mrad/s 的 ΔU_2 值又明显高于 10 mrad/s 时的值。这说明剂量率越低，偏离基准电压值越大。在给定的低剂量率 10 mrad/s 条件下比较时，加偏压电路试件的 ΔU_2 值明显低于未加偏置时的值。因此，上述试验结果表明，低剂量率辐照使 SW584 电路的 ΔU_2 变大，而加偏压会使 ΔU_2 降低。接地条件是 SW584 型双极电路的最苛刻的偏置条件。该结论与前述晶体管的试验结果略有不同。

上述试验结果表明，偏置条件可作为促进双极晶体管电离损伤效应进展程度的重要因素。在高剂量率（如 100 rad/s）辐照条件下，可通过一定的偏置条件收到与低剂量率（10 mrad/s）辐照时相接近的效果。这是由于 NPN 型双极晶体管受到电离辐射损伤后，发射结的偏置条件会影响氧化物层中的内电场，导致俘获正电荷与界面态的数量发生变化，同时影响晶体管内部"类深能级"缺陷的状态和浓度，从而改变双极晶体管所受到的

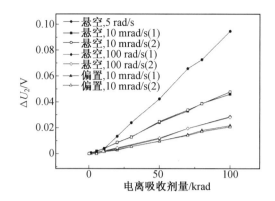

图7.15　不同剂量率及加偏压辐照条件下
SW584型双极电路电压基准(7.5 V)
随电离吸收剂量的变化

电离辐射损伤程度。当发射结正偏时,晶体管的内电场强度变弱,耗尽层变窄;发射结反偏时,内电场强度变强,耗尽层变宽。内电场可以分离电离辐射产生的电子－空穴对,减小电子－空穴对的复合率,进而影响氧化物层内被俘获的正电荷数量。当发射结正偏时,内电场减弱,电子－空穴对的复合率增加,氧化物层内俘获的正电荷数量减少,导致相同电离吸收剂量时电流增益的退化程度减弱。当发射结反偏时,情况正好相反,致使电流增益退化程度更加明显。对于PNP型双极晶体管而言,高剂量率辐照条件下,正偏置时外加电场不利于界面态电荷的形成,可使晶体管的辐射损伤小于零偏置时的程度。对于双极电路,由于其内部有各种不同的晶体管,偏置条件的影响较为复杂。双极电路内部的晶体管可能处于不同的偏置状态,正偏、零偏及反偏的晶体管都会存在。因此,对双极电路而言,此方法作为低剂量率加速试验评估方法并不适宜。

7.3.3　开关剂量率辐照加速方法

开关剂量率法是在变化剂量率的条件下对双极晶体管进行辐照。首先在高剂量率下使晶体管分别辐射损伤到不同程度,再分别相继进行低剂量率辐照,获得多条不同损伤程度下晶体管电性能的退化曲线,随后将这些曲线进行拼接,从而获得完整的低剂量率增强效应评估曲线。该方法的示意图如图7.16所示。

试验时,高剂量率选用100 rad/s,低剂量率选用10 mrad/s、5 mrad/s。开关剂量率辐照加速试验方案如下:① 高剂量率辐照到20 krad后,低剂量率下再辐照到100 krad;② 高剂量率辐照到50 krad后,低剂量率下再辐照到100 krad;③ 高剂量率辐照到70 krad后,低剂量率下再辐照到100 krad;④ 高剂量率辐照到100 krad后,低剂量率下再辐照到100 krad;⑤ 高剂量率辐照到150 krad后,低剂量率下再辐照到100 krad。

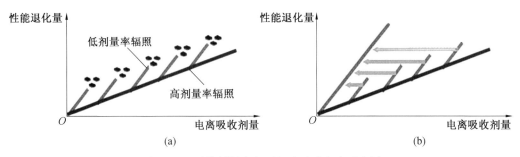

图7.16　开关剂量率辐照加速试验方法示意图

图 7.17 为不同开关剂量率辐照条件下 3DK2222 型晶体管的电流增益变化量随电离吸收剂量的变化曲线。由图可以看出,在高剂量率辐照、低剂量率辐照及开关剂量率辐照3 种情况下,电流增益变化量均随着电离吸收剂量的增加而加大。相比而言,高剂量率(100 rad/s)辐照后的损伤程度较小,低剂量率 10 mrad/s 和开关剂量率辐照后损伤程度较大。在开关剂量率辐照条件下,各晶体管样件的电流增益退化曲线基本平行,可以较好地进行归一化处理。

图 7.18 为不同开关剂量率辐照条件下,3DK2222 型晶体管的电流增益倒数变化量随电离吸收剂量的变化。由图可以看出,不同剂量率辐照条件下,电流增益倒数的变化量均随着电离吸收剂量的增加而增大。所揭示的晶体管辐射损伤效应规律与 7.3.2 节电流增益曲线所得到的一致。此外,开关剂量率辐照曲线的斜率在后期趋于稳态,且开关剂量率辐照曲线低剂量率部分的斜率与单独低剂量率(10 mrad/s)辐照时的斜率基本一致。

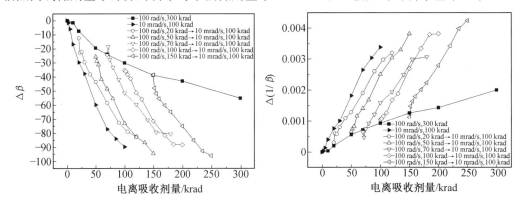

图7.17　不同开关剂量率辐照下 3DK2222 型晶体管的电流增益变化量随电离吸收剂量的变化(^{60}Co 源)

图7.18　不同开关剂量率辐照条件下 3DK2222 型晶体管电流增益倒数变化量随电离吸收剂量的变化(^{60}Co 源)

图 7.19 为不同开关剂量率辐照条件下 3DK2222 型晶体辐射损伤曲线归一化的结果。如图所示,在不同开关剂量率条件下,所测试的 $\Delta(1/\beta)$ 曲线能够较好地吻合到一起,

且叠加后的曲线与低剂量率(10 mrad/s)辐照时的电流增益退化曲线基本一致。可见，开关剂量率辐照加速方法能够在一定程度上评价双极晶体管的低剂量率增强效应。

图7.20和图7.21分别为开关剂量率辐照条件下,3DG3501型晶体管的$\Delta\beta$和$\Delta(1/\beta)$随电离吸收剂量的变化曲线。由图可以看出,在高剂量率100 rad/s、低剂量率10 mrad/s以及不同的开关剂量率辐照条件下,3DG3501型晶体管的$\Delta\beta$和$\Delta(1/\beta)$均随着电离吸收剂量的增加而增大。这说明上述3种情况下,3DG3501型晶体管的辐射损伤程度都随电离吸收剂量的增加而逐渐加大。其中,高剂量率100 rad/s辐照后的损伤程度相对较小,低剂量率10 mrad/s辐照和开关剂量率辐照时损伤程度相对较大。不同的开关剂量率辐照条件下电流增益变化曲线基本平行,能够较好地进行归一化。

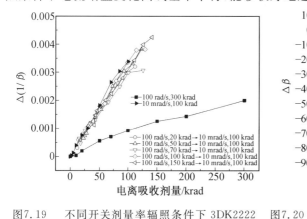 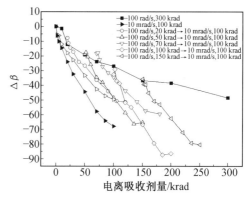

图7.19　不同开关剂量率辐照条件下 3DK2222　　图7.20　不同开关剂量率辐照下 3DG3501 型晶
型晶体辐射损伤归一化曲线(^{60}Co 源)　　　　　　　体管电流增益变化量随电离吸收剂量
的变化(^{60}Co 源)

图7.22为不同开关剂量率辐照时3DG3501型晶体管的辐射损伤归一化曲线。如图所示,不同剂量率辐照条件下各样件的损伤曲线能够较好地吻合到一起,且所叠加后的曲线与低剂量率辐照时电流增益的退化曲线基本一致。这说明利用该方法能够在一定程度上加速评价双极晶体管的低剂量率增强效应。

图7.23为不同开关剂量率辐照条件下,SW584集成电路的ΔU_2值随电离吸收剂量的变化曲线。随着电离吸收剂量的增加,ΔU_2值逐渐增大。这说明SW584电路受到的辐射损伤程度不断增大。其中,低剂量率(10 mrad/s)辐照条件下的损伤程度相对较大,而高剂量率(100 rad/s)辐照时损伤程度相对较小。在5种不同的开关剂量率条件下,只有经高剂量率辐照20 krad后再低剂量率辐照100 krad的结果,与低剂量率辐照时的效果比较相近。随着开关剂量率中先前高剂量率辐射电离吸收剂量的增加,后续低剂量率辐射时所造成的损伤程度越来越小。这说明对于SW584集成电路而言,开关剂量率辐照的加速效果并不明显,其低剂量率辐照部分受先前高剂量率辐射电离吸收剂量的影响较大。这

也说明对于 SW584 集成电路,通过开关剂量率辐照方法进行加速试验的效果并不显著, 如图 7.24 所示。

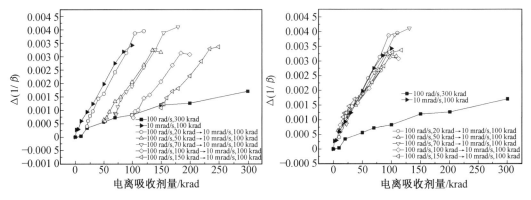

图7.21　不同开关剂量率辐照下 3DG3501 型晶体管的电流增益倒数变化量随电离吸收剂量的变化(^{60}Co 源)

图7.22　开关剂量率辐照条件下 3DG3501 型晶体管的辐射损伤归一化曲线(^{60}Co 源)

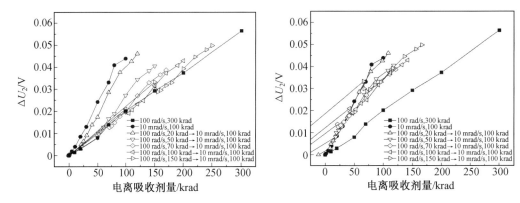

图7.23　不同开关剂量率辐照条件下 SW584 集成电路电压基准漂移值随电离吸收剂量的变化(^{60}Co 源)

图7.24　不同开关剂量率辐照条件下 SW584 电路电压基准漂移归一化曲线(^{60}Co 源)

　　从以上分析可以看出,对于 3DK2222 型和 3DG3501 型双极晶体管来说,开关剂量率辐照条件下,先期高剂量率辐照对后续的低剂量率辐照所产生的损伤效应基本上没有影响。经开关剂量率辐照后,双极晶体管的损伤程度明显高于单独高剂量率辐射损伤的效果。这说明开关剂量率辐照加速试验方法适用于 3DK2222 型和 3DG3501 型晶体管。然而,SW584 型双极电路在开关剂量率辐照条件下,后续的低剂量率辐照所产生的损伤程度较小。开关剂量率辐照时,SW584 电路的敏感参数变化曲线的斜率并不相同,需要基于低剂量率辐照试验曲线进行归一化处理。因此,在通常条件下,开关剂量率辐照方法仅适合用于科学研究目的,而不宜作为低剂量率增强效应的加速试验方法。

7.3.4 加氢预处理高剂量率辐照加速方法

双极器件的电离辐射损伤主要源于氧化物俘获正电荷和界面态的形成。氧化物层内的陷阱电荷可改变硅体中的表面势,而界面态能够成为复合中心,增加表面复合率。已有研究发现,界面态可能是导致低剂量率增强效应的主要因素,可通过深入研究辐照过程中氢气的影响,以此来分析低剂量率辐射增强效应的机制。

为了对试验用样件进行加氢处理,作者课题组制备了氢气浸泡装置,如图 7.25 所示。该装置的真空度可达 10^{-7} Pa。试件放入玻璃容器后,先抽真空至满足要求并注入高纯氢。为达到良好的充氢效果,需要对所有试验样件在加氢前提前 7 天开帽处理,理论上芯片内氢气达到饱和状态需要 $8 \sim 10$ h,因此,试验前经过 7 天加氢处理,完全可以使芯片内部的氢气达到饱和状态。

图 7.26 为 3DK2222 型晶体管经加氢处理前后在不同剂量率辐照条件下电流增益变化对比图。如图所示,与未进行加氢处理的晶体管相比,加氢处理使晶体管的电流增益变化量明显增大。当电离吸收剂量达到 100 krad 时,3DK2222 型晶体管的电流增益变化量的幅值达到 100 左右。 与低剂量率(10 mrad/s)辐照的晶体管相比,经高剂量率(100 rad/s)辐照时,未经加氢预处理的晶体管电流增益变化量 $\Delta\beta$ 明显较小,而经过加氢预处理的晶体管电流增益变化量 $\Delta\beta$ 甚至大于低剂量率(10 mrad/s)辐照时的变化量。可见,加氢后的辐射损伤程度较低剂量率(10 mrad/s)辐照时的损伤效果更为苛刻。

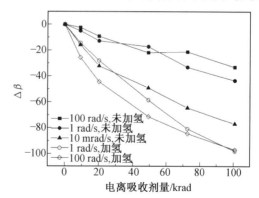

图7.25 双极晶体管样件氢气浸泡试验装置

图7.26 不同剂量率辐照条件下加氢与未加氢 3DK2222 型晶体管的电流增益变化量随电离吸收剂量的变化(^{60}Co 源)

图 7.27 为不同剂量率辐照条件下,加氢与未加氢的 3DK2222 型晶体管电流增益倒数变化量随电离吸收剂量变化对比。 如图所示,与低剂量率辐照时相比,高剂量率

(100 rad/s) 辐照时未经加氢晶体管的电流增益倒数变化量明显较低。在相同的剂量率下比较时,加氢晶体管的 $\Delta(1/\beta)$ 均明显高于未加氢晶体管。所得的规律与上述的电流增益变化基本相同。这说明加氢预处理的方法可以较好地模拟低剂量率辐射损伤增强效应。

图 7.28 为不同剂量率辐照条件下,加氢与未加氢 3DK2222 型晶体管的漏电流 I_{BCO} 随电离吸收剂量的变化。可以发现,在剂量率 100 rad/s 条件下比较时,经加氢处理后 3DK2222 型晶体管的漏电流 I_{BCO} 明显高于未加氢的晶体管,且与 10 mrad/s 剂量率下未加氢的晶体管较为接近。这也说明加氢处理可使双极晶体管辐射损伤明显加剧,能够使高剂量率辐照晶体管的漏电流与低剂量率辐照时相接近,甚至更大。

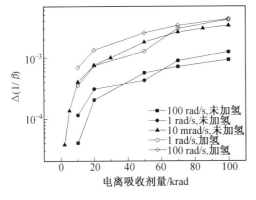

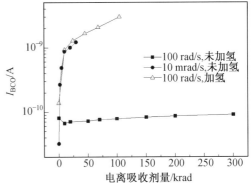

图7.27　不同剂量率辐照条件下加氢与未加氢 3DK2222 型晶体管的 $\Delta(1/\beta)$ 随电离吸收剂量的变化(^{60}Co 源)

图7.28　不同剂量率辐照条件下加氢与未加氢 3DK2222 型晶体管漏电流 I_{BCO} 随电离吸收剂量的变化(^{60}Co 源)

图 7.29 是不同剂量率辐照条件下 3DK2222 型晶体管的漏电流 I_{EBO} 随电离吸收剂量的变化。未加氢条件下,高剂量率(100 rad/s)辐照晶体管的漏电流显著低于低剂量率(10 mrad/s)辐照时的漏电流。经加氢处理后,高剂量率(100 rad/s)辐照时漏电流变化曲线与未加氢时低剂量率(10 mrad/s)的曲线十分接近。这表明加氢处理可使高剂量率辐照晶体管的损伤程度与低剂量率下辐照时未加氢晶体管的损伤程度基本相同。

图 7.30 给出不同剂量率辐照条件下,加氢与未加氢 SW584 型双极电路电压基准变化量 ΔU_2 随电离吸收剂量的变化。可见,未加氢时 SW584 电路在 100 rad/s 和 1 rad/s 下的 ΔU_2 变化曲线基本相近,而 10 rad/s 下的 ΔU_2 值则明显比 100 rad/s 的值低。当剂量率降低到 10 mrad/s 和 5 mrad/s 后,出现明显的低剂量率增强效应,且 5 mrad/s 比 10 mrad/s 的 ΔU_2 值更高。在 100 rad/s 剂量率辐照条件下,加氢处理的 SW584 电路的 ΔU_2 值明显高于原始未加氢电路的 ΔU_2 值。这一结论在 1 rad/s 剂量率条件下同样适用,说明加氢处理可使 SW584 电路的辐射损伤程度明显加大。对比 10 mrad/s 和 5 mrad/s

下的未加氢样件,5 mrad/s 的辐射损伤程度更大。因此,对于 SW584 型双极电路而言,低剂量率辐照可使 ΔU_2 值增大,且剂量率低于 10 mrad/s 时辐射损伤程度明显加大。经加氢处理后样件的 ΔU_2 值甚至可在高剂量率(100 rad/s)辐照条件下,高于低剂量率(5 mrad/s)辐照的未加氢样件。

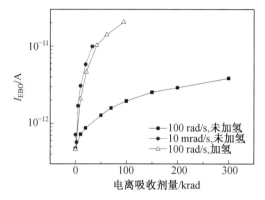

图7.29　不同剂量率辐照条件下加氢与未加氢 3DK2222 型晶体管漏电流 I_{EBO} 随电离吸收剂量的变化(^{60}Co 源)

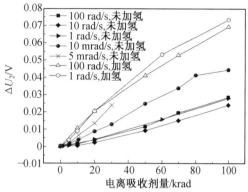

图7.30　SW584 型双极电路加氢与未加氢时不同剂量率下电压基准 ΔU_2 随电离吸收剂量的变化(^{60}Co 源)

上述试验结果表明,加氢预处理可用于作为模拟低剂量率辐射增强效应的有效方法。这与氢在双极器件中的独特作用有关。加氢预处理能够使器件芯片内部的含氢量显著增大。在辐照过程中,芯片内部的氢能够促进界面态的生成,使得 Si/SiO$_2$ 界面处的界面态数量趋于达到饱和状态,从而导致双极器件产生明显的低剂量率辐射增强效应。

7.3.5　不同低剂量率效应加速评估方法对比

基于上述的低剂量率辐照试验结果,可将不同的加速评估方法进行对比。图 7.31 为采用不同的加速评估方法对 3DK2222 型晶体管进行试验的结果。如图所示,对于 3DK2222 型晶体管而言,所采用的几种加速评估方法均可逼近 10 mrad/s 辐照时的损伤程度。相比之下,加氢预处理方法和加温高剂量率辐照方法的加速效应更明显,更易于达到加速评估低剂量率增强效应的效果。

图 7.32 为对 SW584 型双极电路采用不同加速评估方法的试验结果比较。如该图所示,对于 SW584 型双极电路而言,加温高剂量率辐照试验曲线可很好地逼近低剂量率(10 mrad/s)辐照时的试验曲线;经加氢预处理后高剂量率(100 rad/s)辐照时,试验曲线的斜率更大,说明加氢预处理的加速试验效果更明显。SW584 电路的低剂量率辐射增强效应在 10 mrad/s 时已有明显表现,如在 5 mrad/s 下辐照可使 SW584 电路的 ΔU_2 值继续升高。综合比较各加速评估方法的优缺点表明,加氢预处理方法对 SW584 电路的损伤程

度高,更易于达到低剂量率增强效应加速评估的效果。

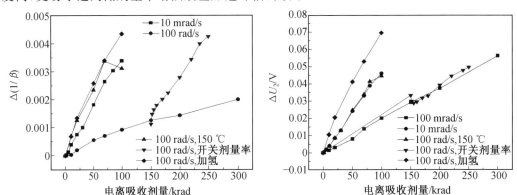

图7.31 3DK2222 型晶体管采用不同加速评估 方法的试验结果比较(^{60}Co 源)

图7.32 SW584 型双极电路采用不同加速评估 方法的试验结果比较(^{60}Co 源)

基于以上对 3DK2222 型晶体管和 SW584 双极电路进行评估的结果表明,采用不同的低剂量率效应加速评估方法,均可达到一定的加速试验效果。尤其以经加氢预处理的高剂量率辐照方法,能够更好地模拟双极器件的低剂量率辐照增强效应。

7.3.6 加氢预处理高剂量率辐照加速方法验证

为了验证加氢预处理高剂量率辐照加速方法的普适性,进一步选用了 3 种双极晶体管及 1 种双极电路,进行了加速试验评估。选用的器件包括 3CK2905 型、3CK3636 型、3DG3501 型双极晶体管及 JF139 型双极电路。

图 7.33 是在剂量率 100 rad/s 和 10 mrad/s 辐照条件下,3CK2905 型晶体管的电流增益变化量随电离吸收剂量的变化。如图所示,两种剂量率条件下,3CK2905 型晶体管的 $\Delta\beta$ 均随电离吸收剂量的增加而逐渐增大,即电流增量降低(辐射损伤加剧)。试验结果表明,未经过加氢预处理的晶体管,在高剂量率条件下的辐射损伤程度较小,而在低剂量率条件下辐射损伤程度明显增加。可见,3CK2905 型晶体管具有明显的低剂量率增强效应。同未加氢的低剂量率辐照的试验曲线相比,加氢预处理的高剂量率辐照晶体管的曲线低于前者,很好地证实了加氢预处理高剂量率辐照加速方法的效果。图中加氢和未加氢两种情况下,均由相同的两个晶体管样件给出了一致的结果。

图 7.34 是在 100 rad/s 剂量率辐照、10 mrad/s 剂量率辐照以及先经加氢处理再100 rad/s 剂量率辐照条件下,3CK2905 型晶体管电流增益倒数变化量随电离吸收剂量的变化。电流增益倒数的变化量能够直观地体现双极晶体管辐射损伤的程度,其幅值越高损伤程度越大。如图所示,在 3 种辐照情况下,3CK2905 型晶体管的电流增益倒数变化量均随电离吸收剂量增加

而增加,即损伤程度加大。其中,以剂量率 100 rad/s 辐照时的电流增益倒数变化量最低,而经加氢预处理或以低剂量率辐照晶体管的 $\Delta(1/\beta)$ 值最高。在相同电离吸收剂量下,经加氢预处理的高剂量率辐照晶体管的辐射损伤程度高于未加氢的晶体管。

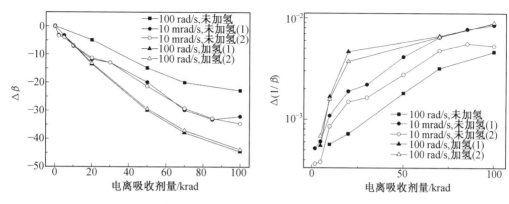

图7.33　不同剂量率辐照 3CK2905 型晶体管的电流增益随电离吸收剂量的变化(^{60}Co 源)

图7.34　不同剂量率辐照 3CK2905 型晶体管的电流增益倒数变化量随电离吸收剂量的变化(^{60}Co 源)

图 7.35 为 100 rad/s 和 10 mrad/s 辐照条件下,3CK3636 型晶体管的电流增益变化量随电离吸收剂量的变化。如图所示,在两种剂量率辐照情况下,电流增益变化量均随电离吸收剂量增加而逐渐加大,表明该种晶体管的辐射损伤程度趋于加大。对比不同剂量率辐照结果表明,未加氢晶体管在高剂量率辐照条件下的损伤程度较小,而在低剂量率下的辐射损伤程度明显增加。经加氢预处理的高剂量率辐照晶体管和未加氢预处理的低剂量率辐照晶体管相比,可见两种情况下的损伤程度相近。

图 7.36 是分别在 100 rad/s 和 10 mrad/s 剂量率,以及先经加氢预处理再 100 rad/s 剂量率辐照条件下,3CK3636 型晶体管电流增益倒数变化量随电离吸收剂量的变化。如图所示,在 3 种辐照条件下,该晶体管的电流增益倒数变化量均随电离吸收剂量增加而增加,即电离损伤程度逐渐增大。在 100 rad/s 剂量率辐照条件下,未加氢试样的电流增益倒数变化量较低,表明辐射损伤程度较小,而经加氢预处理或低剂量率辐照时的损伤效应明显加重。并且,在相同电离吸收剂量下,经加氢预处理后 100 rad/s 剂量率辐照晶体管的 $\Delta(1/\beta)$ 值略高于 10 mrad/s 剂量率辐照晶体管的值。

图 7.37 为 100 rad/s 和 10 mrad/s 两种剂量率条件下,3DG3501 型晶体管的电流增益变化量随电离吸收剂量的变化。如图所示,两种辐照情况下,该晶体管的电流增益变化量均随电离吸收剂量增加而逐渐增大,说明辐射损伤程度趋于加重。对比不同剂量率辐照结果表明,未加氢晶体管在高剂量率下的辐射损伤程度较小,而在低剂量率条件下的辐射损伤程度明显增加。经加氢预处理的高剂量率辐照晶体管和低剂量率辐照而未经加氢预

处理的晶体管相比,可见前者的损伤程度更高。

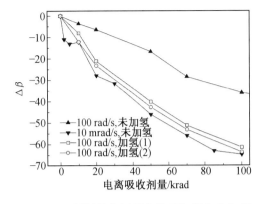

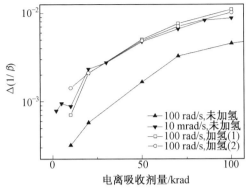

图7.35　不同剂量率辐照条件下加氢和未加氢
　　　　3CK3636型晶体管的电流增益变化量
　　　　随电离吸收剂量的变化(^{60}Co源)

图7.36　不同剂量率辐照条件下加氢和未加氢
　　　　3CK3636型晶体管的电流增益倒数变化
　　　　量随电离吸收剂量的变化(^{60}Co源)

　　图7.38为不同剂量率辐照条件下,加氢与未加氢的3DG3501型晶体管电流增益倒数
变化量随电离吸收剂量的变化。其中,两个未加氢样件在10 mrad/s剂量率下的辐照结
果重复性良好;两个先经加氢预处理再以100 rad/s剂量率辐照样件的试验曲线也基本上
吻合。如图所示,不同剂量率辐照条件下,3DG3501型晶体管的电流增益倒数变化量随
电离吸收剂量增加而增加,表明辐射损伤程度逐渐增大。经剂量率100 rad/s辐照晶体管
的电流增益倒数变化量较小,而经加氢预处理或以低剂量率(10 mrad/s)辐照时,辐射损
伤程度明显加重。并且,在相同的电离吸收剂量条件下,经加氢预处理后高剂量率辐照晶
体管的电流增益倒数变化量明显高于低剂量率辐照而未经加氢预处理晶体管的值。

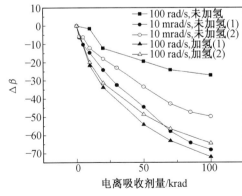

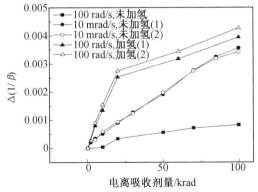

图7.37　不同剂量率辐照条件下加氢预处理和
　　　　未加氢预处理3DG3501型晶体管的电
　　　　流增益变化量随电离吸收剂量的变化
　　　　(^{60}Co源)

图7.38　不同剂量率辐照条件下加氢和未加氢
　　　　3DG3501型晶体管的电流增益倒数变化
　　　　量随电离吸收剂量的变化(^{60}Co源)

图 7.39 为不同剂量率辐照条件下,加氢和未加氢的 JF139 双极电路的输入偏置电流变化量(ΔI_{pb})随电离吸收剂量的变化。如图所示,在不同剂量率条件下,JF139 电路的 ΔI_{pb} 基本上均随电离吸收剂量的增加而增加,表明辐射损伤程度逐渐增大。在相同电离吸收剂量条件下,以剂量率 100 rad/s 辐照时,JF139 双极电路的 ΔI_{pb} 较低;10 mrad/s 辐照时 JF139 电路的 ΔI_{pb} 大于以 100 rad/s 辐照时的 ΔI_{pb} 值;5 mrad/s 辐照时的 ΔI_{pb} 和经 10 mrad/s 辐照时的 ΔI_{pb} 相差不大。由此可见,在低剂量率辐照条件下,JF139 双极电路的损伤效应明显加剧。在加氢预处理高剂量率(100 rad/s)辐照条件下,JF139 电路样件的损伤程度高于低剂量率(5 mrad/s 和 10 mrad/s)辐照的样件。这表明对于 JF139 电路而言,加氢预处理高剂量率辐照加速试验方法仍然适用。

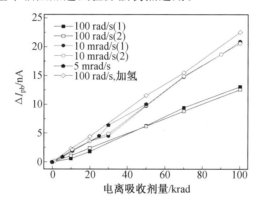

图7.39 不同剂量率下 JF139 双极电路的输入偏置电流变化量 ΔI_{pb} 随电离吸收剂量的变化(^{60}Co 源)

7.4 器件在轨吸收剂量计算方法

7.4.1 空间带电粒子轨道微分能谱计算

如第 2 章所述,航天器在轨运行期间将受到空间高能带电粒子的辐射作用,导致舱内电子元器件在轨服役寿命与可靠性下降。地球辐射带质子与电子、太阳宇宙线质子及银河宇宙线质子均会使电子元器件受到辐射损伤。吸收剂量是用于界定空间带电粒子与电子元器件相互作用强度的重要参量。在空间辐射环境下,电子元器件的性能退化与辐射吸收剂量密切相关。实际上,辐射吸收剂量是对入射粒子在器件中沉积能量的表征。鉴于空间带电粒子能量分布存在复杂的时空不均匀性,呈现宽能谱特征,轨道能谱计算成为电子元器件在轨吸收剂量计算的前提。通常情况下,计算空间带电粒子微分能谱时,可针对地球辐射带质子选用 AP－8 模式,地球辐射带电子选用 AE－8 模式,太阳宇宙线质子选用 JPL－91 模式及银河宇宙线质子选用 CREME－86 模式。每种空间带电粒子辐射环境模式均有本身的适用性(详见第 2 章)。地球辐射带是地磁场俘获空间带电粒子所形成的,选用辐射带粒子模式时应考虑相应的地磁场模式。当太阳宇宙线与银河宇宙线粒子从宇宙空间向地球磁场渗透时,要受到地磁场的影响。因此,在针对航天器及舱内电子元器件计算宇宙线轨道粒子能谱时,需要考虑地磁场的屏蔽效应。

卫星常用的轨道涉及太阳同步轨道、地球同步轨道及中高度圆轨道等。下面拟以太阳同步轨道(800 km,98°)为例进行轨道能谱计算。卫星在轨服役期设定为 2 年。基于以上分析,针对地球辐射带质子能谱计算时,选用国际上通用的 AP－8 模式,并乘以 2 倍系数对计算结果进行修正;地球辐射带电子能谱计算选用 AE－8 模式。考虑到轨道高度大于 750 km 及倾角大于 40°条件下,AE－8 模式与卫星探测数据相差较小,可不进行修正。并且,能谱计算时需选用合适的地磁场模式。太阳高年的 AE－8MAX 模式用 JENSEN－CAIN 地磁场模式匹配,AP－8MAX 用 GSFC 地磁场模式匹配;太阳低年的 AE－8MIN 和 AP－8MIN 均采用 JENSEN－CAIN 地磁场模式匹配。

图 7.40 和图 7.41 分别是采用 AE－8 和 AP－8 模式计算的太阳高年和低年辐射带电子和质子的微分能谱。通常计算器件在轨吸收剂量时,宜采用较为苛刻的微分能谱。太阳高年时的辐射带电子能谱较为苛刻;而同高年相比,低年时辐射带质子能谱较为苛刻。因此,地球辐射带电子辐射吸收剂量采用太阳高年的计算结果;地球辐射带质子辐射吸收剂量采用太阳低年的计算结果,且在此基础上乘以 2 倍的修正系数。

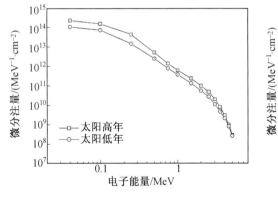
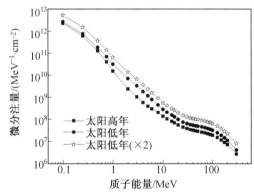

图 7.40　太阳高、低年地球辐射带电子能谱计算结果(800 km;98°;在轨 2 年)　　图 7.41　太阳高、低年地球辐射带质子能谱计算结果(800 km;98°;在轨 2 年)

太阳宇宙线质子能谱的计算常采用国际上通用的 JPL－91 模式。当太阳宇宙线粒子向地球轨道渗入时,需要考虑地磁刚度的影响,针对 800 km、98° 轨道,所得太阳宇宙线质子能谱计算结果如图 7.42 所示。由图可见,太阳宇宙线质子的微分能谱在不考虑地磁场活动影响时最强,可作为最苛刻情况并用于辐射吸收剂量的计算。图 7.43 为针对 800 km、98° 轨道,应用 CREME−86 和 GCR$_{ISO}$ 两种银河宇宙线模式计算的微分能谱。可见,应用 CREME−86 的 $M=3$ 模式计算的结果较为苛刻,可用于电子元器件在轨吸收剂量的计算。通常情况下,银河宇宙线质子的能量范围宽,但数量很少,对总剂量效应的贡献有限。

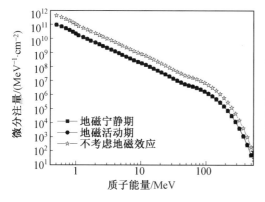

图7.42　太阳宇宙线质子能谱计算结果(JPL−91 模式;800 km,98°,在轨 2 年)

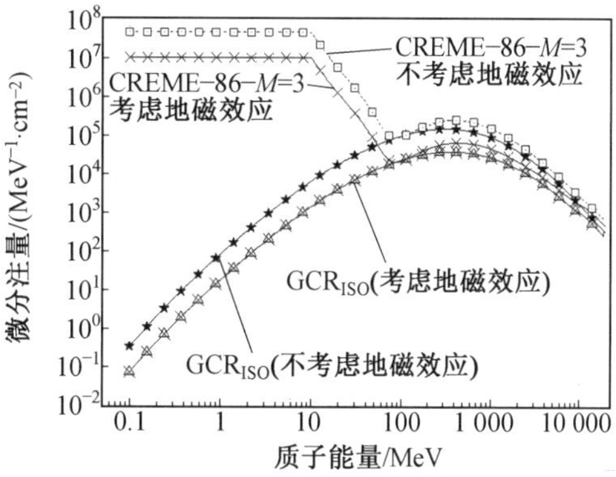

图7.43　银河宇宙线质子能谱计算结果(800 km,98° 轨道;在轨 2 年)

7.4.2　轨道能谱吸收剂量计算

1. 引言

带电粒子辐射吸收剂量的计算是星用电子元器件在轨性能退化预测的基础。辐射吸收剂量计算涉及简单和复杂防护结构两种情况。在未知卫星的具体三维结构或电子元器件在舱内所处位置,或只是进行粗略的计算估计时,可采用简单防护结构(球体、半无限板及有限板防护)进行计算评估。当要求进行精确计算或对航天器结构进行优化设计时,需要采用复杂防护结构吸收剂量的计算方法。并且,简单防护结构的辐射吸收剂量计算结果,可作为复杂结构吸收剂量计算的输入条件。

空间带电粒子具有一定能量,可与靶原子发生以下 4 种作用:① 与核外电子发生弹性碰撞;② 与原子核发生弹性碰撞;③ 与核外电子发生非弹性碰撞;④ 与原子核发生非弹性碰撞[17]。碰撞通常是入射带电粒子与靶原子核或核外电子之间的静电库仑作用,而只有在能量很高时才会与靶原子核发生刚性球体之间的直接碰撞。入射带电粒子与靶原子核发生弹性碰撞可使后者发生位移,而与核外壳层电子之间的非弹性碰撞会导致靶原子的电离和激发。轫致辐射的产生是入射带电粒子与靶原子核非弹性碰撞的结果。入射带电粒子与靶原子核或核外电子发生弹性碰撞会引起带电粒子运动方向的改变,即发生所谓的散射现象。高能带电粒子与靶原子核发生直接碰撞时可能产生核反应。

空间高能带电粒子对电子元器件产生辐射损伤效应时,主要通过电离与位移两种方式引起器件电性能退化。这两种作用都易于由空间质子和重离子产生,而空间高能电子主要产生电离作用和轫致辐射效应。空间带电粒子辐射对电子元器件的损伤常表现为累积效应,并可由吸收剂量进行量化表征。通过吸收剂量计算,可将空间带电粒子与电子元器件的复杂相互作用进行归一化,成为分析电子元器件辐射损伤效应的有效方法。

2. 简单防护结构器件吸收剂量计算方法

如前所述,入射带电粒子与靶材原子的交互作用涉及核阻止本领$(dE/dx)_n$和电子阻止本领$(dE/dx)_e$两种方式。所产生的辐射损伤效应分为位移效应与电离效应。辐射吸收剂量的计算实际上是对入射粒子在靶材(如电子元器件)中沉积能量的量化表征。位移效应和电离效应所涉及的入射粒子在靶材中沉积能量的方式不同,使吸收剂量计算的基本参数有所区别。空间带电粒子具有宽能谱特征,不同能量粒子的通量不同。不同能量粒子的射程又有很大差别,使得空间粒子辐射吸收剂量计算变得较为复杂。空间能谱范围内的粒子辐射可能出现穿透辐射与未穿透辐射共存局面,其基本的吸收剂量计算公式如下:

$$D = \frac{1}{\rho} \int_{E_{\min}}^{E_{\max}} \varphi_{4\pi}(E) \cdot \frac{dE}{dx}(E) dE \tag{7.1}$$

式中,D为电离或位移吸收剂量;$\varphi_{4\pi}(E)$为轨道上粒子的全向微分累积通量;$dE/dx(E)$为靶材对粒子具有能量E时的电离或位移阻止本领;ρ为靶材料密度。当$dE/dx(E)$为电离阻止本领时,D即为电离吸收剂量D_i;当$dE/dx(E)$为位移阻止本领时,D为位移吸收剂量D_d。在具体计算过程中,应考虑辐射粒子的种类。轨道上存在着地球辐射带、银河宇宙线及太阳宇宙线 3 类辐照源,应分别按上式进行计算并最终求和。

式(7.1)是辐射吸收剂量计算的基本公式,具体计算时需要结合电子元器件防护结构的类型分别考虑。简单防护结构模型,以美国的 SHIELDOSE 程序所提出的 3 种结构模型[18] 最为经典,包括球体防护模型、有限厚度平板防护模型及半无限厚度平板防护模型,如图7.44 所示。

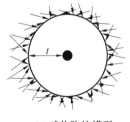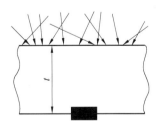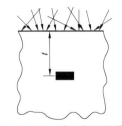

(a) 球体防护模型　　　(b) 有限厚度平板防护模型　　　(c) 半无限厚度平板防护模型

图7.44　简单防护结构模型

对于简单防护结构,其防护材料一般选择 Al。在应用式(7.1)计算时,需要考虑空间能谱所有能涉及的单能粒子辐射。若入射粒子为质子时,一般只考虑质子辐射本身的影响;若入射粒子为电子时,除需考虑电子本身(只涉及能量沉积)作用外,还应考虑所产生的二次轫致光子辐射的影响。在球体防护条件下,针对球体中心计算吸收剂量。该中心点被等厚度的 Al 防护层所包围,粒子从空间各个方向入射。对于有限厚度平板防护,只计算经过某一有限厚度 Al 防护层后薄靶中的吸收剂量,粒子入射方向为仅从单一侧面入射。针对半无限厚平板防护,其计算条件与有限厚度平板防护时近似,只是假设靶材的另一侧厚度为无限大。简单防护结构条件下,电子元器件的辐射吸收剂量可基于 SHIELDOSE 程序计算。

按照半无限厚平板防护模型,靶体的吸收剂量计算公式如下:

$$D_3(t) = \frac{1.6 \times 10^{-8}}{4} \int_0^\infty \varphi_{4\pi}(E_0) \cdot D_3(t, E_0) \mathrm{d}E \tag{7.2}$$

式中,E_0 为入射粒子能量,MeV;$\varphi_{4\pi}(E_0)$ 为全向微分累积通量(单位为 $\mathrm{cm}^{-2} \cdot \mathrm{MeV}^{-1}$),$\varphi_{4\pi}(E_0) = 4\pi \cdot \varphi(E_0)$,$\varphi(E_0)$ 为单向微分累积通量;$D_3(t, E_0)$ 是在防护层厚度为 t 时单能入射粒子所产生的吸收剂量,其单位可以写成 $\mathrm{MeV} \cdot \mathrm{cm}^2/\mathrm{g}$;$1.6 \times 10^{-8}$ 为量纲单位转换系数,$\mathrm{rad}/(\mathrm{MeV} \cdot \mathrm{g}^{-1})$;$1/4$ 为粒子全向入射转化为单向入射时的转换系数。若通量 $\varphi_{4\pi}(E_0)$ 以对数形式给出,则上式可以写成

$$D_3(t) = \frac{k}{4} \int_{\ln E_{\min}}^{\ln E_{\max}} E_0 \cdot \varphi_{4\pi}(E_0) \cdot D_3(t, E_0) \mathrm{d}(\ln E) \tag{7.3}$$

该方程可通过辛普森(Simpson)数值积分形式给出:

$$D_3(t) = \frac{k}{4} \frac{\Delta}{3} \sum_{i=1}^N w_i \cdot E_i \cdot \varphi_{4\pi}(E_0) \cdot D_3(t, E_0) \tag{7.4}$$

式中,$w_i = 1, 4, 2, 4, 2, \cdots, 2, 4, 1$($N$ 取奇数);$\ln E_i = \ln E_{\min} + (i-1)\Delta$,其中 $\Delta = (\ln E_{\max} - \ln E_{\min})/(N-1)$。为了求解上式中的 $D_3(t, E_0)$,需要做如下变换:

$$D_3(t) = \frac{k}{4} \frac{\Delta}{3} \sum_{i=1}^N w_i \cdot E_i \cdot \varphi_{4\pi}(E_0) \cdot S^{-1}(E_0) \cdot \{S(E_0) \cdot D_3(x(t, E_i), E_0)\} \tag{7.5}$$

式中,$S(E)$ 和 $x(t, E)$ 针对不同粒子的表达见表 7.1。通过上述两个公式的转换,降低了某一深度处吸收剂量对厚度 t 及初始能量 E_0 的依赖性。

表 7.1 不同粒子的 $S(E)$ 和 $x(t, E)$ 表达式

粒子种类	$S(E)$	$x(t, E)$
质子	$r_0(E)/E$, $\mathrm{g} \cdot \mathrm{cm}^{-2} \cdot \mathrm{MeV}^{-1}$	$t/r_0(E)$
电子	$r_0(E)/E$, $\mathrm{g} \cdot \mathrm{cm}^{-2} \cdot \mathrm{MeV}^{-1}$	$t/r_0(E)$
轫致光子	$1/E$, MeV^{-1}	t/E

注:r_0 表示入射粒子在靶材中连续慢化的平均射程

上述讨论适用于电子元器件在半无限厚平板防护情况下,空间带粒子辐射吸收剂量计算。有限厚度平板防护时,辐射吸收剂量 $D_2(t)$ 的计算也基本上类似。差别仅为有限厚度平板防护情况下,粒子是从一侧表面入射,而半无限厚度平板时粒子可从两侧表面入射(只是其中一侧方向被无限厚度屏蔽)。对于球体防护中心的辐射吸收剂量 $D_1(t)$ 计算,可以从半无限厚平板防护模型进行转化,具体计算公式如下:

$$D_1(t) = 2D_3(t) \left\{ 1 - \frac{\mathrm{dlog}\, D_3(t')}{\mathrm{dlog}\, t'} \bigg|_{t'=t} \right\} \tag{7.6}$$

式中,对数的导数比是拟和 $\log D_3(t)$ 的一种数学方法。当 $N=301$ 时,对质子辐射将半无限厚平板防护模型转化为球体防护模型可足够精确。对质子辐射可取 $N=301$,而电子辐射时需要取 $N=101$。

3. 复杂防护结构器件吸收剂量计算方法

通常,电子元器件位于卫星舱内,涉及复杂的防护结构。卫星不但形状复杂,而且防护层结构分布不均匀。采用简单的等厚度防护结构模型,只能大体上估算卫星舱内电子元器件所受到的带电粒子辐射吸收剂量,而难于满足器件在轨性能退化预测的要求。为了有效地进行卫星舱内电子元器件在轨性能退化预测,应该对卫星舱内任意单元表面所经受的空间带电粒子辐射吸收剂量进行较为精确的计算。

三维复杂结构航天器舱内某点或电子元器件的吸收剂量,可以通过两种途径进行计算。一种为扇形分析法,适合于工程上针对复杂防护结构计算空间带电粒子辐射吸收剂量;另一种方法为 Monte Carlo 方法,计算精度较高,但计算速度较慢。通常,主要采用扇形分析法进行计算。在针对三维复杂防护结构计算空间粒子辐射吸收剂量时,应首先视工程需要选定计算部位(尺度为亚微米量级),并以此部位为中心沿立体角计算不同方向上防护层等效 Al 厚度。根据防护结构等效 Al 厚度分布特点,将立体角大量均匀剖分,并沿着各个方向分别计算单元立体角范围内防护结构的等效 Al 厚度。显然,剖分数量越多,计算越精确,但计算量增大。

一般认为,空间高能带电粒子具有各向同性。采用扇形角等效分析方法计算卫星舱内某点的吸收剂量时,首先需要对空间能谱进行转换,即将空间各向同性的粒子能谱转化为某一方向入射的粒子能谱。为了完成能谱的转化,需要将整个 4π 空间的粒子通量转化为某一特定方向上的粒子通量。图 7.45 为空间环境下粒子入射立体角计算示意图。图中,θ 是极角,在空间范围内,其角度范围为 $0 \sim \pi$;ω 为方位角,空间范围为 $0 \sim 2\pi$。依据空间粒子入射的极角 θ 和方位角 ω,可通过入射粒子轨道能谱,计算得到空间环境下单位能量和单位球面角范围内入射粒子的通量 $\phi(E, \theta, \omega)$,单位为 $\mathrm{MeV}^{-1} \cdot \mathrm{cm}^{-2} \cdot \mathrm{sr}^{-1}$。若入射粒子呈各向同性,则通量与极角 θ 及方位角 ω 无关,即 $\phi(E, \theta, \omega) = \phi(E)$。整个 4π 球面的粒子通量可以简化为

$$\phi_{4\pi}(E) = \int_0^{2\pi} \mathrm{d}\omega \int_{-1}^{1} \phi(E) \cdot \mathrm{d}(\cos\theta) = 4\pi \cdot \phi(E) \tag{7.7}$$

通过依次对极角 θ 和方位角 ω 进行大量剖分,便可使 4π 立体角剖分成几千乃至上万个单元。空间粒子在某一特定方向上的通量可由相应单元立体角范围内的通量表征。

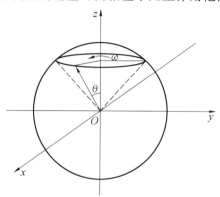

图7.45　空间环境下粒子入射立体角计算示意图

从选定的计算点沿剖分立体角的各射线方向,可由下式计算防护层等效 Al 厚度 t_i:

$$t_i = \sum_{j=1}^{M} t_j \cdot \frac{\rho_j}{2.7} \tag{7.8}$$

式中,t_j 和 ρ_j 分别为 i 剖分射线方向上航天器某一防护层的厚度与材料密度;M 为 i 剖分方向上具有不同材料密度的防护层数。航天器舱内任一点的电离或位移吸收剂量 D 可由下式给出:

$$D = \sum_{i=1}^{m} D(t_i) \cdot \frac{\Omega_i}{4\pi} \tag{7.9}$$

式中,$D(t_i)$ 是以 t_i 为半径的 Al 防护球心的吸收剂量;m 为剖分以计算点为中心的立体角的射线数;Ω_i 为 i 射线对应的单元立体角。

基于以上公式,可按下述步骤计算复杂结构卫星舱内任一点或单元表面的吸收剂量:

(1)以该点或单元表面为球心进行立体角剖分。

(2)按照入射粒子能谱求解各单元立体角范围内的粒子通量和注量。

(3)通过简单防护结构计算方法或程序计算各单元立体角范围内的辐射吸收剂量。

(4)将各单元立体角范围内的吸收剂量相加和,最终得到所要求解部位的吸收剂量。

上述计算方法的示意图如图 7.46 所示。

7.4.3　舱内器件吸收剂量计算举例

为了计算卫星舱内电子元器件的空间带电粒子辐射吸收剂量,可选用简单球体结构作为防护模型。例如,针对所选择的太阳同步轨道(800 km,98°),经计算可得卫星舱内电离和位移吸收剂量深度分布曲线分别如图 7.47 和图 7.48 所示。图 7.47 中除包括地球辐

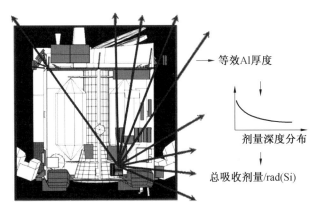

图7.46　卫星舱内器件受空间带电粒子辐射吸收剂量计算示意图

射带质子、电子、太阳质子和银河宇宙线质子对辐射吸收剂量的贡献外,计算过程中还考虑了二次轫致光子对电离效应的贡献;图 7.48 中,除了这 4 类辐射源造成的位移吸收剂量外,还考虑了二次中子的贡献。可见,对于卫星舱内电子元器件的辐射吸收剂量而言,当 Al 防护层厚度较薄时,受地球辐射带电子的影响较大,地球辐射带质子和太阳质子的影响次之,而银河宇宙线质子的影响较小;当防护层厚度较大时,主要是地球辐射带质子的影响,其次为太阳质子,再后是银河宇宙线质子和轫致辐射的影响,地球辐射带电子几乎没有影响。对于位移吸收剂量而言,当 Al 防护层厚度较薄时,地球辐射带质子和太阳质子的影响较大,其次是地球辐射带电子,银河宇宙线质子的影响较小;当防护层厚度较厚时,主要是银河宇宙线质子及地球辐射带质子的影响,其次为太阳质子,而地球辐射带电子对位移吸收剂量的贡献较小。

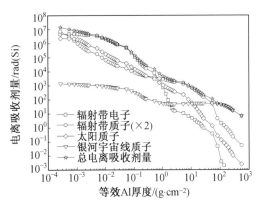

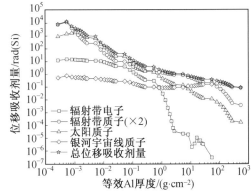

图7.47　舱内电离吸收剂量深度分布曲线计算结果(800 km;98°;在轨 2 年)　　图7.48　舱内位移吸收剂量深度分布曲线计算结果(800 km;98°;在轨 2 年)

7.5 器件在轨性能退化预测方法

双极器件在轨性能退化预测相关问题主要包括轨道能谱计算、吸收剂量计算及在轨性能退化预测。在第 3 ~ 5 章中,给出了作者课题组有关双极器件电离效应、位移效应及电离 / 位移协同效应的研究结果,可为双极器件在轨性能退化预测提供必要的基础。双极器件在轨服役时所遭遇的带电粒子辐射环境较为复杂,涉及多种不同种类和能量粒子的辐射效应,如何基于地面辐照源模拟试验结果,将空间不同种类和能量粒子的辐射损伤效应进行归一化,是需要加以解决的关键问题,也是建立双极器件在轨性能退化预测的难点所在。本节主要针对双极器件在轨性能退化预测方法进行探讨,旨在提出解决这一问题的基本思路和途径,为工程上应用提供必要基础。

7.5.1 预测流程

为了进行双极器件的在轨性能退化预测,需要对所在轨道的空间环境因素进行合理剪裁,计算卫星舱内双极器件所受到的电离或位移吸收剂量,并在此基础上结合地面模拟试验数据进行合理预测分析。作者课题组在综合考虑上述问题的基础上,提出了双极器件在轨性能退化预测的总体流程如图 7.49 所示。在该流程图中,针对星用双极器件在轨性能退化预测提出了两种方法,分别为等效注量法和等效吸收剂量法。这两种方法的共同基础是星内任意一点辐射吸收剂量的计算。星内任意一点或电子器件内的辐射吸收剂量,可以通过两种方法进行计算:一是扇形分析法,适合于工程上针对复杂的防护结构计算器件的吸收剂量;另一种方法为 Monte Carlo 方法,计算精度较高,但计算速度较慢。由图可知,轨道辐射环境参数的计算是进行双极器件在轨性能退化预测的前提条件,可在此基础上通过等效注量或吸收剂量计算给出最后的预测结果。

在该计算流程中,有 3 个主要环节最为关键。一是轨道原始能谱的计算。空间高能带电粒子主要涉及 4 种辐射源,即地球辐射带质子与电子、太阳宇宙线粒子及银河宇宙线粒子。目前,国际上针对每种高能带电粒子环境有不同计算模式。各种空间带电粒子辐射环境模式均有其本身适用的条件。选择合适的空间辐射环境模式,是舱内器件吸收剂量计算及等效注量计算的基础。二是选择合适的防护结构模型,计算器件的吸收剂量。目前针对简单几何结构(球体、半无限厚板及有限厚板)防护的吸收剂量计算大多采用 SHIELDOSE 程序[18],而这种方法不适用于计算星内任意一点或电子元器件的吸收剂量。针对复杂结构的吸收剂量计算,需要通过 Monte Carlo 方法或扇形角分析方法进行。三是基于等效注量和吸收剂量的计算,预测电子元器件的在轨性能退化。在进行等效注量计算时,需要基于单位注量入射粒子在器件内产生的电离或位移吸收剂量进行计算。

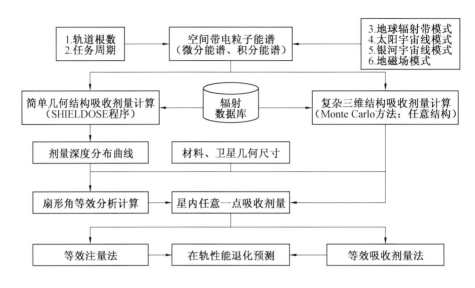

图7.49　星用双极器件在轨性能退化预测总体流程图

7.5.2　预测基本思路

空间高能带电粒子会对舱内电子元器件产生多种形式的辐射损伤效应。不同的空间辐射环境、轨道特点及器件属性对各种辐射效应的敏感程度不同。例如，地球辐射带质子与电子会产生总剂量效应（包括电离效应与位移效应）；MOS型器件对电离效应敏感，而双极器件对电离和位移效应均敏感。因此，在进行双极器件在轨性能退化预测前，需要针对不同类型的器件结构及辐射效应进行分析，以便采用合适的地面等效模拟试验方法。

目前，国际上针对双极器件在轨性能退化预测尚缺少有效的方法。对于电离辐射效应而言，地面辐照模拟试验大多采用^{60}Co源，可简单地通过吸收剂量将地面模拟试验结果与空间辐射效应建立一定的联系，而没有考虑器件敏感区所在部位的影响。通过实验室带电粒子辐照源分析电离损伤效应时，尚缺乏地面试验与在轨辐射效应等效方法的系统研究，尤其是对低能的带电粒子辐射效应更是如此。对于位移辐射效应而言，采用了基于位移损伤系数的等效注量方法，主要应用于太阳能电池的在轨性能退化预测。该方法是基于入射粒子初始能量对应的NIEL值进行计算，而没有考虑NIEL值随器件芯片深度变化的影响。这样会给双极器件在轨性能退化预测带来较大误差。

针对上述地面辐照试验与在轨辐射效应等效方法研究上所存在的问题，作者课题组提出了采用基于器件敏感区的吸收剂量等效方法，以提高双极器件在轨性能退化预测的有效性。双极器件的空间辐射损伤效应与地面模拟试验的等效原则是器件敏感区吸收剂量等效，即地面辐射吸收剂量与器件敏感区的在轨吸收剂量相等。地面辐射吸收剂量应该是辐照源对器件敏感区所产生的吸收剂量。不同种类和能量的辐照粒子会对器件不同的结构区域产生影响,只有当器件敏感区的吸收剂量和在轨能谱辐射吸收剂量相等时,才是真正意义上的等效。可以认为,在地面单能入射粒子辐照条件下,当器件敏感区所产生的电离吸收剂量 D_i 与在轨能谱电离吸收剂量 D_i^* 相等时,对双极器件产生的电离损伤与空间电离辐射效应相同;器件敏感区的位移吸收剂量 D_d 与在轨能谱位移吸收剂量 D_d 相等时,对双极器件造成的位移损伤与空间位移辐射效应相同。在这两种等效情况,可将 D_i^* 和 D_d^* 分别称为电离等效吸收剂量与位移等效吸收剂量。当双极器件在轨产生电离损伤和位移损伤时,便可基于 D_i^* 和 D_d^* 并分别按照如下两式求得相应的电流增益倒数变化量:

$$\Delta(1/\beta)_i = 1/\beta_{sad} \cdot (1 - \exp(-k_i \cdot D_i^*)) \tag{7.10}$$

$$\Delta(1/\beta)_d = k_d \cdot D_d^* \tag{7.11}$$

式中,D_i^* 和 D_d^* 分别为地面单能粒子辐照试验模拟时的电离与位移等效吸收剂量;$\Delta(1/\beta)_i$ 和 $\Delta(1/\beta)_d$ 分别为在轨服役器件产生电离和位移效应时相关的电流增益倒数变化量;β_{sad} 为电离辐射时器件电流增益饱和值;k_i 为电离辐射损伤系数;k_d 为位移辐射损伤系数。依据式(7.10)和式(7.11),便可以通过地面单能粒子辐照模拟试验建立器件的在轨性能退化预测曲线。

不同类型的器件对电离效应和位移效应的敏感程度不同,器件损伤的敏感区也不同。如 MOS(MIS)Si 器件主要对电离效应敏感,起主要作用的是栅氧化物层(栅绝缘体)。在辐照过程中,入射粒子会在栅氧化物层(栅绝缘体)中产生电子-空穴对,由此导致栅氧化物层产生俘获电荷及界面态,导致器件的电性能漂移。除栅氧化物层外,钝化层及衬底也会对器件的电性能产生一定的影响,但与栅氧化物层相比影响较小。因此,对这类器件来说,其损伤敏感区主要是栅氧化物层,应使入射粒子对栅氧化物层产生的辐射吸收剂量与在轨能谱电离吸收剂量等效。

双极器件的电性能参数对电离和位移效应的敏感程度不同,相应的敏感区域也不同。双极器件的敏感区域主要是 PN 结及钝化层。钝化层对电离效应敏感,而 PN 结区对位移损伤敏感。在对双极器件进行地面辐照模拟试验时,应依据实际情况分别考虑相应的等效问题。因此,基于损伤敏感区吸收剂量等效原则,提出了两种预测双极器件在轨性能退化的方法,分别为等效吸收剂量法和等效注量法。

7.5.3 等效吸收剂量预测方法

等效吸收剂量法是以器件敏感区的辐射吸收剂量作为判据,建立地面辐照模拟试验与器件在轨性能退化之间的等效关系,所涉及的基本流程如图 7.50 所示。由于器件是安装在卫星的舱体内,需要依据卫星的具体防护结构,基于轨道原始能谱和在轨任务期分别计算器件敏感区的电离和位移吸收剂量,作为地面单能粒子辐照模拟试验的等效吸收剂量。在分析卫星所在轨道环境特点的基础上,选择合适的地面辐照源,分别对双极器件进行电离和位移效应模拟试验,并基于式(7.10)和式(7.11)建立相应的电离和位移损伤所导致的电流增益退化预测曲线。

在此基础上,按照在轨任务期,依据轨道能谱计算器件敏感区的总电离吸收剂量 D_i 和总位移吸收剂量 D_d,并分别代入相应的基于式(7.10)和式(7.11)所建立的电流增益退化预测曲线,分别得到电离和位移损伤条件下器件的电流增益退化量。最后,再将求得的电离和位移损伤相应的电流增益退化量加和,便可得到双极器件在轨任务期的电流增益退化预测结果。

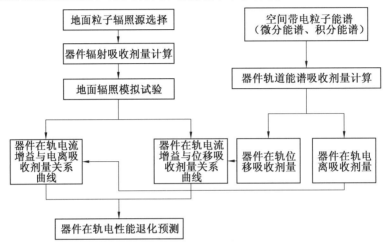

图7.50　双极器件基于等效吸收剂量预测在轨性能退化流程图

7.5.4　等效注量预测方法

等效注量法是以基于器件敏感区的在轨辐射吸收剂量计算的辐照注量作为等效判据,建立地面辐照模拟试验与器件在轨性能退化之间的等效关系,所涉及的基本流程如图 7.51 所示。这是在等效吸收剂量法的基础上,相应发展的用于评价双极器件在轨性能退化的方法。在进行等效注量计算时,应在轨道能谱及相应的器件敏感区吸收剂量计算的基础上,分析器件的敏感区及其纵向结构,确定器件敏感区厚度,最后计算出器件敏感区的在轨吸收剂量以及相应的地面模拟试验等效注量。地面模拟辐照试验时,电离和位移等效注量可分别由以下两式计算:

$$\Phi_i^*(E) = \frac{D_{i(T)} \cdot (t_2 - t_1)}{\int_{t_1}^{t_2} D'_i(E,t)\mathrm{d}t} \tag{7.12}$$

$$\Phi_d^*(E) = \frac{D_{d(T)} \cdot (t_2 - t_1)}{\int_{t_1}^{t_2} D'_d(E,t)\mathrm{d}t} \tag{7.13}$$

式中,$\Phi_i^*(E)$ 和 $\Phi_d^*(E)$ 分别为地面模拟试验时的电离和位移等效注量;$D_{i(T)}$ 和 $D_{d(T)}$ 分

别为轨道能谱与任务期相应的总电离和总位移吸收剂量;$D'_i(E,t)$ 和 $D'_d(E,t)$ 分别为单位注量($1/\mathrm{cm}^2$)的某能量 E 粒子在靶材厚度 t 内造成的电离和位移吸收剂量;t_1 和 t_2 分别为器件敏感区的上、下边界在器件芯片内的深度。由上述两式可知,采用前面第 2 章给出的方法计算单位注量入射粒子的电离和位移吸收剂量随器件芯片深度分布 $D'_i(E,t)$ 和 $D'_d(E,t)$,便可由式(7.12)和式(7.13)求得地面模拟试验的等效注量。基于所计算的等效注量进行地面辐照模拟试验,建立器件电流增益与等效注量关系曲线就可针对给定的在轨任务期的器件进行在轨性能退化预测。除此之外,也可以将所计算出的等效注量代入已有的地面模拟试验性能退化规律曲线,从而评价双极器件的在轨性能退化趋势。

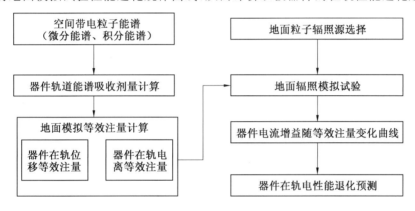

图7.51　双极器件基于等效注量预测在轨性能退化流程图

本章参考文献

[1] PEASE R L,SCHRIMPF R Q,FLEETWOOD D M.ELDRS in bipolar linear circuits:a review [J]. IEEE Trans. Nucl. Sci. ,2009,56(4):1894-1908.

[2] SROUR J R,MARSHALL C J,MARSHALL P W. Review of displacement damage effects in silicon devices [J]. IEEE Trans. Nucl. Sci. ,2003,50(3):653-670.

[3] 陈伟,郭晓强,姚志斌,等.空间辐射效应地面模拟等效的关键基础问题 [J].现代应用物理,2017,8(2):1-12.

[4] JUN B,FLEETWOOD D M,SCHRIMPF R D,et al. Charge separation techniques for irradiated pseudo-mos soi transistors [J]. IEEE Trans. Nucl. Sci. ,2003, 50(6):1891-1895.

[5] PEASE R L,PLATTETER D G,DUNHAM G W,et al. The effects of hydrogen in hermetically sealed packages on the total dose and dose rate response of bipolar linear circuits [J]. IEEE Trans. Nucl. Sci. ,2007,54(6):2168-2173.

[6] SHANEYFELT M R,PEASE R L,SCHWANK J R,et al.Impact of passivation layers on enhanced low-dose-rate sensitivity and pre-irradiation elevated-temperature stress effects in bipolar linear ICs [J].IEEE Trans.Nucl.Sci.,2002,49(6):3171-3179.

[7] RASHJEEV S N,CIRBA C R,FLEETWOOD D M,et al.Physical model for enhanced interface-trap formation at low does rates[J].IEEE trans.Nucl.Sci.,2002,49(6):2650-2656.

[8] HJALMARSON H P,PEASE R L,WITCZAK S C,et al.Mechanisms for radiation dose-rate sensitivity of bipolar transistors[J].IEEE Trans.Nccl.Sci.,2003,50(6):1901-1909.

[9] FLEETWOOD D M,SCHRIMPF R D,PANTELIDES S T,et al.Electron capture, hydrogen release,and enhanced gain degradation in linear bipolar devices[J].IEEE Trans.Nucl.Sci.,2008,55(6):2986-2991.

[10] PEASE R L,PLATTETER D G,DUNHAM D W,et al.Characterization of enhanced low dose rate sensitivity(ELDRS) effects using gated lateral PNP transistor structures[J].IEEE Trans.Nucl.Sci.,2004,51(6):3773-3780.

[11] BAUZA D.A general and reliable model for charge pumping part I:model and basic charge-pumping mechanisms [J].IEEE Trans.Electron Devices,2009, 56(1):70-77.

[12] 赵洪利,曾传滨,刘魁勇,等,DCIV 技术表征 MOS/SOI 界面态能级密度分布[J].半导体技术,2015,40(1):63-67.

[13] 刘方圆.氢气环境下栅控双极晶体管电离损伤缺陷演化行为研究[D].哈尔滨:哈尔滨工业大学,2015.

[14] ROBBINS M S,ROJAS L G.An assessment of the bias dependence of displacement damage effects and annealing in silicon charge coupled devices [J]. IEEE Trans.Nucl.Sci.,2013,60(6):4332-4340.

[15] PETKOV M P.The Effects of Space Environments on Electronic Components[J].Nuclear Science,2003,13(6):188-196.

[16] MESSENGER S R,BURKE E A,LORENTZEN J,et al.The correlation of proton and neutron damage in photovoltaics[C]// IEEE Photovoltaic Specialists Conference.IEEE,2005:559-562.

[17] 丁富荣,班勇,夏宗璜.辐射物理[M].北京:北京出版社,2004:17-22.

[18] SELTZER S M.Updated Calculations for Routine Space-Shielding Radiation Dose Estimates:SHIELDOSE-2[C].Ionizing Radiation Division,National Institute of standards and Technology,Gaithersburg,MD 20899,USA,1-59.